FORMEL 8
Lehrerband

Mathematik

Herausgegeben von
Walter Sailer, Engelbert Vollath und Simon Weidner

Bearbeitet von
Kurt Breu
Karl Haubner
Walter Sailer
Silke Schmid
Rudolf Schopper
Astrid Senft
Engelbert Vollath
Simon Weidner

C.C.Buchner · Klett

Gestaltung & Herstellung: Wildner + Designer GmbH, Fürth, www.wildner-designer.de

Dieses Werk folgt der reformierten Rechtschreibung und Zeichensetzung.
Ausnahmen bilden Texte, bei denen künstlerische, philologische oder lizenz-
rechtliche Gründe einer Änderung entgegenstehen.

Auflage: 1 4 3 2 1 2014 2013 2012
Die letzte Zahl bedeutet das Jahr des Druckes.
Alle Drucke dieser Auflage sind, weil unverändert, nebeneinander benutzbar.

www.ccbuchner.de
www.klett.de

C.C.Buchner ISBN 978-3-7661-**8228**-9
Klett ISBN 978-3-12-**747581**-4

Inhaltsverzeichnis

Lösungsteil

Kopiervorlagen

Trainingsrunden

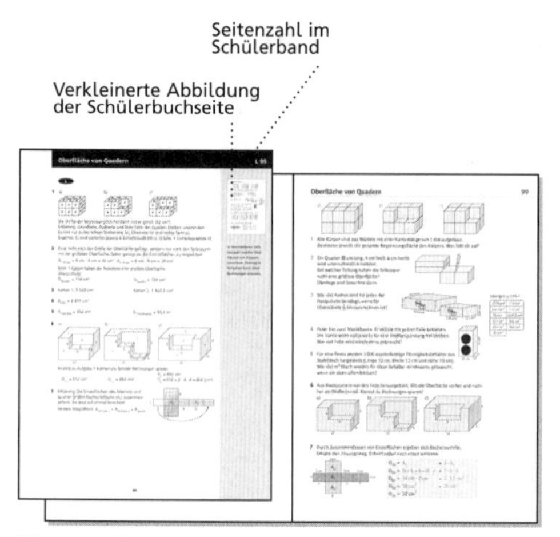

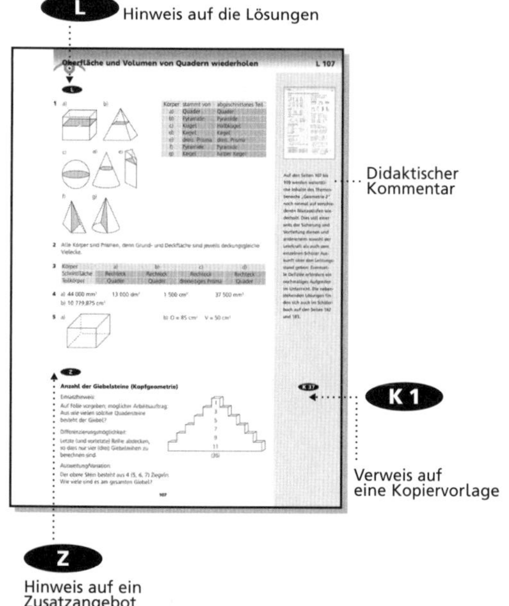

Z
Hinweis auf ein Zusatzangebot

T 5 Verweis auf eine Trainingsrunde

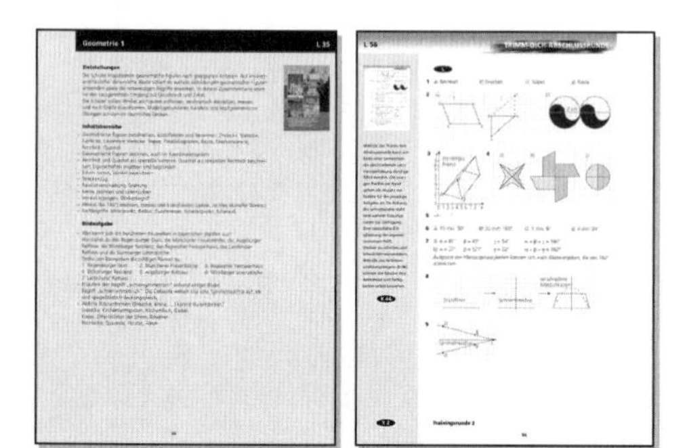

Lösungsteil

Der **Lösungsteil** ist analog zu den Seiten des Schülerbandes aufgebaut. Die verkleinerte Abbildung der Schülerbuchseite soll die Zuordnung erleichtern.

Die **Lehrerbandseiten** umfassen in der Regel drei wesentliche Elemente: den didaktischen Kommentar, die Lösungen zum Schülerbuch und in Teilen das Zusatzangebot.

Der **didaktische Kommentar** erläutert Schwerpunktsetzungen der Seite, gibt Anregungen zur Umsetzung, weist auf wesentliche sachliche oder fachliche Aspekte hin.

Bei den **Lösungen** ist besonderer Wert auf eine übersichtliche Darstellung gelegt. Weiße und hellgraue Flächen unter Zahlen und Zeichen in Tabellen, Grafiken und Rechenschemata kennzeichnen die Vorgabe aus dem Schülerbuch, dunklere Flächen heben die Lösungen hervor. Lösungsvollzüge sind – soweit sinnvoll – aufgezeigt. Das erleichtert nicht nur Lehrern die Orientierung, sondern es finden auch Schüler – das Lösungsbuch ausgelegt oder die entsprechenden Seiten kopiert – echte Hilfen für ein eigenständiges Bearbeiten und Überprüfen von Aufgaben, z. B. bei differenzierenden Maßnahmen oder freiem Arbeiten.

Das **Zusatzangebot** bietet Lehrern vielfältige Möglichkeiten, den behandelten Stoff anzuwenden, zu vertiefen oder auszuweiten. Besonders sind hier anzusprechen die Aufgaben zum Kopfrechnen oder zur Kopfgeometrie, die spielerischen Übungen, die Kopiervorlagen und die Trainingsrunden.

Der Bedeutung des **Kopfrechnens** und der **Kopfgeometrie** tragen vielfältige Übungsangebote Rechnung. Die Aufgaben sind so gewählt, dass sie sich auf den Stoff der Unterrichtseinheiten beziehen. Darüber hinaus sollten Lehrer auch immer wieder allgemein wichtige Inhalte bzw. Verfahren in permanenter Wiederholung aufgreifen und üben. Anregungen für die methodische Gestaltung finden sich bei den Angeboten.

Übungen bieten die Möglichkeit, wesentliche mathematische Fähigkeiten und Fertigkeiten zu entwickeln, zu üben und zu vertiefen.

Lernstandserhebung

Einstiegstests („Das kann ich schon" und Bildaufgabe), Trimm-dich-Zwischenrunden und Trimm-dich-Abschlussrunden sowie Trainingsrunden (im Lehrerband) sollen Lehrkräften und Schülern Rückmeldung darüber geben, was schon „sitzt", wo noch Schwächen vorhanden sind bzw. in welchen Bereichen Inhalte nochmals aufgegriffen werden sollten. Sie können somit ein hilfreiches Instrumentarium sein, um Schüler bestmöglich zu fördern.

Kopiervorlagen

Durchdacht konzipierte Kopiervorlagen liefern weitergehende Ideen für einen abwechslungsreichen Mathematikunterricht. Sie entlasten Lehrer und Schüler von aufwendigen Schreib- und Gestaltungsaufgaben. Einsatzmöglichkeiten sind jeweils im Zusatzangebot erläutert.
Die Kopiervorlagen dürfen für den Einsatz im Unterricht bis zur Klassensatzstärke vervielfältigt werden.
Bei einer **Vergrößerung auf 115 %** wird die Vorlage als exaktes A4-Format abgebildet.

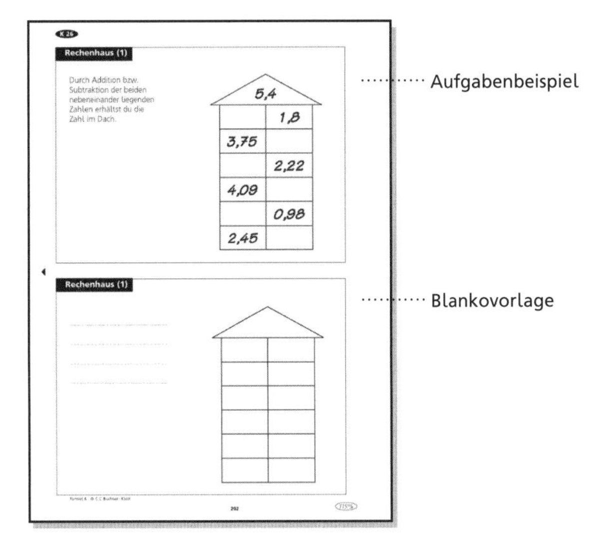

Kopiervorlage

Trainingsrunden

Der Lehrerband beinhaltet Trainingsrunden.
Diese sind analog zu den im Schülerbuch vorhandenen Trimm-dich-Abschlussrunden aufgebaut und bieten neben zusätzlichem Übungsangebot die Möglichkeit der Lernzielkontrolle. Die Lösungen der Aufgaben befinden sich auf der Rückseite der entsprechenden Trainingsrunde.

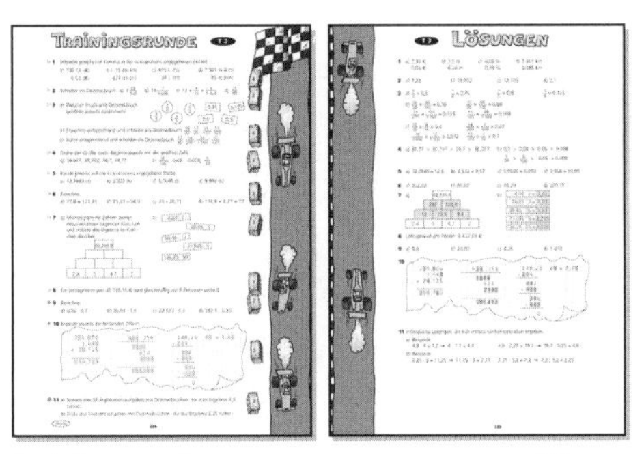

Trainingsrunde **Lösung**

Stoffverteilungsplan

Für jede Jahrgangsstufe liegt ein Stoffverteilungsplan vor. Er ist fachsystematisch aufgebaut, stellt die Verbindung zum Schülerband her und bietet durch die Spalte „Vermerke" die Möglichkeit, auf die Situation vor Ort einzugehen und einen klassenbezogenen Lehrplan zu erstellen. Durch die Vorgabe als Datei können Ziele und Inhalte problemlos verschoben, abgeändert, gekürzt oder ausgeweitet werden. Die Stoffverteilungspläne stehen unter www.ccbuchner.de bzw. www.klett.de kostenlos zur Verfügung.

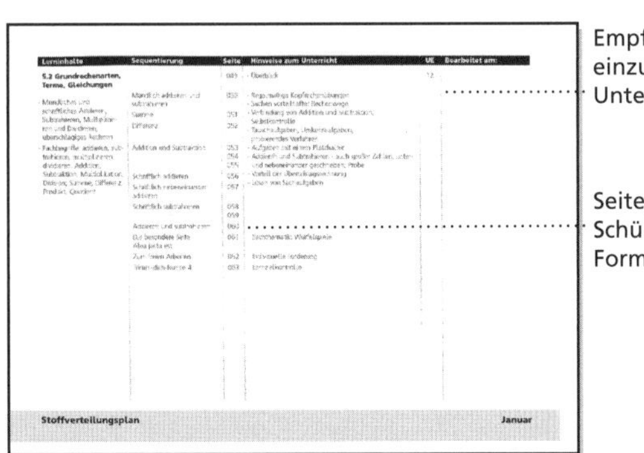

Stoffverteilungsplan

Aus Gründen der besseren Lesbarkeit werden die Bezeichnungen „Lehrer", „Schüler" u. ä. als Synonyma für weibliche und männliche Personen gebraucht.

Lösungsteil

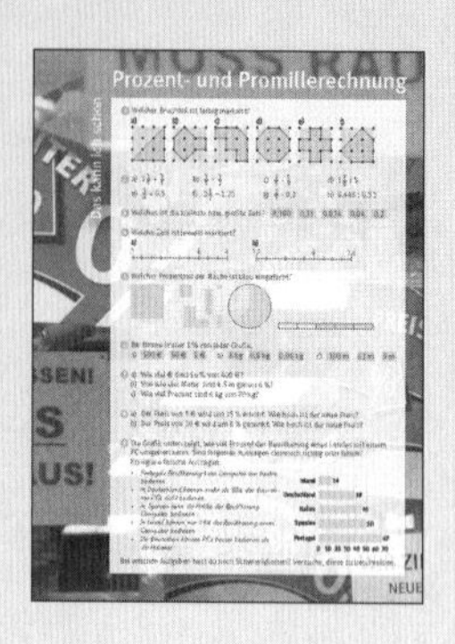

Prozent- und Promillerechnung

Diagnose, Differenzierung und individuelle Förderung

Die Lerninhalte des Schulbuchs sind drei unterschiedlichen Niveaustufen zugeordnet, nämlich Basiswissen (Blau), qualifizierendes Niveau (Rot) und gehobenes Niveau (Schwarz). Ziel ist es, die Kompetenzen beim einzelnen Schüler genau entsprechend seiner Leistungsfähigkeit aufzubauen.

Als erste Schritte zur Analyse der Lernausgangslage (Diagnose) für das folgende Kapitel dienen die beiden Einstiegsseiten: „**Das kann ich schon**" (SB 6) und **Bildaufgabe** (SB 7). Die Schüler bringen zu den Inhalten des Kapitels „Prozent- und Promillerechnung" bereits Vorwissen aus früheren Jahrgangsstufen mit. Mithilfe der Doppelseite im Schülerbuch soll möglichst präzise ermittelt werden, welche Inhalte bei den Schülern noch verfügbar sind, wo auf fundiertes Wissen aufgebaut werden kann und was einer nochmaligen Grundlegung bedarf. So kann diese Lernstandserhebung ein wichtiger Anhaltspunkt sein, um Schüler möglichst früh angemessen zu fördern.

Eine realistische Einschätzung der eigenen Leistungen hilft, Stärken zu erhalten und Schwächen abzumildern. Mithilfe des Selbsteinschätzungsbogens **(K 29)** können die Schüler ihre Kenntnisse und Fertigkeiten selbst bewerten.

Der Test „Das kann ich schon" ist zur Bearbeitung in Einzelarbeit gedacht.
Die Bildaufgabe wird man eher im Klassenverband angehen, weil die offenen Aufgabenstellungen auf dieser Seite unterschiedliche Wege zulassen und viele Ideen eingebracht werden können.

L

1 a) $\frac{1}{2}$ b) $\frac{5}{9}$ c) $\frac{11}{18}$ d) $\frac{7}{9}$ e) $\frac{5}{9}$ f) $\frac{6}{9}$

2 a) $1\frac{4}{5}$ b) $\frac{1}{10}$ c) $\frac{1}{3}$ d) $\frac{3}{8}$
e) $\frac{5}{4} = 1\frac{1}{4}$ f) $1\frac{1}{4}$ g) $\frac{8}{100} = \frac{2}{25}$ h) 1,4

3 kleinste Zahl: 0,034 größte Zahl: 0,31

4 a) 3,7 b) 3,56

5 64 % 46 % 62,5 % 60 %

6 a) 100 % = 500 € 1 % = 5 €
100 % = 50 € 1 % = 0,50 €
100 % = 5 € 1 % = 0,05 €

b) 100 % = 8 kg 1 % = 0,08 kg
100 % = 0,8 kg 1 % = 0,008 kg
100 % = 0,08 kg 1 % = 0,0008 kg

c) 100 % = 380 m 1 % = 3,80 m
100 % = 62 m 1 % = 0,62 m
100 % = 9 m 1 % = 0,09 m

7 a) 64 € b) 75 m c) 8 %

8 a) neuer Preis: 5,75 € b) neuer Preis: 27,60 €

9 richtig, richtig, richtig, richtig, falsch

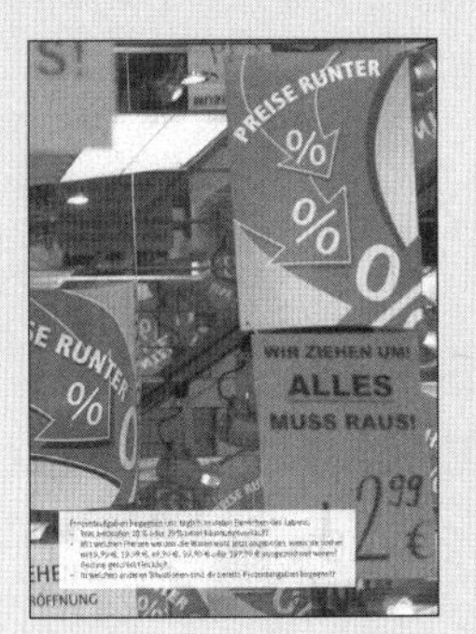

Zielstellungen

Regelklasse

Ausgehend vom Vergleich von Brüchen und Dezimalbrüchen sollen die Schüler ein vertieftes Verständnis des Prozentbegriffes gewinnen. Sie können nun auch komplexere Aufgaben bearbeiten, vermehrte und verminderte Grundwerte berechnen sowie Prozentangaben in ausgewählten Diagrammen darstellen und interpretieren. Schaubilder zu aktuellen Themen reflektieren sie kritisch.

M-Klasse

Ausgehend vom Vergleich von Brüchen und Dezimalbrüchen sollen die Schüler ein vertieftes Verständnis des Prozentbegriffes gewinnen. Sie bearbeiten komplexere Aufgaben und können Prozentangaben in Diagrammen darstellen und interpretieren. Schaubilder zu aktuellen Themen reflektieren sie kritisch. Die Schüler lösen verschiedene Aufgaben mit vermehrten oder verminderten Grundwerten mit Hilfe des Wachstumsfaktors. Dabei verwenden sie die Prozentsätze als Faktoren. Sie sollen erkennen, dass bei bestimmten Sachsituationen der Vergleichsbruch Tausendstel (Promille) zweckmäßiger ist. In Analogie zum Prozentrechnen lösen sie Aufgaben zur Promillerechnung.

Inhaltsbereiche

Regelklasse

- vermehrte und verminderte Grundwerte berechnen
- Begriffe: Gewinn, Verlust, Geschäftskosten AWT → 8.2.5
- Prozentangaben in Schaubildern darstellen und interpretieren: Balkendiagramm, Streifendiagramm, Kreisdiagramm
- *mit einem Tabellenkalkulationsprogramm Werte ermitteln
- *Promillewerte berechnen; Begriffe: Promillewert, Promillesatz

M-Klasse

- Aufgaben mit vermehrtem oder vermindertem Grundwert; Wachstumsfaktor
- Begriffe: Gewinn, Verlust, Geschäftskosten AWT → 8.2.5
- Prozentsätze als Faktoren verketten
- Prozentangaben in Schaubildern darstellen und interpretieren: Balkendiagramm, auch Plus-Minus-Darstellung; Streifendiagramm; Kreisdiagramm, auch Halbkreis-Darstellung
- *mit einem Tabellenkalkulationsprogramm Werte ermitteln → KtB 8.3
- Grundaufgaben der Promillerechnung lösen
- Begriffe: Promillewert, Promillesatz

Auftaktseite

Prozentaufgaben begegnen uns täglich in vielen Bereichen des Lebens. Beschreibe die abgebildeten Beispiele.

Was bedeuten 10% und 20% beim Räumungsverkauf?
Die angebotenen Waren werden um 10% oder 20% billiger verkauft.

Kennst du weitere Beispiele, in denen Prozentangaben vorkommen?
Weitere Beispiele: Lohn; Verkehrszeichen; Schaubilder etc.

Mit Brüchen rechnen

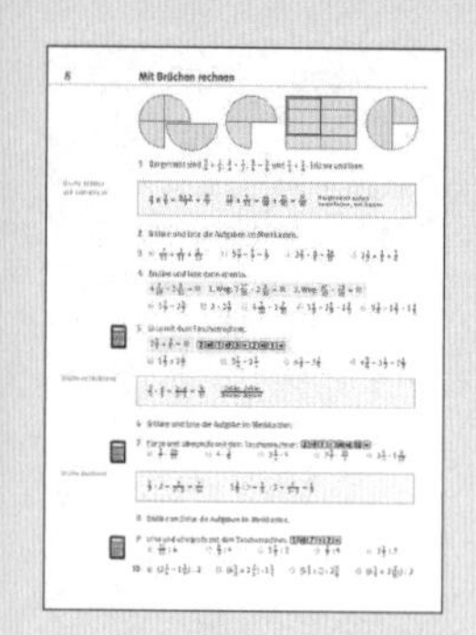

Die Grundrechenarten im Bereich des Bruchrechnens und Dezimalbruchrechnens werden auf den Seiten 8 und 9 kompakt wiederholt. Auf vorteilhaftes Rechnen wird Wert gelegt. Der Einsatz des Taschenrechners beim Bruchrechnen wird als Zusatzangebot aufgegriffen. Dieser Exkurs erscheint freilich nur sinnvoll, wenn die Schüler entsprechend ausgestattete Taschenrechner besitzen.

1 $\frac{3}{4} + \frac{1}{2} = \frac{3}{4} + \frac{2}{4} = \frac{5}{4} = 1\frac{1}{4}$ $\frac{3}{4} - \frac{1}{2} = \frac{3}{4} - \frac{2}{4} = \frac{1}{4}$

$\frac{3}{4} - \frac{3}{8} = \frac{6-3}{8} = \frac{3}{8}$ $\frac{1}{2} + \frac{1}{4} = \frac{2+1}{4} = \frac{3}{4}$

2 $\frac{4}{9} + \frac{3}{9} = \frac{7}{9}$ $\frac{11}{15} + \frac{5}{12} = \frac{69}{60} = 1\frac{9}{60} = 1\frac{3}{20}$

$\frac{4}{9} - \frac{3}{9} = \frac{1}{9}$ $\frac{11}{15} - \frac{5}{12} = \frac{19}{60}$

3 a) $\frac{11}{11} = 1$ b) $4\frac{2}{7}$ c) $\frac{14}{15}$ d) $2\frac{59}{84}$

4 $1\frac{4}{5}$

a) $2\frac{5}{7}$ b) $\frac{6}{7}$ c) $2\frac{6}{10} = 2\frac{3}{5}$ d) $1\frac{5}{9}$ e) $1\frac{47}{60}$

5 $2\frac{11}{15}$

a) $3\frac{3}{10}$ b) $1\frac{11}{12}$ c) $2\frac{4}{9}$ d) $1\frac{1}{12}$

6 $\frac{8}{15}$

7 a) $\frac{4}{15}$ b) $1\frac{1}{2}$ c) 14 d) 16 e) $2\frac{1}{3}$

8 $\frac{1}{14}$ $\frac{5}{9}$

9 a) $\frac{2}{13}$ b) $\frac{2}{9}$ c) $\frac{2}{3}$ d) $\frac{1}{14}$ e) $\frac{5}{6}$

10 a) $\frac{17}{40}$ b) $10\frac{5}{72}$ c) $6\frac{3}{28}$ d) $3\frac{9}{20}$

K 1

Z

Kopfrechenübung

Aufgabe	$\frac{3}{4} + \frac{3}{4}$	$\frac{3}{4} + \frac{1}{8}$	$\frac{3}{4} - \frac{9}{16}$	$3\frac{1}{4} - \frac{3}{4}$	$3\frac{1}{6} - 1\frac{4}{6}$	$1\frac{1}{5} + \frac{9}{10}$
Ergebnis	$\frac{6}{4} = 1\frac{1}{2}$	$\frac{7}{8}$	$\frac{3}{16}$	$2\frac{2}{4} = 2\frac{1}{2}$	$1\frac{3}{6} = 1\frac{1}{2}$	$2\frac{1}{10}$

Aufgabe	$\frac{2}{3} \cdot \frac{1}{4}$	$\frac{5}{6} \cdot \frac{2}{3}$	$1\frac{1}{2} \cdot \frac{1}{2}$	$\frac{4}{5} : 4$	$1\frac{1}{2} : 3$	$4\frac{4}{5} : 4$
Ergebnis	$\frac{2}{12} = \frac{1}{6}$	$\frac{10}{18} = \frac{5}{9}$	$\frac{3}{4}$	$\frac{1}{5}$	$\frac{1}{2}$	$1\frac{1}{5}$

Aufgabe	$\frac{1}{4} + 0{,}5$	$3{,}2 - \frac{4}{5}$	$10{,}1 - 5{,}9$	$7{,}3 - \frac{9}{10}$	$2\frac{7}{10} + 1\frac{9}{10}$	$\frac{1}{2} + 1{,}1 + \frac{1}{4}$
Ergebnis	$\frac{3}{4} = 0{,}75$	$2\frac{2}{5} = 2{,}4$	4,2	6,4	$4\frac{6}{10} = 4{,}6$	1,85

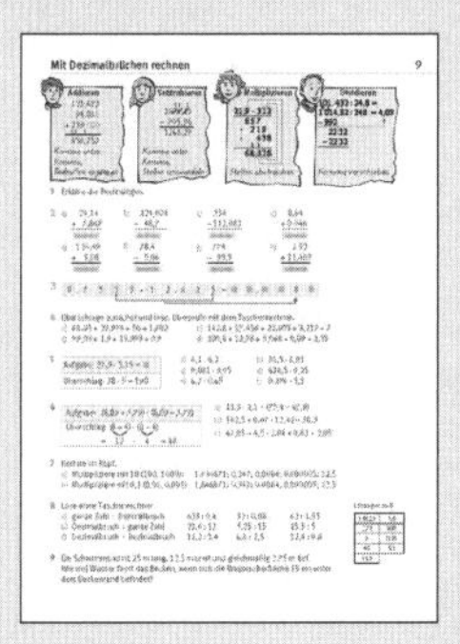

Die Seiten 8 bis 12 dienen einer Gesamtwiederholung der Bruchrechnung aus der vorhergehenden Jahrgangsstufe. Umfang und Intensität hängen vom Leistungsstand der Klasse ab.

1 –/–

2 a) 32,007 b) 175,304 c) 241,919 d) 0,686
e) 129,57 f) 73,34 g) 674,1 h) 12,929

3 13,5783

4 a) 163,826 b) 192,474 c) 121,889 d) 221.088

5 195,185 a) 25,42 b) 252,315
c) 0,00405 d) 158,625
e) 4,355 f) 0,8556

6 51,084 a) 16,65 b) 152,5214 c) 56,65

7 a)

· 10	18,46871	3,47	0,084	0,00005	125
· 100	184,6871	34,7	0,84	0,0005	1 250
· 1 000	1 846,871	347	8,4	0,005	12 500

b)

· 0,1	0,1846871	0,0347	0,00084	0,0000005	1,25
· 0,01	0,01846871	0,00347	0,000084	0,00000005	0,125
· 0,001	0,001846871	0,000347	0,0000084	0,000000005	0,0125

8 a) 1 582,5 400 40
b) 1,8 0,35 5,1
c) 8 2,72 15,5

9 $V = 25\text{ m} \cdot 12{,}5\text{ m} \cdot 2{,}60\text{ m} = 812{,}5\text{ m}^3$

Z

Kopfrechenübung

1 Kettenrechnung

Aufgabe	4,3 – 1,8	+ 0,9	– 2,5	+ 0,75	– 1,05	+ 3,7
Ergebnis	2,5	3,4	0,9	1,65	0,6	4,3

Aufgabe	2,5 · 3	+ 12,5	: 0,2	· 0,5	– 24,5	: 5
Ergebnis	7,5	20	100	50	25,5	5,1

2 Berechne:

Aufgabe	Ergebnis
4,3 · 10	43
4,3 : 10	0,43
2,15 · 100	215
2,15 : 100	0,0215
4,5 · 1 000	4 500
4,5 : 1 000	0,0045

Aufgabe	Ergebnis
0,4 : 10	0,04
1,67 · 100	167
14,1 : 100	0,141
0,05 · 1 000	50
55 : 1 000	0,055
2,35 · 10 000	23 500

Brüche in Dezimalbrüche umwandeln

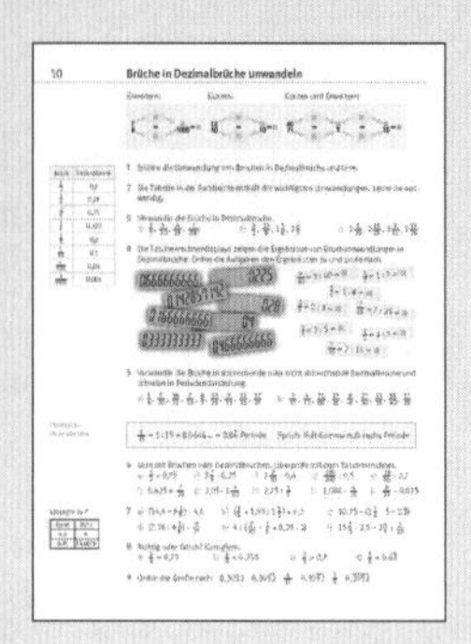

Das Rechnen mit den Dezimalbrüchen wird in Grundzügen wiederholt. Dabei geht es auch um abbrechende und nicht abbrechende Dezimalbrüche. Der Wechsel in den Darstellungsarten Bruch – Dezimalbruch (vor allem in den Aufgaben 6 und 7) verdeutlicht, dass beide das Gleiche ausdrücken, nur eine andere Darstellungsform benützen.

L

1 $\frac{7}{8} = \frac{875}{1\,000} = 0{,}875$ $\frac{12}{40} = \frac{3}{10} = 0{,}3$ $\frac{60}{75} = \frac{4}{5} = \frac{8}{10} = 0{,}8$

2 – / –

3 a) 0,4; 0,15; 0,16; 0,015 b) 0,1; 0,9; 0,8; 0,9 c) 1,25; 2,6; 3,75; 1,5

4 $\frac{9}{40} = 0{,}225$ $\frac{1}{7} = 0{,}1428571$ $\frac{2}{3} = 0{,}6666666$ $\frac{1}{6} = 0{,}1666666$

$\frac{7}{25} = 0{,}28$ $\frac{2}{5} = 0{,}4$ $\frac{1}{3} = 0{,}3333333$ $\frac{7}{15} = 0{,}4666666$

5 a) $\frac{5}{6} = 0{,}8\overline{3}$ $\frac{5}{20} = 0{,}25$ $\frac{36}{32} = 1{,}125$ $\frac{7}{12} = 0{,}58\overline{3}$ $\frac{4}{9} = 0{,}\overline{4}$

$\frac{38}{25} = 1{,}52$ $\frac{9}{11} = 0{,}\overline{81}$ $\frac{11}{12} = 0{,}91\overline{6}$ $\frac{17}{15} = 0{,}68$

b) $\frac{9}{15} = 0{,}6$ $\frac{4}{11} = 0{,}\overline{36}$ $\frac{51}{80} = 0{,}6375$ $\frac{13}{18} = 0{,}7\overline{2}$ $\frac{9}{45} = 0{,}2$

$\frac{23}{30} = 0{,}7\overline{6}$ $\frac{11}{15} = 0{,}7\overline{3}$ $\frac{55}{40} = 1{,}375$ $\frac{17}{18} = 0{,}9\overline{4}$

6 a) 1,25 b) 0,96875 c) 4,25 d) 1,98 e) $0{,}2\overline{148}$

f) 0,975 g) 3,895 h) 13,75 i) 1,16128 j) 0,305

7 a) 25,92 b) 8,35 c) 4,3

d) 0,648 e) 4 f) 11,6875

8 a) r b) f c) f d) r

9 $\frac{6}{15} > \frac{3}{8} > 0{,}30\overline{52} > 0{,}\overline{3052} > 0{,}305\overline{2} > 0{,}3052$

Z

K 2

Puzzle: Bruch-Dezimalbruch

Das Puzzle finden Sie in den Kopiervorlagen

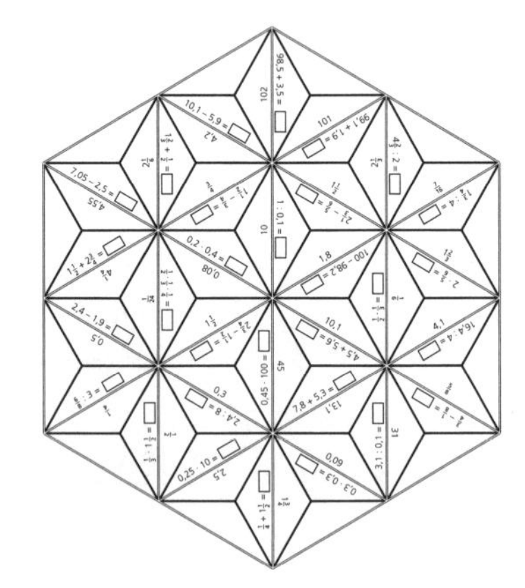

AH 2

AH 3

AH 4

K 1

Kopfrechenübung

Kürze soweit wie möglich und gib als Dezimalbruch an.

Aufgabe	$\frac{21}{35}$	$1\frac{6}{20}$	$\frac{18}{48}$	$\frac{25}{50}$	$2\frac{3}{15}$	$1\frac{9}{12}$
gekürzter Bruch	$\frac{3}{5}$	$1\frac{3}{10}$	$\frac{3}{8}$	$\frac{1}{2}$	$2\frac{1}{5}$	$1\frac{3}{4}$
Dezimalbruch	0,6	1,3	0,375	0,5	2,2	1,75

L

1 a)

Klasse	Schülerzahl	Siegerurkunden	Anteil	Hundertstelbruch	Prozent	Rangfolge
8a	30	21	$\frac{21}{30} = \frac{7}{10}$	$\frac{7}{10} = \frac{70}{100}$	70%	2.
8b	28	21	$\frac{21}{28} = \frac{3}{4}$	$\frac{3}{4} = \frac{75}{100}$	75%	1.
8c	25	14	$\frac{14}{25}$	$\frac{14}{25} = \frac{56}{100}$	56%	3.
9a	25	12	$\frac{12}{25}$	$\frac{12}{25} = \frac{48}{100}$	48%	5.
9b	30	15	$\frac{15}{30} = \frac{1}{2}$	$\frac{1}{2} = \frac{50}{100}$	50%	4.

b)

Klasse	Schülerzahl	Anzahl der Ehrenurkunden	Anteil	Prozent
8a	30	4	$\frac{4}{30} = \frac{2}{15}$	≈ 13%
8b	28	2	$\frac{2}{28} = \frac{1}{14}$	≈ 7%
8c	25	2	$\frac{2}{25} = \frac{8}{100}$	8%
9a	25	6	$\frac{6}{25} = \frac{24}{100}$	24%
9b	30	5	$\frac{5}{30} = \frac{1}{6}$	≈ 17%

c)

Sieger- und Ehrenurkunden	Prozent	Rangfolge
25	≈ 83%	1.
23	≈ 82%	2.
16	≈ 64%	5.
18	≈ 72%	4.
20	≈ 67%	3.

2 a) 25% b) 12% c) 70% d) 40% e) 20% f) 25%

3 a) Peter: $\frac{9}{12} = 75\%$

b) Herr Roderer: $\frac{360}{1\,800} = \frac{1}{5} = 20\%$

4 – / –

5

Anteil als Bruch	$\frac{1}{100}$	$\frac{7}{100}$	$\frac{17}{100}$	$\frac{24}{100}$	$\frac{25}{100}$	$\frac{98}{100}$	$\frac{45}{1\,000}$	$\frac{114}{100}$
als Dezimalbruch	0,01	0,07	0,17	0,24	0,25	0,98	0,045	1,14
in Prozent	1%	7%	17%	24%	25%	98%	4,5%	114%

6 a) $\frac{52}{100} = 0{,}52 = 52\%$
$\frac{79}{100} = 0{,}79 = 79\%$
$\frac{25}{100} = 0{,}25 = 25\%$
$\frac{13}{100} = 0{,}13 = 13\%$

b) $\frac{100}{100} = 1{,}0 = 100\%$
$\frac{134}{100} = 1{,}34 = 134\%$
$\frac{500}{100} = 5{,}0 = 500\%$
$\frac{255}{100} = 2{,}55 = 255\%$

c) $1\frac{5}{100} = 1{,}05 = 105\%$
$2\frac{76}{100} = 2{,}76 = 276\%$
$5\frac{66}{100} = 5{,}66 = 566\%$
$3\frac{1}{100} = 3{,}01 = 301\%$

7 a) $\frac{41}{50} = 82\%$
$\frac{2}{5} = 40\%$
$\frac{7}{10} = 70\%$
$\frac{3}{20} = 15\%$

b) $\frac{4}{25} = 16\%$
$\frac{10}{50} = 20\%$
$\frac{9}{10} = 90\%$
$\frac{5}{5} = 100\%$

c) $\frac{9}{20} = 45\%$
$\frac{29}{50} = 58\%$
$\frac{2}{4} = 50\%$
$\frac{1}{5} = 20\%$

d) $\frac{5}{4} = 125\%$
$\frac{3}{2} = 150\%$
$\frac{7}{5} = 140\%$
$\frac{11}{5} = 220\%$

Wiederholend werden die Grundlagen des Prozentrechnens erarbeitet. Im Aufbau vom Bruchanteil über den Dezimalbruch bis zur Prozentschreibweise wird die Verbindung ein und desselben mathematischen Inhalts bei unterschiedlichen Darstellungsformen deutlich. Dadurch erwächst auch ein Verständnis des Prozentbegriffs.

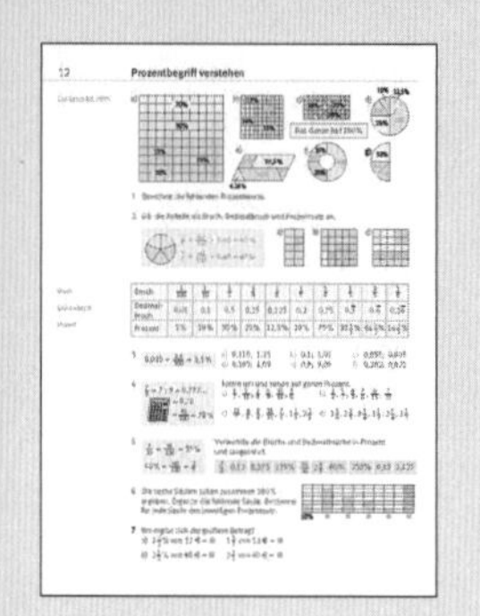

In unterschiedlichen Aufgabenstellungen wird immer wieder ein Hin- und Herwechseln zwischen den unterschiedlichen Darstellungsformen gefordert. Dadurch wird flexibles mathematisches Denken geschult.

1 a) – / – b) 26% c) 14% d) 37,5%; 15%
e) 12,5%; 37,5%; 6,25% f) 10%; 50% g) 25%; 25%

2 a) $\frac{3}{10} = 0{,}3 = 30\%$; $\frac{1}{10} = 0{,}1 = 10\%$; $\frac{1}{5} = 0{,}2 = 20\%$; $\frac{2}{5} = 0{,}4 = 40\%$

b) $\frac{1}{25} = 0{,}04 = 4\%$; $\frac{1}{5} = 0{,}2 = 20\%$; $\frac{6}{25} = 0{,}24 = 24\%$; $\frac{2}{25} = 0{,}08 = 8\%$; $\frac{11}{25} = 0{,}44 = 44\%$

c) $\frac{2}{25} = 0{,}08 = 8\%$; $\frac{9}{25} = 0{,}36 = 36\%$; $\frac{4}{25} = 0{,}16 = 16\%$; $\frac{1}{5} = 0{,}2 = 20\%$; $\frac{1}{5} = 0{,}2 = 20\%$

3 a) 11,5%; 115% b) 10%; 101% c) 5,5%; 0,5%
d) 10,5%; 105% e) 90%; 909% f) 20,2%; 2,2%

4 a) 86%; 45%; 67%; 89%; 94%; 63%
b) 33%; 71%; 44%; 88%; 82%; 54%
c) 171%; 120%; 225%; 136%; 117%; 117%; 233%
d) 125%; 260%; 317%; 111%; 283%; 133%

5

Bruch	$\frac{7}{8}$	$\frac{3}{25}$	$\frac{3}{8}$	$2\frac{1}{4}$	$\frac{11}{10}$
Dezimalbruch	0,875	0,12	0,375	2,25	1,1
Prozent	87,5%	12%	37,5%	225%	110%

Bruch	$2\frac{4}{5}$	$\frac{3}{5}$	$2\frac{1}{2}$	$\frac{83}{100}$	$1\frac{1}{8}$
Dezimalbruch	2,8	0,6	2,5	0,83	1,125
Prozent	280%	60%	250%	83%	112,5%

6

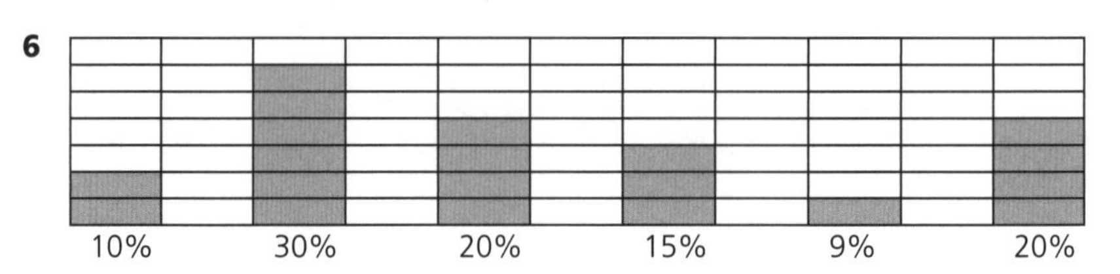

AH 5

7 a) $\frac{1}{2}$ % von 12 € = 0,18 € b) $2\frac{1}{2}$ % von 40 € = 1 €
$1\frac{1}{2}$ von 12 € = 18 € $2\frac{1}{2}$% von 40 € = 100 €

Z

K 1

Kopfrechenübung

Gib die Prozentsätze als Brüche, dann als Dezimalbrüche an.

Prozent	25%	75%	60%	150%	90%	212,5%
Bruch	$\frac{1}{4}$	$\frac{3}{4}$	$\frac{3}{5}$	$1\frac{1}{2}$	$\frac{9}{10}$	$2\frac{1}{8}$
Dezimalbruch	0,25	0,75	0,6	1,5	0,9	2,125

L

1 1. Beispiel: Grundwert (G): 900 €; Prozentsatz (p): 15%; Prozentwert (P): 135 €
2. Beispiel: G = 480 €; p = 15%; P = 72 €
3. Beispiel: G = 300 €; p = 15%; P = 45 €
4. Beispiel: G = 220 €; p = 15%; P = 33 €

2

a)	b)	c)	d)	e)	f)
48,45 €	666 km	140,98 l	2,495 €	216 kg	9 633 m

3 934,4
a) 108 €
b) 134,40 €
c) 1 888 €
d) 2,94 €

4 a) 14,82 m^2 b) 0,4 kg c) 103,93 l
d) 4,82 hl e) 43,2 ha f) 5,58 t

5

Betrag	2% Skonto	neuer Betrag	3% Skonto	neuer Betrag
100 €	2 €	98 €	3 €	97 €
150 €	3 €	147 €	4,50 €	145,50 €
400 €	8 €	392 €	12 €	388 €
650 €	13 €	637 €	19,50 €	630,50 €
12 000 €	240 €	11 760 €	360 €	11 640 €
20 000 €	400 €	19 600 €	600 €	19 400 €
50 000 €	1 000 €	49 000 €	1 500 €	48 500 €

6 Erhöhung: 64,00 € neue Miete: 529 €

7 Rechnungsbetrag: 2 504,50 € 3% Skonto ≈ 75,14 €
überwiesener Betrag: 2 429,36 €

In den Grundaufgaben der Prozentrechnung werden Prozentwert, Grundwert und Prozentsatz berechnet, auf dieser Seite zuerst der Prozentwert. Es stehen mehrere Rechenverfahren zur Verfügung: Dreisatz, Operatormodell und Formel. Im Vergleich der einzelnen Vorgehensweisen stellen die Schüler fest, dass trotz unterschiedlicher Notation jeweils die gleichen Rechenschritte vollzogen werden. Der Einsatz des Taschenrechners wird sich jeweils an das gewählte Rechenverfahren anlehnen, hier ist die Tastenfolge am Dreisatz bzw. der Formel und am Operatormodell ausgerichtet.

Z

Kopfrechenübung

Gib den Prozentwert an.

25% von 120 € (30 €)
75% von 80 m (60 m)
60% von 300 t (180 t)
80% von 20 € (16 €)
20% von 1 250 € (250 €)
28% von 2 000 m^2 (560 m^2)

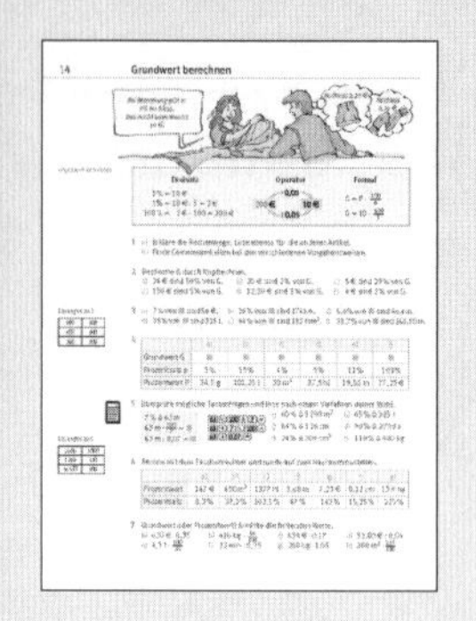

Auf dieser Seite berechnen die Schüler schwerpunktmäßig den Grundwert. Die bereits bekannten Lösungsverfahren (Dreisatz, Operatormodell, Formel) stehen wieder zur Verfügung.

1 Mantel: 200 € Rock: 45 € Schal: 14 €

2 a) 48 € b) 1 000 € c) 20 € d) 3 000 € e) 1 230 € f) 200 €

3 a) 800 € b) 600 km c) 800 m
d) 900 l e) 300 m² f) 500 m

4

a)	b)	c)	d)	e)	f)
1 150 g	675 l	750 m³	750 hl	178 m	75 €

5 a) 2 000 m² b) 500 t c) 150 cm
d) 3 000 a e) 1 250 cm³ f) ≈ 364 kg

6

a)	b)	c)	d)	e)	f)	g)
1 771,08 €	1 209,68 m²	1 343,41 hl	7,66 m	5,07 €	0,79 cm	6,13 ha

7 a) 220,5 € (P) b) 57,4 kg (P) c) 141,78 € (P) d) 820 € (G)
e) 22,5 t (G) f) 23,16 min (G) g) 273 kg (P) h) 1 720 m² (P)

Z

K 1

Kopfrechenübungen

1. Wie groß ist jeweils der Grundwert?

10% ≙ 4,20 €	(42 €)
25% ≙ 0,7 m³	(2,8 m³)
30% ≙ 4,2 t	(14 t)
70% ≙ 6,3 ha	(9 ha)
2% ≙ 5 €	(250 €)
11% ≙ 99 t	(900 t)

2. Berechne den fehlenden Wert.

20% von 8 500 €	(1 700 €)
70% ≙ 560 m³	(800 m³)
90% von 30 000 €	(27 000 €)
25% ≙ 40 kg	(160 kg)
5% von 500 l	(25 l)
40% ≙ 180 m	(450 m)

3. Berechne das Ganze.

	$\frac{1}{4}$ ≙ 8 €	$\frac{2}{3}$ ≙ 16 l	$\frac{3}{5}$ ≙ 150 kg	$\frac{7}{10}$ ≙ 21 m³	$\frac{3}{8}$ ≙ 24 km	$\frac{5}{6}$ ≙ 500 t
Ganze	32 €	24 l	250 kg	30 m³	64 km	600 t

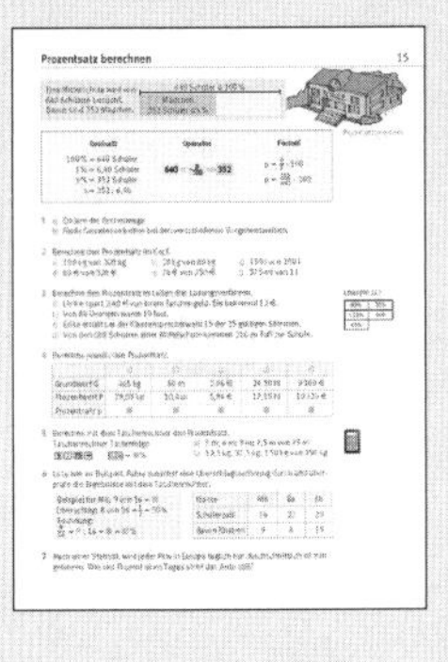

1 verschiedene Lösungswege Ergebnis: 55% Mädchen

2 a) 50% b) 25% c) 75% d) 25% e) 20% f) 37,5%

3 a) 20% b) 12,5% c) 60% d) 36%

4

a)	b)	c)	d)	e)
17%	13%	150%	70%	120%

Der Prozentsatz p ist größer als 100%, wenn der Prozentwert größer als der Grundwert ist.

5 a) 4%; 8%; 12%; 10%
b) 5%; 15%; 60%; 70%

6

M8	8a	8b
56,25%	34,78%	51,72%

7 1 Tag = 1 440 Minuten $\frac{1\,400}{1\,440} = 97{,}2\%$

Die Schüler berechnen schwerpunktmäßig den Prozentsatz.
Die bereits bekannten Lösungsverfahren (Dreisatz, Operatormodell, Formel) finden Berücksichtigung.

Kopfrechenübungen

Grundwert G (€)	2 400						
Prozentsatz p	60%	10%	25%	55%	85%	2%	98%
Prozentwert P (€)	1 440	240	600	1 320	2 040	48	2 352

Grundwert G (€)	3 000						
Prozentsatz p	60%	15%	25%	45%	70%	125%	12%
Prozentwert P (€)	1 800	450	750	1 350	2 100	3 750	360

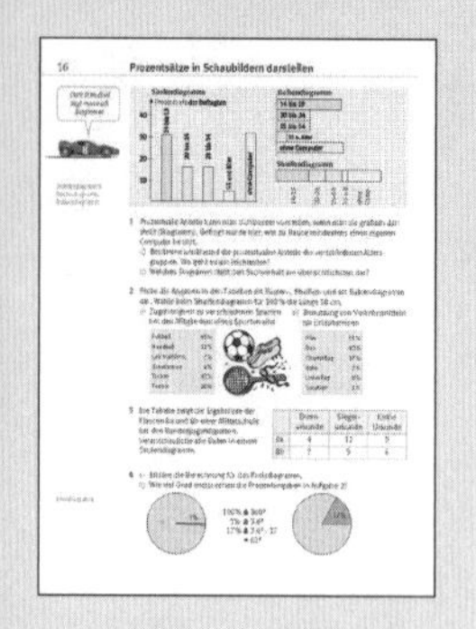

Die Schüler lernen verschiedene Darstellungsmöglichkeiten (Streifen-, Balken- und Säulendiagramme) von Prozentsätzen in Schaubildern kennen und auf ihre Aussagekraft hin zu beurteilen. Sie sollen auch Diagramme selbst erstellen.

1 a)

	Prozent
14 - 19 Jahre	31%
20 - 24 Jahre	16%
25 - 54 Jahre	16%
55 u. älter	5%
ohne Computer	32%

b) Hier werden persönliche Vorlieben entscheiden. Das Säulendiagramm kann oft auch kleinere Unterschiede deutlich machen, weil die einzelnen Säulen auf einer gemeinsamen Basis stehen.

2 a)

b)

3

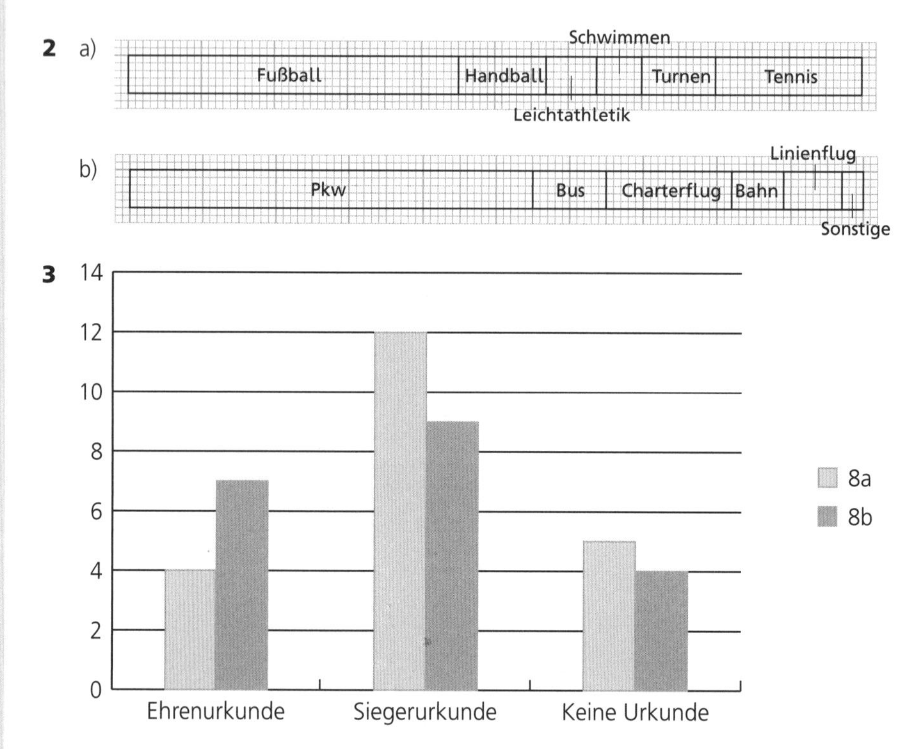

4 –/–

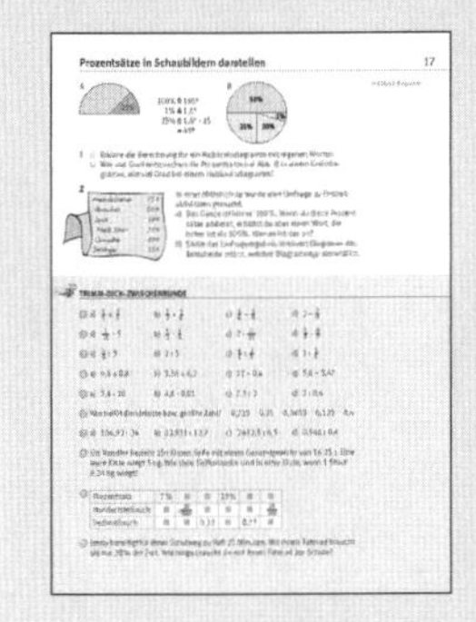

L

1 a) –/– b) 50% = 180° 25% = 90° 20% = 72° 5% = 18°

2 a) Schüler nennen auch mehrere Freizeitaktivitäten.

b)

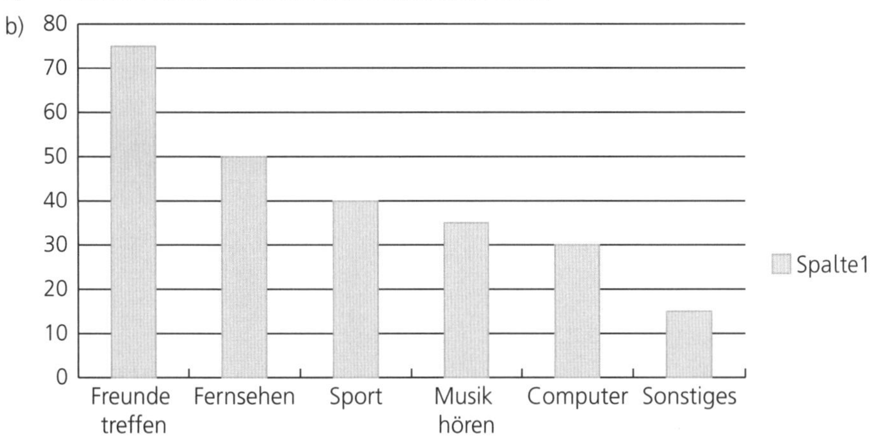

TRIMM-DICH-ZWISCHENRUNDE

1 a) $\frac{4}{5}$ b) $\frac{7}{8}$ c) $\frac{3}{8}$ d) $1\frac{2}{9}$

2 a) $\frac{10}{11}$ b) $\frac{1}{8}$ c) $\frac{10}{11}$ d) $\frac{12}{35}$

3 a) $\frac{1}{27}$ b) $\frac{2}{5}$ c) 2 d) 5

4 a) 1,2 b) 7,78 c) 11,4 d) 2,33

5 a) 34 b) 0,048 c) 3,75 d) 5

6 kleinste Zahl: 0,125 größte Zahl: 0,725

7 a) 2,97 b) 6,53 c) 405 d) 1,42

8 Gewicht der gesamten Kisten: 1 250 kg = 1,25 t
Gewicht der gesamten Seife: 16,25 t – 1,25 t = 15 t = 15 000 kg
Anzahl der Seifenstücke: 15 000 kg : 0,24 kg = 62 500
Anzahl der Seifenstücke in einer Kiste: 62 500 : 250 = 250

9

Prozentsatz	7%	20%	22%	19%	75%	25%
Hundertselbruch	$\frac{7}{100}$	$\frac{20}{100}$	$\frac{22}{100}$	$\frac{19}{100}$	$\frac{75}{100}$	$\frac{25}{100}$
Dezimalbruch	0,07	0,20	0,22	0,19	0,75	0,25

10 benötigte Zeit: 7,5 min

Prozentkreis und Prozenthalbkreis

Einsatzhinweis:

Die kopierten Prozentkreise bzw. Prozenthalbkreise sind dosiert einzusetzen.
In erster Linie sollen die Schüler lernen, ein Kreisdiagramm eigenständig durch Winkelmessung und Geodreieckeinsatz herzustellen.
Hilfreich sind die Kopien dann, wenn sie auf Folie die Arbeit des Lehrers erleichtern, Prozentsätze einzutragen, oder wenn markierte Prozentteile als Folienstücke zum Überprüfen von Schülerdarstellungen verwendet werden.

Die Trimm-dich-Zwischenrunden dienen dazu, diagnostisch zur individuellen Förderung den Lernstand der Schüler auch während des Lernprozesses zu ermitteln: Was „sitzt", wo sind noch Schwächen vorhanden, welche Lerninhalte müssen nochmals aufgegriffen und vertieft werden?
Eine realistische Einschätzung der eigenen Leistungen hilft, Stärken zu erhalten und Schwächen abzumildern. Mithilfe des Selbsteinschätzungsbogens (K 29) können die Schüler ihre Kenntnisse und Fertigkeiten selbst bewerten.

K 29

K 3

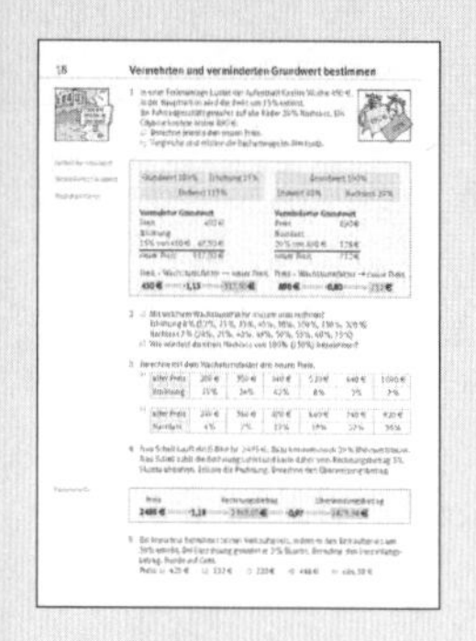

Die Schüler bestimmen den vermehrten bzw. verminderten Grundwert. Auch der Wachstumsfaktor wird verwendet.

1 a) Preis Ferienanlage: 517,50 € Preis Citybike: 712,00 €
b) –/–

2 a) 1,08 (1,12; 1,15; 1,33; 1,45; 1,50; 2,00; 2,50; 3,00)
b) 0,93 (0,86; 0,79; 0,58; 0,51; 0,50; 0,45; 0,40; 0,25)

3

a)	Neuer Preis	230 €	434 €	624,80 €	561,60 €	652,80 €	1 070 €
b)	Neuer Preis	230,40 €	334,80 €	408,90 €	534,60 €	540,20 €	598,00 €

4

Preis für E-Bike	2 495 €
19% MwSt.	474,05 €
Rechnungsbetrag	2 969,05 €
Skonto	89,07 €
Überweisungsbetrag	2 879,98 €

5 a) 535,93 € b) 166,45 € c) 277,42 € d) 564,93 € e) 865,68 €

K 1

Kopfrechenübungen

1. Berechne jeweils den neuen Preis.

alter Preis (€)	200	400	500	750	450	1 200
Erhöhung	10%	5%	20%	50%	100%	40%
neuer Preis (€)	220	420	600	1 125	900	1 680

2. Die Preiserhöhung beträgt jeweils 5%. Berechne den neuen Preis.

alter Preis (€)	600	1 200	1 800	3 000	20 000	10
neuer Preis (€)	630	1 260	1 890	3 150	21 000	10,50

3. Berechne jeweils den neuen Preis.

alter Preis (€)	200	400	500	350	800	180
Nachlass	10%	5%	20%	50%	40%	75%
neuer Preis (€)	180	380	400	175	480	45

4. Die Preissenkung beträgt jeweils 10%. Berechne den neuen Preis.

alter Preis (€)	800	1 200	2 200	6 000	50 000	5
neuer Preis (€)	720	1 080	1 980	5 400	45 000	4,50

K 4

Berechnungsschemata für Preissteigerung und Preisnachlass

Einsatzhinweis:
Die mit den Abbildungen im Schülerbuch identischen Rechenpläne lassen sich einsetzen
- als Veranschaulichungsgrundlage für die gemeinsame Bearbeitung der Aufgaben 1, 2 und 3.
- als Lösungshilfe für ähnliche Aufgaben zu Preissteigerung und Preisnachlass.

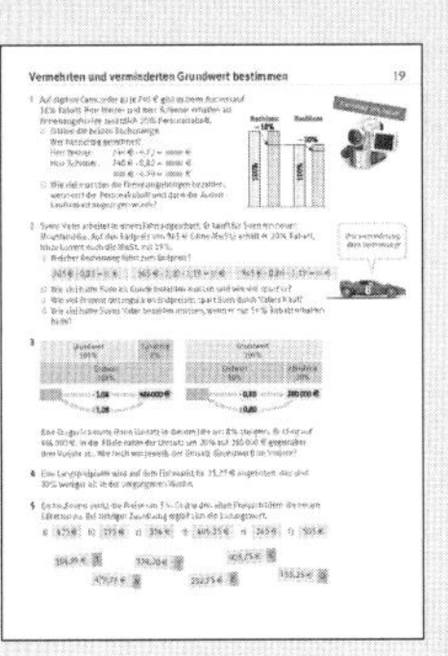

L

1 a) Herr Schiener rechnet richtig. Preis: 546,12 €
b) gleich viel

2 a) 985 € · 0,80 · 1,19 = 937,72 €
b) Preis: 1 172,15 € Ersparnis: 234,43 €
c) 20%
d) 984,61 €

3 Drogerie: 450 000 € Filiale: 350 000 €

4 alter Preis: 22,50 €

5 Lösungswort: KOSTEN

425 €	↔	403,75 €	K
195 €	↔	185,25 €	O
356 €	↔	338,20 €	S
405,25 €	↔	384,99 €	T
245 €	↔	232,75 €	E
505 €	↔	479,75 €	N

Z

K 1

AH 8

Kopfrechenübungen

1. Berechne den Prozentwert.

10% von 1 820 €	(182 €)
5% von 600 kg	(30 kg)
25% von 4 000 l	(1 000 l)
50% von 678 m^3	(339 m^3)
40% von 720 t	(288 t)
150% von 620 hl	(930 hl)

2. Berechne den Prozentsatz.

36 cm	von 48 cm	(75%)
800 m	von 2,4 km	($33\frac{1}{3}$ %)
144 €	von 960 €	(15%)
36 kg	von 120 kg	(30%)
20 l	von 1 hl	(20%)
250 cm^3	von 1 dm^3	(25%)

3. Berechne den Grundwert.

10% sind 87 €	(870 €)
5% sind 16 kg	(320 kg)
25% sind 42 l	(168 l)
2% sind 120 g	(6 000 g)
20% sind 30 t	(150 t)
75% sind 180 m	(240 m)

4. Kettenrechnungen

a)	300 € + 40% davon	– 50% davon	· 100	+ 20% davon	: 2
	420 €	210 €	2 100 €	2 520 €	1 260 €
b)	500 € – 60% davon	+ 25% davon	· 8	– 30% davon	: 1 000
	200 €	250 €	2 000 €	1 400 €	1,40 €

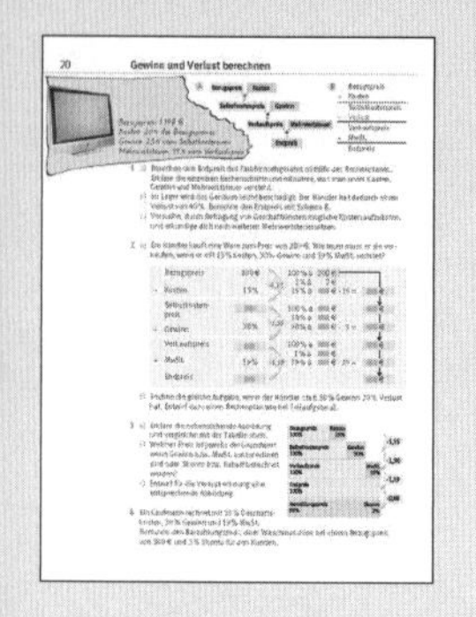

Im Sachfeld „Gewinn und Verlust" wenden die Schüler Prozentrechnen an. Dabei lernen sie auch sachgerecht mit den Begriffen Bezugspreis, Geschäftskosten, Gewinn und Mehrwertsteuer umzugehen. Verschiedene Lösungsverfahren werden angeboten. Fächerübergreifender Aspekt: Arbeit – Wirtschaft – Technik (Verkauf und Erfolgskontrolle: Gewinn und Verlust; Marketing: Preisbildung, Preisgestaltung)

K 5

K 6

L

1 a)

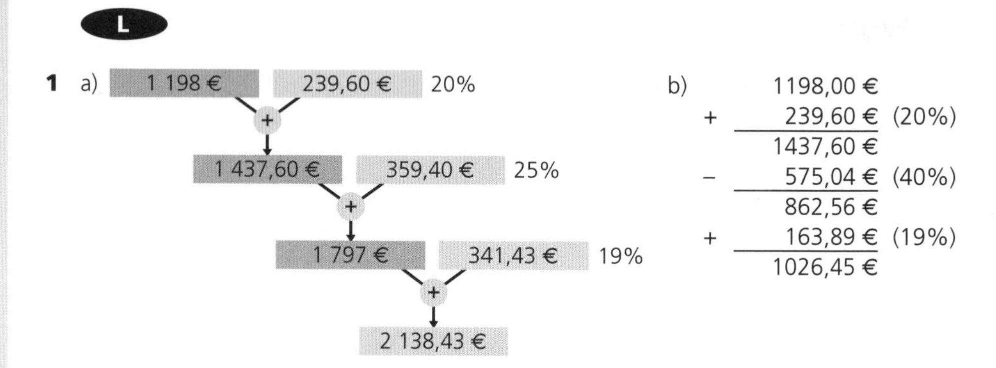

b)

	1198,00 €	
+	239,60 €	(20%)
	1437,60 €	
–	575,04 €	(40%)
	862,56 €	
+	163,89 €	(19%)
	1026,45 €	

c) Mögliche Kosten: Telefongebühren, Bürokosten etc. weiterer Mehrwertsteuersatz: 7% für Lebensmittel,...

2

	a)	b)
Bezugspreis	200,00 €	200,00 €
Selbstkostenpreis	230,00 €	230,00 €
Verkaufspreis	299,00 €	184,00 €
Endpreis	355,81 €	218,96 €

3 a) Beide Abbildungen sind in ihrem Ablauf identisch und führen zu gleichen Ergebnissen.

b) Beispielrechnung für Bezugspreis 100 €:

Bezugspreis:	100,00 €
Selbstkostenpreis:	115,00 €
Verkaufspreis:	149,50 €
Endpreis:	177,91 €
Barzahlungspreis:	174,35 €

c) – / –

	Grundwert
bei Gewinnberechnung	Selbstkostenpreis
bei Mehrwertsteuerberechnung	Verkaufspreis
bei Skontoberechnung	Endpreis
bei Rabattberechnung	Endpreis

4

	Bezugspreis	300 €
+	Geschäftskosten	105 €
	Selbstkostenpreis	405 €
+	Gewinn	121,50 €
	Verkaufspreis	526,50 €
+	MwSt.	100,04 €
	Endpreis	626,54 €
–	Skonto	12,53 €
	Barzahlungspreis	614,01 €

Z

Berechnungsschemata für Gewinn und Verlust

Einsatzhinweis:

Die mit den Abbildungen im Schülerbuch identischen Rechenpläne lassen sich einsetzen

- als Veranschaulichungsgrundlage für die gemeinsame Bearbeitung der Aufgaben 1, 2 und 3.
- als Lösungshilfe für ähnliche Aufgaben zu Gewinn und Verlust, z.B. für Aufgabe 4.

Die besondere Seite: Fit durch Ernährung

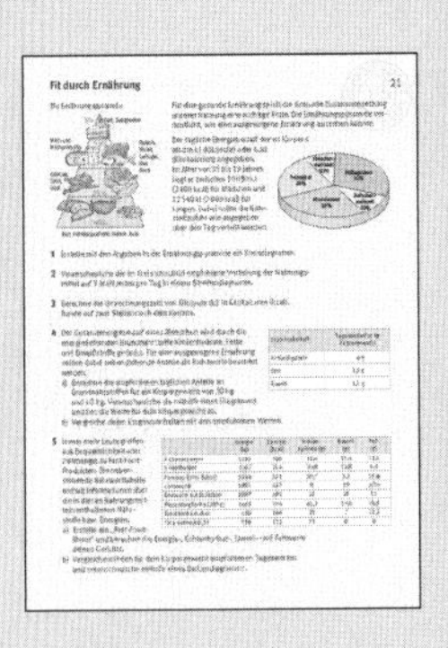

L

1

Fett, Süßigkeiten 5%

Milch und Milchprodukte, Fleisch, Wurst... 20%

Gemüse, Salat, Obst 35%

Brot, Getreideprodukte... 40%

2

25%	10%	30%	10%	25%
Frühstück	Zwischenmahlzeit	Mittagessen	Zwischenmahlzeit	Abendessen

3 Umrechnungszahl: 0,2 (0,2392821)

4 a)

	bei 30 kg	bei 80 kg
Kohlenhydrate	180 g	480 g
Fett	39 g	104 g
Eiweiß	45 g	120 g

b) – / –

5 – / –

Die Thematik stellt eine Verbindung zum Fach Physik / Chemie / Biologie her. Dort werden unter dem Lernbereich „Richtige Lebensführung" auch Grundsätze einer ausgewogenen Ernährung angesprochen. Diese Seite kann dazu einen Beitrag leisten. Gleichzeitig sind die Aufgaben auch als Anwendungsfeld erlernter Operationen zu sehen.

Z

Portionieren ohne zu wiegen

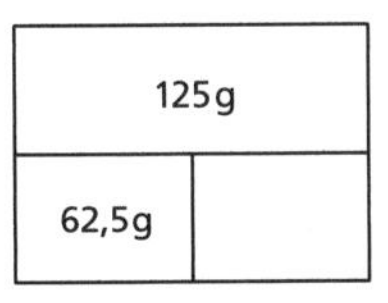

Butter 250 g

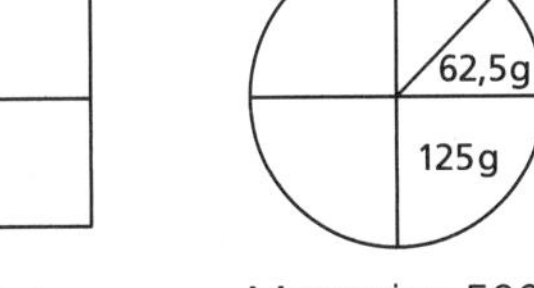

Margarine 500 g

Prozentrechnung mit der Tabellenkalkulation

Mit Hilfe eines Tabellenkalkulationsprgramms können am Computer Aufgaben der Prozentrechnung leicht und übersichtlich dargestellt werden.
Der Vorteil einer Tabellenkalkulation besteht darin, dass eine einmal erstellte Kalkulationstabelle die eingegebenen Rechenvorgänge beliebig oft und automatisch durchführt; bei geänderten Ausgangswerten werden sofort die neuen Endwerte ausgeworfen. Die Aufgliederung der Teilergebnisse ist ebenfalls hilfreich.
Die Seiten 22 und 23 führen in die Anwendung der Tabellenkalkulation ein. Schrittweise wird gezeigt, wie das Rechenblatt aufgebaut wird. Dabei geht es nicht um die perfekte Beherrschung eines bestimmten Programms (Weiterentwicklung bedenken); die Schüler sollen das Beziehungsgeflecht (Zusammenhänge bei der Formel) innerhalb des Rechenblattes erkennen und einige Formatierungsmöglichkeiten lernen.

L

1 a) Spalten: 4 Zeilen: 6

b) Texte in A1, A2, A3, A4, A5, A6, B1, C1, D1

c) Stereoanlagen: 4 Camcorder: 7

d) Stereoanlage: 548,00 € Camcorder: 659,00 €

e) D2: Gesamtpreis der Stereoanlagen
D4: Verkaufspreis von Stereoanlagen und Camcorder

f) D5

g) D4+D5

h) D2, D3, D4, D5, D6

2 1. Schritt: Texte werden in der Zelle links-, Werte mittig angeordnet

2. Schritt: Jede Formel beginnt mit dem „="-Zeichen und muss mit der RETURN-Taste oder einem Klick auf eine andere Zelle abgeschlossen werden.
Aufbau der Formel in D2: = B2 * C2

a) nein

b) Formel in D3: =B3*C3

c) in Zelle: D4: =D2+D3

Z

Tabellenkalkulationsblatt:

Einsatzhinweis:
Das Tabellenkalkulationsblatt kann zur Vorbereitung des Computereinsatzes genutzt werden. Der Vorteil ist, dass sich die Schüler strukturiert in aller Ruhe überlegen können, welche Formeln sie an welcher Stelle eintragen.

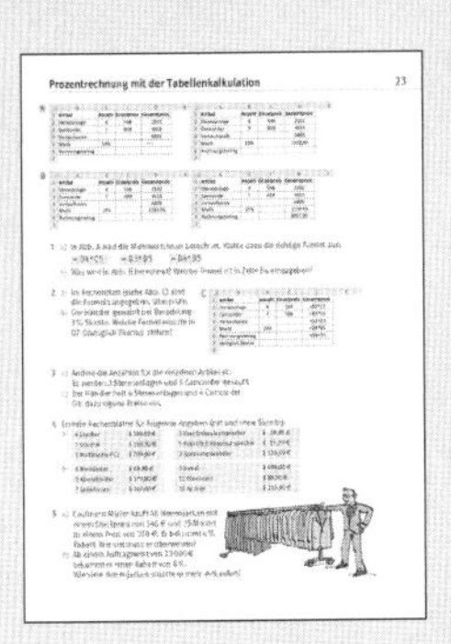

L

1 a) Formel in D5: =D4*B5
b) Rechnungsbetrag Formel in D6: =D4+D5

2 a) – / –
b) Eintrag in B7: 3 %
Formel in D7: =D6*0,97 oder =D6–D6*B7

3 a) – / –
b) – / –

4 a)

	A	B	C	D
1	Artikel	Anzahl	Einzelpreis	Gesamtpreis
2	Drucker	4	199,50	798,00
3	Scanner	5	159,90	799,50
4	Multimedia-PCs	3	789,90	2 369,70
5	Einbaulautsprecher	3	39,95	119,85
6	Kfz-Einbaulautsprecher	5	15,99	79,95
7	Spannungswandler	2	129,99	259,98
8	Verkaufspreis			4 426,98
9	MwSt.	19 %		841,13
10	Rechnungsbetrag			5 268,11
11	Skonto	3 %		5 110,07

	A	B	C	D
1	Artikel	Anzahl	Einzelpreis	Gesamtpreis
2	Drucker	4	199,50	=B2*C2
3	Scanner	5	159,90	=B3*C3
4	Multimedia-PCs	3	789,90	=B4*C4
5	Einbaulautsprecher	3	39,95	=B5*C5
6	Kfz-Einbaulautsprecher	5	15,99	=B6*C6
7	Spannungswandler	2	129,99	=B7*C7
8	Verkaufspreis			=SUMME(D2:D7)
9	MwSt.	19 %		=D8*B9
10	Rechnungsbetrag			=D8+D9
11	Skonto	3 %		=D10–D10*B11

b) entsprechend

5 a) 3 366,12 € b) 5 Herrenjacken mehr

Die Schüler entwickeln schrittweise ihr Rechenblatt. Durch Veranschaulichung am Rechenblattgitter werden ihnen Zusammenhänge zwischen verschiedenen Zellen deutlich.
Auf dieser Veranschaulichungsgrundlage erweitern sie bzw. variieren sie das Rechenblatt.

Z

Tabellenkalkulationsblatt: K 7

Einsatzhinweis:
Das Tabellenkalkulationsblatt kann zur Vorbereitung des Computereinsatzes genutzt werden. Der Vorteil ist, dass sich die Schüler strukturiert in aller Ruhe überlegen können, welche Formeln sie an welcher Stelle eintragen.

Mit unterschiedlichen Grundwerten rechnen

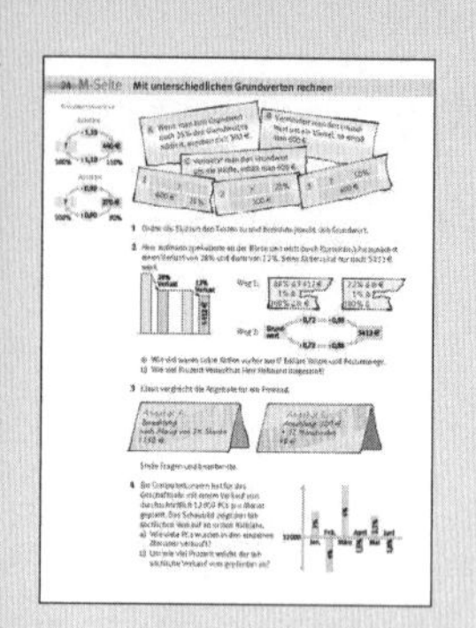

Ab dieser Seite beginnen die Aufgaben mit erhöhtem Anforderungsniveau für M-Klassen.
Sie eigenen sich aber auch hervorragend zur Binnendifferenzierung in Regelklassen, da auf diesen Seiten der bisherige Stoff erweitert und vertieft wird.

L

1 a → 2G = 240 €
b → 1 G = 800 €
c → 3G = 400 €

2 a) 8 541,67 € b) p = 36,64%

3 Beispiel: Wie viel kostet das Fahrrad?
Angebot A: 1 400,00 €
Angebot B: 1 476,00 €

4 a)

Januar:	12 360
Februar:	11 520
März:	12 720
April:	11 820
Mai:	12 300
Juni:	11 784

b)

Vorjahr 1. Halbjahr:	60 000 PCs
jetzt 1. Halbjahr:	72 504 PCs
Differenz:	12 504 PCs

Steigerung um 20,84%

L

1 a) Endpreis: 240,93 €
b) Preis zur Geschäftseröffnung: 168,65 €

2 zu zahlender Betrag: 213,40 €

3 Bezugspreis: 303,86 €

4 a) Gesamtbezugspreis: 430 000 €
b) Barzahlungspreis: 15 274,65 €

5 neuer Preis (ohne MwSt.): 981 €
neuer Preis (mit MwSt.): 1 167,39 €

6 neuer Preis: 1 011,36 €
Differenz: 38,64 €
Verbilligung: 3,68 %

7 a) Verkaufsgewicht: 984 kg
b) Verkaufspreis: 2 706 €
c) Gewinn: 656 €
d) Endpreis pro kg: 2,94 €

8 a) Endpreis: 328,44 €
b) Wachstumsfaktor: $1,15 \cdot 1,20 \cdot 1,19 = 1,6422$

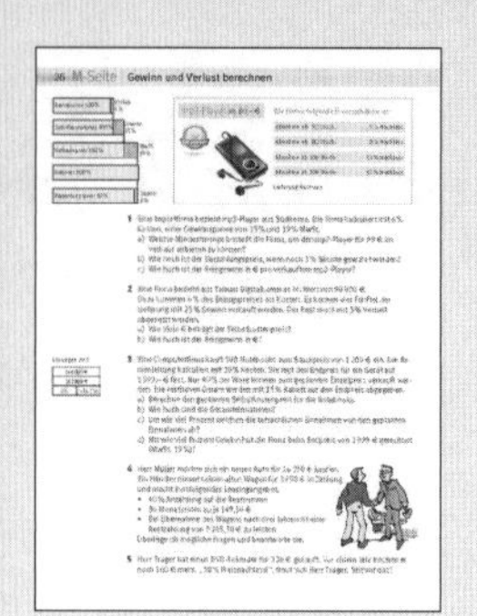

L

1 a) bei 200 Stück: 98,64 €
b) Barzahlungspreis: 96,03 €
c) Selbstkostenpreis: 73,78 €
Reingewinn: 80,00 € · 0,85 · 0,15 = 10,20 €

2 a) Selbstkostenpreis: 95 400 €
b) Reingewinn: 18 126 € (19%)

3 a) Selbstkostenpreis: 144 000 €
b) 40 Notebooks a 1 999,00 €: 79 960,00 €
60 Notebooks a 1 699,15 €: 101 949,00 €
Gesamteinnahme: 181 909,00 €
c) geplante Einnahmen: 199 900 €
tatsächliche Einnahmen: 181 909 €
Differenz: 17 991 € (9%)
d) Gewinn: ≈ 16,7%

4 – / –

5 stimmt nicht
Preis vor einem Jahr: 480 €
Nachlass: 33,33%

1

	12 000 €	40 000 €	65 000 €	8 500 €	12 250 €
$\frac{1}{1\,000}$	12 €	40 €	65 €	8,50 €	12,25 €

2 a) 5‰; 9‰; 17‰; 2‰; 25‰; 20‰; 40‰
b) 3,2‰; 2,5‰; 12,5‰; 9,7‰; 254,5‰; 0,2‰
c) 0,014; 0,027; 0,012; 0,009; 0,043; 0,052; 0,005; 0,002
d) 0,0032; 0,0047; 0,0019; 0,0008; 0,0003; 0,0005

3 Prämie: 546 €

4 81 €
a) 17 €
b) 63,75 €
c) 14,58 €
d) 1,82 €
e) 819,50 €

5

	a)	b)	c)	d)	e)	f)	g)
Grundwert	525	2 100	111 000	53 750	241,38	385	249 000
Promillesatz	9‰	12,2‰	5,5‰	0,8‰	8,7‰	10,4‰	0,08‰
Promillewert	4,725	25,62	610,5	43	2,1	4	21

6 a) 300 000 € · 0,003 = 900 € (Prämie)
b) 66 800 € · 0,0045 = 300,60 €
95 000 € · 0,0042 = 399 €
182 000 € · 0,0037 = 673,40 €
c) 2 100 € : 1 200 000 € = 1,75‰
3 700 € : 2 000 000 € = 1,85‰
4 480 € : 800 000 € = 5,6‰

Die Promillerechnung beinhaltet für die Schüler nichts grundlegend Neues: Anteile werden statt in Hundertstel nun in Tausendstel angegeben. Die Rechenverfahren bleiben gleich.

Z

Kopfrechenübungen

K 1

1. Wandle in Promille um.

Aufgabe	100%	2%	0,5%	$\frac{1}{4}$	0,04	0,025
Ergebnis	1 000‰	20‰	5‰	250‰	40‰	25‰

2. Berechne jeweils die Jahresprämie einer Versicherung, wenn jährlich 1,5‰ Prämie bezahlt werden müssen.

Versicherungssumme	200 000 €	240 000 €	280 000 €	400 000 €
Jahresprämie	300 €	360 €	420 €	600 €

SB 28 Mit Promille rechnen

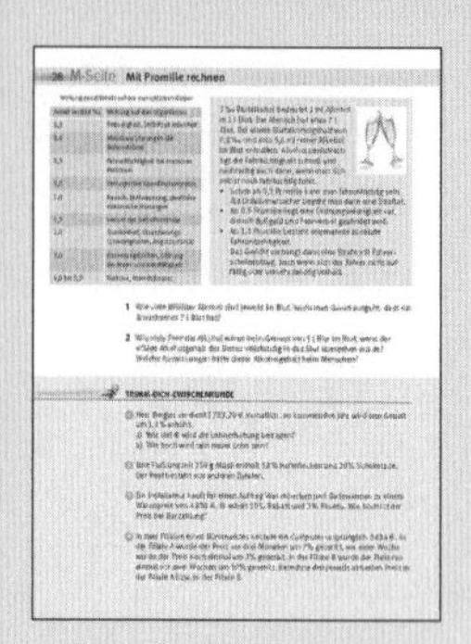

Auf dieser Seite geht es um die Anwendung der Promillerechnung in der Sachsituationen (Blutalkoholgehalt, Versicherungen).

1

	Alkohol
bei 0,3 ‰	2,1 ml
bei 0,5‰	3,5 ml
bei 1,2‰	7,7 ml

2 – / –

TRIMM-DICH-ZWISCHENRUNDE

Die Trimm-dich-Zwischenrunden dienen dazu, diagnostisch zur individuellen Förderung den Lernstand der Schüler auch während des Lernprozesses zu ermitteln: Was „sitzt", wo sind noch Schwächen vorhanden, welche Lerninhalte müssen nochmals aufgegriffen und vertieft werden?
Eine realistische Einschätzung der eigenen Leistungen hilft, Stärken zu erhalten und Schwächen abzumildern. Mithilfe des Selbsteinschätzungsbogens (K 29) können die Schüler ihre Kenntnisse und Fertigkeiten selbst bewerten.

K 29

1 a) 32,10 € b) 1 815,30 €

2 andere Zutaten: 27% = 94,50 g

3 Barzahlungspreis: 3 998,83 €

4 aktueller Preis in Filiale A: 2 556,55 €
aktueller Preis in Filiale B: 2 550,60 €

L

1 a) $\frac{7}{8} = 0{,}875 = 87{,}5\%$ b) $17{,}5\% = 0{,}175 = \frac{7}{40}$

c) $25\% = 0{,}25 = \frac{1}{4}$ d) $2\frac{1}{5} = 2{,}2 = 220\%$

e) $125\% = 1{,}25 = 1\frac{1}{4}$ f) $2{,}5\% = 0{,}025 = \frac{1}{40}$

2

	a)	b)	c)
Grundwert	28,35 €	125 kg	1,25 km
Prozentsatz	15%	93,2%	40%
Prozentwert	4,25 €	116,5 kg	0,5 km

3 a) P = 57 Fahrzeuge

b) G = 282 Personen

c) P = 66 Punkte

d) G = 27 Schüler

4 a) 48 kg b) 12% c) 586 €

5 a) 2 600 € b) 1 200 € c) 2 300 € d) 1 800 €

e) 2 100 € f) 1 600 € g) 2 050 € h) 1 960 €

6 a) Rennrad: 64,56 €
Mountainbike: 120,00 €
Sportrad: 41,15 €

b) Rennrad: 602,56 €
Mountainbike: 1 120,00 €
Sportrad: 384,05 €

Auf den Seiten 29 bis 31 werden wesentliche Inhalte des Themenbereichs „Prozent" noch einmal auf verschiedenen Niveaustufen wiederholt. Dies soll einerseits der Sicherung und Vertiefung dienen und andererseits sowohl der Lehrkraft als auch dem einzelnen Schüler Auskunft über den Leistungsstand geben. Eventuelle Defizite erfordern ein nochmaliges Aufgreifen im Unterricht.
Die nebenstehenden Lösungen finden sich auch im Schülerbuch auf Seite 176.

Prozentrechnung wiederholen

Auf den Seiten 29 bis 31 werden wesentliche Inhalte des Themenbereichs „Prozent" noch einmal auf verschiedenen Niveaustufen wiederholt. Dies soll einerseits der Sicherung und Vertiefung dienen und andererseits sowohl der Lehrkraft als auch dem einzelnen Schüler Auskunft über den Leistungsstand geben. Eventuelle Defizite erfordern ein nochmaliges Aufgreifen im Unterricht.
Die nebenstehenden Lösungen finden sich auch im Schülerbuch auf Seite 176.

L

7 blaue Luftballons: $\frac{10}{80} = \frac{1}{8} = \frac{30}{240}$

gelbe Luftballons: $\frac{12}{60} = \frac{1}{5} = \frac{48}{240}$

grüne Luftballons: $\frac{15}{90} = \frac{1}{6} = \frac{40}{240}$

rote Luftballons: $\frac{15}{50} = \frac{3}{10} = \frac{72}{240}$

am empfindlichsten: rote Luftballons

8 a) Selbstkostenpreis 1 147,70 €
Verkaufspreis 1 492,01 €
Endpreis 1 775,49 €
b) Barzahlungspreis 1 722,23 €
c) Endpreis 1 570,63 €
Barzahlungspreis 1 523,51 €

9 ursprünglicher Preis: 19 500 €

10

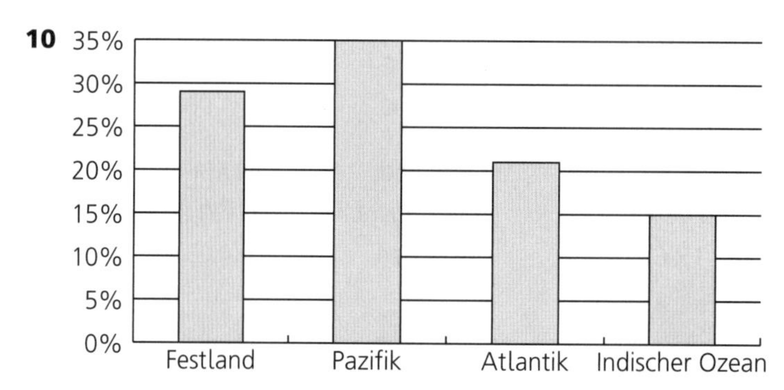

11 a) erlaubte Zuladung: 490 kg p = 29,25%
b) unterschritten: 38,78% 8,16%
überschritten: 2,04% 12,24%

12 a) 10 751,05 € b) 9,7% c) 105,90 €

13 a) Preis: 2 520,00 € b) Preis: 336,00 € c) alter Preis: 560,00 €
d) alter Preis: 125,00 €

14 Preis: 80,00 € Preis: 125,00 €

15 Bus: 54%
Fußgänger: 28%
Fahrrad: 18%

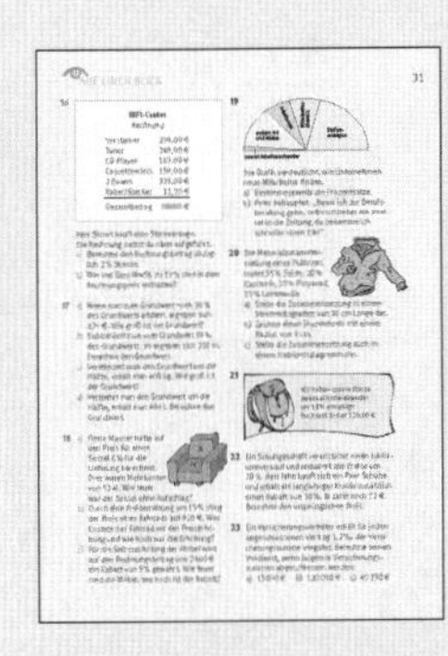

L

16 a) Gesamtbetrag: 1 232,25 €
Skonto: 24,65 €
Rechnungsbetrag: 1 207,60 €
b) MwSt.: 196,75 €

17 a) G = 200 € b) G = 300 € c) G = 1 200 kg d) G = 320 €

18 a) Preis ohne Aufschlag: 650,00 €
b) Preis vor der Preiserhöhung: 800,00 € Erhöhung: 120,00 €
c) neuer Rechnungsbetrag: 2 356,00 € Rabatt: 124,00 €

19 a)

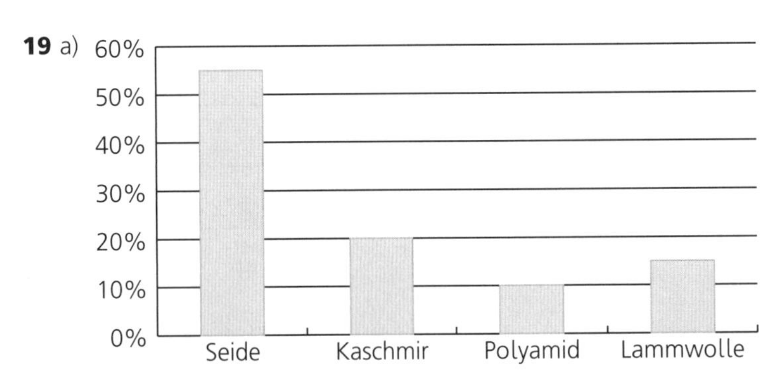

b)

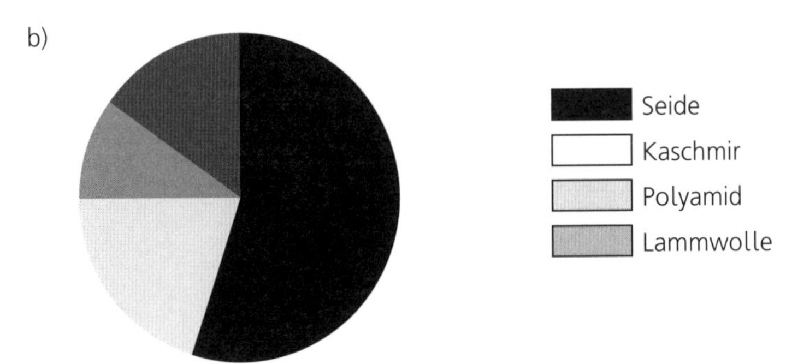

20 a) Stellenzeigen: 48,60%
Mitarbeiterhinweis: 18,75%
Agentur für Arbeit: 13,88%
andere Art und Weise: 28,13%
Inserat Arbeitssuchender: 9,36%
b) Peters Behauptung ist falsch.
Agentur für Arbeit: 13,88% Inserat: 9,36%

21 neuer Preis: 86,70 €

22 ursprünglicher Preis: 100,00 €

23 a) 18 € b) 144 € c) 48,40 €

Auf den Seiten 29 bis 31 werden wesentliche Inhalte des Themenbereichs „Prozent“ noch einmal auf verschiedenen Niveaustufen wiederholt. Dies soll einerseits der Sicherung und Vertiefung dienen und andererseits sowohl der Lehrkraft als auch dem einzelnen Schüler Auskunft über den Leistungsstand geben. Eventuelle Defizite erfordern ein nochmaliges Aufgreifen im Unterricht.
Die nebenstehenden Lösungen finden sich auch im Schülerbuch auf Seite 176.

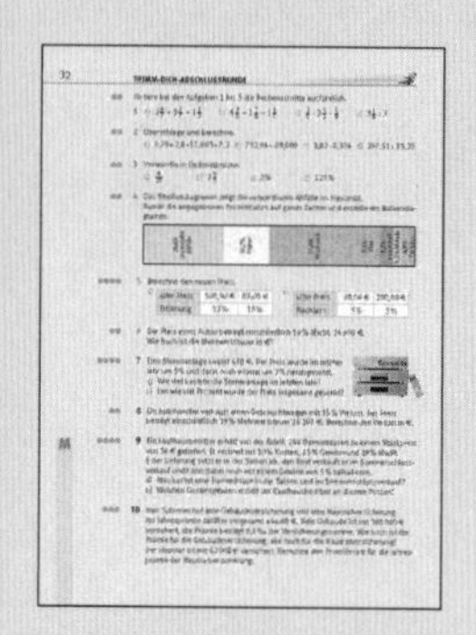

Mithilfe der Trimm-dich-Abschlussrunde kann am Ende einer Lerneinheit die abschließende Lernstandserhebung durchgeführt werden. Die orangen Punkte am Rand geben die Anzahl der Punkte für die jeweilige Aufgabe an. Im Anhang des Lehrerbandes steht eine weitere Trainingsrunde zur Verfügung.
Eine realistische Einschätzung der eigenen Leistungen hilft, Stärken zu erhalten und Schwächen abzumildern. Mithilfe des Selbsteinschätzungsbogens (K 29) können die Schüler ihre Kenntnisse und Fertigkeiten selbst bewerten.

K 29

L

1 a) $2\frac{4}{7} + 3\frac{2}{7} + 1\frac{1}{2} = 2\frac{8}{14} + 3\frac{4}{14} + 1\frac{7}{14} = 6\frac{19}{14} = 7\frac{5}{14}$

b) $4\frac{1}{8} - 1\frac{7}{8} - 1\frac{1}{5} = 2\frac{2}{8} - 1\frac{1}{5} = 2\frac{10}{40} - 1\frac{8}{40} = 1\frac{2}{40} = 1\frac{1}{20}$

c) $\frac{2}{5} \cdot 3\frac{1}{2} \cdot \frac{5}{9} = \frac{2 \cdot 7 \cdot 5}{5 \cdot 2 \cdot 9} = \frac{7}{9}$

d) $3\frac{1}{9} : 3 = \frac{28 \cdot 1}{9 \cdot 3} = \frac{28}{27} = 1\frac{1}{27}$

2 a) 23,795 b) 703,031 c) 31,91228 d) 8,44

3 a) 0,36 b) $3,\overline{714285}$ c) 0,03 d) 1,25

4 organische Abfälle: 30%
Papier: 17%
Mischmüll: 31%
Glas: 9%
Kunststoff: 5%
Metalle: 3%
Textilien: 5%

30%
20%
10%
0%
organische Abfälle Papier Misch-müll Glas Kunst-stoff Metalle Textilien

5 a) neuer Preis: 560 € 97,75 € b) neuer Preis: 85,50 € 242,50 €

6 MwSt.: 3 990 €

7 a) 650 € · 1,05 = 682,50 €
682,50 € · 1,02 = 696,15 €
b) Preissenkung: 6,6%

8 Verkaufspreis ohne MwSt.: 15 300 €
Einkaufspreis: 15 300 € : 85 · 100 = 18 000 €
Verlust: 18 000 € – 15 300 € = 2 700 €

9 a) in der Saison:
56 € · 1,10 · 1,15 · 1,19 = 84,30 €
im Sommerschlussverkauf:
56 € · 1,10 · 1,05 · 1,19 = 76,97 €

b) Selbstkostenpreis der gesamten Ware: 240 · 56 € · 1,10 = 14 784 €
Gewinn bei $\frac{2}{3}$ der Ware: 14 784 € · $\frac{2}{3}$ · 0,15 = 1 478,40 €
Gewinn bei $\frac{1}{3}$ der Ware: 14 784 € · $\frac{1}{3}$ · 0,05 = 246,40 €
Gesamtgewinn: 1 724,80 €

10 Prämie für Gebäudeversicherung: 380 000 € · 0,0008 = 304 €
Prämie für Hausratversicherung: 446,60 € – 304 € = 142,60 €
Promillesatz für Hausratversicherung: 142,60 € : 62 000 € = 2,3‰

T 1

Trainingsrunde 1

L

Zahl

Bruchzahlen

a) A) $\frac{1}{2}$; B) $\frac{3}{8}$; C) $\frac{1}{8}$

b) Beispiele:

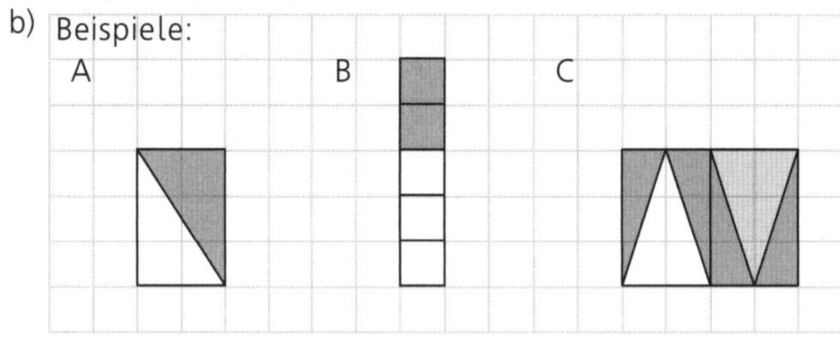

c) A) $\frac{1}{6}$; B) $\frac{1}{3}$; C) $\frac{1}{6}$; D) $\frac{1}{12}$

Ganze Zahlen

a)

– 3	– 28
+ 50	– 41
– 100	– 25

b) –351 €

c) 30 cm unter Normalwasserstand (–30 cm)

d) –46

Messen

Winkel

a) $\alpha = 121°$; $\beta = 101°$; $\gamma = 79°$; $\delta = 59°$;

b) $\alpha = 79°$; $\beta = 55°$; $\gamma = 46°$;

Fläche und Volumen

a)

Quader	A	B	C	D
Länge	14 cm	7 m	1,3 m	1,1 dm
Breite	6 cm	5m	130 cm	30 dm
Höhe	8 cm	3 m	1,3 m	150 cm
Oberfläche	488 cm^2	142 m^2	10,14 m^2	999 dm^2
Volumen	672 cm^3	105 m^3	2,197 m^3	495 dm^3

b) $V = 7\,344\ cm^3 = 7{,}334\ dm^3$

Raum und Form

Würfel

A) Würfel 3; B) Würfel 2;

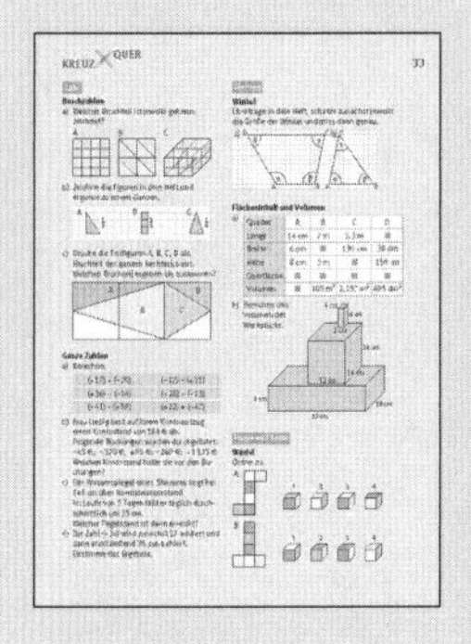

Die Seiten „Kreuz und quer“ greifen im Sinne einer permanenten Wiederholung Lerninhalte früher behandelter Kapitel auf und sichern so nachhaltig Grundwissen und Basiskompetenzen.

Rationale Zahlen

Diagnose, Differenzierung und individuelle Förderung

Die Lerninhalte des Schulbuchs sind drei unterschiedlichen Niveaustufen zugeordnet, nämlich Basiswissen (Blau), qualifizierendes Niveau (Rot) und gehobenes Niveau (Schwarz). Ziel ist es, die Kompetenzen beim einzelnen Schüler genau entsprechend seiner Leistungsfähigkeit aufzubauen.

Als erste Schritte zur Analyse der Lernausgangslage (Diagnose) für das folgende Kapitel dienen die beiden Einstiegsseiten: **„Das kann ich schon"** (SB 34) und **Bildaufgabe** (SB 35). Die Schüler bringen zu den Inhalten des Kapitels „Rationale Zahlen" bereits Vorwissen aus früheren Jahrgangsstufen mit. Mithilfe der Doppelseite im Schülerbuch soll möglichst präzise ermittelt werden, welche Inhalte bei den Schülern noch verfügbar sind, wo auf fundiertes Wissen aufgebaut werden kann und was einer nochmaligen Grundlegung bedarf. So kann diese Lernstandserhebung ein wichtiger Anhaltspunkt sein, um Schüler möglichst früh angemessen zu fördern.
Eine realistische Einschätzung der eigenen Leistungen hilft, Stärken zu erhalten und Schwächen abzumildern. Mithilfe des Selbsteinschätzungsbogens **(K 29)** können die Schüler ihre Kenntnisse und Fertigkeiten selbst bewerten.

Der Test „Das kann ich schon" ist zur Bearbeitung in Einzelarbeit gedacht.
Die Bildaufgabe wird man eher im Klassenverband angehen, weil die offenen Aufgabenstellungen auf dieser Seite unterschiedliche Wege zulassen und viele Ideen eingebracht werden können.

1 Richtige Aussagen:
(−99) ist die **kleinste** zweistellige negative Zahl.
(−60) ist um 50 kleiner als (−10).
0 ist größer als jede andere negative Zahl.
(−100) ist um 10 **kleiner** als (−90).

2 a) A(−12) B(−9) C(−6) D(−3) E(−1)
F(+4) G(+7) H(+13)

b) I(−55) J(−47) K(−31) L(−20) M(−9)
N(−1) O(+6) P(+20) Q(+39) R(+55)

3 a) (−14) (−9) (−6) (−5) (−2) 0 4 8 12

b) 54 26 18 8 (−8) (−18) (−26) (−55)

4 a) Unterschied: 10 b) Unterschied: 20 c) Unterschied: 10

5 a) (−100) b) 8 und (−8) c) (−1) und 15

6 a) 25 + 38 = 63 b) 25 − 38 = −13 c) −25 + 38 = 13
d) 25 − 38 = −13 e) 25 − 35 = −13 f) 25 + 38 = 63
g) −25 − 38 = −63 h) −25 + 38 = 13

7 a) 145 € − 200 € = −55 € b) −240 € + 500 € = 260 €
c) −125 € − 250 € = −375 € d) −380 € − 625 € = −1 005 €

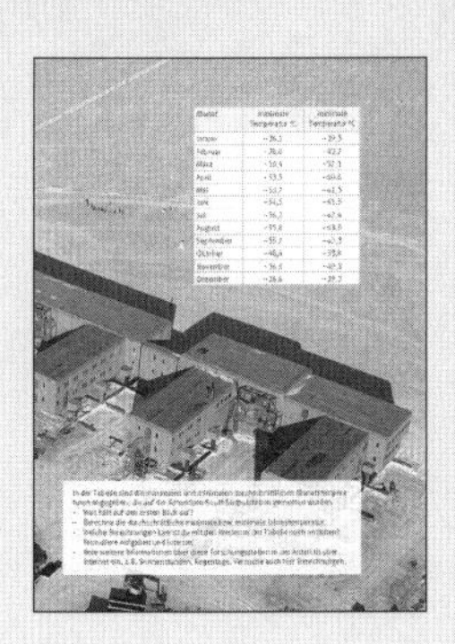

Zielstellungen

Regelklasse

Die Schüler lernen über die bisher bekannten Zahlbereiche hinaus auch die negativen rationalen Zahlen kennen. Ausgehend von realitätsnahen Situationen gewinnen sie durch Übertragen der Erfahrungen mit ganzen Zahlen sowie durch veranschaulichende Arbeit an der Zahlengeraden notwendige Einsichten. Sie lernen Rechenregeln kennen und lösen Aufgaben zu allen Grundrechenarten zumeist in Dezimalbruchschreibweise.

M-Klasse

Die Schüler lernen über die bisher bekannten Zahlbereiche hinaus auch die negativen rationalen Zahlen kennen. Ausgehend von realitätsnahen Situationen gewinnen sie durch Übertragen der Erfahrungen mit ganzen Zahlen sowie durch veranschaulichende Arbeit an der Zahlengeraden notwendige Einsichten. Sie lernen das Verfahren kennen, wie Brüche durch Brüche dividiert werden und lösen Aufgaben zu allen vier Grundrechenarten im Bereich der rationalen Zahlen.

Inhaltsbereiche

Regelklasse

- Bereich der rationalen Zahlen; Arbeit an der Zahlengeraden: Zahlen aufsuchen und ordnen
- Rechenregeln für die Multiplikation und Division rationaler Zahlen
- rationale Zahlen addieren, subtrahieren, multiplizieren, dividieren (Divisor in Dezimalbruchschreibweise)

M-Klasse

- Bereich der rationalen Zahlen; Arbeit an der Zahlengeraden: Zahlen aufsuchen und ordnen
- durch Brüche in Bruchstrichschreibweise dividieren
- Grundrechenarten im Bereich der rationalen Zahlen

Auftaktseite

Rationale Zahlen begegnen den Schülern in vielen Bereichen des Alltags, z.B. bei Temperaturen. Das Diagramm auf der Auftaktseite knüpft auf der einen Seite an die ganzen Zahlen der 7. Jahrgangsstufe an, bildet aber auf der anderen Seite zugleich die Grundlage für die Einführung des Bereichs der rationalen Zahlen.

Die Schüler sollen erkennen, dass der Zahlbereich der ganzen Zahlen oft nicht ausreicht und so Zwischenwerte in Form von rationalen Zahlen benötigt werden.

Arbeitsaufträge

- Auf einen Blick fällt auf, dass es nur Minus-Grade sind.
- durchschnittliche maximale Temperatur: −46,3 °C
- z.B. Unterschiede zwischen höchster und niedrigster Temperatur
  Unterschiede bei maximaler Temperatur: −26,1 − (−56,2) = 30,1 °C
  Unterschiede bei minimaler Temperatur: −29,3 − (−63,6) = 34,3 °C

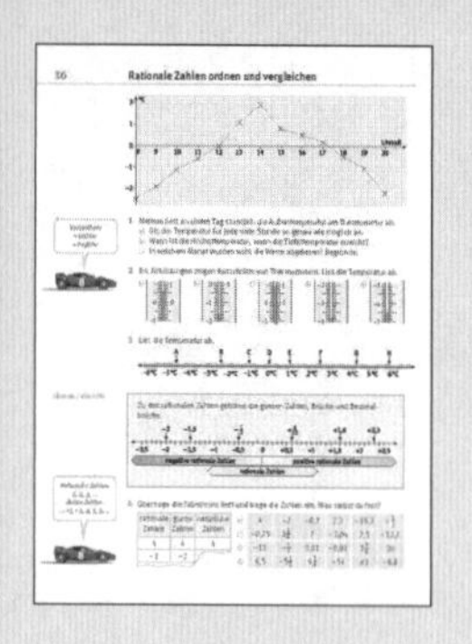

Ausgehend von Temperaturangaben werden die Schreibweise und die Bedeutung von positiven und negativen Werten wiederholt.
Mit Hilfe der Darstellungen an Zahlengeraden wird der Aufbau der rationalen Zahlen verdeutlicht.

1 a)

8.00	9.00	10.00	11.00	12.00	13.00
– 2,5°C	– 1,9°C	– 1,1°C	– 0,6°C	0°C	1,1°C

14.00	15.00	16.00	17.00	18.00	19.00	20.00
1,9°C	0,8°C	0,5°C	0,2°C	– 0,5°C	– 1°C	– 2,2°C

b) Höchsttemperatur: 14.00 Uhr
Tiefsttemperatur: 8.00 Uhr

c) In einem der Wintermonate

2 a) 0,6°C b) – 1,6°C c) 0,9°C d) – 3,8°C e) – 6,5°C

3

A	– 4,7°C	B	– 2,5°C	C	– 1,1°C	D	– 0,1°C
E	0,9°C	F	2,4°C	G	4,2°C	H	5,8°C

4

	rationale Zahlen	ganze Zahlen	natürliche Zahlen
a)	4; – 2; – 0,7; 7,3; – 15,3; $-\frac{1}{2}$	4; – 2	4
b)	– 0,75; $2\frac{1}{4}$; 7; – 2,06; 3,5; – 12,7	7	7
c)	– 13; $-\frac{1}{5}$; 0,01; – 0,01; $3\frac{3}{8}$; 20	– 13; 20	20
d)	6,5; $-5\frac{1}{3}$; $4\frac{3}{4}$; – 54; 62; – 8,8	– 54; 62	62

Jede natürliche Zahl ist zugleich eine ganze und eine rationale Zahl. Jede ganze Zahl ist auch eine rationale Zahl.

Z

K 8

Modell einer Zahlengeraden

Einsatzhinweis:

- Auf Folie kopieren
  Mit Hilfe der Pfeile lassen sich variable Ableseübungen gestalten.
  Die Begriffe auf Folie erlauben die Darstellung des Aufbaus der rationalen Zahlen.
  Zur besseren Unterscheidung kann man die Teilfolien auch farbig gestalten.
- Als Ausschneidebogen kopieren
  Mit den einzelnen Elementen gestalten die Schüler einen Merksatz im Heft analog dem Merkwissen im Schülerbuch.

Auf dieser Seite geht es darum, rationale Zahlen miteinander zu vergleichen und zu ordnen. Dabei stellt die Zahlengerade eine anschauliche Hilfe dar.
Es gilt: Auf der Zahlengeraden werden die Zahlen nach links immer kleiner und nach rechts immer größer.
Der Schwierigkeitsgrad steigt durch die Verwendung von Brüchen und Dezimalzahlen.

L

1 a)

A	$-1{,}9$	B	$-1{,}25$	C	$-0{,}25$	D	$1{,}2$
E	$-1\frac{1}{4}$	F	$-\frac{2}{10}$	G	$\frac{5}{10}$	H	$1\frac{8}{10}$

b)

D G A F E B

-6 -5 -4 -3 -2 -1 C 0 1 H

2 a) 7 $-4{,}5$ $-1{,}9$ $-0{,}5$
b) $2{,}6$ $-0{,}9$ $-2{,}2$
c) $-2\frac{2}{3}$ $-\frac{1}{4}$ $1\frac{1}{4}$ $2\frac{1}{2}$

3 a) 5 und 6 b) 0 und – 1 c) – 1 und – 2 d) 6 und 7
e) – 2 und – 3 f) 7 und 8 g) – 7 und – 8 h) 0 und 1
i) 1 und 2 j) – 6 und – 7 k) – 6 und – 7 l) – 8 und – 9

4 a) bei – 3 b) bei 2 c) bei 1 d) bei – 1,9 e) bei – 2 f) bei – 4

5 a) kleinste Zahl: – 3 größte Zahl: – 1,5
b) kleinste Zahl: – 1,4 größte Zahl: 0
c) kleinste Zahl: – 3,5 größte Zahl: 3,5

6 a) richtig b) falsch c) richtig d) richtig e) falsch
f) richtig g) falsch h) richtig i) falsch

K 9

Z

Kopfrechenübung

Bestimme die Richtung auf der Zahlengeraden und die Schrittweite.

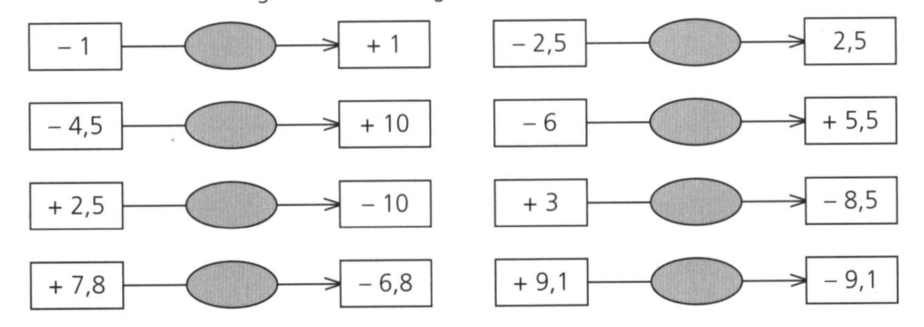

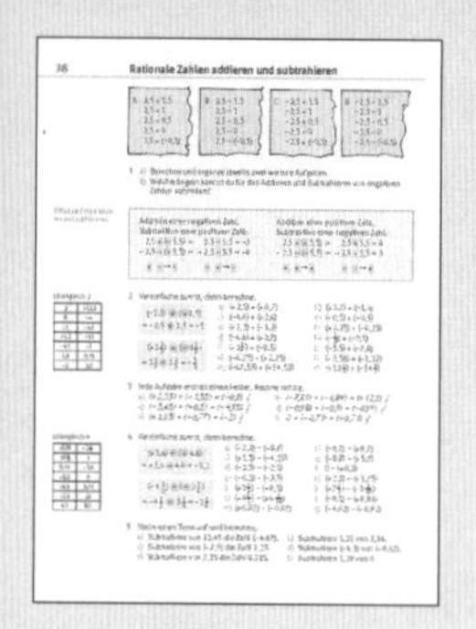

1 a)

A)	B)	C)	D)
2,5 + 1,5 = 4	2,5 − 1,5 = 1	−2,5 + 1,5 = −1	−2,5 − 1,5 = −4
2,5 + 1 = 3,5	2,5 − 1 = 1,5	−2,5 + 1 = −1,5	−2,5 − 1 = −3,5
2,5 + 0,5 = 3	2,5 − 0,5 = 2	−2,5 + 0,5 = −2	−2,5 − 0,5 = −3
2,5 + 0 = 2,5	2,5 − 0 = 2,5	−2,5 + 0 = −2,5	−2,5 − 0 = −2,5
2,5 + (−0,5) = 2	2,5 − (−0,5) = 3	−2,5 + (−0,5) = −3	−2,5 − (−0,5) = −2
2,5 + (−1) = 1,5	2,5 − (−1) = 3,5	−2,5 + (−1) = −3,5	−2,5 − (−1) = −1,5
2,5 + (−1,5) = 1	2,5 − (−1,5) = 4	−2,5 + (−1,5) = −4	−2,5 − (−1,5) = −1

b) Regeln wie im Buch, siehe Merkkasten

Ausgehend von den erlernten Rechenregeln wenden die Schüler ihr Wissen in variativen Aufgabenstellungen an. Das Addieren und Subtrahieren von rationalen Zahlen wird geübt und vertieft. Die Aufgabenstellungen werden dabei zunehmend schwieriger.

2
a) 2,5 + 0,7 = 3,2
b) 3,7 − 1,9 = 1,8
c) − 4,8 + 3,6 = − 1,2
d) − 0,5 − 0,5 = − 1
e) 1,2 − 1,2 = 0
f) 2,25 − 0,25 = 2
g) − 6,8 + 2,7 = − 4,1
h) $-\frac{1}{2} - 0{,}5 = -1$
i) $+1\frac{1}{4} - 0{,}5 = 0{,}75$
j) − 5,5 − 7,8 = − 13,3
k) − 6,25 + 2,25 = − 4
l) − 3,58 − 1,22 = − 4,8
m) − 67,55 + 14,55 = − 53
n) $12\frac{1}{2} - 14\frac{1}{2} = -2$

3
a) 2,35 − 1,55 = 0,8
b) − 7,21 − 4,89 = − 12,1
c) − 3,65 + 0,5 = − 3,15
d) − 0,98 − 0,1 = − 1,08
e) 1,33 + 0,77 = 2
f) 0 − 0,71 = − 0,71

4
a) 2,6 b) − 1,4 c) 5,55 d) − 4,9 e) 0 f) − 0,3
g) − 2,8 h) 0,35 i) 1 j) 10,8 k) − 2,2 l) − 0,19
m) 0,1 n) 4,3

5
a) 12,45 − (−4,67) = 17,12
b) 3,34 − 5,21 = −1,87
c) (−7,9) − 1,25 = −9,15
d) (−0,67) − (−4,3) = 3,63
e) 7,25 − 0,125 = 7,125
f) 0 − 1,29 = −1,29

Z

K 1

Kopfrechenübungen

1. Setze für ● ein Vorzeichen ein, damit das Ergebnis stimmt.
   a) 17 + (+5) = 22
   b) (−8) + (− 6) = (− 14)
   c) 5,5 + (−1,5) = 4
   d) +11,9 + (− 2,9) = 9
   e) 3,08 + (−1,06) = 2,02
   f) $2\frac{3}{4} + (+5\frac{1}{2}) = 8\frac{1}{4}$

2. Berechne.
   a) 30 € + (− 40 €) = − 10 €
   b) 99 € + (− 100 €) = − 1 €
   c) 50,50 € + (− 10,50 €) = 40 €
   d) (− 67,30 €) + (− 2,70 €) = − 70 €
   e) (− 32,80 €) + (+ 52 €) = 19,20 €
   f) (− 28,20 €) + (− 21,80 €) = − 50 €

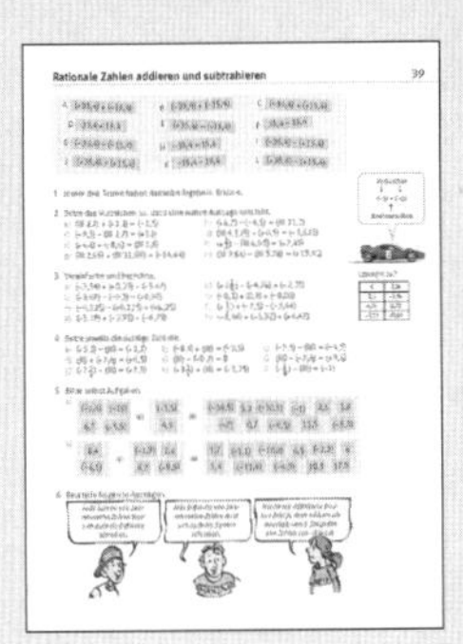

L

1 (+ 35,4) + (– 15,4) = 35,4 – 15,4 = (+ 35,4) – (+ 15,4) = 20 A | F | L
(– 35,4) + (– 15,4) = – 35,4 – 15,4 = (– 35,4) – (+ 15,4) = – 50,8 B | K | I
(– 35,4) – (– 15,4) = – 35,4 + 15,4 = (– 35,4) + (+ 15,4) = – 20 G | H | C
(+ 35,4) – (– 15,4) = 35,4 + 15,4 = (+ 35,4) + (+ 15,4) = 50,8 E | D | J

2 a) (– 2,7) + (+ 1,2) = (– 1,5)
b) (+ 6,7) – (– 4,5) = (+ 11,2)
c) (+ 9,3) – (– 2,7) = (+ 12)
d) (– 4,125) + (+ 0,5) = (– 3,625)
e) (+ 6,8) + (– 8,6) = (– 1,8)
f) $(+\frac{2}{4})$ – (– 6,95) = (+ 7,45)
g) (– 2,65) + (– 11,99) = (– 14,64)
h) (+ 9,64) – (– 3,78) = (+ 13,42)

3 a) – 3,54 + 0,23 + 5,67 = 2,36
b) $2\frac{1}{4}$ + 4,76 – 2,25 = 4,76
c) 0,07 + 0,3 – 0,07 = 0,3
d) – 0,1 + 0,9 – 0,08 = 0,72
e) – 0,125 – 0,125 + 6,25 = 6
f) $\frac{1}{2}$ – 7,5 + 3,44 = – 3,56
g) –5,19 – 2,51 + 6,75 = –0,95
h) –3,08 – 5,52 + 8,47 = –0,13

AH 10

4 a) (+ 5,2) – (+ 2,1) = (+ 3,1)
b) (– 8,4) + (+ 4,9) = (– 3,5)
c) (– 5,5) – (– 1) = (– 4,5)
d) (– 6,9) + (+ 7,4) = (+ 0,5)
e) (– 0,7) – (– 0,7) = 0
f) (+ 2,2) – (– 7,4) = (+ 9,6)
g) $(-7\frac{1}{2})$ – (– 15) = (+ 7,5)
h) $(+3\frac{1}{4})$ + (– 6,5) = (– 3,25)
i) $(-\frac{3}{8}) - (+\frac{5}{8})$ = (– 1)

5 a) (– 3,8) + (– 1,5) = (– 5,3)
(– 15) + (– 1,5) = (– 16,5)
6,7 + (– 1,5) = 5,2
(– 5,5) + (– 1,5) = (– 7)

(– 3,8) + 4,5 = 0,7
(– 15) + 4,5 = (– 10,5)
6,7 + 4,5 = 11,2
(– 5,5) + 4,5 = (–1)

b) 8,4 – (– 1,9) = 10,3
8,4 – 2,4 = 6
8,4 – 6,7 = 1,7
8,4 – (– 9,5) = 17,9

(– 4,1) – (– 1,9) = (– 2,2)
(– 4,1) – 2,4 = (– 6,5)
(– 4,1) – 6,7 = (– 10,8)
(– 4,1) – (– 9,5) = 5,4

6 a) Coscun hat Recht. Bsp.: – 3,45 + 2,67 = (– 3,45) – (– 2,67)
b) Maxim hat Recht. Bsp.: 1,25 – 5,95 = 1,25 + (– 5,95)
c) Nele kann das.
Bsp.: (–5) + (–4) + (–3) + (–2) + (–1) + 0 + 1 + 2 + 3 + 4 + 5 = 0
Das Ergebnis ist immer 0.

Z

K 1

Kopfrechenübungen

1. Setze für ● ein Vorzeichen ein, damit das Ergebnis stimmt.
a) (+ 24) – (– 14) = 38
b) (+ 4,6) – (+ 1,4) = 3,2
c) (– 6,4) – (– 5,5) = (– 0,9)
d) (+ 13,8) – (+ 4,3) = 9,5
e) $(-\frac{4}{5}) - (+\frac{2}{5}) = (-\frac{2}{5})$
f) $(+3\frac{3}{4}) - (+2\frac{1}{4}) = 1\frac{1}{2}$

2. Setze für ● ein Rechenzeichen ein, damit das Ergebnis stimmt.
a) (– 120) – (+ 80) = (– 200)
b) (+ 14,5) – (– 11,5) = 26
c) (– 3,9) + (+ 2,9) = (– 1)
d) (+ 6,8) + (– 4,2) = 2,6
e) (+ 17,5) – $(+3\frac{1}{2})$ = 14
f) $(-\frac{5}{6}) + (-\frac{1}{6})$ = (– 1)

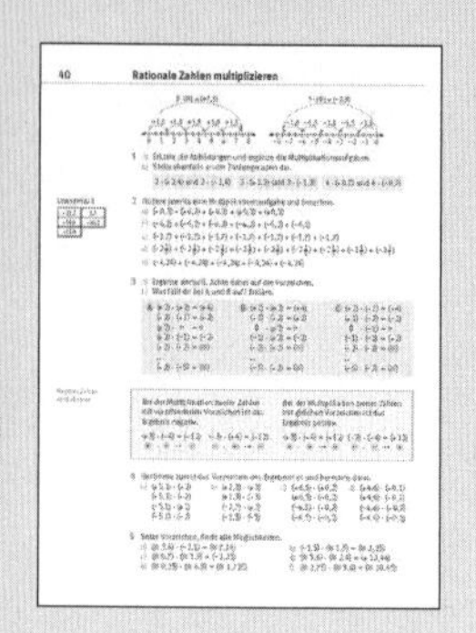

Die Multiplikation von rationalen Zahlen wird auf Grundlage von Permanenzreihen eingeführt.
Die Schüler erkennen, dass Rechenregeln aus mathematischen Gesetzmäßigkeiten abgeleitet werden können.
Dabei gilt:
Bei der Multiplikation zweier Zahlen mit verschiedenen Vorzeichen ist das Ergebnis negativ, bei der Multiplikation zweier Zahlen mit gleichen Vorzeichen ist das Ergebnis positiv.

1 a) $5 \cdot (+1{,}5) = (+7{,}5)$ $5 \cdot (-1{,}5) = (-7{,}5)$

b) Beispiele:

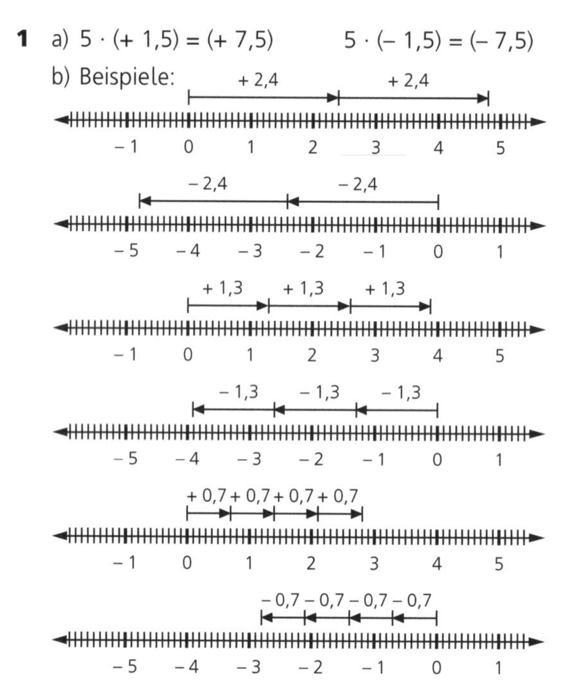

2 a) $5 \cdot (+0{,}3) = 1{,}5$ b) $6 \cdot (-6{,}2) = -37{,}2$ c) $7 \cdot (-1{,}7) = -11{,}9$

d) $9 \cdot (-2\frac{1}{5}) = -19\frac{4}{5}$ e) $5 \cdot (-4{,}24) = -21{,}2$

3 a)

A:	B:	C:
$(+2) \cdot (+2) = (+4)$	$(+2) \cdot (+2) = (+4)$	$(+2) \cdot (-2) = (-4)$
$(+2) \cdot (+1) = (+2)$	$(+1) \cdot (+2) = (+2)$	$(+1) \cdot (-2) = (-2)$
$(+2) \cdot 0 = 0$	$0 \cdot (+2) = 0$	$0 \cdot (-2) = 0$
$(+2) \cdot (-1) = (-2)$	$(-1) \cdot (+2) = (-2)$	$(-1) \cdot (-2) = (+2)$
$(+2) \cdot (-2) = (-4)$	$(-2) \cdot (+2) = (-4)$	$(-2) \cdot (-2) = (+4)$
$(+2) \cdot (-3) = (-6)$	$(-3) \cdot (+2) = (-6)$	$(-3) \cdot (-2) = (+6)$
$(+2) \cdot (-4) = (-8)$	$(-4) \cdot (+2) = (-8)$	$(-4) \cdot (-2) = (+8)$
$(+2) \cdot (-5) = (-10)$	$(-5) \cdot (+2) = (-10)$	$(-5) \cdot (-2) = (+10)$

b) Bei der Multiplikation zweier Zahlen mit gleichem Vorzeichen ist das Ergebnis positiv. Bei der Multiplikation zweier Zahlen mit verschiedenen Vorzeichen ist das Ergebnis negativ. Bei A und B sind die Ergebnisse jeweils identisch (Multiplikation ist kommutativ).

4

a)	b)	c)	d)
10,2	6,9	1,3	0,46
– 10,2	– 6,9	– 1,3	– 0,46
– 10,2	– 6,9	– 1,3	– 0,46
10,2	6,9	1,3	0,46

5 a) $(+3{,}4) \cdot (-2{,}1) = (-7{,}14)$ $(-3{,}4) \cdot (-2{,}1) = (+7{,}14)$

b) $(-1{,}5) \cdot (+1{,}5) = (-2{,}25)$ $(-1{,}5) \cdot (-1{,}5) = (+2{,}25)$

c) $(+0{,}7) \cdot (-1{,}9) = (-1{,}33)$ $(-0{,}7) \cdot (+1{,}9) = (-1{,}33)$

d) $(+5{,}6) \cdot (+2{,}4) = (+13{,}44)$ $(-5{,}6) \cdot (-2{,}4) = (+13{,}44)$

e) $(+0{,}25) \cdot (+6{,}9) = (+1{,}725)$ $(-0{,}25) \cdot (-6{,}9) = (+1{,}725)$
$(-0{,}25) \cdot (+6{,}9) = (-1{,}725)$ $(+0{,}25) \cdot (-6{,}9) = (-1{,}725)$

f) $(+2{,}75) \cdot (+3{,}8) = (+10{,}45)$ $(-2{,}75) \cdot (-3{,}8) = (+10{,}45)$
$(+2{,}75) \cdot (-3{,}8) = (-10{,}45)$ $(-2{,}75) \cdot (+3{,}8) = (-10{,}45)$

1 a) – / –

b) Bei der Division zweier Zahlen mit verschiedenen Vorzeichen ist das Ergebnis negativ.
Bei der Division zweier Zahlen mit gleichen Vorzeichen ist das Ergebnis positiv.

2

a)	b)	c)	d)
0,7	60	– 5	– 50
– 0,7	– 60	– 3	– 60
– 0,7	– 60	9	400
0,7	60	3	– 1 900

3 a) f (richtig: – 2,4) b) r c) r
d) f (richtig: – 54,5) e) f (richtig: – 250) f) f (richtig: 4,6)

4 a) 6,3 : 9 = 0,7 (– 6,3) : (– 9) = 0,7
(– 6,3) : 9 = – 0,7 6,3 : (– 9) = – 0,7

b) 151,2 : 6 = 25,2 151,2 : (– 6) = – 25,2
– 151,2 : 6 = – 25,2 – 151,2 : (– 6) = 25,2

5 a) – 16,5 : (– 5,5) = 3 b) – 10,8 : 1,2 = – 9 c) 35 : (– 3,5) = – 10
d) – 16,4 : 4,1 = – 4 e) – 18,5 : 6,2 = – 3 f) – 9,5 : (– 2,5) = 3,8
g) – 15 : 6 = – 2,5 h) 6 : (–4) = – 1,5 i) 1,21 : (– 1,1) = –1,1

6 a) (– 84) : (– 2) = 42 b) (– 84) : 2 = – 42
c) (– 84) : 2 = – 42 d) (– 84) : (– 2) = 42

7 a) (+ 72) : (– 0,8) = – 90 b) (+ 6,3) : (+ 70) = 0,09
(– 72) : (+ 0,8) = – 90 (– 6,3) : (– 70) = 0,09

c) (+ 20) : (+ 2,5) = (+ 8) d) (+ 75) : (+ 2,5) = (+ 30)
(– 20) : (– 2,5) = (+ 8) (– 75) : (– 2,5) = (+ 30)
(– 20) : (+ 2,5) = (– 8) (+ 75) : (– 2,5) = (– 30)
(+ 20) : (– 2,5) = (– 8) (– 75) : (+ 2,5) = (– 30)

Die Division rationaler Zahlen wird als Umkehraufgabe der Multiplikation eingeführt.
Anfangs überprüfen die Schüler ihre Ergebnisse mit der Umkehraufgabe, d.h. mit der Multiplikationsprobe.
Die Schüler übertragen die Rechenregeln der Multiplikation auf die Division von rationalen Zahlen.

Z

K 1

Kopfrechenübungen

1. Achte auf die Vorzeichen.
a) (– 5) · (+ 4) = (– 20) b) (– 1,5) · (+ 6) = (– 9) c) (+ 3,6) · (– 2) = (– 7,2)
d) (+ 4,5) · (– 8) = (– 36) e) (– 2,2) · (– 5) = 11 f) (– 3,7) · (– 10) = 37

2. Überprüfe die Ergebnisse.
a) (– 5,5) · (+ 6) = (– 33) b) (– 3,5) · (– 4) = (+ 14) c) (+ 2,2) · (+ 4) = (+ 8,8)
d) (– 9,3) · (– 3) = (– 27,9) e) $(-\frac{1}{2}) \cdot (-\frac{1}{4}) = (+\frac{1}{8})$ f) $(+\frac{3}{10}) \cdot (-\frac{2}{10}) = (-\frac{6}{100})$

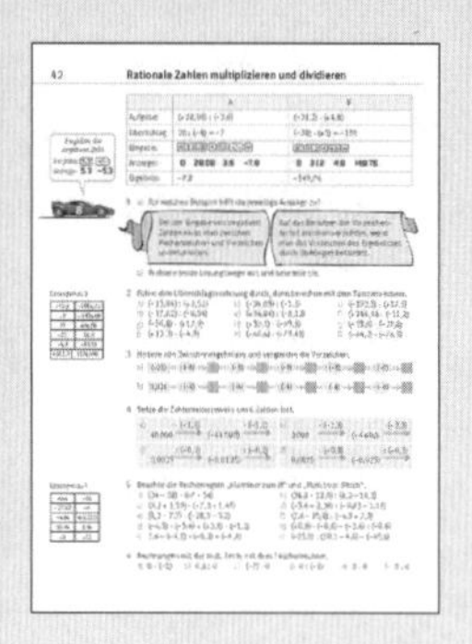

Das Multiplizieren und Dividieren rationaler Zahlen wird weitergeführt. Dabei wird der Umgang mit dem Taschenrechner geschult. Die Schüler sollen fähig sein, Lösungsmöglichkeiten kritisch zu überdenken und abzuwägen.

1 a) Beispiel A: rechte Aussage
Beispiel B: linke Aussage

b) – / –

2 a) Ü: – 16 : 4 = – 4
R: – 4,5

b) Ü: – 24 : (– 1) = 24
R: 18,5

c) Ü: – 180 : 18 = – 10
R: – 11

d) Ü: – 18 : (– 0,5) = 36
R: 33

e) Ü: 56 : (– 8) = – 7
R: – 7

f) Ü: 143 : (– 11) = – 13
R: – 12,9

g) Ü: – 50 · 20 = – 1 000
R: – 1 016,72

h) Ü: 33 · (– 100) = – 3 300
R: – 3 306,69

i) Ü: – 20 · (– 30) = 600
R: 656,08

j) Ü: 12 · (– 5) = – 60
R: – 55,35

k) Ü: – 70 · 70 = – 4 900
R: – 5 174,498

l) Ü: – 60 · (– 80) = 4 800
R: 4 911,3

3 a) (– 25) : (– 5) → 5 : (– 5) → – 1 : (– 5) → 0,2 : (– 5) → – 0,04 : (– 5) → 0,008

b) 0,025 · (– 4) → – 0,1 · (– 4) → 0,4 · (– 4) → – 1,6 · (– 4) → 6,4 · (– 4) → – 25,6

4 a) 40 000 → – 44 000 → 48 400 → – 53 240 → 58 564 → – 64 420,4 → 70 862,44 → – 77 948,684

b) 2 000 → – 4 600 → 10 580 → – 24 334 → 55 968,2 → – 128 726,86 → 296 071,778 → – 680 965,0894

c) 0,0025 → – 0,0125 → 0,0625 → – 0,3125 → 1,5625 → – 7,8125 → 39,0625 → – 195,3125

d) 0,0075 → – 0,025 → 0,083 → – 0,277 → 0,923 → – 3,077 → 10,257 → 34,19
(Werte sind gerundet.)

5 a) – 4 · 13 = – 52

b) 24,4 : (– 6,1) = – 4

c) 10,79 · (– 5,85) = – 63,1215

d) – 3,12 : (– 2) = 1,56

e) 0,5 · (– 24) = – 12

f) – 3,2 : 0,8 = – 4

g) 35,1 – 4,56 = 30,54

h) – 0,54 – 4 = – 4,54

AH 11

i) 2,6 – 25,42 – 4,8 = – 27,62

j) – 15,9 : 5,3 + 45,6 = 42,6

6 a) 0 b) –E– (nicht definiert) c) 0

d) 0 e) 0 f) –E– (nicht definiert)

Z

K 10

Kopfrechenübungen

Ergänze die fehlenden Zahlen.

a)

⊙	+ 4	– 7	+ 11	– 15
+ 3	12	– 21	33	– 45
– 5	– 20	35	– 55	75
+ 9	36	– 63	99	– 135
– 10	– 40	70	– 110	150

b)

⨀ (:)	+ 4	– 0,5	+ 10	– 100
– 8	– 2	16	– 0,8	0,08
+ 20	5	– 40	2	– 0,2
– 100	– 25	200	– 10	1
+ 1 000	250	– 2 000	100	– 10

L

1 a) 840,75 € + 189,90 € + 379,90 € = 1 410,55 €
b) 2 460 € + 76,84 € = 2 536,84 €
c) −225,50 € + 2 536,84 € − 1 410,55 € = 900,79 €
d) 2 460 € · 2 = 4 920 €
4 920 € + 900,79 € = 5 820,79 €

2 327,78 € + 345,50 € + 176,80 € = 850,08 €
1 388,75 € − 850,08 € + 48,38 € = 587,05 €
Nein, die Buchungen wurden nicht korrekt durchgeführt.

3 a) größter Temperaturunterschied: Moskau – Athen (19,1 °C)
niedrigster Temperaturunterschied: München– Berlin (2 °C)
b) München – Berlin: 2°C
München – Rom: 5,6°C
München – Athen: 7,7°C
München – Moskau: 11,4°C

4 − 8,5°C + (− 9,6°C) + (− 9,2°C) + (− 7,3°C) + (− 5,9 °C) + (− 0,7°C) + (+ 2,7°C) = − 38,5°C
− 38,5°C : 7 = − 5,5 °C

5 − 25,8 °C + (− 23,6 °C) + (− 19,7 °C) + (− 13,5 °C) + (− 4,5 °C) + 3,2 °C + 7,3 °C + 7,1 °C + 2,4 °C + (− 4,9 °C) + (− 10,1 °C) + (− 22,3 °C) = − 104,4 °C
− 104,4 °C : 12 = − 8,7 °C

6 z.B. (1 + 2) : 3 = 1
z.B. 1 · 2 + 3 − 4 = 1
z.B. 1 − 2 + 3 + 4 − 5 = 1
z.B. 1 · 2 · 3 − 4 + 5 − 6 = 1
z.B. (1 + 2) · 3 − (4 + 5) − 6 + 7 = 1
z.B. (1 + 2) : 3 + 4 + 5 + 6 − 7 − 8 = 1
z.B. 1 · 2 · 3 · 4 − 5 + 6 − 7 − 8 − 9 = 1

Kopfrechenübungen

1. Zauberhäuser
Addiert man die Zahlen in den Spalten, Zeilen oder den Diagonalen, so erhält man die im Dach angegebene Zahl.

a)

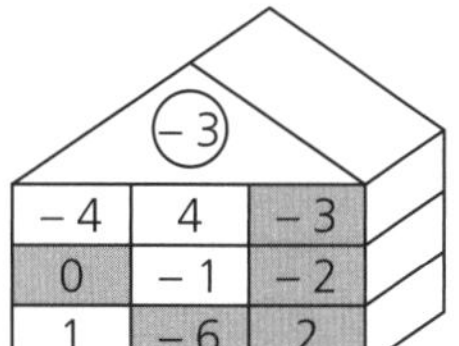

b) (− 6)

− 3,5	+ 4	− 6,5
− 5	− 2	+ 1
+ 2,5	− 8	− 0,5

2. Setze die Vorzeichen und Ziffern so, dass
a) der Summenwert möglichst groß wird.
b) der Summenwert möglichst klein wird.
c) das Ergebnis möglichst nahe bei null liegt.

5 + 4 1 3 2 − 6

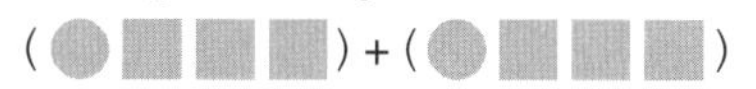

möglichst groß: (+ 654) + (− 123) möglichst klein: (− 654) + (+ 123)
möglichst nahe bei null: (− 612) + (+ 543) oder (+ 612) + (− 543)

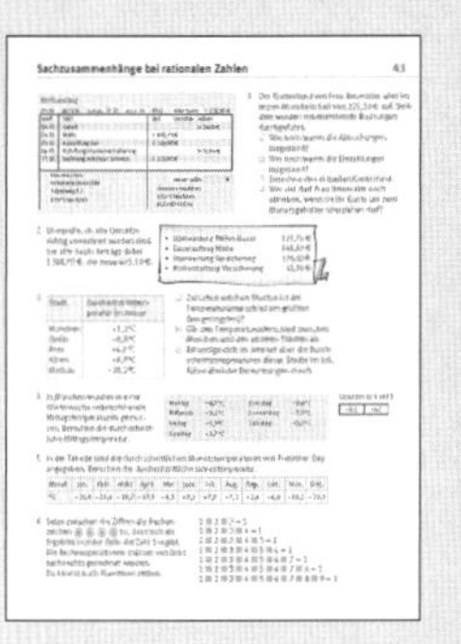

Die Schüler wenden die Rechenregeln in Sachaufgaben an. Die realitätsnahen Aufgaben ermöglichen den Schülern die Erkenntnis, dass Guthaben positive Zahlen auf dem Konto bedeuten, Schulden dagegen mit negativen Zahlen auf dem Konto dargestellt werden. Des weiteren berechnen die Schüler Durchschnitte verschiedener Messergebnisse.

K 11
K 12
K 13

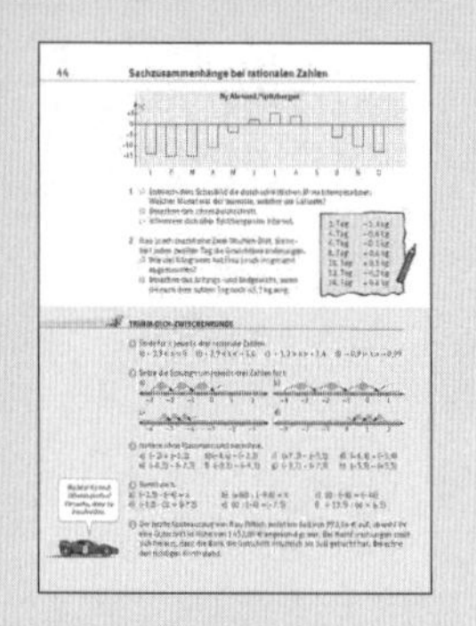

L

1 a) wärmster Monat: Juli (+ 5 °C)
kälteste Monate: Februar und März (– 15 °C)

b) (– 14) + (– 15) + (– 15) + (– 12) + (–4) + 2 + 5 + 4 + (–6) + (– 10) + (– 13) = –78 (°C)
–78 °C : 12 = –6,5 °C

c) –/–

2 a) 0,6 kg

b) Anfangsgewicht: 64,9 kg
Endgewicht: 64,3 kg

TRIMM-DICH-ZWISCHENRUNDE

Die Trimm-dich-Zwischenrunden dienen dazu, diagnostisch zur individuellen Förderung den Lernstand der Schüler auch während des Lernprozesses zu ermitteln: Was „sitzt", wo sind noch Schwächen vorhanden, welche Lerninhalte müssen nochmals aufgegriffen und vertieft werden?
Eine realistische Einschätzung der eigenen Leistungen hilft, Stärken zu erhalten und Schwächen abzumildern. Mithilfe des Selbsteinschätzungsbogens (K 29) können die Schüler ihre Kenntnisse und Fertigkeiten selbst bewerten.

1 Beispiele
a) –2; – 1,5; –0,5 b) –2,5; –2,2; – 1,9 c) – 1,5; –2,3; –3,3
d) –0,91; –0,92; –0,93

2

a) –2,9	– 1,9	–0,9	0,1	1,1	2,1	3,1
b) –4	–2,5	– 1	0,5	2	3,5	5
c) –5,5	–5	–4,5	–4	–3,5	–3	–2,5
d) 1,8	1,3	0,8	0,3	–0,2	–0,7	– 1,2

3 a) –2 – 1,2 = –3,2 b) –4,6 + 2,2 = –2,4 c) 7,2 + 5,1 = 12,3
d) 6,4 – 3,4 = 3 e) –8,3 + 7,3 = – 1 f) –9,1 + 4,1 = –5
g) –3,7 + 7,3 = 3,6 h) –5,5 – 5,5 = – 11

4 a) x = 14 b) x = – 100 c) x = 6 d) x = –6
e) x = 60 f) x = –4,5

5 (–973,16 €) + 2 · 1 452,09 € = 1 931,02 €
richtiger Kontostand: 1 931,02 € Haben

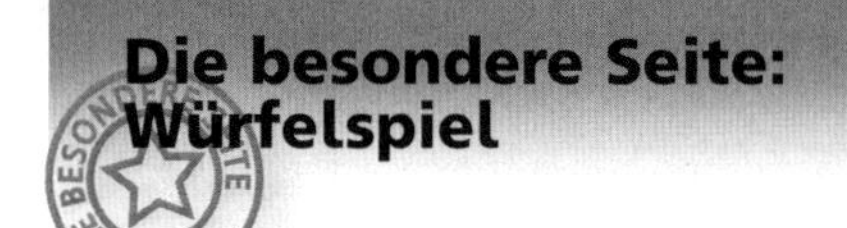

Die besondere Seite: Würfelspiel

Das Schwierige an dem Würfelspiel ist es, bei jedem Wurf herauszufinden, welche Operation (Addition, Subtraktion, Multiplikation, Division) das größte Ergebnis liefert.

Größtes Ergebnis gesucht (Rechenspiel)

Einsatzhinweis:

Für alle, denen das Würfelspiel im Schülerbuch auf Seite 45 zu aufwendig ist, verfolgt dieses Spiel auf einem Arbeitsblatt die gleiche Intention, nämlich aus zwei vorgegebenen rationalen Zahlen Aufgaben aus den vier Grundrechenarten zu bilden und diese Aufgaben dann nach der Höhe des Ergebnisses in eine Rangordnung zu bringen.

Lösung:

Größtes Ergebnis gesucht!

Aus zwei vorgegebenen rationalen Zahlen sollst du Aufgaben aus den vier Grundrechenarten (Addition, Subtraktion, Multiplikation und Division) bilden und diese dann mit dem richtigen Ergebnis nach der Größe des Ergebnisses ordnen.
Du darfst dabei die vorgegebenen Zahlen – wenn es das Ergebnis erhöht oder senkt – auch vertauschen.

a) (–9) ; (–1,8)	b) (+2,7) ; (–32,4)	c) (+24,8) ; (+3,1)
(– 9) · (– 1,8) = (+ 16,2)	(+ 2,7) – (– 32,4) = (+ 35,1)	(+ 24,8) · (+ 3,1) = (+ 76,88)
(– 1,8) – (– 9) = (+ 7,2)	(– 32,4) : (+ 2,7) = (– 12)	(+ 24,8) + (+ 3,1) = (+ 27,9)
(– 9) : (– 1,8) = (+ 5)	(+ 2,7) + (– 32,4) = (– 29,7)	(+ 24,8) : (+ 3,1) = (+ 8)
(– 1,8) + (– 9) = (– 10,8)	(+ 2,7) · (– 32,4) = (– 87,48)	(+ 3,1) – (+ 24,8) = (– 21,7)

d) (–2,6) ; (+23,4)	e) (–93,6) ; (–5,2)	f) (+2,52) ; (+0,6)
(+ 23,4) – (– 2,6) = (+ 26)	(– 93,6) · (– 5,2) = (+ 486,72)	(+ 2,52) : (+ 0,6) = (+ 4,2)
(+ 23,4) + (– 2,6) = (+ 20,8)	(– 5,2) – (– 93,6) = (+ 88,4)	(+ 2,52) + (+ 0,6) = (+ 3,12)
(+ 23,4) : (– 2,6) = (– 9)	(– 93,6) : (– 5,2) = (+ 18)	(+ 2,52) · (+ 0,6) = (+ 1,512)
(– 2,6) · (+ 23,4) = (– 60,84)	(– 93,6) + (– 5,2) = (– 98,8)	(+ 0,6) – (+ 2,52) = (– 1,92)

g) (+0,45) ; (–0,09)	h) (–12,8) ; (–0,4)	i) (–16,2) ; (+4,05)
(+ 0,45) – (– 0,09) = (+ 0,54)	(– 12,8) : (– 0,4) = (+ 32)	(+ 4,05) – (– 16,2) = (+ 20,25)
(+ 0,45) + (– 0,09) = (+ 0,36)	(– 0,4) – (– 12,8) = (+ 12,4)	(– 16,2) : (+ 4,05) = (– 4)
(+ 0,45) · (– 0,09) = (– 0,0405)	(– 12,8) · (– 0,4) = (+ 5,12)	(– 16,2) + (+ 4,05) = (– 12,15)
(+ 0,45) : (– 0,09) = (– 5)	(– 0,4) + (– 12,8) = (– 13,2)	(– 16,2) · (+ 4,05) = (– 65,61)

k) (+6,25) ; (+0,2)	l) (–13) ; (–3,9)	m) (–0,125) ; (–0,5)
(+ 6,25) : (+ 0,2) = (+ 31,25)	(– 13) · (– 3,9) = (+ 50,7)	(– 0,5) : (– 0,125) = (+ 4)
(+ 6,25 + (+ 0,2) = (+ 6,45)	(– 3,9) – (– 13) = (+ 9,1)	(– 0,125) – (– 0,5) = (+ 0,375)
(+ 6,25) · (+ 0,2) = (+ 1,25)	(– 13) : (– 3,9) = (+ $3\frac{1}{3}$)	(– 0,125) · (– 0,5) = (+ 0,0625)
(+ 0,2) – (+ 6,25) = (– 6,05)	(– 3,9) + (– 13) = (– 16,9)	(– 0,125) + (– 0,5) = (– 0,625)

K 14

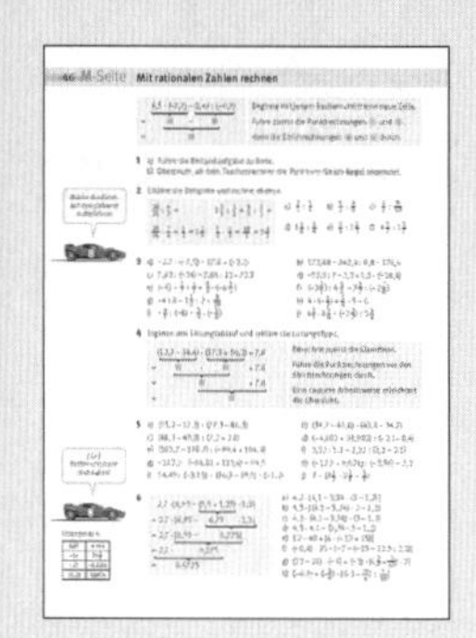

Ab dieser Seite beginnen die Aufgaben mit erhöhtem Anforderungsniveau für M-Klassen.
Sie eignen sich aber auch hervorragend zur Binnendifferenzierung in Regelklassen, da auf diesen Seiten der bisherige Stoff erweitert und vertieft wird.
Die Schüler wenden die Punkt-vor-Strich-Regel und die Klammerregel in Verbindung mit Addition, Multiplikation, Division und Subtraktion rationaler Zahlen an.

L

1 a) $4{,}5 \cdot (-7{,}7) - 0{,}49 : (-0{,}7)$
$= -34{,}65 \quad -(-0{,}7)$
$= -34{,}65 \quad +0{,}7$
$= -33{,}95$

b) – / –

2 a) $\frac{8}{9}$ b) $\frac{4}{9}$ c) $1\frac{2}{3}$ d) $1\frac{1}{2}$ e) $\frac{9}{25}$ f) $3\frac{3}{10}$

3 a) $20{,}25 - 17{,}8 - 3{,}7 = -1{,}25$
b) $173{,}88 - 428 - 176{,}6 = -430{,}72$
c) $-0{,}23 - 0{,}59 + 72{,}3 = 71{,}48$
d) $-7{,}5 - 3{,}3 - 27{,}6 = -38{,}4$
e) $-4 - 2 - 4 = -10$
f) $-\frac{88}{105} + 1\frac{1}{7} = \frac{32}{105}$
g) $-0{,}5 - \frac{3}{4} + \frac{9}{10} = -0{,}35$
h) $-2 + 3\frac{3}{4} - 6 = -4\frac{1}{4}$
i) $\frac{1}{10} + \frac{1}{4} = \frac{7}{20}$
j) $58\frac{1}{3} + \frac{4}{7} = 58\frac{19}{21}$

4 $(12{,}3 - 18{,}4) \cdot (17{,}5 + 56{,}2) + 7{,}8$
$= -6{,}1 \cdot 73{,}7 + 7{,}8$
$= -449{,}57 + 7{,}8$
$= -441{,}77$

5 a) $17{,}9 \cdot (-9) = -161{,}1$
b) $-9{,}1 \cdot 9{,}1 = -82{,}81$
c) $-1 : 10 = -0{,}1$
d) $19{,}1 : (-2{,}5) = -7{,}64$
e) $-67 : 5 = -13{,}4$
f) $3{,}027 - 2{,}018 \approx 1{,}01$
g) $-3\,210{,}657 - 94{,}5 = -3\,305{,}157$
h) $3{,}1 - 3{,}2 = -0{,}1$
i) $-4{,}6 - 3 = -7{,}6$
j) $3 - 7\frac{1}{10} = -4{,}1$

6 a) $4{,}3 \cdot (-1{,}912) = -8{,}2216$
b) $4{,}3 \cdot 1{,}08 = 4{,}644$
c) $4{,}3 \cdot 1{,}368 = 5{,}8824$
d) $17{,}63 - 8{,}82 = 8{,}81$
e) $12 - 40 + 12 = -16$
f) $-10 - 13 = -23$
g) $36 - 2\frac{6}{7} = 33\frac{1}{7}$
h) $-0{,}9 + 12\frac{3}{20} = 11{,}25$

Z

Kopfrechenübungen

Addiere benachbarte Zahlen.

a)

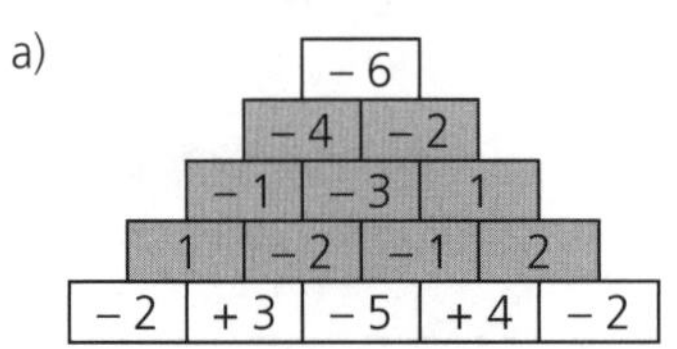

b)

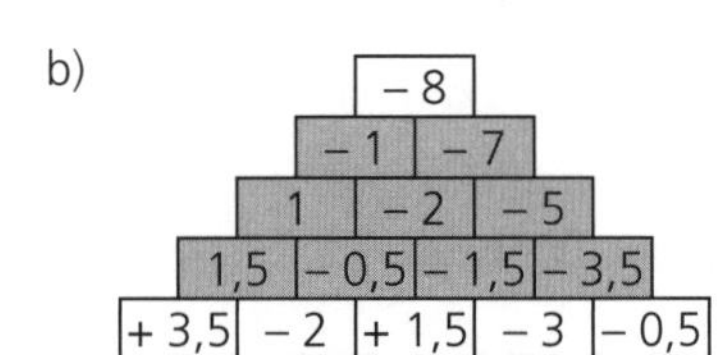

L

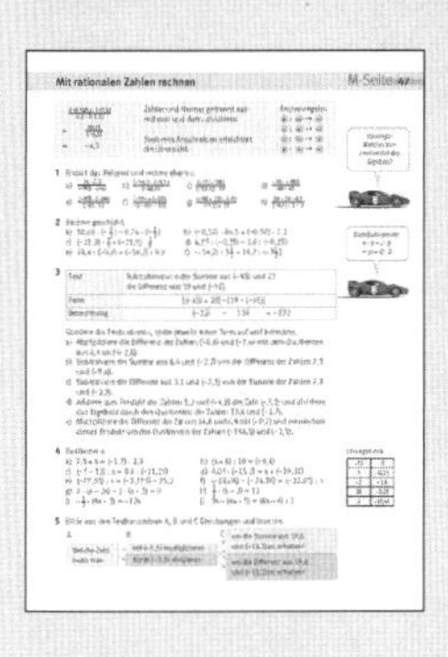

Der Schwierigkeitsgrad und die Komplexität der Aufgaben nehmen zu. Die Schüler rechnen mit Brüchen, wenden das Distributivgesetz bei rationalen Zahlen an und lösen Gleichungen mit rationalen Zahlen.

1 a) $\frac{120}{360} = \frac{1}{3}$ b) $\frac{567}{-40{,}5} = -14$ c) $\frac{-28\,500}{-360} = 120$
d) $\frac{2\,880}{2\,160} = 1\frac{1}{3}$ e) $\frac{5\,760}{-96} = -60$ f) $\frac{-32}{4} = -8$
g) $\frac{6{,}22}{-32} \approx -0{,}194$ h) $\frac{28}{-11} = -2\frac{6}{11}$

2 a) $49{,}9 \cdot (-0{,}5) = -24{,}95$ b) $-0{,}57 \cdot 89{,}6 = -51{,}072$
c) $2 \cdot (-21{,}9) \cdot \frac{1}{3} = -14{,}6$ d) $4{,}95 : (-0{,}25) = -19{,}8$
e) $-1{,}8 : (-0{,}9) = 2$ f) $2 \cdot (-14{,}7) : 3\frac{1}{2} = -8{,}4$

3 a) $[(-8{,}8) - (-7{,}6)] \cdot 8{,}4 : (-2{,}8)$
$= -1{,}2 \quad \cdot (-3)$
$= 3{,}6$

b) $[7{,}3 - (-9{,}8)] - [8{,}4 + (-2{,}2)]$
$= 17{,}1 \quad - 6{,}2$
$= 10{,}9$

c) $[7{,}3 + (-2{,}3)] - [3{,}1 - (-7{,}5)]$
$= 5 \quad - 10{,}6$
$= -5{,}6$

d) $[3{,}2 \cdot (-4{,}9) + (-3{,}2)] : [13{,}6 : (-1{,}7)]$
$= -18{,}88 \quad : (-8)$
$= 2{,}36$

e) $(14{,}8 - 6{,}4) \cdot (-0{,}7) - (-148{,}5) : (-2{,}5)$
$= -5{,}88 \quad - 59{,}4$
$= -65{,}28$

4 a) $7{,}5 + x = -3{,}91$ /– 7,5
$x = -11{,}41$

b) $(x + 8) : 10 = (-0{,}4)$ /· 10
$x + 8 = -4$ /– 8
$x = -12$

c) $-18 : x = -9$ | · x
$-18 = -9x$ | : (– 9)
$2 = x$

d) $-61{,}56 = x - 59{,}31$ | + 59,31
$-2{,}25 = x$

e) $-77{,}55 : x = -38{,}775$ | · x
$-77{,}55 = -38{,}775x$ | : (– 38,775)
$2 = x$

f) $6{,}3 = -22{,}05 : x$ | · x
$6{,}3x = -22{,}05$ | : 6,3
$x = -3{,}5$

g) $48 - 16x - 2x + 6 = 0$
$54 - 18x = 0$ | – 54
$-18x = -54$ | : (– 18)
$x = 3$

h) $\frac{3}{5}x - 1\frac{1}{5} = 12$ | $+ 1\frac{1}{5}$
$\frac{3}{5}x = 13\frac{1}{5}$ | $: \frac{3}{5}$
$x = 22$

i) $-2x + 2{,}5 = -12x$ | + 2x
$2{,}5 = -10x$ | : (– 10)
$-0{,}25 = x$

j) $9x - 4x + 5 = 4x - 2$
$5x + 5 = 4x - 2$ | – 4x
$x + 5 = -2$ | – 5
$x = -7$

5 $x \cdot (-5{,}5) = 19{,}8 + (-13{,}2)$ $x = -1{,}2$
$x \cdot (-5{,}5) = 19{,}8 - (-13{,}2)$ $x = -6$
$x : (-5{,}5) = 19{,}8 + (-13{,}2)$ $x = -36{,}3$
$x : (-5{,}5) = 19{,}8 - (-13{,}2)$ $x = -181{,}5$

Mit rationalen Zahlen rechnen

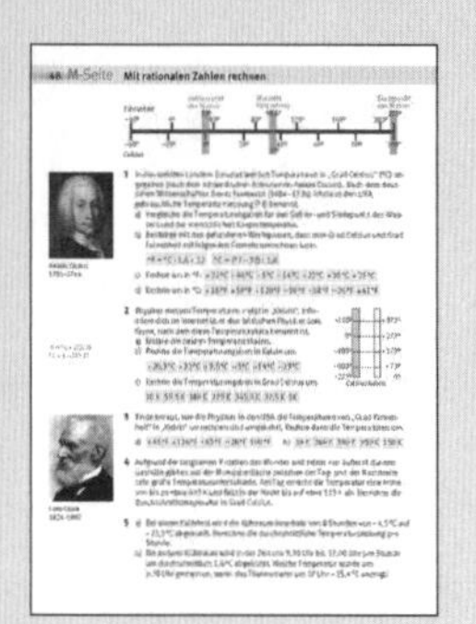

Das Rechnen mit rationalen Zahlen wird fortgesetzt. Dabei lernen die Schüler weitere übliche Arten der Temperaturmessung (Fahrenheit in den USA und Kelvin bei Physikern) und deren Umrechnung in °C kennen.

1 a) Der Gefrierpunkt des Wassers ist niedriger als die menschliche Körpertemperatur. Der Siedepunkt des Wassers ist höher als die menschliche Körpertemperatur.

b) – / –

c) 22 °C = 71,6 °F; – 40 °C = – 40 °F; – 5 °C = 23 °F
– 14 °C = 6,8 °F; – 22 °C = – 7,6 °F; 10 °C = 50 °F
25 °C = 77 °F

d) 18 °F = – 7,8 °C; 59 °F = 15 °C; 120 °F = 48,9 °C
– 50 °F = – 45,6 °C; – 88 °F = – 66,7 °C; – 26 °F = – 32,2 °C
41 °F = 5 °C

2 a) – / –

b) 20,3 °C = 293,45 K; 32 °C = 305,15 K
9,5 °C = 282,65 K; – 5 °C = 268,15 K
– 14 °C = 259,15 K; – 23 °C = 250,15 K

c) 10 K = – 263,15 °C; 55,5 K = – 217,65 °C; 1 K = 272,15 °C
180 K = – 93,15 °C; 275 K = 1,85 °C
345,5 K = 72,35 °C; 37,5 K = – 235,65 °C

3 °F = (K – 273,15) · 1,8 + 32   K = (°F – 32) : 1,8 + 273,15

a) 45°F = 280,4 K; 116°F = 319,8 K; –85°F = 208,2 K; – 28°F = 239,8 K
100°F = 311 K

b) 16K = – 430,9 °F; 360K = 188,3 °F; 540K = 512,3 °F; 950K = 1 250,3 °F
150 K = 190 °F

4 (403 K + 113 K) : 2 = 258 K   258 K = – 15 °C

5 a) 18,8 °C : 8 = 2,35 °C

b) 7,5 · 1,6 °C = 12 °C
– 25,4 °C + 12 °C = – 13,4 °C

Ergänze die Tabelle.

	Temperatur in		
	°C	Fahrenheit	Kelvin
Temperatur auf der Sonne	+ 6 097	+ 11 863	+ 6 300
Schmelztemperatur von Eisen	+ 1 530	+ 2 786	+ 1 803
Körpertemperatur von Hunden	38,9	+ 102	+ 312
Temperatur in 100 km Höhe über der Erde	– 100	– 148	+ 173
Tiefste gemessene Temperatur in Deutschland	– 38	– 36,4	+ 235
Temperatur von flüssigem Wasserstoff	– 253	– 423	+ 20

L

1 a) a: – 3,4 b: – 2,5 c: – 1,9 d: – 1,3 e: – 0,3 f: 0,5 g: 1,5
b) a: –16,5 b: –15,2 c: –14,4 d: –13,3 e: –12,8 f: –11,7 g: –11,2

2 a)

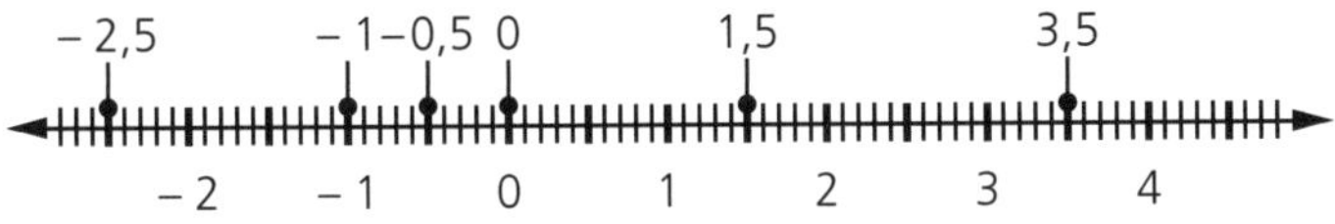

b)

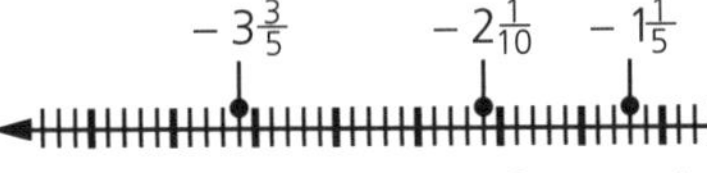
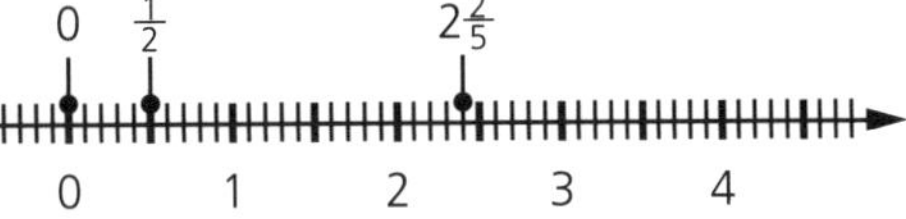

3 a) 0,9 0,7 0,08 –0,09 –0,7 –0,8
b) $\frac{1}{2}$ $\frac{1}{4}$ $\frac{1}{5}$ $-\frac{1}{5}$ $-\frac{1}{4}$ $-\frac{1}{2}$
c) 3,33 0,333 –0,333 –3,33 –33,3

4 a) < b) > c) < d) < e) = f) > g) = h) >

5 a) –2 b) – 1 c) –30,1 d) 16 e) –40,1 f) 6 g) $-8\frac{3}{8}$

6 a) = b) = c) = d) < e) > f) <

7 a) 72 : (–9) = (–8)
(–72) : 9 = (–8)
(–72) : (–9) = 8
72 : 9 = 8

b) (–63) : 7 = (–9)
(–63) : (–7) = 9
63 : 7 = 9
63 : (–7) = (–9)

Auf den Seiten 49 bis 51 werden wesentliche Inhalte des Themenbereichs „Rationale Zahlen" noch einmal wiederholt. Einer Zusammenstellung des Merk- bzw. Grundwissens folgen dabei entsprechende Aufgaben. Deren Bearbeitung dient einerseits der Sicherung und Vertiefung, kann andererseits aber sowohl der Lehrkraft als auch dem einzelnen Schüler Auskunft über den jeweiligen Leistungsstand geben. Eventuelle Defizite werden augenscheinlich und erfordern ein nochmaliges Aufgreifen im Unterricht (bei gehäuftem Auftreten) bzw. im Hinblick auf das eigenverantwortliche Lernen ein (verstärktes) individuelles Bemühen zur Behebung derselben. Die nebenstehenden Lösungen finden sich auch im Schülerbuch auf Seite 177.

Rationale Zahlen wiederholen

L

8 a) (–45,9) – (+ 1,9) – (+ 1,9) – (+ 1,9) – (+ 1,9) – (+ 1,9) – (+ 1,9) – (+ 1,9) – (+ 1,9)
= (–61,1)

b) (+ 3,6) + (– 1,8) + (– 1,8) + (– 1,8) + (– 1,8) + (– 1,8) + (– 1,8) + (– 1,8) + (– 1,8)
= (– 10,8)

c) (– 15) + (+ 1,5) + (+ 1,5) + (+ 1,5) + (+ 1,5) + (+ 1,5) + (+ 1,5) + (+ 1,5) + (+ 1,5)
+ (+ 1,5) + (+ 1,5) = 0

9 a) Neuer Kontostand: S 658,14

b) Neuer Saldo: H 1 871,26

10 a) 450 € b) 300 €

11 a) – 39 – 39 39
Man muss nur die Vorzeichen beachten.

b) (– 15) Das Ergebnis ändert sich nicht.

12 a) 10,6 °C – (– 10,6 °C) = 21,2 °C

b) ≈ 0,2 °C

c) – / –

13 a) – 118 490 b) – 272 811

14 a) – 24,85 b) – 0,075 c) 1 d) – 0,24
e) 3 f) 5,5 g) – 0,4 h) – 44

15 a) (– 12,5) + (– 13,5) + 4 · (– 5) = (– 46) b) 4,2 : (– 1,4) – 2,5 · (– 0,4) = (– 2)

16 4 245 – (– 2 357) + 5 175 = 11 777

Auf den Seiten 49 bis 51 werden wesentliche Inhalte des Themenbereichs „Rationale Zahlen" noch einmal wiederholt. Einer Zusammenstellung des Merk- bzw. Grundwissens folgen dabei entsprechende Aufgaben. Deren Bearbeitung dient einerseits der Sicherung und Vertiefung, kann andererseits aber sowohl der Lehrkraft als auch dem einzelnen Schüler Auskunft über den jeweiligen Leistungsstand geben. Eventuelle Defizite werden augenscheinlich und erfordern ein nochmaliges Aufgreifen im Unterricht (bei gehäuftem Auftreten) bzw. im Hinblick auf das eigenverantwortliche Lernen ein (verstärktes) individuelles Bemühen zur Behebung derselben. Die nebenstehenden Lösungen finden sich auch im Schülerbuch auf Seite 177.

L

17 a) (+1,5) b) (−7,5) c) (−5) d) (−7,5) e) (+27)
f) (−9,3) und (−3) oder (+9,3) und (+3)
g) (−2,5) und (+8) oder (+2,5) und (−8)
h) (−10), (−4) und (+2,5) oder
(−10), (+4) und (−2,5) oder
(+10), (−4) und (−2,5) oder
(+10), (+4) und (+2,5)
i) (+15,9), (+10) und (+159) oder
(−15,9), (−10) und (+159) oder
(−15,9), (+10) und (−159) oder
(+15,9), (−10) und (−159)

18 a) Mit einer Gutschriftbuchung in Höhe von 501,50 € kann die Fehlbuchung wieder in Ordnung gebracht werden.
b) Jedes Kind muss 9 € bezahlen.
c) (1 498,5 + 499,5) : 9 = 222(€)

19 a) Salmonellen: unter 5 °C
Bakterien: unter −8 °C
Schimmelpilze: unter −12 °C
Hefen: unter −10 °C
b) Gefrierschränke zum längeren Aufbewahren von Vorräten sollten auf jeden Fall bei ca. −15 °C eingestellt sein.

20 a) (−929,872) b) 8 c) 48,64 d) (−55,5) e) 828,4 f) 2

21 5 °F = °C · 1,8 + 32 → −15 °C

22 Gefrierpunkt von Wasser: 0 °C
Temperatur auf der Sonne: 6 027 °C
Körpertemp. von Menschen: 310 K
Schmelztemp. von Eisen: 1 803 K

23 a) Richtig, weil das Produkt zweier negativer Zahlen immer positiv ist.
b)

1. Faktor	2. Faktor	3. Faktor	Wert des Produkts
−	−	+	+
−	+	−	+
+	−	−	+
−	−	−	−
−	+	+	−
+	−	+	−

24 a) Beispiele: (−9) + (−5) + (−5) + (+3) = (−16)
(−9) + (−5) + (+1) + (+1) = (−16)
b) Beispiele: (−9) + (−9) + (−9) + (−5) + (+1) = (−31)
4 · (−9) + (+3) + (+1) + (+1) = (−31)

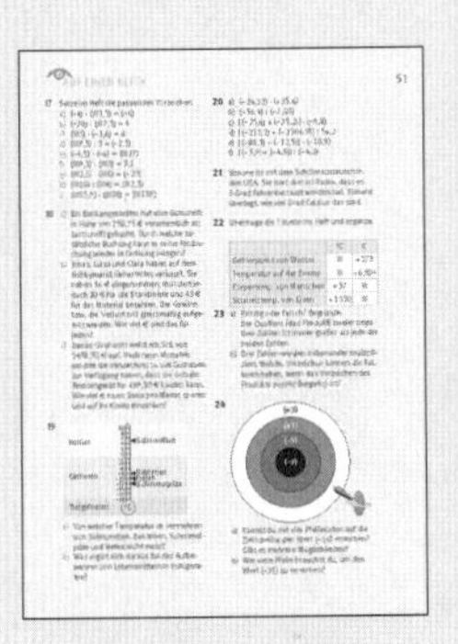

Auf den Seiten 49 bis 51 werden wesentliche Inhalte des Themenbereichs „Rationale Zahlen" noch einmal wiederholt. Einer Zusammenstellung des Merk- bzw. Grundwissens folgen dabei entsprechende Aufgaben. Deren Bearbeitung dient einerseits der Sicherung und Vertiefung, kann andererseits aber sowohl der Lehrkraft als auch dem einzelnen Schüler Auskunft über den jeweiligen Leistungsstand geben. Eventuelle Defizite werden augenscheinlich und erfordern ein nochmaliges Aufgreifen im Unterricht (bei gehäuftem Auftreten) bzw. im Hinblick auf das eigenverantwortliche Lernen ein (verstärktes) individuelles Bemühen zur Behebung derselben. Die nebenstehenden Lösungen finden sich auch im Schülerbuch auf Seite 177.

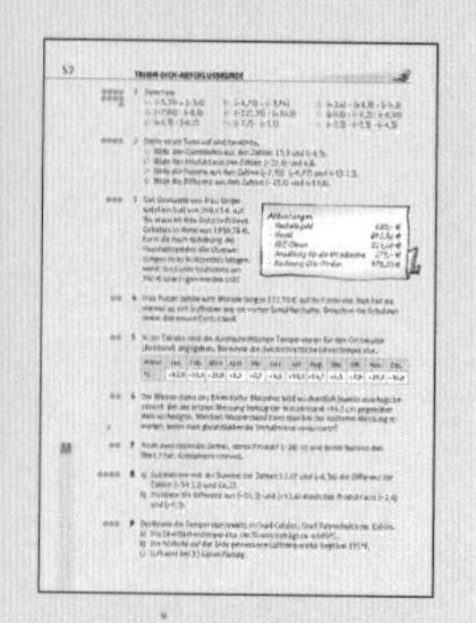

Mithilfe der Trimm-dich-Abschlussrunde kann am Ende einer Lerneinheit die abschließende Lernstandserhebung durchgeführt werden. Die orangen Punkte am Rand geben die Anzahl der Punkte für die jeweilige Aufgabe an. Im Anhang des Lehrerbandes steht eine weitere Trainingsrunde zur Verfügung. Eine realistische Einschätzung der eigenen Leistungen hilft, Stärken zu erhalten und Schwächen abzumildern. Mithilfe des Selbsteinschätzungsbogens (K 29) können die Schüler ihre Kenntnisse und Fertigkeiten selbst bewerten.

1 a) – 8,85   b) – 0,99   c) 7,5
d) 0,8   e) – 11,5   f) 50
g) – 30,15   h) – 8,47   i) – 39,375

2 a) 15,3 : (– 4,5) = – 3,4
b) – 23,6 · 4,8 = – 113,28
c) – 7,33 + (– 6,77) + (– 15,12) = – 29,22
d) – 13,8 – (– 19,6) = 5,8

3 –390,65 € + 1 959,78 € = 1 569,13 €
1 569,13 € – (600 € + 892,56 € + 224,60 € + 275 € + 107,20 €) = –593,23 €
Nein, sie kann nicht alle Überweisungen tätigen; z.B. reicht das Geld nicht für die Rechnung von Chic-Moden.

4 112,5 · 8 = 900 (€) Einzahlung
900 : 5 = 180 (€) Schulden
180 · 4 = 720 (€) Kontostand

5 [– 42,8 °C + (– 35,5 °C) + (– 25,9 °C) + (– 8,3 °C) + (– 0,7 °C) + 4,6 °C + 18,5 °C + 14,7 °C + 6,1 °C + (– 7,9 °C) + (– 23,7 °C) + (– 41,4 °C)] : 12
= – 142,3 °C : 12
= – 11,86 °C

6 – 189 cm gegenüber der vorletzten Messung

7 Bsp.: 7 · (– 4) = – 28
7 + (– 4) = 3

8 a) 12,87 + (– 8,56) – (– 54,12 – 84,23)
= 4,31 + 138,35
= 142,66

b) [– 51,2 – (–41,6)] : [(– 1,6) · (– 0,2)]
= (– 9,6) : 0,32
= (–30)

9

	°C	°F	K
Oberfläche der Sonne	6 000	10 832	6 273
höchste Lufttemperatur	57	135	330
Luft wird flüssig	–180	–292	93

T 2

Trainingsrunde 2

L

Zahl

Grundrechenarten

a) $\frac{3}{4}$ b) $\frac{1}{2}$ c) $9\frac{1}{4}$ d) 6 e) $\frac{1}{6}$ f) $4\frac{1}{2}$

g) $2\frac{1}{4}$ h) 4 i) 4 j) 0,1 k) 4,92 l) 0,3

Prozentrechnung

	Grundwert	Prozentwert	Prozentsatz
A	6 500 €	1 400 €	16%
B	12 000 €	480 €	4%
C	4 999 €	299,94 €	6%
D	4 488 kg	112,2 kg	2,5%
E	900 l	567 l	63%
F	250 km	52,5 km	21%

Messen

Größen

a) 45 s b) 5 310 mm^2 c) $5\frac{1}{4}$ h d) 8,1 dm^2 e) 405 min

f) 20,5 dm^2 g) 4 800 g h) 4 300 dm^3 i) 26,041 t j) 21 020 mm^3

k) 58 kg l) 500 cm^3 m) 23,4 cm n) 38,45 hl o) 85 m

p) 37,5 l q) 13 dm r) 380 dm^3 s) 504 cm t) 7 060 kg

Sachaufgaben

a) 441 Kalorien b) $\frac{3}{10}$

Raum und Form

Dreiecke

a)

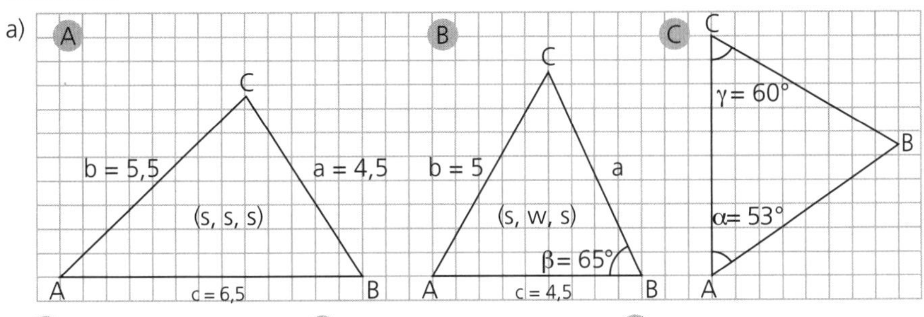

b) A $\alpha + \beta = 190°$ B $a + b = c$ C $\beta + \gamma = 200°$

c) 1,65 m + 12,8 m = 14,45 m

Funktionaler Zusammenhang

Zuordnungen

a)

100 km	250 km	320 km	510 km
5 l	12,5 l	16 l	25,5 l

b)

km	100	225	300	575	610	685
Liter	8	18	24	46	48,8	54,8

Gleichungen

a) x = 15 b) x = 30 c) x = (–4) d) x = 18 e) x = 20 f) x = 12

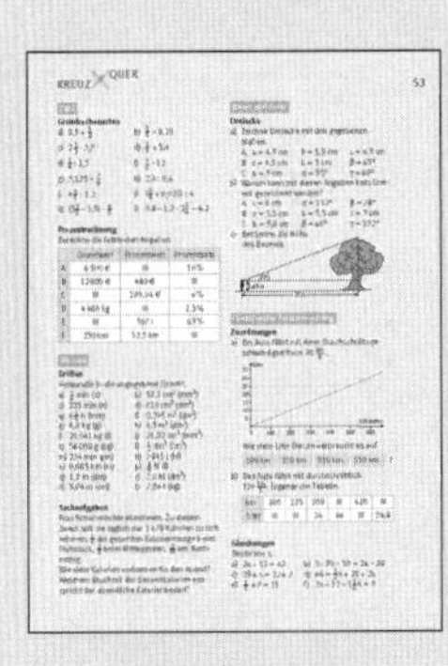

Die Seiten „Kreuz und quer" greifen im Sinne einer permanenten Wiederholung Lerninhalte früher behandelter Kapitel auf und sichern so nachhaltig Grundwissen und Basiskompetenzen.

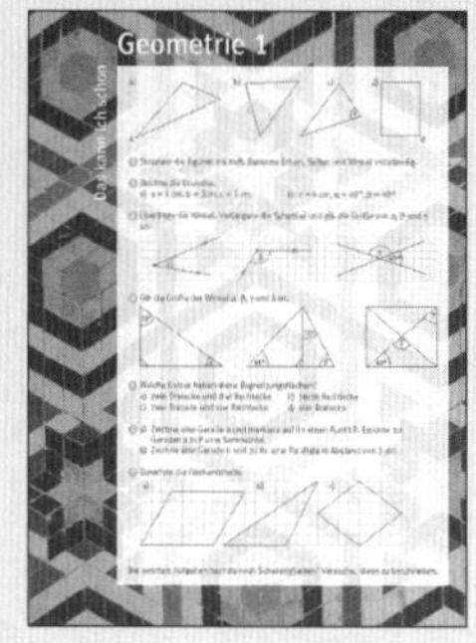

Geometrie 1

Diagnose, Differenzierung und individuelle Förderung

Als erste Schritte zur Analyse der Lernausgangslage (Diagnose) für das folgende Kapitel dienen die beiden Einstiegsseiten: „**Das kann ich schon**." (SB 54) und **Bildaufgabe** (SB 55). Die Schüler bringen zu dem Kapitel „Geometrie 1" bereits Vorwissen aus früheren Jahrgangsstufen mit. Mithilfe der Doppelseite im Schülerbuch soll möglichst präzise ermittelt werden, welche Inhalte bei den Schülern noch verfügbar sind, wo auf fundiertes Wissen aufgebaut werden kann und was einer nochmaligen Grundlegung bedarf. So kann diese Lernstandserhebung ein wichtiger Anhaltspunkt sein, um Schüler möglichst früh angemessen zu fördern.

K 29

1 a)

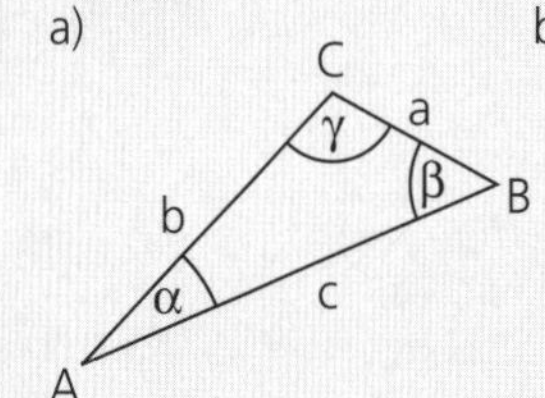

b)

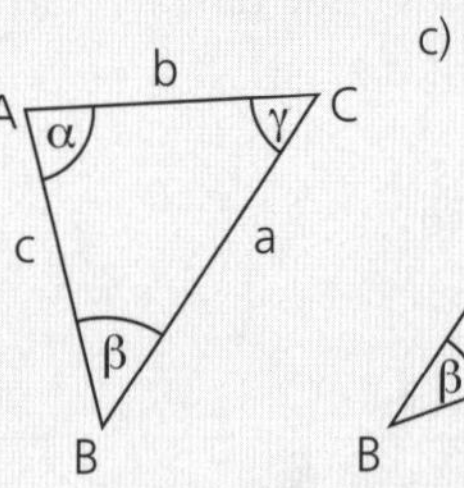

c) A α c b γ C β a B

d)

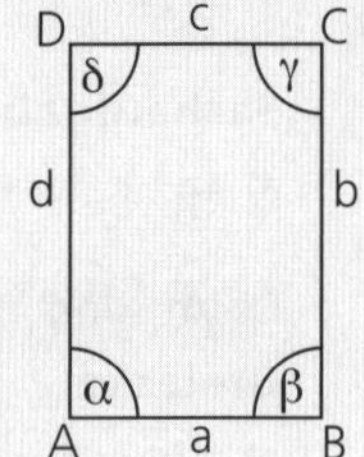

2 a)

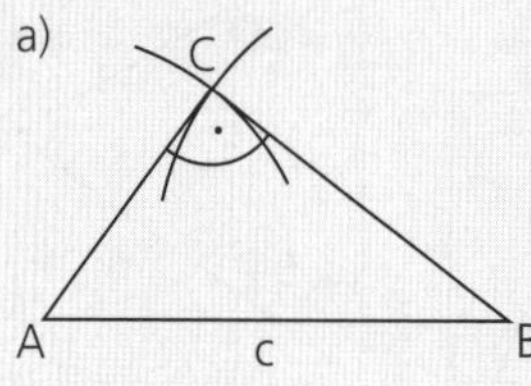

b)

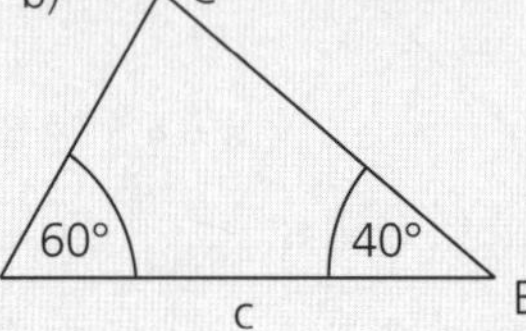

3 $\alpha \approx 33°$ $\beta \approx 124°$ $\gamma = 140°$

4 $\alpha = 35°$ $\beta = 62°$ $\gamma = 50°$ $\delta = 100°$

5 a) dreis. Prisma b) Quader
c) viers. Prisma (Trapezprisma) d) Pyramide (Dreieckspyramide)

6 a)

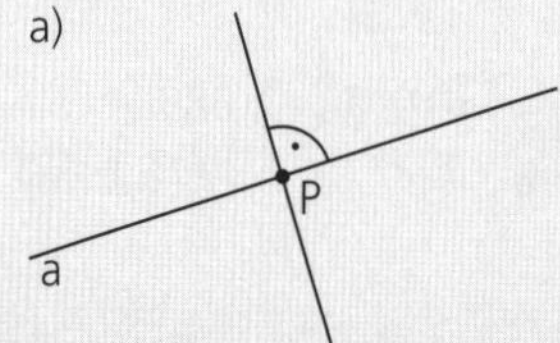

b)

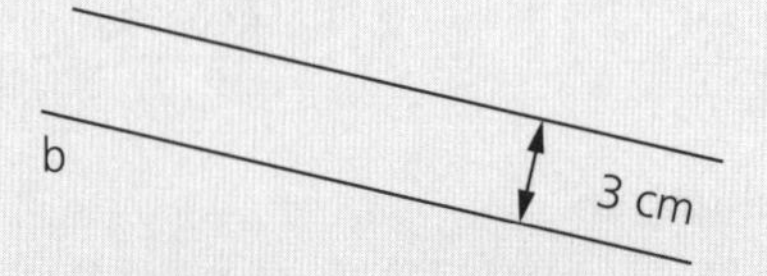

7 $A_a = 8{,}75\ cm^2$ $A_b = 4{,}5\ cm^2$ $A_c = 6\ cm^2$

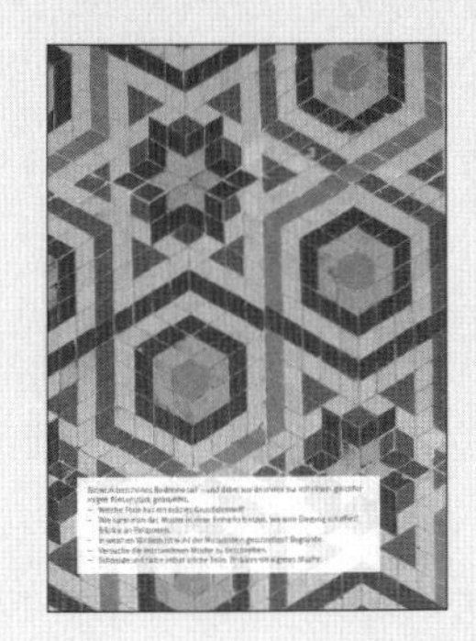

Zielstellungen

Regelklasse

Geometrische Flächen und geometrisches Zeichnen

Die Schüler ermitteln über handlungsorientiertes Vorgehen Umfang und Flächeninhalt des Kreises. Auf diese Weise finden sie verschiedene Näherungswerte für die Kreiszahl π. Beim Zeichnen mit Zirkel und Geodreieck vertiefen sie ihre Kenntnisse der Eigenschaften von Dreiecken und Kreisen.

M-Klasse

Geometrische Flächen und geometrisches Zeichnen

Die Schüler ermitteln über handlungsorientiertes Vorgehen Umfang und Flächeninhalt des Kreises. Auf diese Weise finden sie verschiedene Näherungswerte für die Kreiszahl π. Beim Zeichnen mit Zirkel und Geodreieck vertiefen sie ihre Kenntnisse der Eigenschaften von Dreiecken und Kreisen.

In Aufgaben zu verschiedenen Sachbezügen finden die Schüler Berechnungsmöglichkeiten für Kreisring, Kreissektor und Kreisbogen.

Inhaltsbereiche

Regelklasse

- Mittelsenkrechte, Senkrechte zu einer Geraden durch einen gegebenen Punkt zeichnen
- Umfang und Flächeninhalt des Kreises; Näherungswerte zur Kreiszahl π

M-Klasse

- Mittelsenkrechte, Senkrechte zu einer Geraden durch einen gegebenen Punkt, Winkelhalbierende zeichnen
- Umfang und Flächeninhalt des Kreises; Näherungswerte zur Kreiszahl π
- Kreisring berechnen
- Flächeninhalt des Kreissektors berechnen
- Kreisbogen berechnen
- * Computereinsatz

Bildaufgabe

- Welche Form hat ein solches Grundelement?
  Raute
- Wie kann man das Muster in einer Reihe fortsetzen, wie eine Biegung schaffen? Erkläre an Beispielen?
  Reihe: Figuren parallel verschieben.

  Biegung: An einer Seite spiegeln oder an anderer Seite ansetzen.
- In welchen Winkeln ist wohl der Mosaikstein geschnitten? Begründe.
  60° und 120°. Begründung: 60° + 120° = 180°
- Versuche die Muster zu beschreiben.
  Interessant: Die Sechsecke wirken auch räumlich als Würfel.

60°
120°
60°

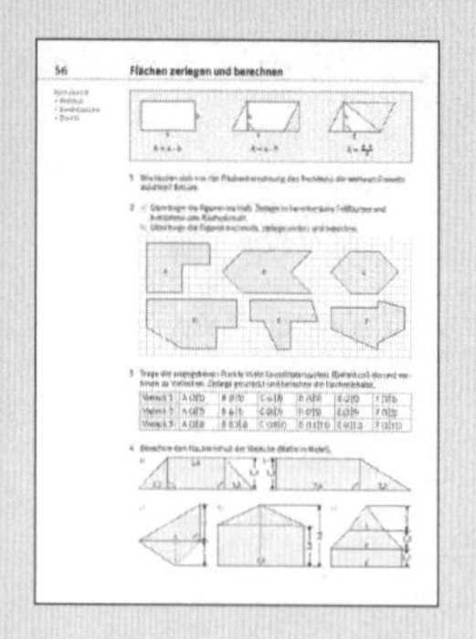

Die Einstiegsseite greift die Flächenberechnung von Parallelogramm und Dreieck auf. In den weiteren Aufgaben erkennen die Schüler, dass der Flächeninhalt unregelmäßiger Vielecke bestimmt wird, indem man diese in berechenbare Teilflächen zerlegt.

1 Voraussetzung: Figuren haben gleich lange Grundlinien und Höhen. Das Parallelogramm lässt sich flächeninhaltsgleich zu einem Rechteck umformen:
$A_R = a \cdot b \rightarrow A_P = a \cdot h$.
Der Flächeninhalt des Dreiecks entspricht dem halben des Parallelogramms:
$A_P = g \cdot h \rightarrow A_D = \frac{g \cdot h}{2}$.

2 a/b) Beispiele:

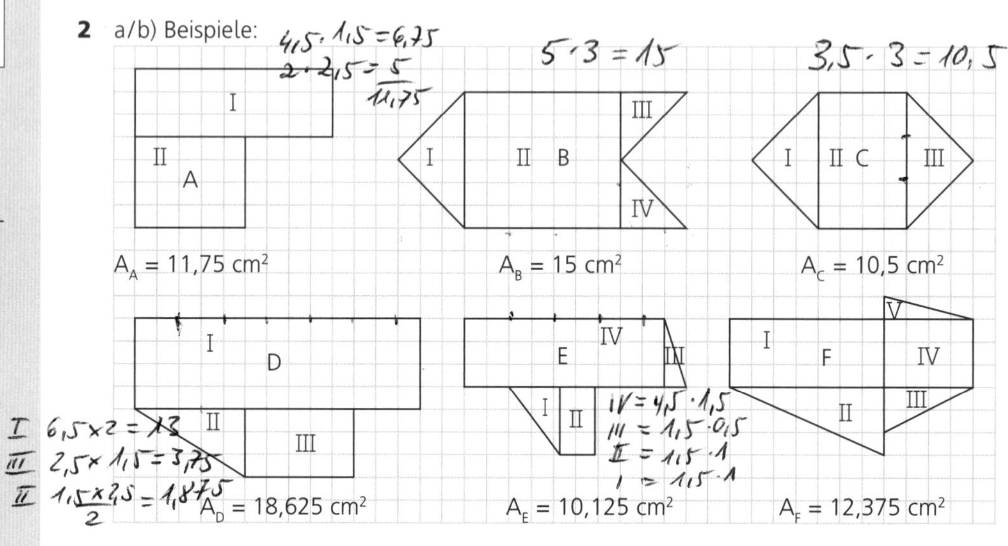

3 Beispiele:

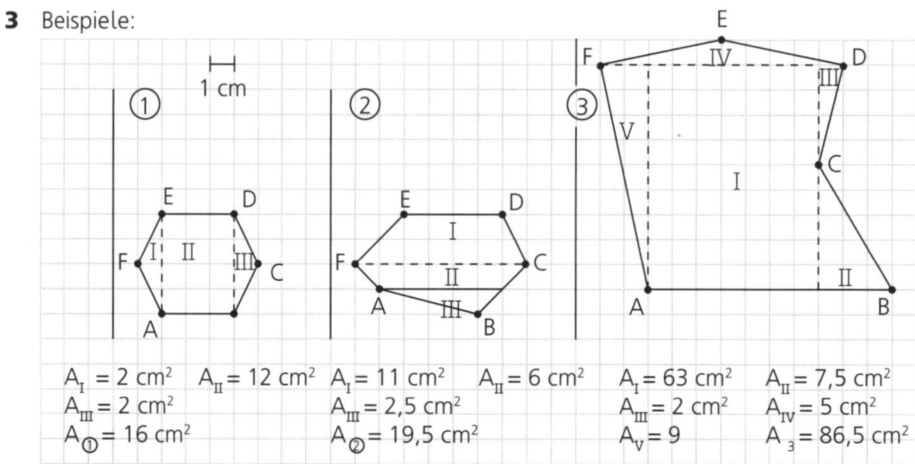

4 $A_a = 4{,}68\ m^2$ $A_b = 6{,}11\ m^2$ $A_c = 12{,}5\ m^2$
$A_d = 7\ m^2$ $A_e = 18{,}75\ m^2$

Z

K 16

Vieleckpuzzle

Einsatzhinweis: Kopien aus festem Papier, Ausschneiden der Messplättchen.

Das Auslegen mit Messplättchen dient neben einem handlungsorientierten Ausmessen vor allem dem Ziel, verschiedene Möglichkeiten der Aufteilung flexibel ausprobieren zu können und so zu erkennen, dass recht unterschiedliche Wege zum Ergebnis führen.

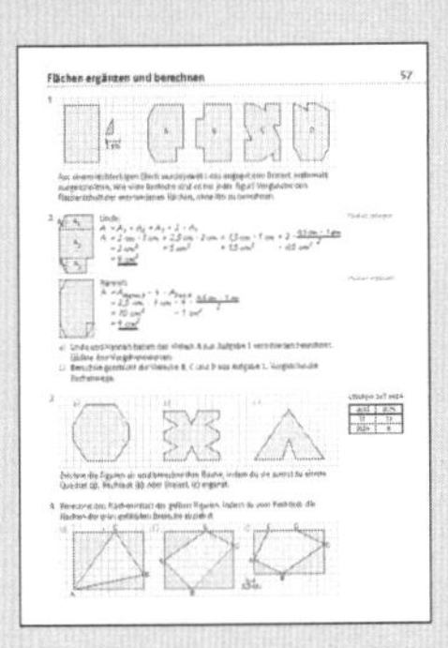

Vielecke lassen sich mitunter leichter berechnen, wenn man sie zuerst zu berechenbaren Flächen ergänzt. Dieser Weg über die Ergänzung ist der Schwerpunkt dieser Seite. Durch diese zusätzlichen Möglichkeiten der Berechnung des Flächeninhalts von Vielecken wird das Repertoire an Lösungsstrategien erweitert und die Schüler können je nach Vorgabe vorteilhafte Rechenwege wählen.

AH 14

AH 15

1 Es sind bei jeder Figur 4 Dreiecke ausgeschnitten.
→ Der Flächeninhalt der Figuren A – D ist jeweils gleich.

2 a) Linda rechnet nach der Zerlegungsmethode, Hannah nach der Ergänzungsmethode. Beide Verfahren sind Wege, die zum richtigen Ergebnis führen.

b) Figur B

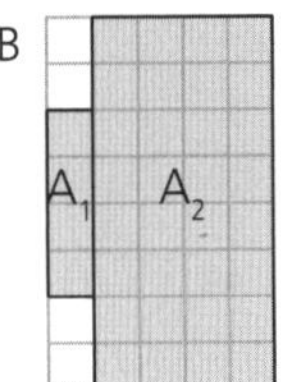

$A = A_1 + A_2$
$= 1\ cm^2 + 8\ cm^2$
$= 9\ cm^2$

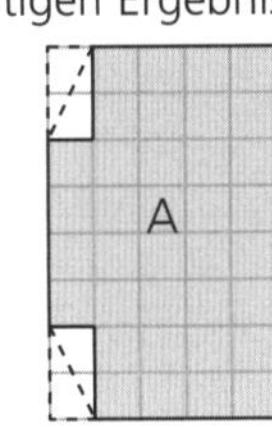

$A = A_{Rechteck} - 4 \cdot A_{Dreieck}$
$= 10\ cm^2 - 1\ cm^2$
$= 9\ cm^2$

Beide Rechenwege sind ökonomisch.
Persönliche Vorlieben werden den Ausschlag für eine Wahl geben.

Figuren C und D; Ergänzungsmethode:
$A_C = 2{,}5\ cm \cdot 4\ cm - 4 \cdot (1\ cm \cdot 0{,}5\ cm) : 2 = 9\ cm^2$
$A_D = 2{,}5\ cm \cdot 4\ cm - 4 \cdot (1\ cm \cdot 0{,}5\ cm) : 2 = 9\ cm^2$

Bei den Figuren C und D erfordert die Zerlegungsmethode deutlich mehr Rechenschritte. Das kann durch Gegenüberstellung verschiedener Lösungsvollzüge in der Klasse veranschaulicht werden.

3 $A_{a)} = 16\ cm^2 - 4 \cdot 0{,}75\ cm^2 = 13\ cm^2$
$A_{b)} = 14\ cm^2 - 6 \cdot 0{,}5\ cm^2 = 11\ cm^2$
$A_{c)} = 8{,}75\ cm^2 - 0{,}75\ cm^2 = 8\ cm^2$

4

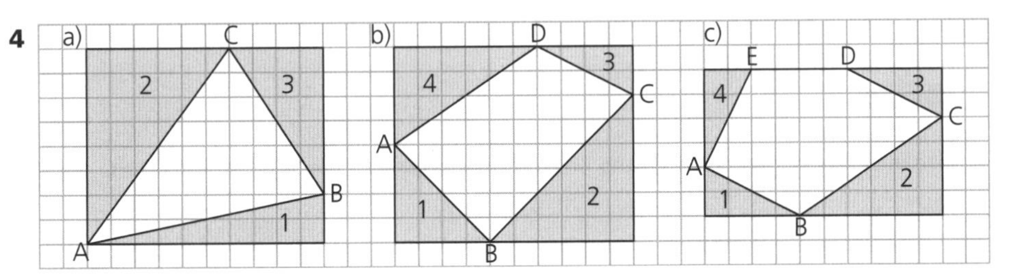

$A_a = A_{Rechteck} - (A_{Dreieck\ 1} + A_{Dreieck\ 2} + A_{Dreieck\ 3})$
$= 20\ cm^2 - (2{,}5\ cm^2 + 3\ cm^2 + 6\ cm^2) = 8{,}5\ cm^2$

$A_b = A_{Rechteck} - (A_{D1} + A_{D2} + A_{D3} + A_{D4})$
$= 20\ cm^2 - (2\ cm^2 + 4{,}5\ cm^2 + 1\ cm^2 + 3\ cm^2) = 9{,}5\ cm^2$

$A_c = A_{Rechteck} - (A_{D1} + A_{D2} + A_{D3} + A_{D4})$
$= 15\ cm^2 - (1\ cm^2 + 3\ cm^2 + 1\ cm^2 + 1\ cm^2) = 9\ cm^2$

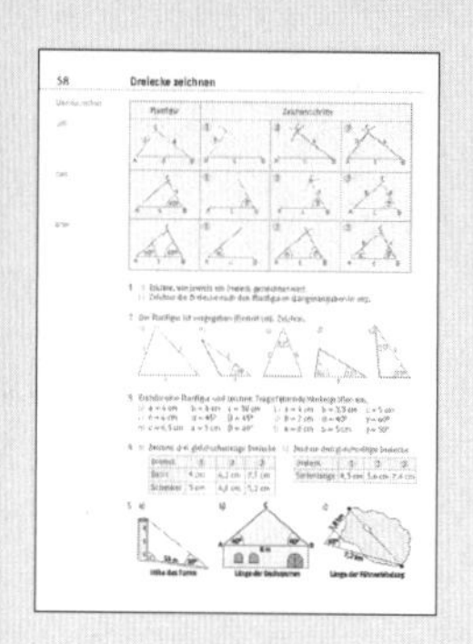

Die Schüler wiederholen das Zeichnen von Dreiecken aus je unterschiedlichen Angaben.
Sie lernen die Bezeichnungen am Dreieck (wiederholend) kennen.
Genaues Zeichnen mit Zirkel und Lineal erfordert einwandfreie und gepflegte Zeichengeräte (gespitzte Bleistifte und Zirkelminen, intakte Geodreiecke mit lesbaren Skalen usw.). Darauf sind die Schüler immer wieder hinzuweisen und zu sorgfältigem Arbeiten anzuhalten.

1 a/b Beschreibungen und Zeichnungen gemäß den Abbildungen

2 a)–e) Dreieckszeichnungen nach den Vorgaben

3 Winkelgrößen in den Dreiecken

a)	$\alpha = 37°$ $\beta = 53°$ $\gamma = 90°$	b)	$\alpha = 53°$ $\beta = 44°$ $\gamma = 83°$
c)	$\alpha = 45°$ $\beta = 45°$ $\gamma = 90°$	d)	$\alpha = 40°$ $\beta = 80°$ $\gamma = 60°$
e)	$\alpha = 51°$ $\beta = 40°$ $\gamma = 89°$	f)	$\alpha = 92°$ $\beta = 38°$ $\gamma = 50°$

4 a/b Zeichnungen der Dreiecke nach den Vorgaben

5 Die Dreiecke werden in geeignetem Maßstab gezeichnet. Anschließend werden die gesuchten Längen ausgemessen und entsprechend umgerechnet.

a) Höhe des Turms: 31,75 m

b) Länge der Dachsparren: 5,22 m

c) Länge der Fährverbindung: 6,77 km

Dreieckszeichnung (sss) am Overheadprojektor veranschaulichen

Die Dreieckszeichnung nach sss lässt sich mittels Overlayfolien recht einsichtig veranschaulichen:

Benötigtes Material:
Folie, Folienstreifen, Reißnägel, Folienstift

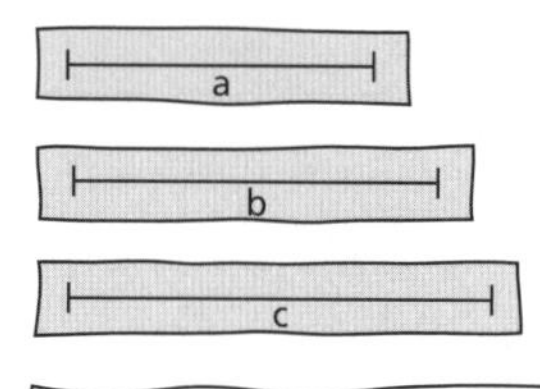

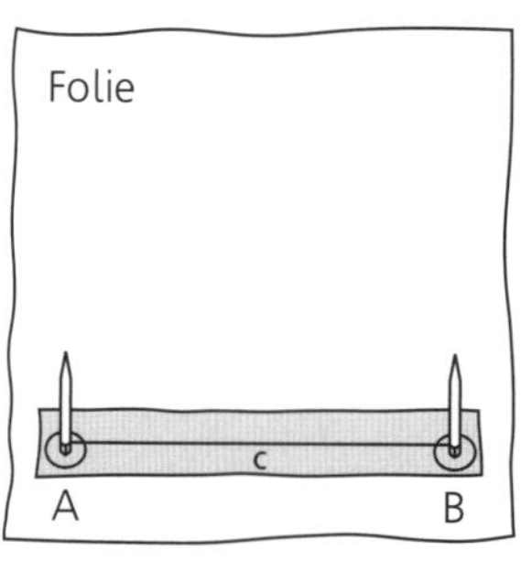

Auf der Folie wird die Seite c (farbiger Folienstreifen) fixiert. Die Punkte A und B werden angetragen.

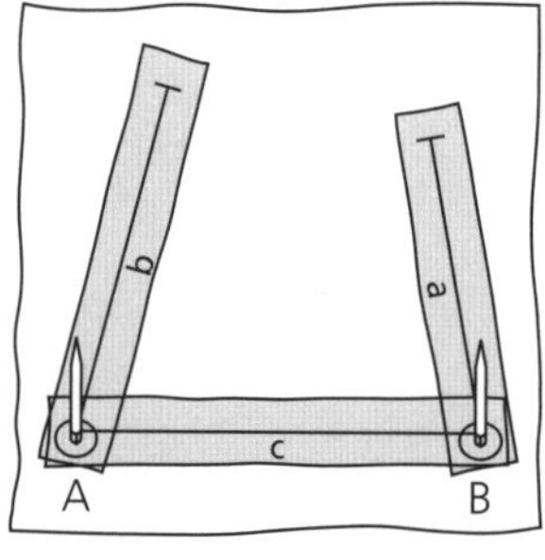

An Punkt B wird die Seite a befestigt, an Punkt A die Seite b (jeweils farbige Folienstreifen).

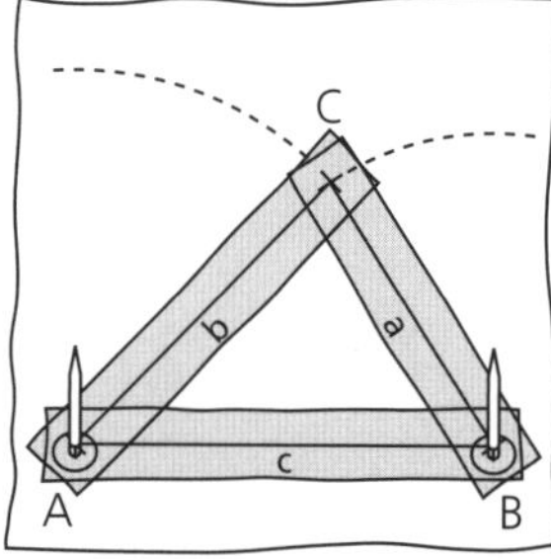

Die Seiten werden so lange bewegt, bis sie sich in einem Punkt C treffen. Verfolgt man die Endpunkte der Seiten a und b, so bewegen sie sich auf einem Kreis → Arbeiten mit dem Zirkel.

1 Die Mittelsenkrechte – steht senkrecht zur Strecke AB (Senkrechte).
– geht durch den Mittelpunkt der Strecke AB.

2 Die Mittelsenkrechte lässt sich errichten, wenn $r > \frac{\overline{AB}}{2}$ ist,
also bei r = 4 cm (5 cm; 5,5 cm).
Alle Schnittpunkte beider Kreise liegen auf der Mittelsenkrechten.

3 Der Punkt liegt auf der Mittelsenkrechten der Strecke AB, jedoch nicht auf der Strecke AB selbst.

4 Zeichnungen nach den Vorgaben

5 Schnittpunkt: (8 | 0)

6 a) Sie schneiden sich in einem Punkt.
b) Schnittpunkt ist Mittelpunkt des Umkreises.

7 a)

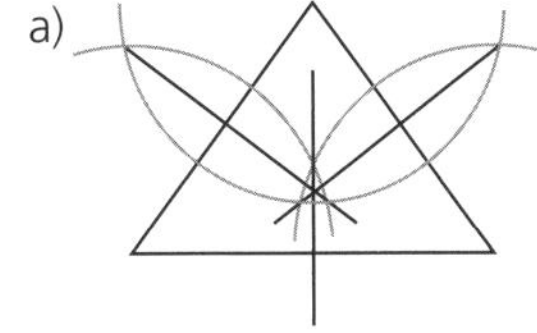

spitzwinklig
(M: innerhalb)

b)

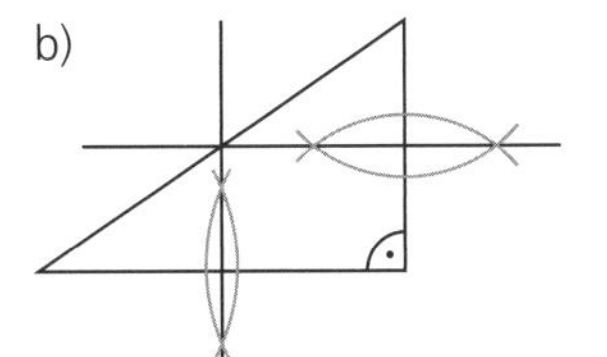

rechtwinklig
(M: auf einer Seite)

c)

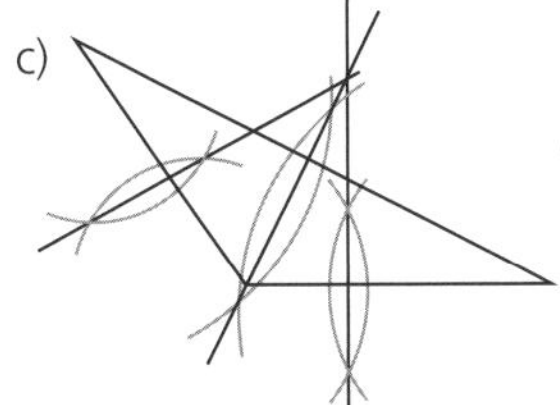

stumpfwinklig
(M: außerhalb)

Kreisförmige Figuren mit Fäden oder Schnüren

Einsatzhinweis:
Aufgabe als Kopie vorgeben (auch als Karteikarte für freies Arbeiten geeignet); handlungsorientierte Erkenntnisgewinnung durch die Schüler

Aufgabe:
Oft kann man geometrische Figuren mit recht einfachen Werkzeugen herstellen, wie z.B. mit Fäden oder Schnüren. Überlege zuerst und probiere dann die folgenden Aufgaben:

a) Befestige einen Bleistift an einem etwa 6 cm langen Faden. Binde diesen an einem Reißnagel fest.

Welche Linie beschreibt der Bleistift, wenn man ihn so bewegt, dass der Faden immer gespannt ist?

b) Befestige die Enden eines etwa 7 cm langen Fadens an zwei Reißnägeln, die ungefähr 5 cm voneinander entfernt sind.

Welche Linie beschreibt der Bleistift, wenn man ihn wie angegeben bewegt und der Faden immer gespannt ist?

c) Befestige einen Bleistift an einem Faden beliebiger Länge. Wickle den Faden (einmal, zweimal,...) um einen zylindrischen Gegenstand.

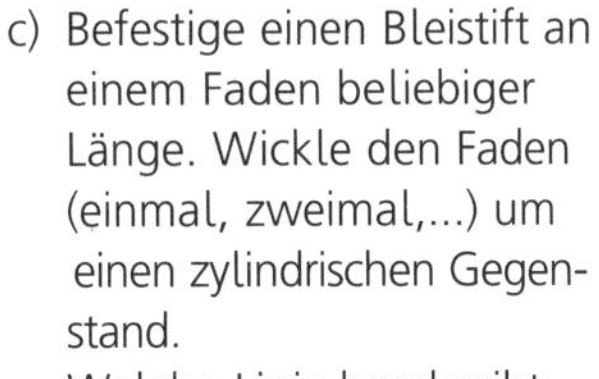

Welche Linie beschreibt der Bleistift, wenn du den Faden abwickelst und der Faden dabei immer gespannt ist?

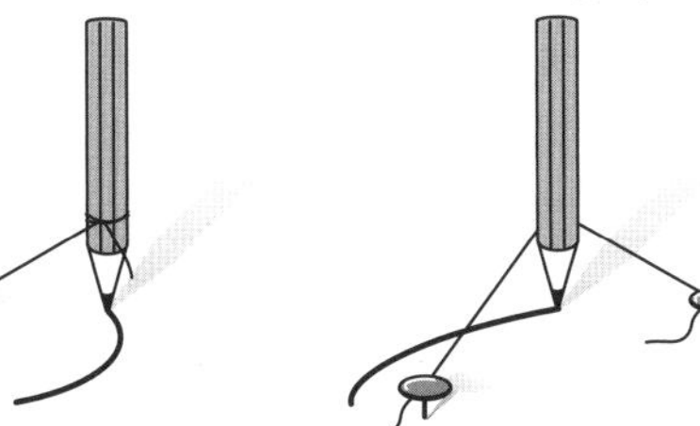

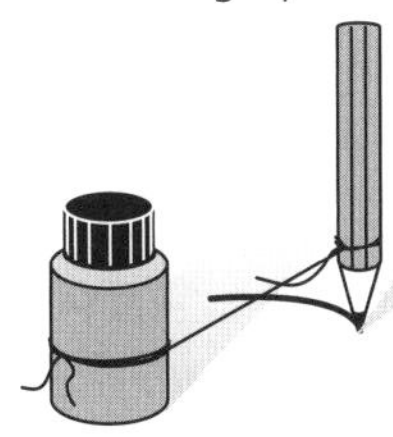

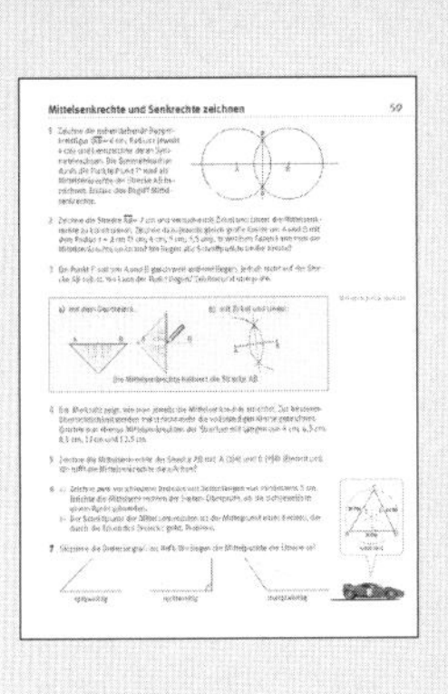

Über die Analyse der Doppelkreisfigur soll das Begriffsverständnis der Mittelsenkrechte angebahnt werden.
In unterschiedlichen Aufgaben wenden die Schüler ihr Wissen an.
M-Klassen beschäftigen sich abschließend noch mit dem Lerninhalt „Umkreis".

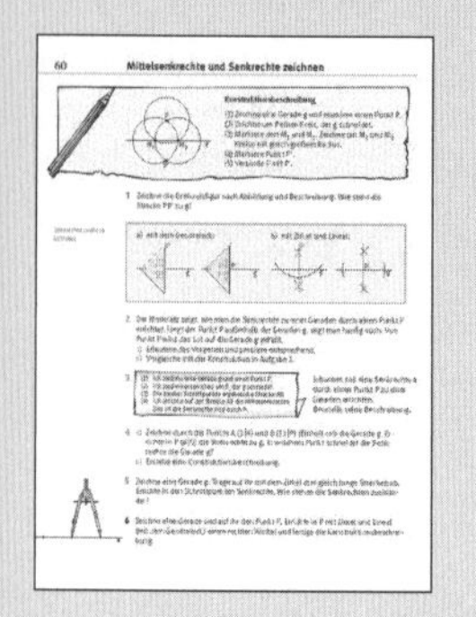

Die Schüler zeichnen Senkrechte zu einem Punkt, der auf einer Geraden oder außerhalb von dieser liegen kann. Sie lernen das Konstruieren mit Zirkel und Lineal kennen, wobei das Zeichnen mit dem Geodreieck gerade für Mittelschüler durchaus eine angemessene Alternative darstellt.

1 Strecke PP' ⊥ g

2 a) Konstruktion mit Zirkel und Lineal:
Siehe Konstruktionsbeschreibung in Aufgabe 3 und Skizzen im Merksatz.

b) Hinweis an die Schüler:
Die Kreise müssen nicht mehr vollständig ausgezogen werden, es genügen Kreisbögen.
Zeichnen mit dem Geodreieck: Siehe Skizzen.

3 Die Konstruktionsbeschreibung stimmt.
Die Mittelsenkrechte der Strecke AB ist nach Konstruktion auch die Senkrechte durch den Punkt P.

4 a) Schnittpunkt S (5 | 6)

b) Konstruktionsbeschreibung analog zu Nr. 3

5 Senkrechte stehen parallel zueinander.

6 Der rechte Winkel entspricht der Senkrechten.
Konstruktionsbeschreibung:

a) Mit Zirkel und Lineal
(1) Zeichne eine Gerade g und auf ihr einen Punkt P.
(2) Zeichne um P einen Kreis. Bezeichne die Schnittpunkte mit der Geraden g als M_1 und M_2.
(3) Zeichne um M_1 und M_2 Kreise (Kreisbögen) mit gleich großem Radius.
(4) Verbinde die Schnittpunkte der Kreise. Diese Gerade ist die Senkrechte durch g zu P.

b) Mit dem Geodreieck
(1) Zeichne eine Gerade g und auf ihr einen Punkt P.
(2) Zeichne mit dem Geodreieck in P die Senkrechte zur Geraden g.

(Es ergeben sich deutlich weniger Konstruktionsschritte.)

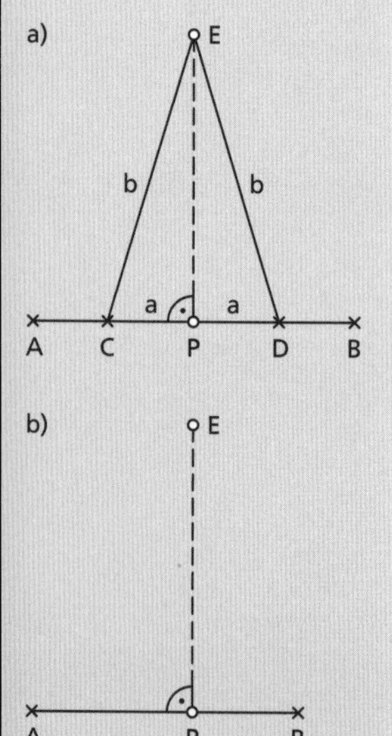

Rechte Winkel im Gelände mit Bandmaß und Schnur

Soll auf einem Punkt P der Strecke AB (z.B. die Auslinie eines Fußballfeldes) im Freien ein rechter Winkel errichtet werden, kann man so vorgehen (vgl. Abb. a):

- Miss von P aus nach beiden Seiten gleiche Strecken ab und markiere die Endpunkte mit C und D.
- Trage von C und D aus jeweils eine größere Länge als $\overline{CP}$ ab, so dass sich als Schnittpunkt Punkt E ergibt.
- Verbinde Punkt E mit Punkt P durch eine Schnur (ein Maßband) und überprüfe mit dem Tafelgeodreieck, ob in P ein rechter Winkel entstanden ist.

a) Vergleiche das Vorgehen mit der Grundkonstruktion der Senkrechten.

b) Wie muss man vorgehen, wenn der Punkt E gegeben ist und man auf der Strecke AB den Punkt P ermitteln soll, in dem beide Strecken senkrecht aufeinander stehen? (vgl. Abb. b)

Lösungen:

a) Es ist das analoge Vorgehen.

b) Man geht in umgekehrter Reihenfolge vor (vgl. Konstruktion der Senkrechten).

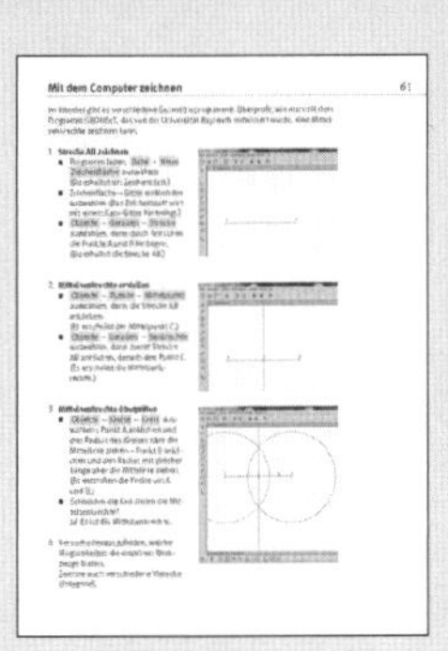

1 Strecke AB zeichnen
Die Schritte sind wohl vorgegeben, trotzdem wird es (vor allem beim erstmaligen Arbeiten mit dem Programm) Fehlversuche geben. Freilich eröffnet gerade dieses probierende Erkunden ein vertieftes Eindringen in die Möglichkeiten des Programms und in Folge davon ein geläufigeres Handhaben. Deshalb ist es wichtig, nicht zu schnell vorzugehen, sondern genügend Zeit für das Kennenlernen und Eingewöhnen zur Verfügung zu stellen.

2 Mittelsenkrechte erstellen
Als neue Werkzeuge kommen „Mittelpunkt" und „Senkrechte" dazu.

3 Mittelsenkrechte überprüfen
Zur Überprüfung kommen die Werkzeuge „Kreise" und „Kreis" zum Einsatz. Ziel der Seite: Erspüren von Möglichkeiten, mit dem Computer zu zeichnen. Fehlversuche gehören zu einem probierenden Lernen und lassen sich zudem leicht korrigieren.

Computereinsatz im Unterricht ermöglicht eine „dynamische Geometrie", welche immer wieder veränder- und korrigierbar ist. Das kann zu einer sehr hilfreichen Veranschaulichung von notwendigen Zeichen- und Konstruktionsschritten beitragen sowie lernwirksames Probieren ermöglichen.

Z

Das Programm GEONExT
Inzwischen existieren zahlreiche Programme zur dynamischen Geometrie. Der Vorteil solcher Programme liegt darin, dass – im Gegensatz zur Arbeit im Heft – die Konstruktion beweglich bleibt und dadurch „unendlich viele" Zeichnungen auf einmal erstellt werden. GEONExT, eine Software der Universität Bayreuth, kann kostenfrei genutzt werden.

Grundsätzlich gibt es vier Arten von Objekten:

1. Frei bewegliche Basisobjekte, z. B. zwei Geraden
2. Sogenannte Gleiter ( ): Sie sind auf einem anderen Objekt (z. B. einer Kreislinie) frei beweglich.
3. Objekte, die von freien Basisobjekten oder Gleitern abhängen, z. B. der Schnittpunkt zweier Geraden
4. Objekte mit festen Koordinaten

Ein entscheidender Vorzug von GEONExT ist die Exportfähigkeit: Zeichnungen lassen sich nicht nur im eigenen gxt-Format abspeichern, sondern auch (mittels Java) als html-Objekte exportieren. Die Werkzeug- und Menüleisten können dabei ausgeblendet werden, sodass die Schüler sich darauf konzentrieren können, die dynamische Konstruktion zu beobachten.

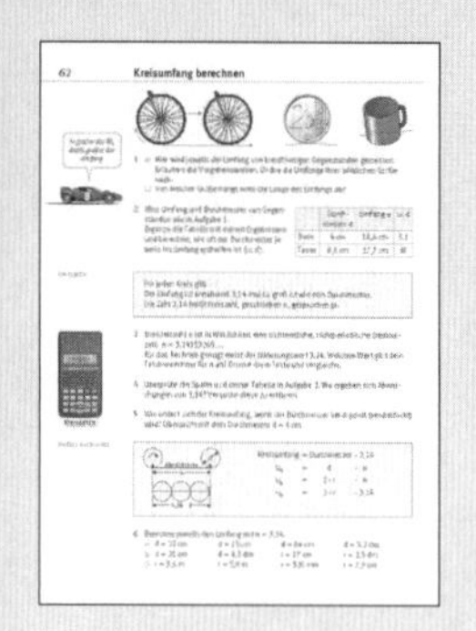

Schrittweise wird die Umfangsberechnung beim Kreis erarbeitet: An realen Gegenständen erkennen die Schüler die Abhängigkeit des Kreisumfangs vom Durchmesser, untersuchen diesen Zusammenhang genauer und stoßen auf die Kreiszahl. Durch das handlungsorientierte Vorgehen wird diese nur angenähert ermittelt werden. Für das Berechnen des Kreisumfangs erweist es sich sinnvoll, mit dem Wert 3,14 zu arbeiten (vgl. auch Hinweis in Aufgabe 3).

1 a) Fahrrad: Am Rad wird eine Markierung angebracht und dann dieses abgerollt.
Münze: Mit einem Faden wird die Münze umspannt, dann der Faden abgemessen.
Tasse: Mit einer Schnur wird die Tasse umspannt, dann die Schnur abgemessen.
Umfänge: s. b)

b) Der Umfang hängt von der Größe des Durchmessers ab.
Die Größe der Umfänge: $u_{Rad} > u_{Tasse} > u_{Münze}$
weil auch gilt: $d_{Rad} > d_{Tasse} > d_{Münze}$

2 Ergebnis: $u : d \approx 3,1$

3 Im Display des Taschenrechners werden wohl unterschiedliche Ergebnisse erscheinen: Manche Taschenrechner runden, andere schneiden ab, die einen haben eine zehnstellige Anzeige, andere wiederum eine achtstellige. Um einheitliche, vergleichbare Ergebnisse in der Klasse zu bekommen, ist es deshalb empfehlenswert, mit $\pi = 3,14$ zu arbeiten.

4 Die Ergebnisse weichen mitunter deutlich von 3,14 ab. Mögliche Gründe: ungenaues Ablängen mit Fäden, ungenaues Messen mit dem Lineal, Rundungsfehler usw.

5

d	4 cm	8 cm	12 cm
u	12,56 cm	25,12 cm	37,68 cm

Doppelter Durchmesser → doppelter Umfang
dreifacher Durchmesser → dreifacher Umfang

6 a)

d	22 cm	15 cm	84 cm	3,2 cm
u	69,08 cm	47,1 cm	263,76 cm	≈ 10,05 cm

b)

d	21 m	4,5 dm
u	65,94 m	14,13 dm

r	17 cm	2,5 dm
u	106,76 cm	15,7 dm

c)

r	3,6 m	5,9 m	320 mm	7,9 cm
u	≈ 22,61 m	37,05 m	2 009,6 mm	≈ 49,61 cm

Z

Kreisumfang und Durchmesser

Für das Erstellen der Tabelle in Aufgabe 2 messen die Schüler an realen Gegenständen Umfang und Durchmesser. Hierbei können viele Ungenauigkeiten auftreten (vgl. Aufgabe 4). Deshalb empfiehlt es sich, die Tabelle mit Messungen an den Kreisen der Kopiervorlage zu ergänzen. Fehlerquellen werden deutlich reduziert, weil die Schüler nur die jeweiligen Durchmesser bestimmen müssen.

Zur Kontrolle: Die Längen der Durchmesser sind jeweils ganze Zentimeter. (bei Vergrößerung auf 115%)

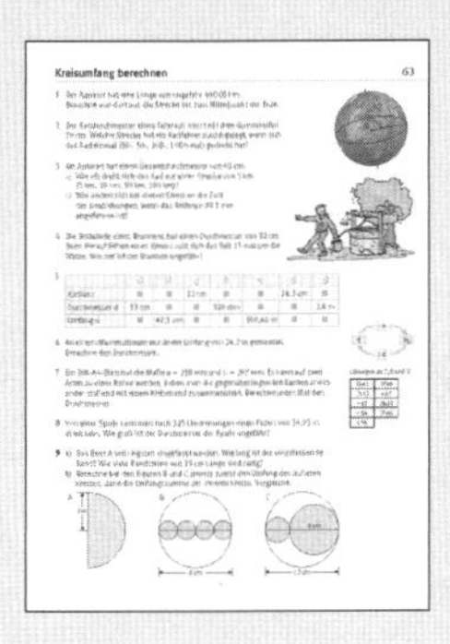

1 Radius$_{Erdkugel}$ ≈ 6 370 km (6 369,4268 km)

2

Umdrehungen	Strecke
1	219,8 cm (≈ 2,20 m)
10	2 198 cm (≈ 22 m)
50	10 990 cm (≈ 110 m)
100	21 980 cm (≈ 220 m)
1 000	219 800 cm (≈ 2 198 m)

3 a)

Strecke	Umdrehungen bei d = 0,6 m
1 km	≈ 531
5 km	≈ 2 654
10 km	≈ 5 308
50 km	≈ 26 539
100 km	≈ 53 079

b)

Umdrehungen bei d = 0,59 m
≈ 540
≈ 2 699
≈ 5 398
≈ 26 989
≈ 53 978

4 Tiefe: 32 cm · 3,14 · 15 ≈ 15 m (15,072 m)

5

	a)	b)	c)	d)	e)	f)	g)
r	6,5 cm	7,5 cm	12 cm	160 mm	16 m	14,5 cm	1,4 m
d	13 cm	15 cm	24 cm	320 mm	32 m	29 cm	2,8 m
u	40,82 cm	47,1 cm	75,36 cm	1004,8mm	100,48 m	91,06 cm	8,792 m

6 Durchmesser des Baumes: d ≈ 7,71 m

7

Umfang der Papierröhren	210 mm	297 mm
Durchmesser der Papierröhren	≈ 67 mm	≈ 95 mm

8 Umfang$_{Spule}$ ≈ 16,9 cm Durchmesser$_{Spule}$ ≈ 5,4 cm

9 a) Randlänge: 15,42 m Anzahl$_{Randsteine}$: ≈ 62 Steine

b) Äußerer Kreis: u = 8 cm · 3,14 = 25,12 cm
Innere Kreise: u = 2 cm · 3,14 · 4 = 25,12 cm

c) Äußerer Kreis: u = 12 cm · 3,14 = 37,68 cm
Innere Kreise: u = 4 cm · 3,14 + 8 cm · 3,14 = 37,68 cm

Hinweis:
Der Umfang des äußeren Kreises und die Umfangsumme der inneren Kreise sind jeweils gleich groß.

Die Schüler berechnen Umfänge von Kreisen oder kreisförmigen Figuren. Durch unterschiedliche, vor allem auch reversible Aufgabenstellungen gewinnen sie zunehmend Sicherheit.

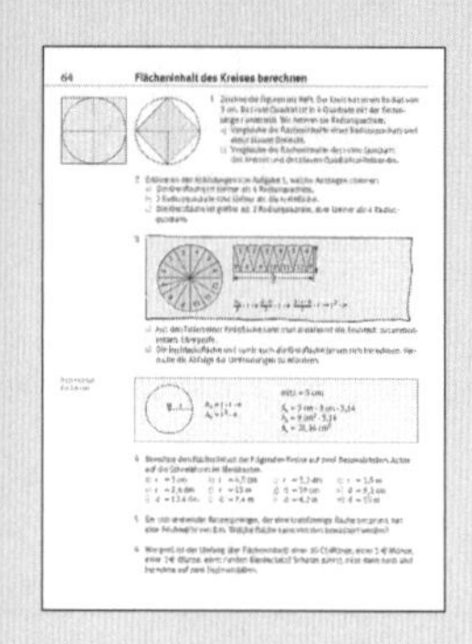

Durch Vergleichen der Kreisfläche mit Radiusquadraten und durch Berechnen der zu einem annähernden Rechteck zusammengesetzten Kreissektoren bestimmen die Schüler den ungefähren Flächeninhalt von Kreisen. Sie erkennen den Zusammenhang von Flächeninhalt und Radius bzw. Durchmesser. Sie vermögen die Formel zur Flächenberechnung zu erläutern und anzuwenden.

1 a) Ein Dreieck hat die halbe Fläche eines Radiusquadrats.

b) $A_{4\ \text{Radiusquadrate}} > A_{\text{Kreis}} > A_{4\ \text{Dreiecke}}$ $(= A_{2\ \text{Radiusquadrate}})$

$\rightarrow A_{4\ \text{Radiusquadrate}} > A_{\text{Kreis}} > A_{2\ \text{Radiusquadrate}}$

2 Alle Aussagen stimmen. (vgl. 1. b)

3 a) Aus den Teilen einer Kreisfläche kann man annähernd ein Rechteck zusammensetzen.

b) $A_R = a \cdot b$

$= \frac{u_0}{2} \cdot r$

$= \frac{2r\pi}{2} \cdot r = r^2\pi$

4

	a)	b)	c)	d)	e)	f)
r	3 cm	4,5 cm	5,2 dm	1,5 m	3,6 dm	15 m
A	28,26 cm²	63,59 cm²	84,91 dm²	7,07 m²	40,69 dm²	706,5 m²

	g)	h)	i)	k)	l)	m)
d	10 cm	9,2 cm	12,4 dm	7,4 m	4,2 m	15 m
A	78,5 cm²	66,44 cm²	120,7 dm²	42,99 m²	13,85 m²	176,63 m²

5 $A_{\text{Rasen}} = 200{,}96\ m^2$

6

	10-Ct-Münze	1-€-Münze	2-€-Münze	Bierdeckel
d	1,975 cm	2,325 m	2,575 m	10,7 cm
u	≈ 6,20 cm	≈ 7,30 cm	≈ 8,09 cm	≈ 33,60 cm
A	≈ 3,06 cm²	≈ 4,24 cm²	≈ 5,21 cm²	≈ 89,87 cm²

Anmerkung: Messtoleranzen berücksichtigen, Durchmesser d laut amtlicher Angabe.

Flächenberechnung des Kreises (Veranschaulichungshilfe)

Neben den in den Aufgaben 1 und 3 aufgezeigten Vorgehensweisen lässt sich die Relation zwischen Radiusquadrat und Kreisfläche recht anschaulich auf folgende Art verdeutlichen. Dabei ist es sinnvoll, die hier dargestellten Phasenbilder mittels Folienstücken im Overlayverfahren auch konkret handelnd umzulegen.

Ein Radiusquadrat kann in vier Teilstücke zerlegt werden, die ungefähr gleich groß sind.
Beschreibe damit die Umwandlung der Figuren a) bis d).
Versuche den Vorgang selbst zu legen.
Wie viele Radiusquadrate hat demnach annähernd die Kreisfläche?

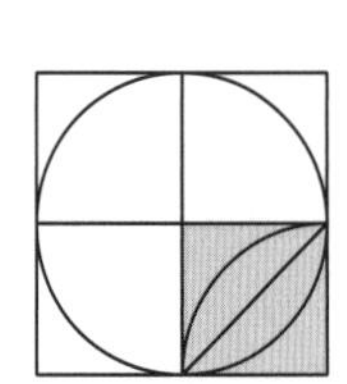

a)

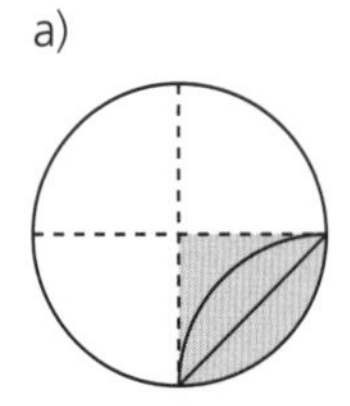

b)

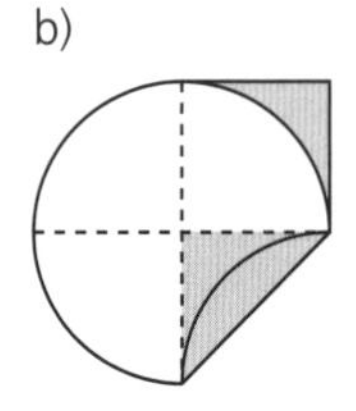

c)

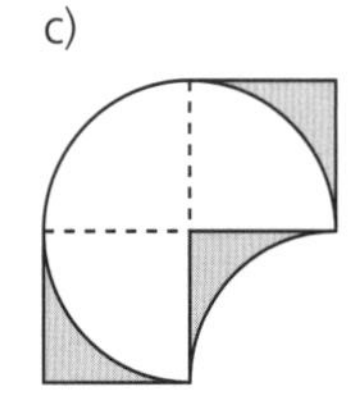

d)

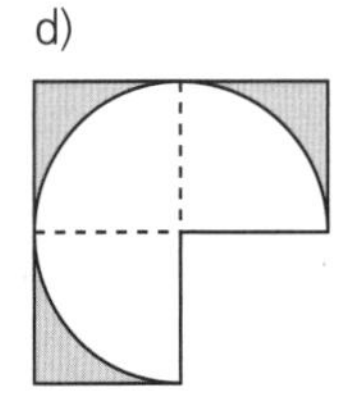

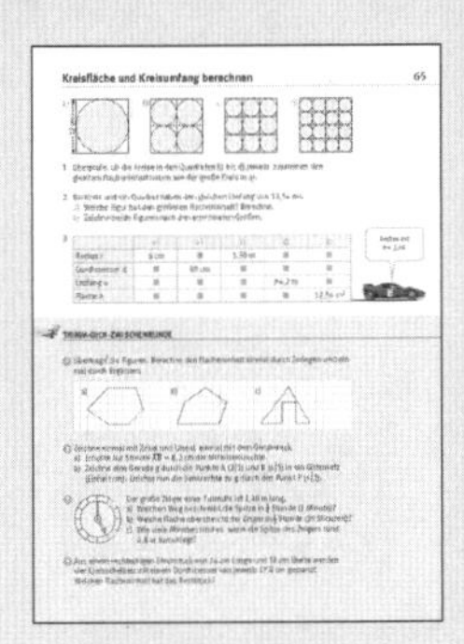

Die Schüler lösen einfache Aufgaben zur Kreisberechnung.

1 a) $A = 113{,}04\ cm^2$

b) $A = 28{,}26\ cm^2 \cdot 4 = 113{,}04\ cm^2$

c) $A = 12{,}56\ cm^2 \cdot 9 = 113{,}04\ cm^2$

d) $A = 7{,}065\ cm^2 \cdot 16 = 113{,}04\ cm^2$

2 a) $u_{Kreis} = 12{,}56\ cm \Rightarrow r = 2\ cm \Rightarrow A_{Kreis} = 12{,}56\ cm^2$

$u_{Quadrat} = 12{,}56\ cm \Rightarrow a = 3{,}14\ cm \Rightarrow A_{Quadrat} \approx 9{,}86\ cm^2$

b)

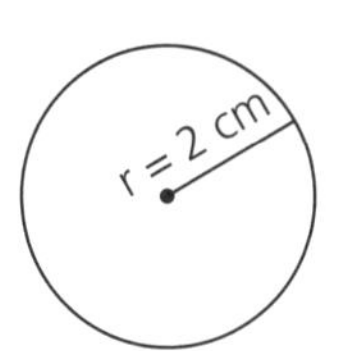

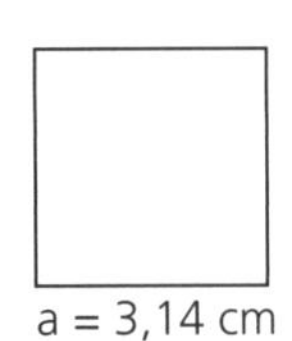

3

	a)	b)	c)	d)	e)
Radius r	6 cm	40 cm	1,50 m	15 m	2 m
Durchmesser d	12 cm	80 cm	3 m	30 m	4 m
Umfang u	37,68 cm	251,2 cm	9,42 m	94,2 m	12,56 m
Fläche A	113,04 cm²	5 024 cm²	7,065 m²	706,5 m²	12,56 m²

TRIMM-DICH-ZWISCHENRUNDE

Die Trimm-dich-Zwischenrunden dienen dazu, diagnostisch zur individuellen Förderung den Lernstand der Schüler auch während des Lernprozesses zu ermitteln: Was „sitzt", wo sind noch Schwächen vorhanden, welche Lerninhalte müssen nochmals aufgegriffen und vertieft werden?
Eine realistische Einschätzung der eigenen Leistungen hilft, Stärken zu erhalten und Schwächen abzumildern. Mithilfe des Selbsteinschätzungsbogens (K 29) können die Schüler ihre Kenntnisse und Fertigkeiten selbst bewerten.

K 29

1 Mögliche Teilflächen:

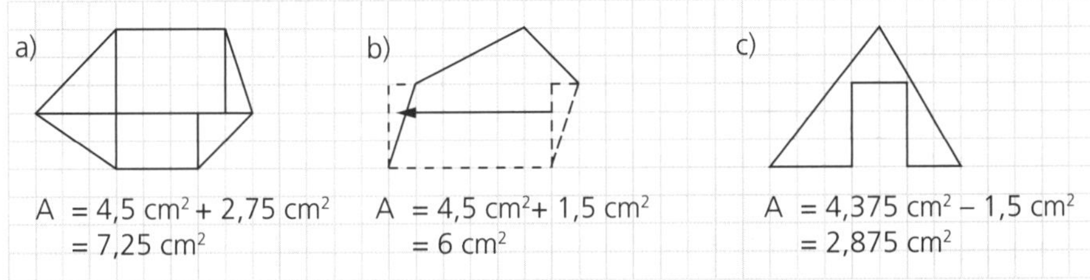

2 a)

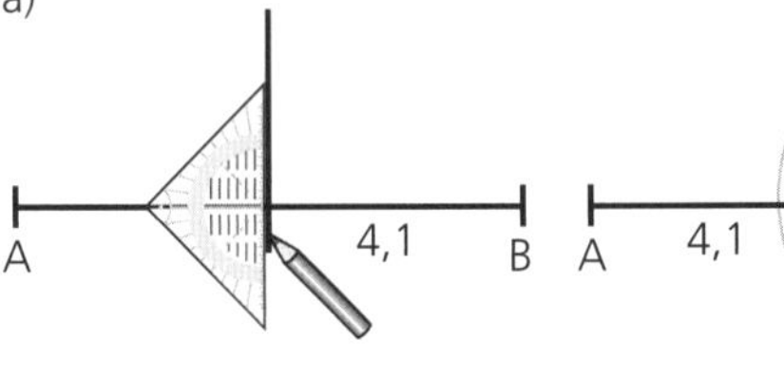

b)

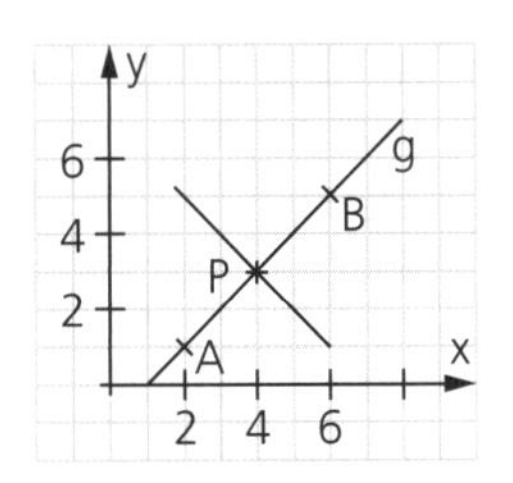

3 a) Stunde: $\frac{u}{4} = 2{,}198\ m$ 1 min: $\frac{u}{60} \approx 0{,}147\ m$

b) Stunde: $\frac{A}{2} \approx 3{,}077\ m^2$ 10 min: $\frac{A}{6} \approx 1{,}026\ m^2$

c) $8{,}8\ m \triangleq 60\ min$

4 $A = 1\,368\ cm^2 - 994{,}88\ cm^2 = 373{,}12\ cm^2$

Die besondere Seite: Stadion – einst und heute

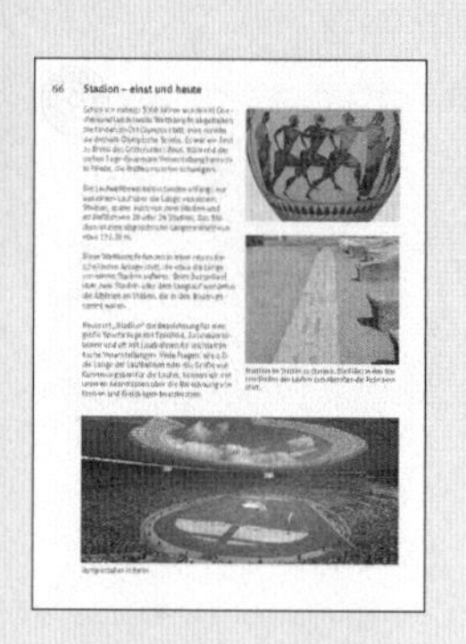

Die Schüler wenden ihre Kenntnisse bezüglich Kreisberechnung am Sachfeld „Stadion" an. Bilder und Text auf Seite 66 verdeutlichen die Entwicklung von Sportstätten der Antike bis zur heutigen Zeit. Dabei erfahren die Schüler unter anderem, dass „Stadion" ursprünglich ein Längenmaß war. Den eigentlichen (mathematischen) Schwerpunkt dieser „besonderen Seiten" bilden die Berechnungen an den Rundbahnen heutiger Stadien. Die Maße entsprechen denen des Olympiastadions in München; nur in wenigen Details wurden unbedeutende Veränderungen vorgenommen.

Olympische Wettkämpfe der Antike (Info)

Zu Ehren ihrer Götter veranstalteten die Griechen auch sportliche Wettkämpfe, so z. B. die Isthmischen Spiele (auf dem Isthmos bei Korinth) oder die Pythischen Spiele bei Delphi. Die berühmtesten freilich waren die Spiele zu Ehren des Zeus, welche alle vier Jahre im heiligen Bezirk von Olympia abgehalten wurden. Der Beginn dieser Veranstaltungen wird mit dem Jahr 776 v. Chr. angegeben. Teilnehmen konnten Männer aus allen Staaten Griechenlands, Frauen waren nicht zugelassen, ja sie durften nicht einmal bei den Wettkämpfen zuschauen. Ein Sieg bei Olympia brachte hohen Ruhm ein. Erfolgreiche Athleten wurden wie Helden gefeiert und erfuhren in ihren Städten zahlreiche Vergünstigungen, auch finanzieller Art. Neben den auf Seite 66 aufgeführten Disziplinen kamen im Laufe der Zeit noch andere Sportarten hinzu: Springen, Diskuswerfen, Wagenrennen mit Pferdegespannen, Ringkampf, Faustkampf und die recht harte Kampfsportart Pankration.

Flächenberechnung von Kreisringen (M-Klassen-Niveau)

Einsatzhinweis:
Haben sich die Schüler mit den sachlichen Grundlagen von Laufbahnabmessungen auf Seite 67 erst einmal vertraut gemacht, bieten sich viele weitere Aufgabenstellungen an, mit denen diese Thematik mathematisch weiter durchdrungen werden kann.
Hier seien nur zwei Beispiele davon angeführt:

Aufgaben

1. Ein guter Kunststoffbelag für eine Laufbahn ist nicht billig. So verrechnet eine Firma lediglich für den Auftrag der Oberschicht 52 € pro m². Wie teuer ist das für vier Rundbahnen, wie teuer für acht Rundbahnen?

   Lösung:
   4 Bahnen: $A = 2 \cdot A_{Rechteck} + A_{Kreisring}$
   $2 \cdot 84{,}39\text{ m} \cdot 4 \cdot 1{,}22\text{ m} + (36{,}60\text{ m} + 4 \cdot 1{,}22\text{ m})^2 \cdot \pi - (36{,}60\text{m})^2 \cdot \pi = 2\,020{,}08\text{ m}^2$
   Kosten: $2\,020{,}08\text{ m}^2 \cdot 52\,\frac{€}{\text{m}^2} = 105\,044{,}16\text{ €}$
   8 Bahnen: $A = 2 \cdot A_{Rechteck} + A_{Kreisring}$
   $2 \cdot 84{,}39\text{ m} \cdot 8 \cdot 1{,}22\text{ m} + (36{,}60\text{ m} + 8 \cdot 1{,}22\text{ m})^2 \cdot \pi - (36{,}60\text{m})^2 \cdot \pi = 4\,189{,}72\text{ m}^2$
   Kosten: $4\,189{,}72\text{ m}^2 \cdot 52\,\frac{€}{\text{m}^2} = 217\,865{,}44\text{ €}$

2. Die Oberschicht von Laufbahn 2 muss im Bereich der gesamten Südkurve erneuert werden. Wie teuer kommt das, wenn für das Entfernen des alten Belags und den Auftrag des neuen insgesamt 98,50 €/m² berechnet werden?

   Lösung:
   Laufbahn 2: $A_{1\,Kurve} = [(36{,}6\text{ m} + 2 \cdot 1{,}22\text{ m})^2 \cdot \pi - (36{,}6\text{ m} + 1{,}22\text{ m})^2 \cdot \pi] : 2$
   Kosten: $147{,}22\text{ m}^2 \cdot 98{,}50\,\frac{€}{\text{m}^2} = 14\,501{,}17\text{ €}$

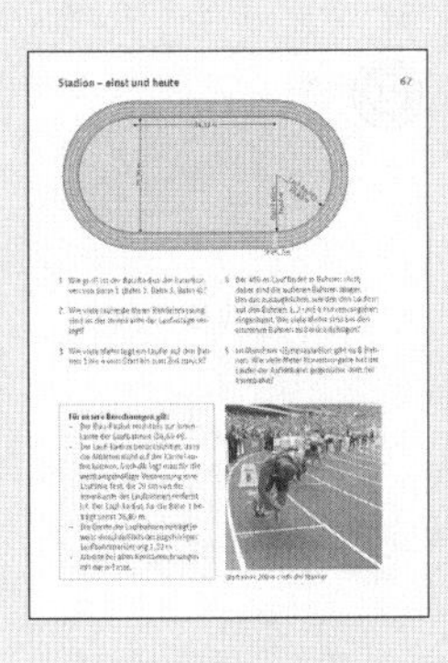

Bisher haben die Schüler Kreisberechnungen mit dem groben Näherungswert 3,14 durchgeführt. Hier ist eine Möglichkeit zu verdeutlichen, dass bei exakten Vermessungen, die ja bis in den Millimeterbereich gehen (Laufbahnbreite exakt 1,215 m), mit dem besseren Näherungswert für π zu rechnen ist. Die Aufgaben 3,4 und 5 sind wegen ihrer Komplexität eher für M-Schüler gedacht.

L

1 Bau-Radius:
Bahn 1: 36,60 m
Bahn 2: 37,82 m
Bahn 3: 39,04 m
Bahn 4: 40,26 m

2 Randeinfassung:
Bahn 1: $2 \cdot 84{,}39\text{ m} + 36{,}60\text{ m} \cdot 2 \cdot \pi = 398{,}74\text{ m}$

3 Laufmeter:
Bahn 1: d = 73,60 m $168{,}78\text{ m} + 73{,}60\text{ m} \cdot \pi = 400{,}00\text{ m}$
Bahn 2: d = 76,04 m $168{,}78\text{ m} + 76{,}04\text{ m} \cdot \pi = 407{,}67\text{ m}$
Bahn 3: d = 78,48 m $168{,}78\text{ m} + 78{,}48\text{ m} \cdot \pi = 415{,}33\text{ m}$
Bahn 4: d = 80,92 m $168{,}78\text{ m} + 40{,}16\text{ m} \cdot \pi = 423{,}00\text{ m}$

4 Kurvenvorgabe:
Bahn 2: 407,67 m – 400,00 m = 7,67 m
Bahn 3: 415,33 m – 407,67 m = 7,66 m   415,33 m – 400,00 m = 15,33 m
Bahn 4: 423,00 m – 415,33 m = 7,67 m   423,00 m – 407,67 m = 15,33 m
423,00 m – 400,00 m = 23,00 m

5 Berechnungsmöglichkeiten:
a) Zahlenreihe aus Aufgabe 4 fortsetzen:
7,67 m + 7,66 m + 7,67 m + 7,66 m + 7,67 m + 7,66 m + 7,67 m = 53,69 m
b) $\text{Laufmeter}_{\text{Bahn 8}} = (36{,}80\text{ m} + 7 \cdot 1{,}22\text{ m}) \cdot 2 \cdot \pi + 168{,}78\text{ m} = 453{,}66\text{ m}$
$\text{Kurvenvorgabe}_{\text{Bahn 8}} = 453{,}66\text{ m} - 400{,}00\text{ m} = 53{,}66\text{ m}$
(Abweichung zwischen a) und b) durch Rundung bedingt.)

Z

Rechenvorteile nützen

Aufgabe:
Ein Vermessungsingenieur behauptet:
Für die Lösung der Aufgaben Nr. 3, 4 und 5 brauche ich nur zu rechnen:
$1{,}22\text{ m} \cdot 2 \cdot \pi$. Ist das richtig? Begründe.

Es ist richtig. Die Geraden sind bei allen 4 (8) Bahnen gleich, können also unberücksichtigt bleiben. Der Radius erhöht sich um jeweils 1,22 m. Es genügt mit dieser Radiusverlängerung zu rechnen, wie die folgende Gegenüberstellung zeigt:
Verlängerung der 2. Bahn gegenüber der 1. Bahn (= Kurvenvorgabe):
$(168{,}78\text{ m} + 38{,}02\text{ m} \cdot 2 \cdot \pi) - (168{,}78\text{ m} + 36{,}80\text{ m} \cdot 2 \cdot \pi) = 7{,}67\text{ m}$
$1{,}22\text{ m} \cdot 2 \cdot \pi = 7{,}67\text{ m}$

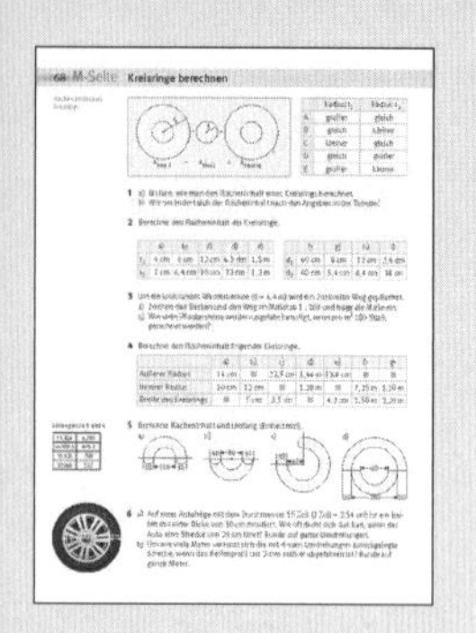

Ab dieser Seite beginnen die Aufgaben mit erhöhtem Anforderungsniveau für M-Klassen.
Sie eigenen sich aber auch zur Binnendifferenzierung in Regelklassen, da auf diesen Seiten der bisherige Stoff erweitert und vertieft wird.
Die Berechnung von Kreisringen – Schwerpunkt dieser Seite – beinhaltet nichts grundlegend Neues, sondern ist eher als Anwendung der Kreisflächenberechnung zu sehen: Von einer größeren Kreisfläche wird eine kleinere abgezogen.

L

1 a) $A_{\text{großer Kreis}} - A_{\text{kleiner Kreis}} = A_{\text{Kreisring}}$

b)

	$Radius_1$	$Radius_2$	$A_{Kreisring}$
A	größer	gleich	größer
B	gleich	kleiner	größer
C	kleiner	gleich	kleiner
D	gleich	größer	kleiner
E	größer	kleiner	größer

2

	a)	b)	c)	d)	e)
r_1	4 cm	8 cm	12 cm	6,5 dm	1,5 m
r_2	2 cm	6,4 cm	10 cm	32 cm	1,2 m
$A_{Kreisring}$	37,68 cm²	72,35 cm²	138,16 cm²	100,51 dm²	2,54 m²

	f)	g)	h)	i)
d_1	60 cm	8 cm	12 cm	3,6 dm
d_2	40 cm	5,4 cm	8,4 cm	18 cm
$A_{Kreisring}$	1 570 cm²	27,35 cm²	57,65 cm²	7,63 dm²

3 a)

3,2 cm
5,2 cm

b) $A_{Kreisring} = 5{,}2\text{ m} \cdot 5{,}2\text{ m} \cdot 3{,}14 - 3{,}2\text{ m} \cdot 3{,}2\text{ m} \cdot 3{,}14 = 52{,}752\text{ m}^2$
Steine: $52{,}752 \cdot 100 \approx 5\,276$

4

	a)	b)	c)	d)	e)	f)	g)
Äuß. Radius	14 cm	17 cm	22,5 cm	1,46 m	13,8 cm	8,75 m	3,30 m
Inn. Radius	10 cm	12 cm	19 cm	1,20 m	9,6 cm	7,25 m	1,10 m
$Breite_{Kreisring}$	4 cm	5 cm	3,5 cm	0,26 m	4,2 cm	1,50 m	2,20 m
$A_{Kreisring}$	301,44 cm²	455,30 cm²	456,09 cm²	2,17 m²	308,60 cm²	75,36 m²	30,40 m²

5 a) $A = A_{\frac{1}{2}\text{ Kreisring}} + A_{1\text{ Kreis}} = 38\,151\text{ mm}^2 + 6\,358{,}5\text{ mm}^2 = 44\,509{,}5\text{ mm}^2$
$u = u_{2\text{ Halbkreise}} + u_{1\text{ Kreis}} = 565{,}2\text{ mm} + 282{,}6\text{ mm} + 282{,}6\text{ mm} = 1\,130{,}4\text{ mm}$

b) $A = A_{\frac{1}{2}\text{ Kreisring}} - A_{1\text{ Kreis}} = 7\,536\text{ mm}^2 - 1\,256\text{ mm}^2 = 6\,280\text{ mm}^2$
$u = u_{2\text{ Halbkreise}} + u_{1\text{ Kreis}} = 502{,}4\text{ mm}$

c) $A = A_{\frac{3}{4}\text{ Kreisring}} + A_{1\text{ Kreis}} = 15\,072\text{ mm}^2 + 1\,256\text{ mm}^2 = 16\,328\text{ mm}^2$
$u = u_{\frac{3}{4}\text{ Kreisring}} + u_{1\text{ Kreis}} = 471\text{ mm} + 282{,}6\text{ mm} + 125{,}6\text{ mm} = 879{,}2\text{ mm}$

d) $A = A_{\frac{1}{2}\text{ Kreisring}} + A_{\frac{1}{2}\text{ Kreis}} = 3\,768\text{ mm}^2 + 2\,512\text{ mm}^2 = 6\,280\text{ mm}^2$
$u = u_{4\text{ Halbkreise}} + 4 \cdot \text{Breite} = 628\text{ mm} + 80\text{ mm} = 708\text{ mm}$

6 a) Raddurchmesser in cm: 58,1
Umfang in cm: 182,434
Anzahl der Umdrehungen: ≈ 10 963

b) neuer Gesamtdurchmesser in m: ≈ 0,577
Umfang in m: ≈ 1,81178
zurückgelegte Strecke in m: ≈ 19 863
Verkürzung in m: ≈ 137

L

1 $A_a = 5{,}76\ cm^2 - 4{,}52\ cm^2 = 1{,}24\ cm^2$ $A_c = 5{,}76\ cm^2 - 4{,}52\ cm^2 = 1{,}24\ cm^2$
$A_b = 5{,}76\ cm^2 - 2 \cdot 1{,}24\ cm^2 = 3{,}28\ cm^2$ $A_d = 4{,}52\ cm^2 - 1{,}24\ cm^2 = 3{,}28\ cm^2$

2 a)

Formel	Kreissektor
$A = r^2 \cdot 3{,}14 \cdot \frac{1}{4}$	a)
$A = 8\ cm \cdot 8\ cm \cdot 3{,}14 : 3$	c)
$A = 64\ cm^2 \cdot 3{,}14 \cdot \frac{1}{5}$	b)
$A = r^2 \cdot 3{,}14 \cdot \frac{13°}{360°}$	e)
$A = r^2 \cdot 3{,}14 \cdot \frac{\alpha}{360°}$	alle
$A = r^2 \cdot 3{,}14 \cdot \frac{1°}{360°}$	d)
$A = 64\ cm^2 \cdot 3{,}14 \cdot \frac{72°}{360°}$	b)

b) Allgemeine Formel: $A = r^2 \cdot 3{,}14 \cdot \frac{\alpha}{360°}$ (siehe auch Merksatz)

3 a)

Mittelpunktswinkel	$\alpha = 45°$	$\alpha = 140°$	$\alpha = 170°$
Kreissektor	$A = 6{,}28\ cm^2$	$A = 19{,}54\ cm^2$	$A = 23{,}72\ cm^2$

b)

Mittelpunktswinkel	$\alpha = 60°$	$\alpha = 245°$	$\alpha = 300°$
Kreissektor	$A = 8{,}37\ cm^2$	$A = 34{,}19\ cm^2$	$A = 41{,}87\ cm^2$

c)

Mittelpunktswinkel	$\alpha = 90°$	$\alpha = 270°$	$\alpha = 340°$
Kreissektor	$A = 12{,}56\ cm^2$	$A = 37{,}68\ cm^2$	$A = 47{,}45\ cm^2$

d)

Mittelpunktswinkel	$\alpha = 70°$	$\alpha = 160°$	$\alpha = 210°$
Kreissektor	$A = 9{,}77\ cm^2$	$A = 22{,}33\ cm^2$	$A = 29{,}31\ cm^2$

4 $A \approx 3\,974\ cm^2$

5 Die Münze macht 1 Umdrehung.
Begründung: $u_{1.Münze} = u_{2.Münze}$

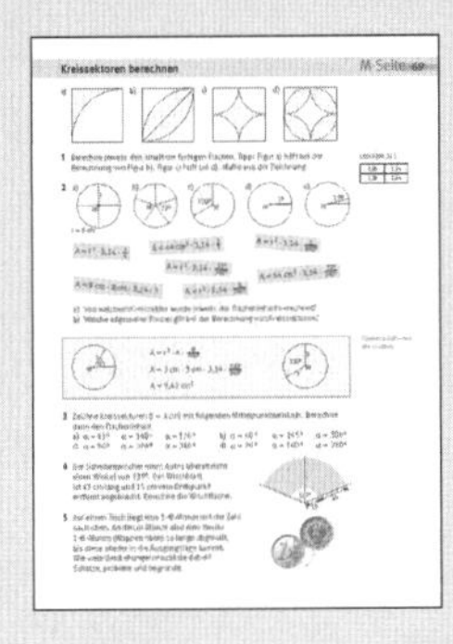

Die Schüler lernen Flächeninhalte von Kreissektoren zu berechnen und vertiefen ihr Können in verschiedenen Aufgabenstellungen.

Kreisbögen berechnen

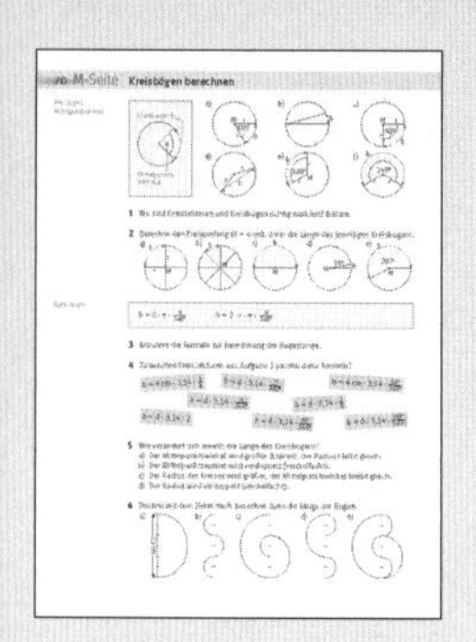

Die Schüler lernen Kreisbögen kennen. An anschaulich erkennbaren Teilen des Gesamtumfangs erarbeiten sie allgemein gültige Formeln zur Berechnung der Länge von Kreisbögen.

L

1 Kreisausschnitte und Kreisbögen: a), c), e), f)
Ein Kreisausschnitt geht vom Kreismittelpunkt aus und wird von Radien begrenzt. Die auf der Kreislinie dadurch abgetrennten Teile nennt man Kreisbögen.

2 u = 18,84 cm

a) b = u : 4 = 4,71 cm
b) b = u : 8 = 2,355 cm
c) b = u : 2 = 9,42 cm
d) b = u : 36 ≈ 0,52 cm
e) b = u : 360 · 207 ≈ 10,83 cm

3 Der gesamte Kreisumfang (2 · r · π) wird entsprechend der Größe des Mittelpunktswinkels anteilig als Kreisbogen bestimmt. (vgl. Aufgabe 2).

4

Formel	Kreisbogen in Aufgabe 2
$b = 6\text{ cm} \cdot 3{,}14 \cdot \frac{1}{4}$	a)
$b = d \cdot 3{,}14 : 2$	c)
$b = d \cdot 3{,}14 \cdot \frac{207°}{360°}$	e)
$b = d \cdot 3{,}14 \cdot \frac{\alpha}{360°}$	alle
$b = d \cdot 3{,}14 \cdot \frac{1}{8}$	b)
$b = d \cdot 3{,}14 \cdot \frac{90°}{360°}$	a)
$b = 6\text{ cm} \cdot 3{,}14 \cdot \frac{10°}{360°}$	d)
$b = d \cdot 3{,}14 \cdot \frac{180°}{360°}$	c)

5 a) Mittelpunktswinkel größer (kleiner) → Bogen länger (kürzer)
b) Mittelpunktswinkel verdoppelt (verdreifacht) → Bogen doppelt (dreimal) so lang
c) Radius größer, Mittelpunktswinkel bleibt gleich → Bogen länger
d) Radius verdoppelt (verdreifacht) → Bogen doppelt (dreimal) so lang

6 a) b = 18,84 cm
b) b = 18,84 cm
c) b = 37,68 cm
d) b = 25,12 cm
e) – aufgeteilt: linke Teilfigur: b = 37, 68 cm
rechte Teilfigur: b = 25,12 cm
– als gesamte Figur (ohne Doppelzählungen von Bögen):
b = 37,68 cm + 12,56 cm = 50,24 cm

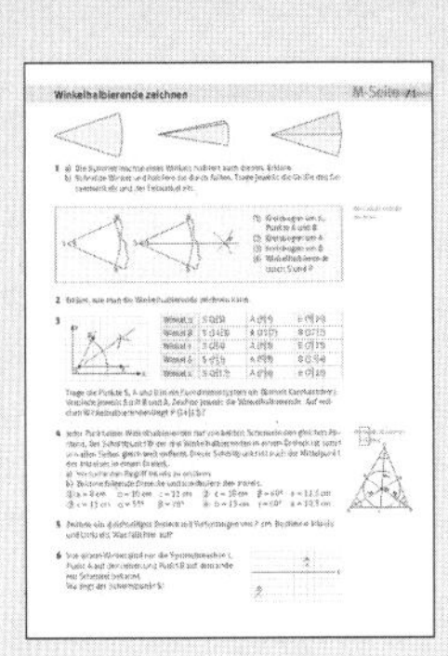

1 a) Können Teile durch Falten deckungsgleich übereinander gelegt werden, sind sie gleich groß.
b) Mit einem Geodreieck kann man die Größe der Winkel bestimmen.

2 Erläuterung wie vorgegeben, evtl. weitere mögliche Konstruktionsbeschreibung:
(1) Zeichne einen Winkel α mit S als Scheitelpunkt.
(2) Zeichne um S einen Kreis mit beliebigem Radius, der die beiden Schenkel schneidet.
(3) Bezeichne die Schnittpunkte mit A und B.
(4) Zeichne um A und B jeweils Kreisbögen mit gleichem Radius, die sich schneiden.
(5) Verbinde den Schnittpunkt P mit dem Scheitelpunkt S.
Diese Verbindungslinie ist die Winkelhalbierende.

3 Die Winkelhalbierenden von β, γ und ε gehen durch den Punkt (14 | 13).

4 a) Der Inkreis berührt die Dreiecksseiten von innen. Der Mittelpunkt dieses Kreises wird durch die Winkelhalbierenden im Dreieck ermittelt. Mnemotechnische Hilfe: siehe Randspalte im Schülerbuch
b) –/–

5 Im gleichseitigen Dreieck: Mittelpunkt des Inkreises ist auch Mittelpunkt des Umkreises.

6

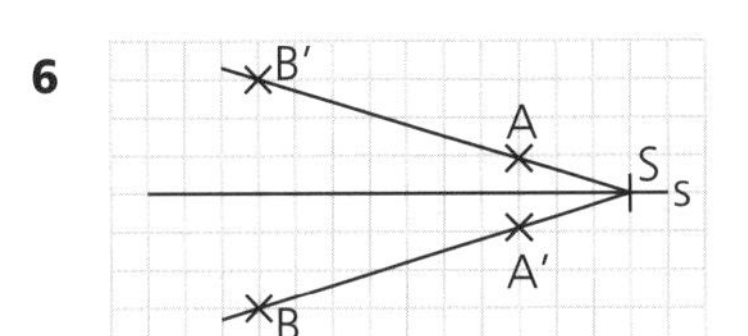

Wir messen die Breite eines Flusses (Geometrie im Gelände)

Das auf Seite 58 Aufgabe 5 c) im Schülerbuch angedeutete Verfahren kann auch real im Gelände durchgeführt werden:
Man sucht am gegenüberliegenden Ufer einen markanten Punkt (1).
Am diesseitigen Ufer wird mit Fluchtstäben eine beliebige Strecke AB abgesteckt und die Länge gemessen (2).

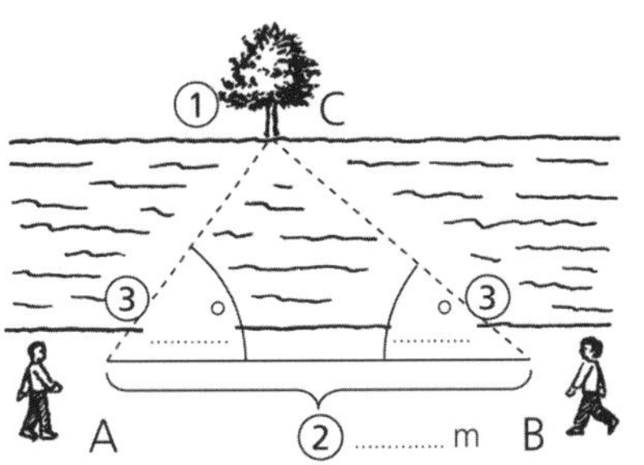

An den Endpunkten A und B werden nun die Winkelgrößen BAC und CBA ermittelt (3). Das kann mit einem Tafelgeodreieck brauchbar geschehen. Ein Zeiger aus Holz mit zwei Nägeln oder Ringschrauben – auf den Winkelmesser gelegt – kann als Visierhilfe dienen, ein Pfahl mit Platte, ein Blumenständer o. ä. evtl. als Auflagefläche.

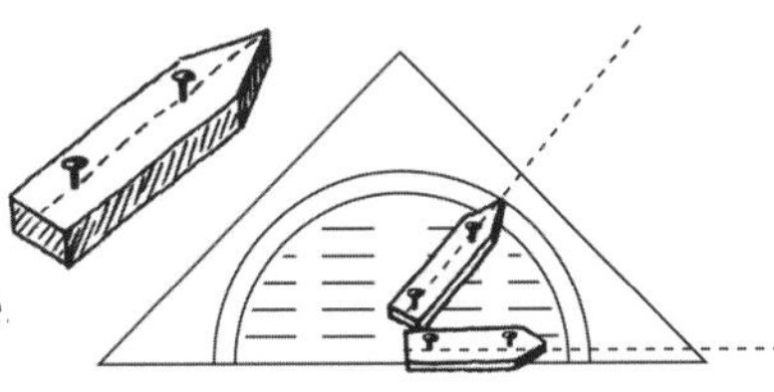

Nun wird ein geeigneter Maßstab festgelegt und das entsprechende Dreieck konstruiert (4). Das Ausmessen der Höhe des Dreiecks (5) und ihre Umrechnung im gewählten Maßstab führt schließlich zur Breite des Flusses.

Falls die Seite AB des Dreiecks nicht direkt am Fluss liegt, was aus Sicherheitsgründen durchaus ratsam erscheint, ist von der durch Konstruktion ermittelten Höhe noch der Abstand zwischen Flussufer und Dreiecksseite abzuziehen (6).

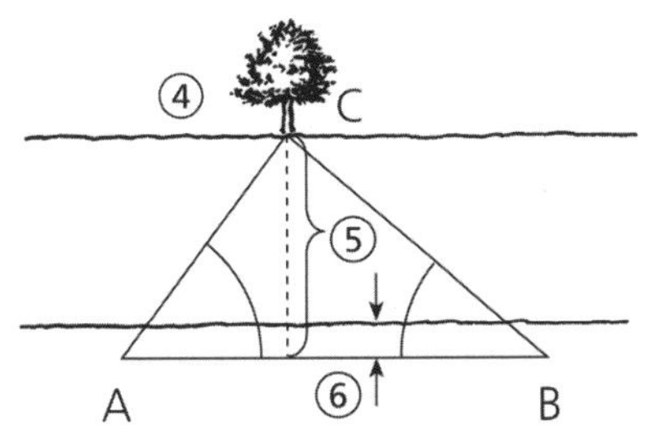

Die Schüler bestimmen die Winkelhalbierende. An ausgeschnittenenen Winkelfeldern (Aufgabe 1) ist diese leicht durch Falten herzustellen. In allen anderen Fällen bedarf es der Konstruktion. Die Schüler erkennen dabei viele Elemente aus der Konstruktion der Mittelsenkrechten, die auch hier die Mitte festlegt. Als Zusatzangebot werden in den Aufgaben 4 und 5 Winkelhalbierende und Inkreis im Dreieck angesprochen.

Verschiedene Größen am Kreis berechnen

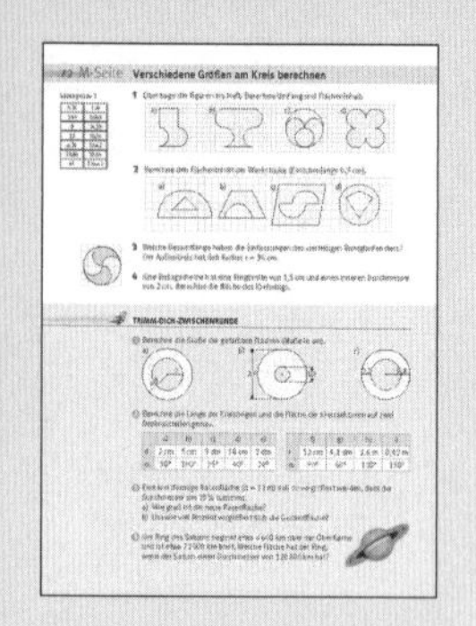

Zusammenfassend berechnen die Schüler verschiedene Größen am Kreis. Überlegtes Vorgehen eröffnet in vielen Fällen vorteilhaftes Rechnen.

1

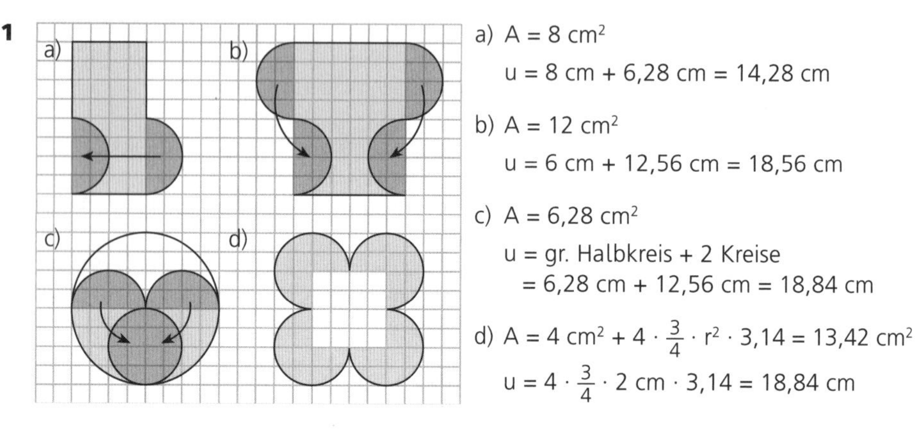

a) $A = 8\ cm^2$
$u = 8\ cm + 6{,}28\ cm = 14{,}28\ cm$

b) $A = 12\ cm^2$
$u = 6\ cm + 12{,}56\ cm = 18{,}56\ cm$

c) $A = 6{,}28\ cm^2$
u = gr. Halbkreis + 2 Kreise
$= 6{,}28\ cm + 12{,}56\ cm = 18{,}84\ cm$

d) $A = 4\ cm^2 + 4 \cdot \frac{3}{4} \cdot r^2 \cdot 3{,}14 = 13{,}42\ cm^2$
$u = 4 \cdot \frac{3}{4} \cdot 2\ cm \cdot 3{,}14 = 18{,}84\ cm$

2 a) $A_{\frac{1}{2}Kreis} - A_{Dreieck}$
$6{,}28\ cm^2 - 1\ cm^2 = 5{,}28\ cm^2$

b) $A_{Trapez} - A_{\frac{1}{2}Kreis}$
$5\ cm^2 - 1{,}57\ cm^2 = 3{,}43\ cm^2$

c) $A_{Parall.} - A_{Kreis}$
$10{,}5\ cm^2 - 3{,}14\ cm^2 = 7{,}36\ cm^2$

d) $A_{Kreis} - A_{Drachen}$
$7{,}065\ cm^2 - 2\ cm^2 = 5{,}065\ cm^2$

3 $u_{Außenkreis} = 72\ cm \cdot 3{,}14 \quad = 226{,}08\ cm$
$u_{Kreisbögen} = 36\ cm \cdot 3{,}14 \cdot 2 \quad = 226{,}08\ cm$
$u_{gesamt} \quad = \underline{452{,}16\ cm}$

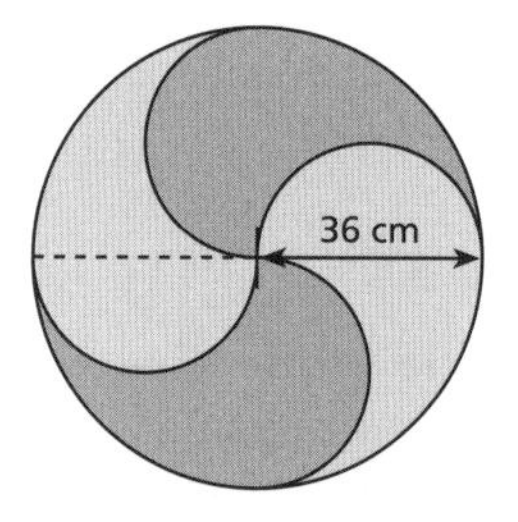

4 $A_{Kreisring} = 16{,}485\ cm^2$

TRIMM-DICH-ZWISCHENRUNDE

Die Trimm-dich-Zwischenrunden dienen dazu, diagnostisch zur individuellen Förderung den Lernstand der Schüler auch während des Lernprozesses zu ermitteln: Was „sitzt", wo sind noch Schwächen vorhanden, welche Lerninhalte müssen nochmals aufgegriffen und vertieft werden?

1 $A_a \approx 44{,}09\ cm^2$ $\quad A_b \approx 4{,}80\ cm^2$ $\quad A_c \approx 64{,}94\ cm^2$

2

	a)	b)	c)	d)	e)
d	2 cm	5 cm	9 dm	18 cm	2 dm
α	50°	100°	35°	40°	24°
b	0,87 cm	4,36 cm	2,75 dm	6,28 cm	0,42 dm
A	0,44 cm²	5,45 cm²	6,18 dm²	28,26 cm²	0,21 dm²

	f)	g)	h)	i)
r	12 cm	4,2 dm	1,6 m	0,42 m
α	90°	60°	120°	150°
b	18,84 cm	4,40 dm	3,35 m	1,10 m
A	113,04 cm²	9,23 dm²	2,68 m²	0,23 m²

3 a) neue Breite (= Durchmesser) in m: 15 $\quad$ neue Gesamtfläche in m²: 176,625

b) Ursprüngliche Fläche: 113,04 m² ; neue Fläche: 176,625 m²
Vergrößerung der Fläche in m²: 63,585 $\quad$ Vergrößerung der Fläche in %: 56,25

4 $Innenradius_{Ring}$ in km: 67 000
$Außenradius_{Ring}$ in km: 139 000
$Fläche_{Saturnring}$ in km²: ≈ 46 572 000 000

L

1

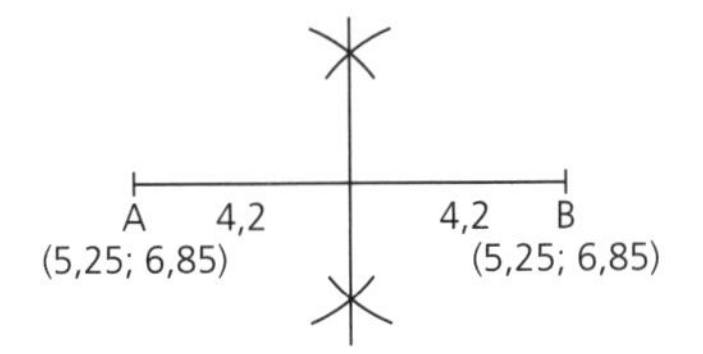

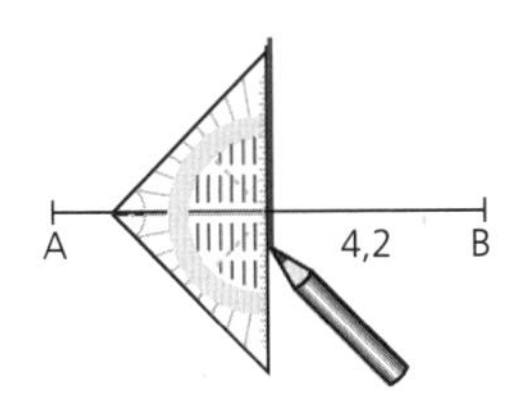

2

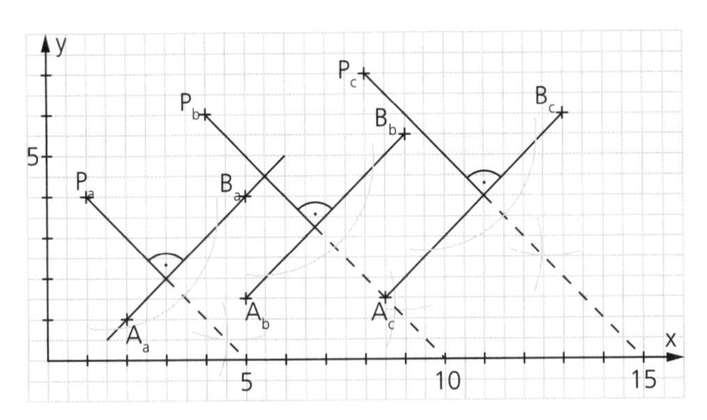

3

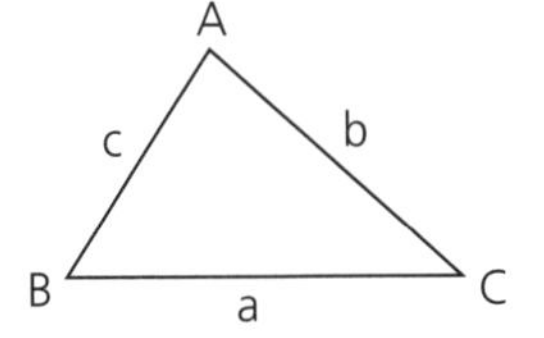

4 Zerlegen:

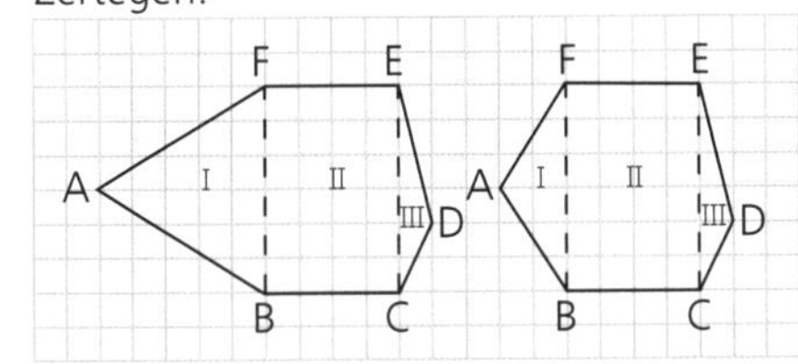

$A_{I} = 3{,}75\ cm^2$
$A_{II} = 6\ cm^2$
$A_{III} = 0{,}75\ cm^2$

$A = 10{,}5\ cm^2$

$A_{I} = 1{,}5\ cm^2$
$A_{II} = 6\ cm^2$
$A_{III} = 0{,}75\ cm^2$

$A = 8{,}25\ cm^2$

Ergänzen:

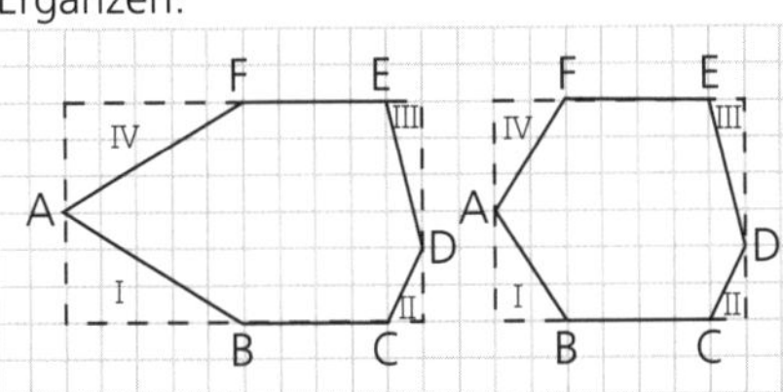

$A_{R} = 15\ cm^2$
$-A_{I} = 1{,}875\ cm^2$
$-A_{II} = 0{,}25\ cm^2$
$-A_{III} = 0{,}5\ cm^2$
$-A_{IV} = 1{,}875\ cm$

$A = 10{,}5\ cm^2$

$A_{R} = 10{,}5\ cm^2$
$-A_{I} = 0{,}75\ cm^2$
$-A_{II} = 0{,}25\ cm^2$
$-A_{III} = 0{,}5\ cm^2$
$-A_{IV} = 0{,}75\ cm^2$

$A = 8{,}25\ cm^2$

5

	a)	b)	c)	d)
r	2 cm	0,9 dm	3 cm	1 m
d	4 cm	1,8 dm	6 cm	2 m
u	12,56 cm	5,652 dm	18,84 cm	6,28 m
A	12,56 cm²	2,5434 dm²	28,26 cm²	3,14 m²

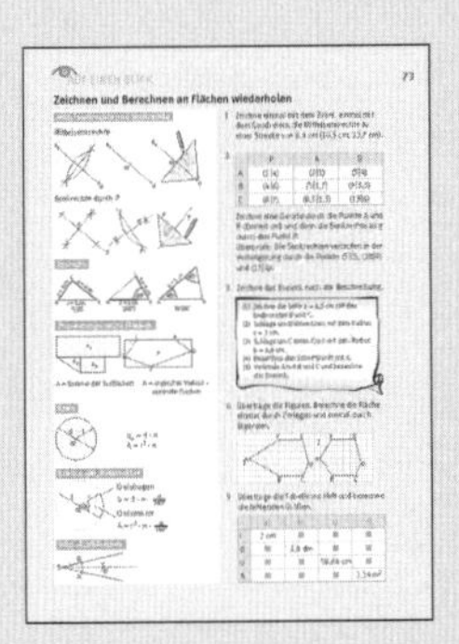

Auf den Seiten 73 bis 75 werden wesentliche Inhalte des Themenbereichs „Zeichnen und Berechnen an Flächen" noch einmal auf verschiedenen Niveaustufen wiederholt. Dies soll einerseits der Sicherung und Vertiefung dienen und andererseits sowohl der Lehrkraft als auch dem einzelnen Schüler Auskunft über den Leistungsstand geben. Eventuelle Defizite erfordern ein nochmaliges Aufgreifen im Unterricht. Die nebenstehenden Lösungen finden sich auch im Schülerbuch auf der Seite 178.

Zeichnen und Berechnen an Flächen wiederholen

Auf den Seiten 73 bis 75 werden wesentliche Inhalte des Themenbereichs „Zeichnen und Berechnen an Flächen“ noch einmal auf verschiedenen Niveaustufen wiederholt. Dies soll einerseits der Sicherung und Vertiefung dienen und andererseits sowohl der Lehrkraft als auch dem einzelnen Schüler Auskunft über den Leistungsstand geben. Eventuelle Defizite erfordern ein nochmaliges Aufgreifen im Unterricht. Die nebenstehenden Lösungen finden sich auch im Schülerbuch auf der Seite 178.

L

6 Figuren gemäß Abbildung

7 Es entsteht ein Quadrat.

8 Zeichnen der Dreiecke nach

a) **SWS**
(1) Seite c mit den Endpunkten A und B
(2) Winkel β in B antragen
(3) Kreis um B mit Radius a; Punkt C
(4) Punkte zu Dreieck verbinden

b) **SSS**
(1) Seite c mit den Endpunkten A und B
(2) Kreis um A mit Radius b
(3) Kreis um B mit Radius a; Punkt C
(4) Punkte zu Dreieck verbinden

c) **WSW**
(1) Seite c mit den Endpunkten A und B
(2) Winkel α in A antragen
(3) Winkel β in B antragen; Schnittpunkt C
(4) Punkte zu Dreieck verbinden

9
a) $A = 11{,}45\ \text{cm}^2$ $\quad u = 13{,}88\ \text{cm}$
b) $A = 19{,}23\ \text{cm}^2$ $\quad u = 24{,}99\ \text{cm}$
c) $A = 18{,}84\ \text{cm}^2$ $\quad u = 30{,}84\ \text{cm}$

10

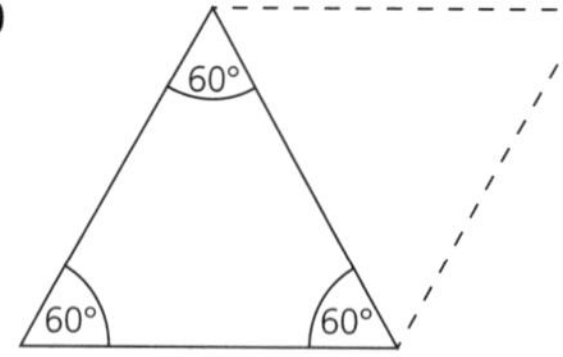

11

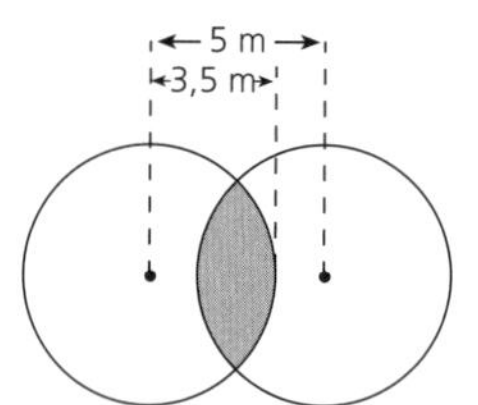

12

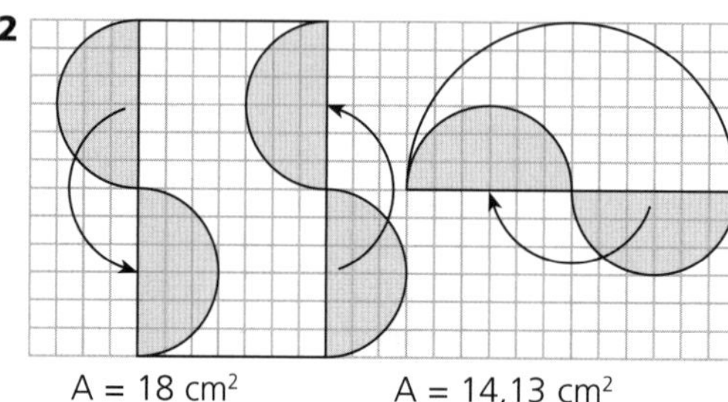

$A = 18\ \text{cm}^2$
$u = 24{,}84\ \text{cm}$

$A = 14{,}13\ \text{cm}^2$
$u = 18{,}84\ \text{cm}$

13 $u_a \triangleq 2 \cdot \text{Kreisumfang} = 12{,}56\ \text{m}$
$A_a = 4\ \text{m}^2 - 3{,}14\ \text{m}^2 + 4\ \text{m}^2 = 4{,}86\ \text{m}^2$
$u_b = 3\ \text{m} + 6{,}28\ \text{m} + 4{,}71\ \text{m} = 13{,}99\ \text{m}$
$A_b = 6\ \text{m}^2 - 3{,}14\ \text{m}^2 + 3{,}5325\ \text{m}^2 = 6{,}3925\ \text{m}^2$

14 a) Verschnitt: $30{,}96\ \text{cm}^2$ $\quad$ b) Verschnitt: $30{,}96\ \text{cm}^2$

15 $A_a = 34\ \text{cm}^2$ $\quad A_b = 42{,}5\ \text{cm}^2$
$A_c = 54\ \text{cm}^2$ $\quad A_d = 29{,}5\ \text{cm}^2$

L

16 $A_a = 32\ cm^2$ $A_b = 13\ cm^2$ $A_c = 48\ cm^2$

17 $A_a = 98\ m^2$ $A_b = 2\,906\ mm^2$
$A_c = 1\,800\ cm^2$ $A_d = 1\,500\ mm^2$

18

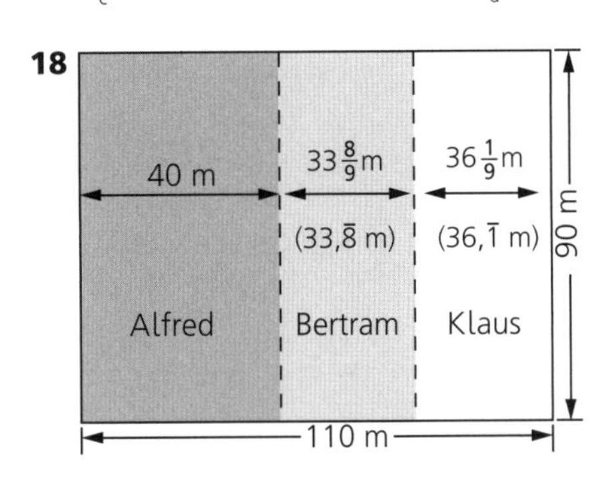

19 Wegstrecke: ≈ 7,913 km

20 Zeichnung gemäß Vorgabe

21 Das Dreieck ist gleichseitig.

22 a) Material: 310,50 m^2 b) Material: 251,56 m^2

23 Holztore: ≈ 26,54 m^2;
Mauerfläche: $14{,}20\ m \cdot 4{,}20\ m - 26{,}54\ m^2 + 4 \cdot 1{,}50\ m \cdot 2\ m + 3{,}80\ m \cdot 3{,}14 \cdot 1{,}50\ m \approx 63\ m^2$

Z

Kopfgeometrie / Kopfrechnen

Einsatzhinweis: Berechnung eher für M-Klassen geeignet (Trapeze)

Berechne die Flächeninhalte der Figuren. Entnimm die Maße dem Karogitter. (Erläutere Zusammenhänge).

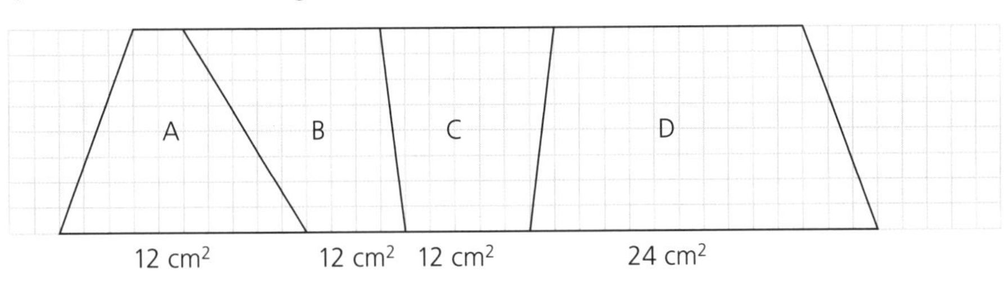

(....................................Höhe immer gleich...
a + c gleich a + c doppelt so lang)

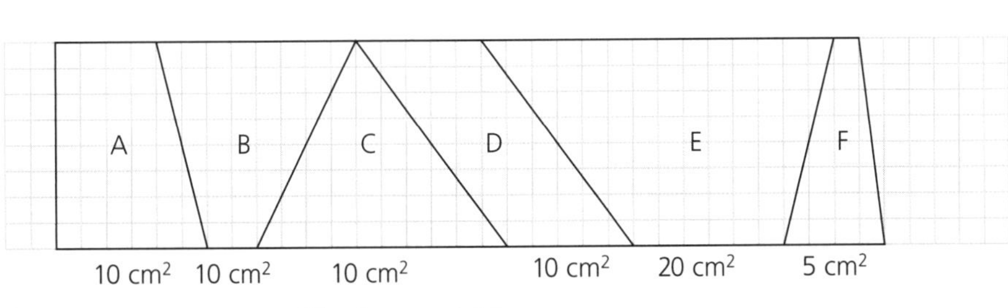

(....................................Höhe immer gleich...
a + c gleich a + c doppelt / halb so lang)

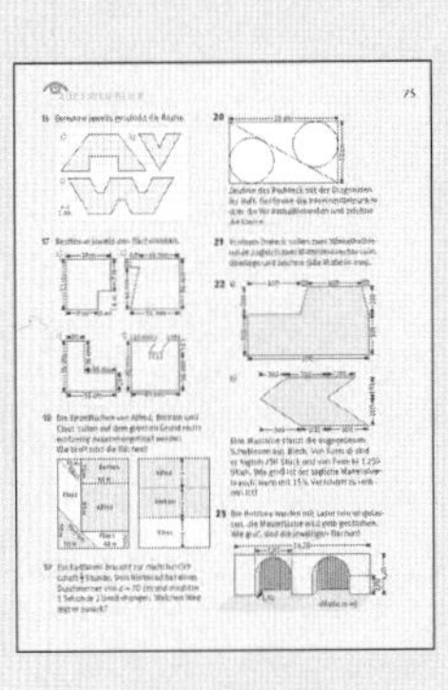

Auf den Seiten 73 bis 75 werden wesentliche Inhalte des Themenbereichs „Zeichnen und Berechnen an Flächen" noch einmal auf verschiedenen Niveaustufen wiederholt. Dies soll einerseits der Sicherung und Vertiefung dienen und andererseits sowohl der Lehrkraft als auch dem einzelnen Schüler Auskunft über den Leistungsstand geben. Eventuelle Defizite erfordern ein nochmaliges Aufgreifen im Unterricht. Die nebenstehenden Lösungen finden sich auch im Schülerbuch auf der Seite 178.

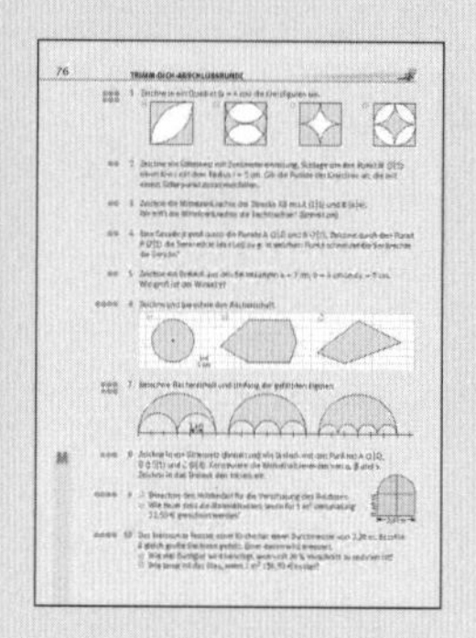

Mithilfe der Trimm-dich-Abschlussrunde kann am Ende einer Lerneinheit die abschließende Lernstandserhebung durchgeführt werden. Die orangen Punkte am Rand geben die Anzahl der Punkte für die jeweilige Aufgabe an. Im Anhang des Lehrerbandes steht eine weitere Trainingsrunde zur Verfügung. Eine realistische Einschätzung der eigenen Leistungen hilft, Stärken zu erhalten und Schwächen abzumildern. Mithilfe des Selbsteinschätzungsbogens (K 29) können die Schüler ihre Kenntnisse und Fertigkeiten selbst bewerten.

1 Kreismittelpunkte: •

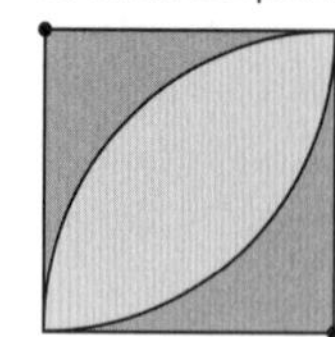
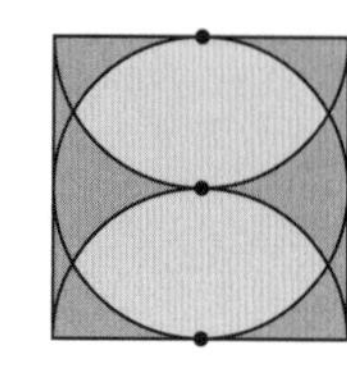
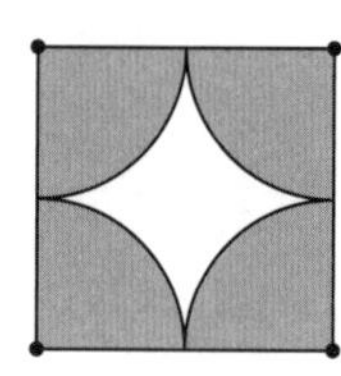
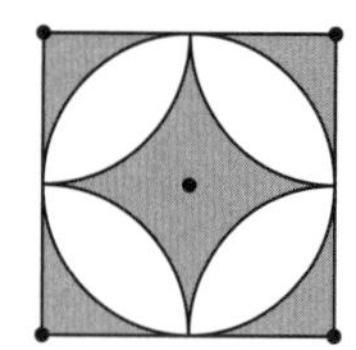

2

10 y (5 | 10)
(0 | 5) M (10 | 5)
1
1 (5 | 0) 10 x

3 Schnittpunkt mit der Rechtsachse: (5|0)

4 Schnittpunkt mit der Geraden: (4|4)

5 $\gamma = 90°$

6

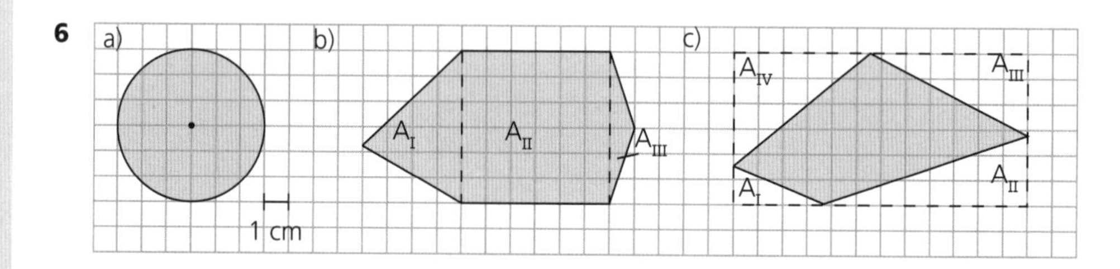

a) $A \approx 28{,}26\ cm^2$

b)
$A_I = 12\ cm^2$
$A_{II} = 36\ cm^2$
$A_{III} = 3\ cm^2$
$A = 51\ cm^2$

c)
$A_I = 3\ cm^2$
$A_{II} = 12\ cm^2$
$A_{III} = 12\ cm^2$
$A_{IV} = 13{,}5\ cm^2$
$40{,}5\ cm^2$
$A = 72\ cm^2 - 40{,}5\ cm^2$
$A = 31{,}5\ cm^2$

7 a) $A = 14{,}13\ cm^2 - 7{,}065\ cm^2 = 7{,}065\ cm^2$
$u = 9{,}42\ cm + 9{,}42\ cm = 18{,}84\ cm$

b) $A = 14{,}13\ cm^2 - 4{,}71\ cm^2 = 9{,}42\ cm^2$
$u = 9{,}42\ cm + 9{,}42\ cm = 18{,}84\ cm$

c) $A = 14{,}13\ cm^2 - 3{,}53\ cm^2 = 10{,}60\ cm^2$
$u = 9{,}42\ cm + 9{,}42\ cm = 18{,}84\ cm$

8

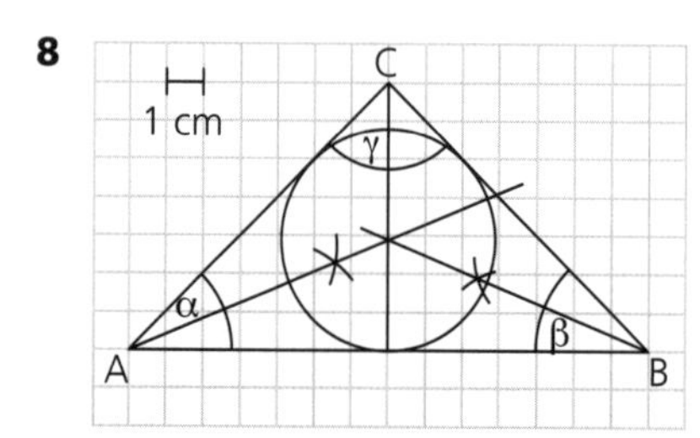

9 a) Holzbedarf: $7{,}56\ m^2$
b) 245,70 €

10 a) $A = 0{,}475\ m^2 + 0{,}095\ m^2$
$= 0{,}57\ m^2$
b) Preis: ≈ 78,95 €

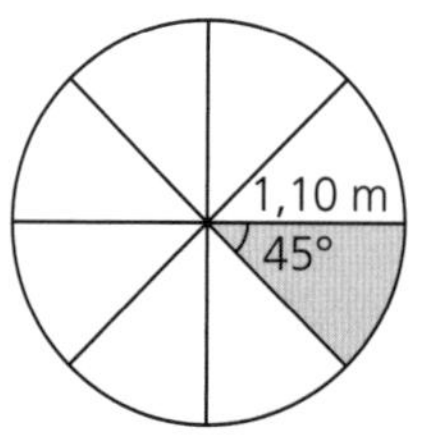

Zahl

Prozentrechnung

a)

Bruch	$\frac{1}{2}$	$\frac{1}{4}$	$\frac{3}{8}$	$\frac{3}{4}$	$\frac{5}{8}$
Dezimalbruch	0,5	0,25	0,375	0,75	0,625
Prozent	50 %	25 %	37,5 %	75 %	62,5 %

b)

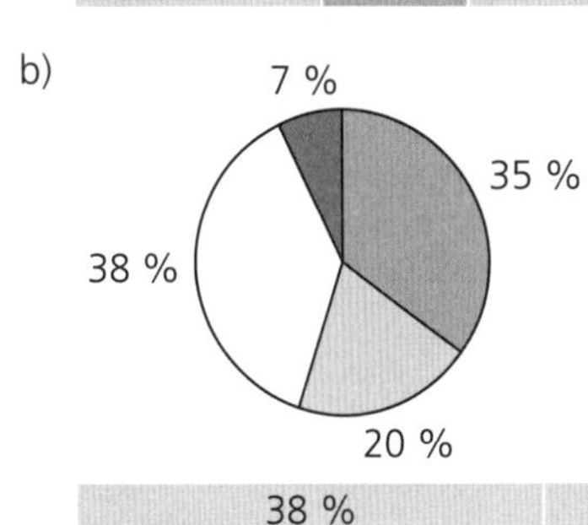

38 %	35 %	20 %	7 %

c) A) Vertragssumme: 35 000 €.
B) 14,6 % erhielten eine Urkunde.
C) Er erhält dann 45 €.

Messen

Größen

a) 1 min 30 s | 24 s | 1 min 39 s | 4 min 59 s

b) 54 km/h | 198 km/h | 81 km/h | 9 km/h | 100,08 km/h

Raum und Form

Schrägbilder

a)

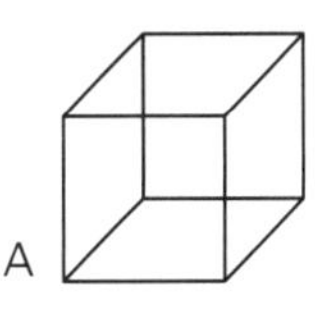
A

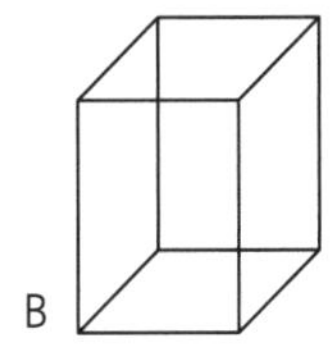
B

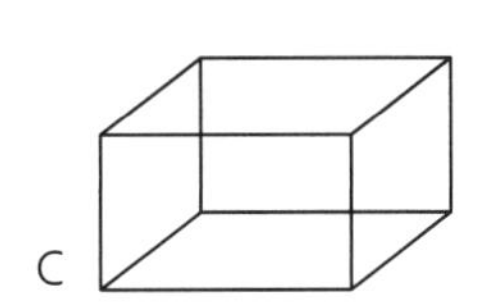
C

b)

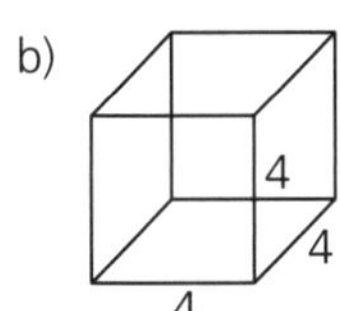

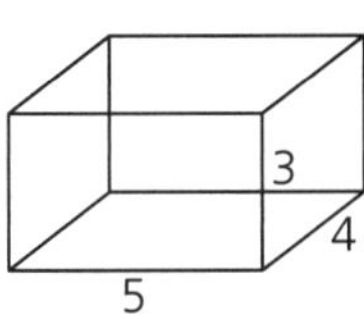

Senkrechte und Parallele

a⊥f a⊥e b⊥c e∥f

Funktionaler Zusammenhang

Gleichungen

a) 30,5 b) −2,2 c) −8 d) 2,5 e) 28,8 f) −126,8

Funktionen

a) Zeit → Weg

b) Radfahrer: 7.00 Uhr; 15 $\frac{km}{h}$ Mofafahrer: 8.00 Uhr; 20 $\frac{km}{h}$

c)

Uhrzeit	7.00	8.00	9.00	10.00	11.00
Weg (km)	0	15	30	45	60

d) Einholzeit: 11.00 Uhr; Einholort: nach 60 km

e) Radfahrer: 4 h; Mofafahrer: 3 h

Die Seiten „Kreuz und quer" greifen im Sinne einer permanenten Wiederholung Lerninhalte früher behandelter Kapitel auf und sichern so nachhaltig Grundwissen und Basiskompetenzen.

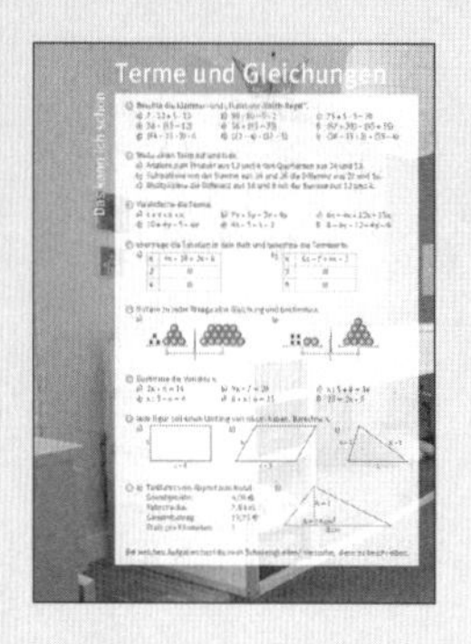

Terme und Gleichungen

Diagnose, Differenzierung und individuelle Förderung

Die Lerninhalte des Schulbuchs sind drei unterschiedlichen Niveaustufen zugeordnet, nämlich Basiswissen (Blau), qualifizierendes Niveau (Rot) und gehobenes Niveau (Schwarz). Ziel ist es, die Kompetenzen beim einzelnen Schüler genau entsprechend seiner Leistungsfähigkeit aufzubauen.

Als erste Schritte zur Analyse der Lernausgangslage (Diagnose) für das folgende Kapitel dienen die beiden Einstiegsseiten: **„Das kann ich schon"** (SB 78) und **Bildaufgabe** (SB 79). Die Schüler bringen zu den Inhalten des Kapitels „Rationale Zahlen" bereits Vorwissen aus früheren Jahrgangsstufen mit. Mithilfe der Doppelseite im Schülerbuch soll möglichst präzise ermittelt werden, welche Inhalte bei den Schülern noch verfügbar sind, wo auf fundiertes Wissen aufgebaut werden kann und was einer nochmaligen Grundlegung bedarf. So kann diese Lernstandserhebung ein wichtiger Anhaltspunkt sein, um Schüler möglichst früh angemessen zu fördern.
Eine realistische Einschätzung der eigenen Leistungen hilft, Stärken zu erhalten und Schwächen abzumildern. Mithilfe des Selbsteinschätzungsbogens **(K 29)** können die Schüler ihre Kenntnisse und Fertigkeiten selbst bewerten.

Der Test „Das kann ich schon" ist zur Bearbeitung in Einzelarbeit gedacht.
Die Bildaufgabe wird man eher im Klassenverband angehen, weil die offenen Aufgabenstellungen auf dieser Seite unterschiedliche Wege zulassen und viele Ideen eingebracht werden können.

L

1 a) 149 b) −5 c) 10 d) 5 e) 70 f) 0
g) 66 h) 96 i) 30

2 a) $12 \cdot 4 + 24 : 12 = 50$ b) $(24 + 26) - (27 - 16) = 39$
c) $(18 - 8) \cdot (12 + 4) = 160$

3 a) $4x$ b) $14y$ c) $-x$ d) $5 + 10y$ e) $3x - 7$ f) $-10 - 10y$

4 a)

x	4x + 10 + 2x − 8
2	14
4	26

b)

x	6x − 7 + 4x − 3
3	20
9	80

5 a) $3x + 6 = 15$, $x = 3$ b) $4x + 2 = 10$, $x = 2$

6 a) $x = 4$ b) $x = 4$ c) $x = 40$ d) $x = 30$ e) $x = 42$ f) $10 = x$

7 a) $2x + 2x + 12 = 66$, $x = 13{,}5$ b) $2x + 2x + 6 = 66$, $x = 15$
c) $x + x + 1 + x - 1 = 66$, $x = 22$

8 a) $4 + 7{,}5x = 19{,}75$, $x = 2{,}1$ (km) b) $A = g \cdot h : 2$, $16 = 8 \cdot h : 2$, $4\,(\text{cm}) = h$

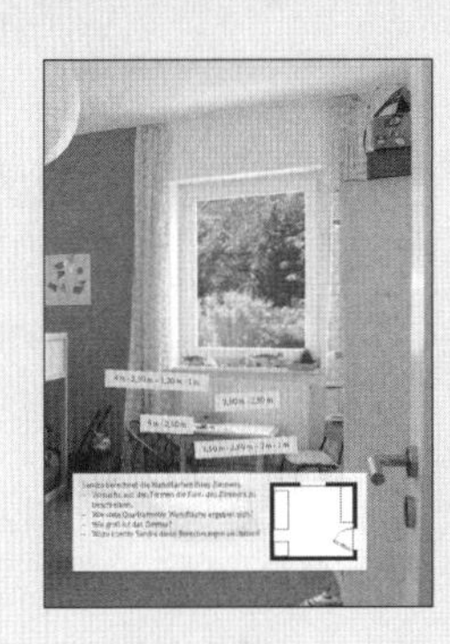

Zielstellungen

Regelklasse

Die Schüler lösen komplexere Gleichungen durch Term- und Äquivalenzumformungen. Dabei bearbeiten sie auch einfache Aufgaben mit rationalen Zahlen. Bei der Bearbeitung von Sachsituationen setzen die Schüler Gleichungen an und verwenden bekannte Formeln.

M-Klasse

Die Schüler gewinnen Sicherheit im Umformen von komplexeren Termen auch mit mehreren Variablen. Sie lösen Gleichungen mit rationalen Zahlen durch Äquivalenzumformungen.

Bei der Bearbeitung von Sachsituationen setzen die Schüler Gleichungen an und verwenden bekannte Formeln.

Inhaltsbereiche

Regelklasse

- Terme mit rationalen Zahlen sowie bis zu einer Variablen umformen
- Gleichungen im Bereich der rationalen Zahlen (in dezimaler Schreibweise) ansetzen und lösen
- Werte in Formeln einsetzen; entstehende Gleichungen lösen

M-Klasse

- Terme mit rationalen Zahlen sowie mehreren Variablen umformen
- Gleichungen im Bereich der rationalen Zahlen ansetzen und lösen
- Werte in Formeln einsetzen; entstehende Gleichungen lösen

Auftaktseite

- Sandras Zimmer ist 3,50 m breit, 4 m lang und 2,50 m hoch. Das Fenster ist 1,20 m hoch und 1 m breit, die Zimmertür ist 2 m hoch und 1 m breit.
- Wandfläche: $4\ \text{m} \cdot 2{,}50\ \text{m} \cdot 2 - 1{,}20\ \text{m} \cdot 1\ \text{m}$
  $+\ 3{,}50\ \text{m} \cdot 2{,}50\ \text{m} \cdot 2 - 2\ \text{m} \cdot 1\ \text{m} = 34{,}30\ \text{m}^2$
- Größe des Zimmers: $4\ \text{m} \cdot 3{,}50\ \text{m} = 14\ \text{m}^2$
- Größe des Zimmers zum Auslegen eines neuen Teppichbodens; Wandfläche zum Malen der Wände

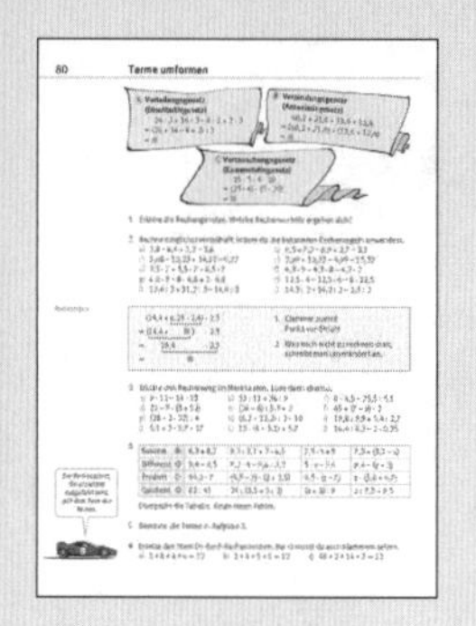

Bei der Umformung und Berechnung von Termen sind Rechenregeln und Rechengesetze zu beachten.
Rechenregeln:
1. Was in Klammern steht, muss zuerst berechnet werden (Klammern zuerst!).
2. Produkte und Quotienten werden vor Summen und Differenzen berechnet (Punkt-vor-Strich – Regel).

Rechengesetze:
1. Das Vertauschungsgesetz der Addition und Multiplikation (Kommutativgesetz)
2. Das Verbindungsgesetz der Addition und Multiplikation (Assoziativgesetz)
3. Das Verteilungsgesetz der Multiplikation und Division (Distributivgesetz)

Wichtig ist, dass die Schüler die Rechenvorteile erkennen, wenn sie Rechengesetze anwenden.

L

1 Rechenvorteil beim Vertauschungsgesetz:
Durch geschicktes Umformen und Zusammenfassen erhält man ganze Zahlen.
Rechenvorteil beim Verbindungsgesetz:
Durch geschicktes Verbinden erhält man als Teilergebnis 100.
Weitere Produkte lassen sich dann leichter berechnen.
Rechenvorteil beim Verteilungsgesetz:
Durch geschicktes Zusammenfassen verringert sich die Anzahl der Rechenschritte, die zur Berechnung des Terms nötig sind.
A: Verteilungsgesetz (Vorteil: weniger Rechenschritte)
B: Verbindungsgesetz (Ganze Zahlen als Teilergebnisse)
C: Vertauschungsgesetz (Vorteil: Teilprodukte ergeben 100)

2 a) – 1 b) 4,5 c) 5 d) – 5 e) 3,5
f) – 4,3 g) 20,4 h) – 125 i) 10 j) – 2

3 Beispiel: 73,5
a) – 74 b) 7 c) 31 d) – 53 e) 6
f) 41 g) – 9 h) – 12 i) 4 j) – 0,8
k) – 8,6 l) 1,3

4

1. Spalte	2. Spalte	3. Spalte	4. Spalte
Summe	Summe	Summe	Summe
Differenz	Differenz	Differenz	Differenz
Produkt	Produkt	Produkt	Produkt
Quotient	Quotient	Quotient	Summe

5 a) Differenz b) Summe c) Differenz d) Differenz
e) Summe f) Summe g) Quotient h) Differenz
i) Summe j) Differenz k) Summe l) Differenz

6 a) 3 · 8 : 4 + 6 = 12 b) 2 · 4 + 5 – 1 = 12 c) (48 + 2 – 14) : 3 = 12

Z

Kopfrechenübungen

Einsatzhinweis: auf Folie vorgeben

1. Berechne.
a) 7,9 + 2,1 10 b) 8,6 – 4,6 4 c) 2,5 · 4 10 d) 1,25 · 8 10
e) 3,6 + 7,2 + 6,4 17,2 f) 9,8 – 4,3 – 2,8 2,7 g) 2 · 7,6 · 5 76 h) 6 · 3,7 + 4 · 3,7 37

2. Benenne die Terme.
a) 7 + 9 Summe b) 8 : 2 Quotient c) 10 – 5 Differenz d) 7 · 3 Produkt
e) (3 + 7) : (5 – 3) Quotient f) (9 + 11) · (14 – 9) Produkt

3. Setze in Rechenzeichen um.

addieren	+	subtrahieren	–	multiplizieren	·	dividieren	:
hinzufügen	+	teilen	:	vermehren	+	vervielfachen	·
abziehen	–	vermindern	–	zusammenzählen	+	malnehmen	·

K 1

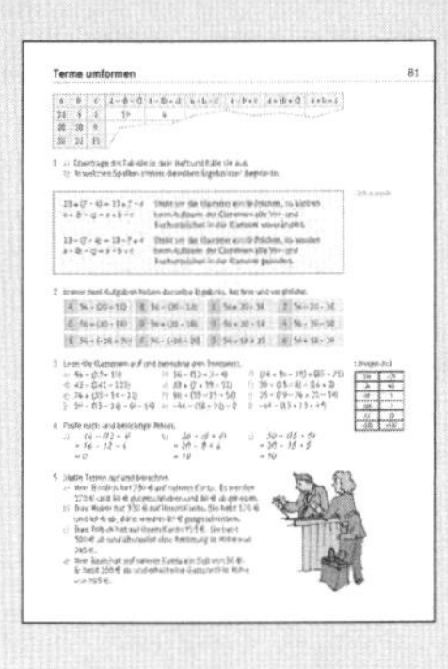

L

1 a)

a	b	c	a – (b – c)	a – (b + c)	a – b – c	a – b + c	a + (b + c)	a + b + c
12	4	2	10	6	6	10	18	18
20	10	9	19	1	1	19	39	39
38	22	15	31	1	1	31	75	75

b) In den folgenden Spalten stehen gleiche Ergebnisse:
$a - (b - c) = a - b + c$ $a - (b + c) = a - b - c$ $a + (b + c) = a + b + c$
Begründung: Vorzeichenregel bei der Klammerauflösung:
- Steht vor der Klammer ein Plus-Zeichen, so bleiben beim Auflösen der Klammern alle Rechenzeichen unverändert.
- Steht vor der Klammer ein Minus-Zeichen, so müssen beim Auflösen der Klammern alle Rechenzeichen geändert werden.

An konkreten Beispielen erarbeiten die Schüler die Rechenregeln für das Auflösen von Klammern: Steht vor der Klammer ein Plus-Zeichen, dürfen Klammern einfach weggelassen werden. Dagegen kann man Klammern, vor denen ein Minus steht, nur weglassen, wenn man zugleich die Vorzeichen aller ihrer Glieder umkehrt.

2 A: 18 B: 54 C: 94 D: 58 E: 54 F: 94
4: 18 2: 54 3: 94 1: 58 6: 54 5: 94

3 a) $46 - 33 - 10 = 3$ b) $58 - 12 - 3 + 4 = 47$
c) $14 + 36 - 19 + 85 - 71 = 45$ d) $42 - 141 + 123 = 24$
e) $83 + 7 + 59 - 11 = 138$ f) $30 - 15 + 8 - 16 - 2 = 5$
g) $76 + 33 - 14 - 12 = 83$ h) $98 - 35 + 15 + 58 = 136$
i) $25 - 79 + 36 - 21 + 14 = -25$ j) $30 - 15 + 12 - 8 + 14 = 33$
k) $-48 - 18 - 32 - 2 = -100$ l) $-64 - 15 - 13 - 45 = -137$

4 a) $16 - (12 - 4)$ b) $20 - (8 + 6)$ c) $30 - (15 - 5)$
$= 16 - 12 + 4$ $= 20 - 8 - 6$ $= 30 - 15 + 5$
$= 8$ $= 6$ $= 20$

5 a) $330 + 170 + 40 - 80 = 460$ (€) b) $330 - 170 - 40 + 80 = 200$ (€)
c) $735 - 500 - 245 = -10$ (€) d) $-56 - 350 + 785 = 379$ (€)

Kopfrechenübungen

Einsatzhinweis: auf Folie vorgeben

1. Benenne die Terme.
a) $7 \cdot 8 + 6$ Summe b) $9 - 6 \cdot 3$ Differenz c) $6 \cdot 3 + 7 \cdot 9$ Summe
d) $7 \cdot 6 - 3 \cdot 4$ Differenz e) $(8 + 6) \cdot 9$ Produkt f) $(7 + 6) \cdot (4 - 3)$ Produkt

2. Welches Rechengesetz verschafft hier Rechenvorteile?
a) $16 + 7 - 6 + 3$
$= 16 - 6 + 7 + 3$
$= 10 + 10$
$= 20$
Vertauschungsgesetz

b) $25 \cdot 9 \cdot 4$
$= 25 \cdot 4 \cdot 9$
$= 100 \cdot 9$
$= 900$
Verbindungsgesetz

c) $19 : 3 + 7 : 3 + 4 : 3$
$= (19 + 7 + 4) : 3$
$= 30 : 3$
$= 10$
Verteilungsgesetz

AH 22

3. Rechnen mit Hilfe des Taschenrechnerspeichers
Anleitung:
Hier lernst du, mit dem Speicher deines Taschenrechners umzugehen.
Löse die Aufgaben schrittweise, decke dabei die Lösungszeilen ab.
Jede Lösungszeile solltest du erst als Kontrolle sichtbar machen.

K 18

K 19

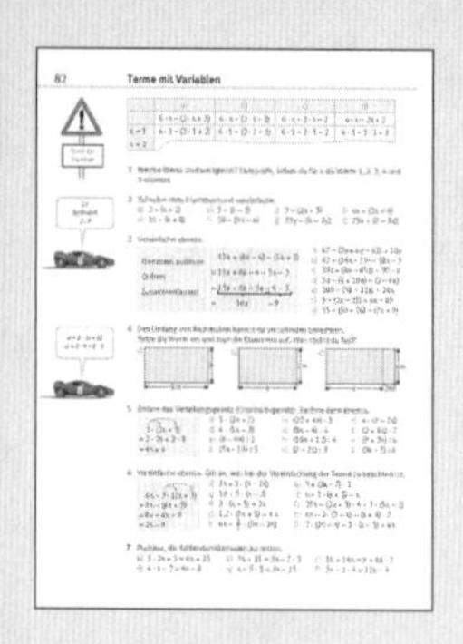

Aufgabe 1 kann zum Kopfrechnen eingesetzt werden. In der Auswertung werden wertgleiche Terme erkannt. Diese lassen sich durch Ordnen und Zusammenfassen der Termglieder auf die gleiche Form bringen. Im Folgenden wird das Vereinfachen von Termen unter Berücksichtigung verschiedener Rechenregeln und Rechengesetze geübt.

1

	a)	b)	c)	d)
x	6x – (2x + 2)	6x – (2x – 2)	6x – 2x – 2	6x – 2x + 2
1	2	6	2	6
2	6	10	6	10
3	10	14	10	14
4	14	18	14	18
5	18	22	18	22

2 a) $5 + x$ b) $5 - x$ c) $4 - 2x$ d) $9x + 4$
e) $8 - x$ f) $16 - 4x$ g) $41y - 6$ h) $20a + 7$

3 a) $110 + y$ b) $60 - 4x$ c) $-11z - 4$ d) $-3a - 10$
e) $2 - 12x$ f) $-51 + 4x$ g) $-20 - 12x$

4 a) $u = 9 + b + 9 + b$
$u = 2 \cdot 9 + 2b$
$u = 2 \cdot (9 + b)$

b) $u = a + 2 + a + 2$
$u = 2a + 2 \cdot 2$
$u = 2 \cdot (a + 2)$

c) $u = a + 2 + 6 + a + 2 + 6$
$u = 2a + 2 \cdot 2 + 2 \cdot 6$
$u = 2 \cdot (a + 8)$

5 Der Faktor 2 vor der Klammer wird auf alle Glieder in der Klammer (a und b) verteilt, bzw. jedes Glied in der Klammer wird mit 2 multipliziert.
a) $10x + 35$ b) $66 + 12x$ c) $36 - 8x$
d) $30x - 18$ e) $30x - 24$ f) $14 + 28x$
g) $4 - 3x$ h) $3x + 2$ i) $1{,}5 + 0{,}5x$
j) $x - 2$ k) $2\frac{1}{3} - \frac{2}{3}x$ l) $\frac{3}{8}x - \frac{5}{8}$

6 a) $12 - x$ b) $6x - 5$ c) $20 - 5x$ d) $2x + 6$ e) $5x + 15$
f) $2x - 6$ g) $2x + 6$ h) $5x - 22$ i) $3{,}5x + 5$ k) $35 + x$

7 a) $3 \cdot (2x + 5) = 6x + 15$ b) $9x - 21 = (3x - 7) \cdot 3$ c) $18 + 16x = (9 + 8x) \cdot 2$
d) $4 \cdot (x - 2) = 4x - 8$ e) $(x - 5) \cdot 3 = 3x - 15$ f) $(3x - 1) \cdot 4 = 12x - 4$

K 1

Kopfrechenübungen

Einsatzhinweis: Aufgaben auf Folie vorgeben

1. Vereinfache.
a) $7x + 6x$ **13x** b) $9x - 3x$ **6x** c) $18x + 9x + 2x$ **29x**
d) $25x - 10x - 5x$ **10x** e) $15x - 9x + 8x$ **14x** f) $28x + 2x - 10x$ **20x**
2. Fasse Glieder mit x und Glieder ohne x zusammen.
a) $3x + 6 + 2x + 4$ **5x + 10** b) $9x - 8 - 6x - 2$ **3x – 10** c) $12x - 7 - 13x + 8$ **1 – x**
d) $9 - 3x + 12 - 6x$ **21 – 9x** e) $12 - 5x - 14 + 7x$ **2x – 2** f) $28 + 20x - 30 - 21x$ **–x – 2**

K 20

Spiel: Termglück (Rechenspiel)

Spielanleitung:
1. Ziehe eine Aufgabenkarte.
2. Vereinfache den Term.
3. Ermittle durch Würfeln den Wert für x.
4. Setze den Wert für x ein und berechne den Termwert.
5. Kontrolliere dein Ergebnis auf der Rückseite der Aufgabenkarte.

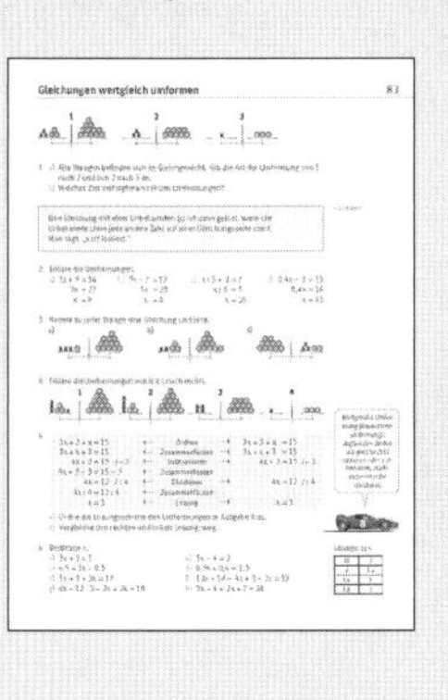

1 a) Umformung von 1 nach 2: beide Gleichungsseiten -3
Umformung von 2 nach 3: beide Gleichungsseiten $:3$

b) Bei der Waage 3 steht die Unbekannte x isoliert auf einer Gleichungsseite.
So kann man sofort die Lösung für x ablesen.

2

	a)	b)	c)	d)
1. Umformungsschritt: beide Seiten	-9	$+7$	-2	$+3$
2. Umformungsschritt: beide Seiten	$:3$	$:5$	$\cdot 5$	$:0{,}4$

3 a) $3x + 1 = 13$ b) $2x + 3 = 11$ c) $11 = 3x + 2$
$x = 4$ $x = 4$ $3 = x$

4 1 → 2: alle x zusammenfassen
2 → 3: beide Seiten -3
3 → 4: beide Seiten $:4$

5 a) 1: $3x + 3 + x = 15$ 2: $4x + 3 = 15$ 3: $4x = 12$ 4: $x = 3$

b) Die vierte und die sechste Lösungszeile werden beim rechten Lösungsablauf im Kopf ausgerechnet und nicht mehr notiert. So wird dieser Lösungsablauf kürzer.

6 a) $x = 1$ b) $x = 1{,}2$ c) $1{,}4 = x$ d) $x = 1{,}8$
e) $x = 2$ f) $x = 2$ g) $x = 10$ h) $x = 3$

Kopfrechenübungen

Einsatzhinweis: Aufgaben auf Folie vorgeben

Notiere zu jeder Waage eine Gleichung und nenne die äquivalenten Umformungsschritte:

a)

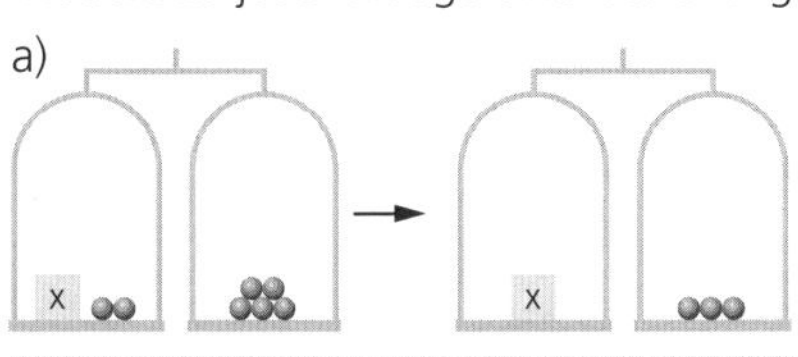

$x + 2 = 5 \,/ -2$ $x = 3$

b)

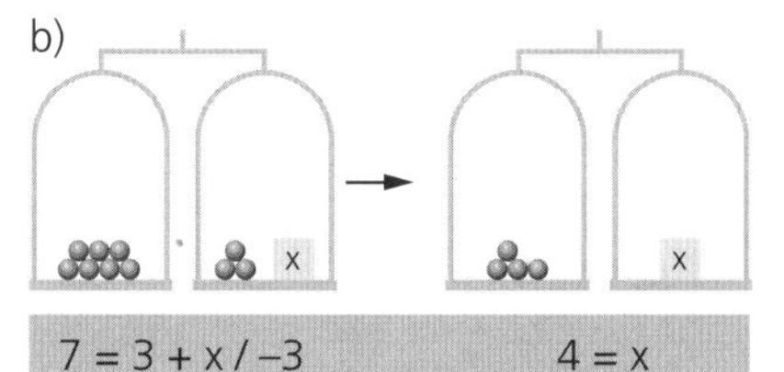

$7 = 3 + x \,/ -3$ $4 = x$

c)

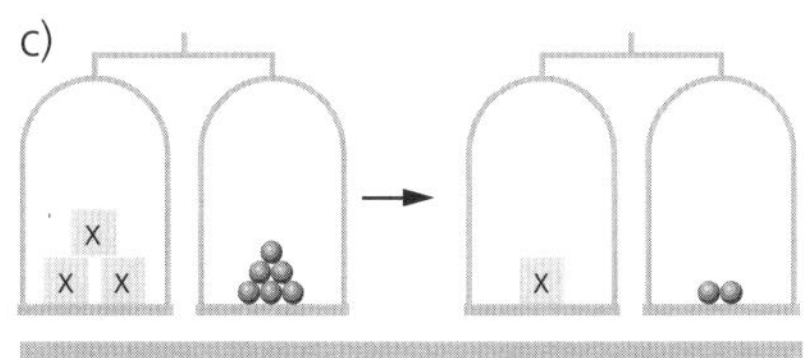

$3x = 6 \,/ : 3$ $x = 2$

d)

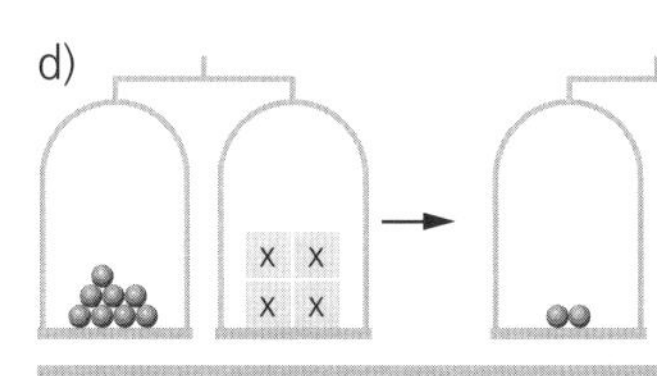

$8 = 4x \,/ : 4$ $2 = x$

e)

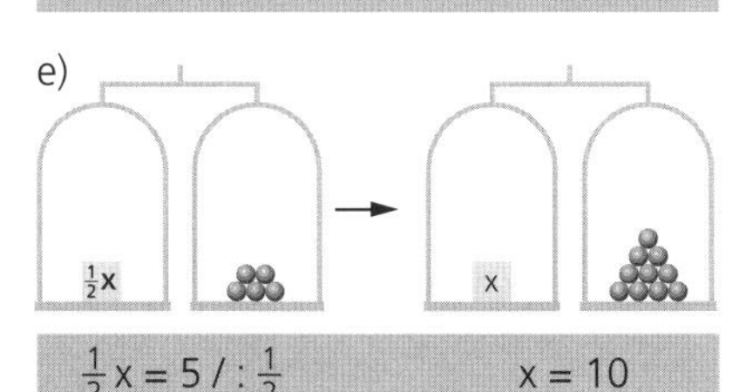

$\frac{1}{2}x = 5 \,/ : \frac{1}{2}$ $x = 10$

f)

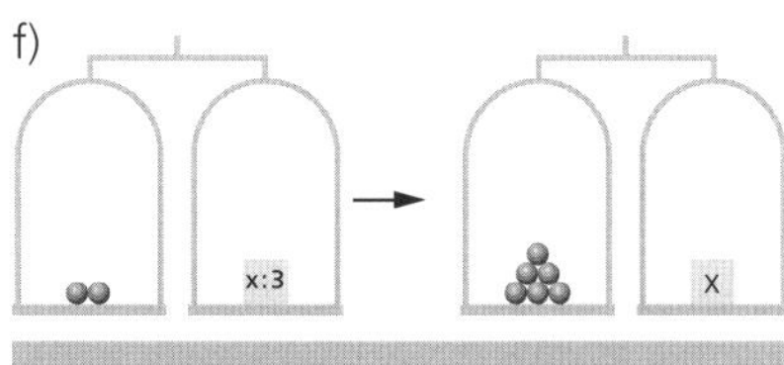

$2 = x : 3 \,/ \cdot 3$ $6 = x$

In der 7. Jahrgangsstufe wurden schon einfache Gleichungen mittels Äquivalenzumformungen gelöst. Dies wird in der 8. Jahrgangsstufe weitergeführt. Die Gleichungen werden etwas komplexer, Klammern müssen zuerst aufgelöst, Variablen und Zahlen zusammengefasst werden. Als Veranschaulichungsmodell für die Gleichheit zweier Terme bietet sich die Waage an. Dabei soll nicht nur durch zeichnerische Darstellung, sondern auch im aktiven Tun die Einsicht gewonnen werden, dass durch Hinzufügen oder Wegnehmen, durch Vervielfachen oder Teilen von bekannten Größen oder Variablen auf beiden Seiten das Gleichgewicht erhalten bleibt.

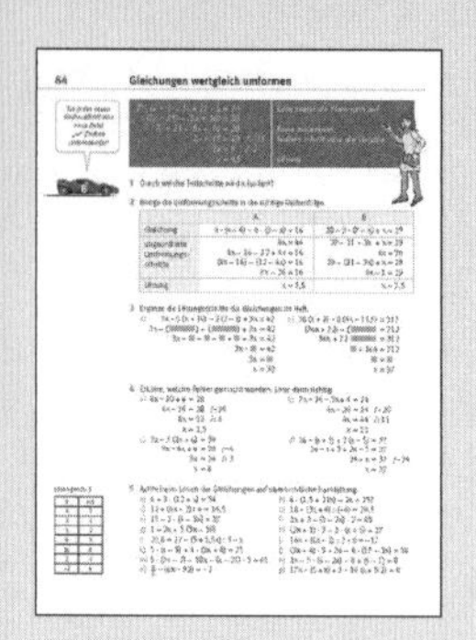

In unterschiedlichen Aufgabenstellungen werden die Lösungsschritte beim äquivalenten Umformen geübt. Auf die in Aufgabe 4 angesprochenen Fehlerquellen sollte auch weiterhin geachtet werden.

1 vgl. Schülerbuch

2 (A)
$4 \cdot (x-4) - 4 \cdot (3-x) = 16$
$(4x-16) - (12-4x) = 16$
$4x - 16 - 12 + 4x = 16$
$8x - 28 = 16$
$8x = 44$
$x = 5{,}5$

(B)
$20 - 3 \cdot (7-x) + x = 29$
$20 - (21 - 3x) + x = 29$
$20 - 21 + 3x + x = 29$
$4x - 1 = 29$
$4x = 30$
$x = 7{,}5$

3 a)
$3x - 5(x+10) - 2(2-x) + 3x = 42$
$3x - (5x + 50) - (4 - 2x) + 3x = 42$
$3x - 5x - 50 - 4 + 2x + 3x = 42$
$3x - 54 = 42 \quad / +54$
$3x = 96 \quad / :3$
$x = 32$

b)
$36(x+2) - 8(4x - 11{,}5) = 312$
$(36x + 72) - (32x - 92) = 312$
$36x + 72 - 32x + 92 = 312$
$4x + 164 = 312 \quad / -164$
$4x = 148 \quad / :4$
$x = 37$

4 a)
$8x - 10 + 6 = 28$
$8x - 4 = 28 \quad / +4$
$8x = 32 \quad / :8$
$x = 4$

b)
$7x - 16 - 3x + 4 = 24$
$4x - 12 = 24 \quad / +12$
$4x = 36 \quad / :4$
$x = 9$

c)
$9x - 3(2x + 6) = 30$
$9x - 6x - 18 = 30$
$3x - 18 = 30 \quad / +18$
$3x = 48 \quad / :3$
$x = 16$

d)
$26 - (x + 3) + 2(x - 5) = 37$
$26 - x - 3 + 2x - 10 = 37$
$13 + x = 37 \quad / -13$
$x = 24$

5 a) $x = 4$ b) $x = 2$ c) $x = 3$ d) $x = 3$ e) $x = 5$ f) $x = 8$
g) $3 = x$ h) $x = 8{,}5$ i) $x = 4$ j) $x = -2$ k) $x = 2$ l) $x = 2$
m) $x = 4$ n) $x = 3$ o) $x = 16$ p) $x = 9$

AH 23
AH 24

Z

K 1

Kopfrechenübungen

Einsatzhinweis: Aufgaben auf Folie vorgeben

1. Fasse zusammen.
   a) $6x - 12 + 4x - 8$ b) $2x + 12 - 6x + 18$ c) $x + 13 + 4x - 15$
   d) $4x + 14 - 7x - 16$ e) $23 - 6x - 25 - 3x$ f) $9 + 8x - 12 + 3x + 6$

2. Löse die Klammern auf.
   a) $2 \cdot (x - 3)$ b) $3 \cdot (2x + 6)$ c) $(4x - 8) : 2$
   d) $4 + 2 \cdot (5x + 10)$ e) $5 - 3 \cdot (2x - 6)$ f) $17 - (5x + 9) \cdot 3$

3. Notiere die Umformungsschritte, die zur Lösung führen.
   a) $5x + 8 = 12$ $/ -8 \quad / :5$ b) $7 + 3x = 22$ $/ -7 \quad / :3$
   c) $6x - 9 = 27$ $/ +9 \quad / :6$ d) $x : 5 + 3 = 8$ $/ -3 \quad / \cdot 5$
   e) $x : 3 - 5 = 4$ $/ +5 \quad / \cdot 3$ f) $x : 7 - 9 = 0$ $/ +9 \quad / \cdot 7$

4. Erstelle selbst einfache Gleichungen.
   a)
   $2x + 5 = 11 \quad / -5$
   $2x = 6 \quad / :2$
   $x = 3$

   b)
   $x : 4 - 7 = 1 \quad / +7$
   $x : 4 = 8 \quad / \cdot 4$
   $x = 32$

L

1

A	B	C
$32 + 7x = 11$ / − 32	$-12 = 2x - 4$ / + 4	$-4 + 4x = -28$ / + 4
$7x = -21$ / : 7	$-8 = 2x$ / : 2	$4x = -24$ / : 4
$x = -3$	$-4 = x$	$x = -6$

2 a) $x = -2$ b) $x = -7$ c) $x = -3$ d) $x = -0{,}5$
e) $x = -4$ f) $x = -0{,}25$ g) $x = -6$ h) $x = -3$
i) $x = -20$ j) $x = -16$ k) $x = -12{,}5$ l) $x = -50$

3 Falls beim Isolieren der Ausdruck $-x$ in der Lösungszeile vorkommt, multipliziert man beide Seiten der Gleichung mit (-1).

4 a) $x = -18$ b) $x = -10$ c) $x = -12$ d) $x = -1$
e) $x = -4$ f) $x = -7$ g) $x = -0{,}5$ h) $x = -1$
i) $x = -1{,}5$ j) $x = -3$ k) $x = -7{,}5$ l) $x = -1$
m) $x = -8$ n) $x = -4$ o) $x = -10$

5 a) $x = -12$ b) $x = -4$ c) $x = -6$ d) $x = -3$
e) $x = -7$ f) $x = -2$ g) $x = -4$

6

A
$3x + 9 = 12$ / − 9
$3x = 3$ / : 3
$x = 1$

B
$-8x + 4x - 6 = 6$
$-4x - 6 = 6$ / + 6
$-4x = 12$ / : 4
$-x = 3$ / · (− 1)
$x = -3$

C
$-x + 3 - 5x = 27$
$-6x + 3 = 27$ /−3
$-6x = 24$ /:6
$-x = 4$ / · (− 1)
$x = -4$

Die Schüler haben den Zahlbereich der rationalen Zahlen kennen gelernt und darin gerechnet. Darauf zurückgreifend werden nun auch Gleichungen gelöst, die zu negativen Ergebnissen führen. Allerdings sollen diese Gleichungen nicht zu schwierig sein und sich auf die Form $ax \pm b = c$ beschränken. Aufgabe 1 kann zum Kopfrechnen herangezogen werden; durch das probierende Verfahren tasten sich die Schüler an die Lösungen heran. Im Folgenden lösen sie die Gleichungen mittels der Äquivalenzumformung.

Z

Kopfrechenübung

Einsatzhinweis:
Aufgaben auf Folie vorgeben.

Erstelle ein Ablaufdiagramm.

$4x + 3 \cdot (2x - 15) = 245$	Klammer ausmultipizieren	$5x - 2 \cdot (7 - x) + 6 = 13$
$4x + (6x - 45) = 245$		$5x - (14 - 2x) + 6 = 13$
$4x + 6x - 45 = 245$		$5x - 14 + 2x + 6 = 13$
$10x - 45 = 245$		$7x - 8 = 13$
$10x = 290$		$7x = 21$
$x = 29$		$x = 3$

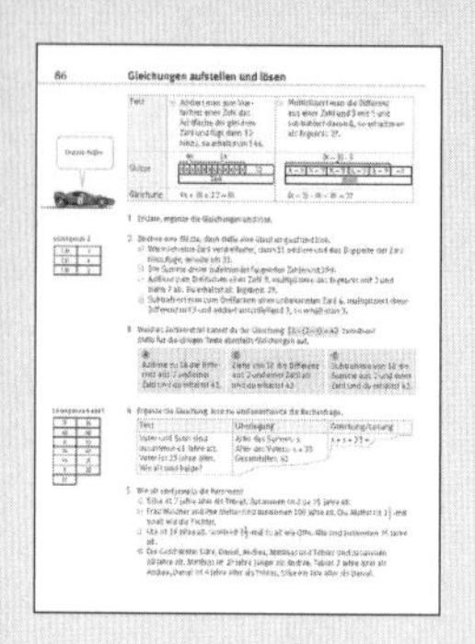

Die Schüler stellen nach Textvorgaben Gleichungen auf. Skizzen (Streifenmodell) werden zur Findung des Gleichungsansatzes eingesetzt. Eine gegliederte, übersichtliche Darstellung vermindert von Anfang an Probleme beim Aufstellen und Lösen der Gleichungen.

1 Die Skizzen verdeutlichen die Gleichheit der beiden Gleichungsseiten.

a) $4x + 8x + 12 = 144$
$x = 11$

b) $(x - 3) \cdot 5 - 8 = 27$
$x = 10$

2 a)

3x	11	2x
31		

$3x + 11 + 2x = 31$
$x = 4$

b)

x	x + 1	x + 2
390		

$x + x + 1 + x + 2 = 390$
$x = 129$

c)

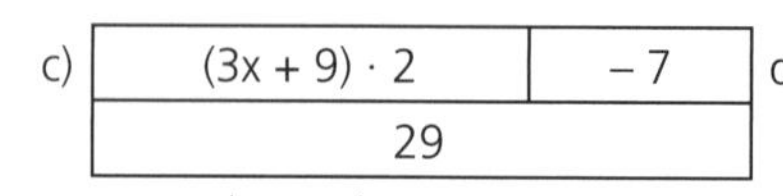

$(3x + 9) \cdot 2 - 7 = 29$
$x = 3$

d)

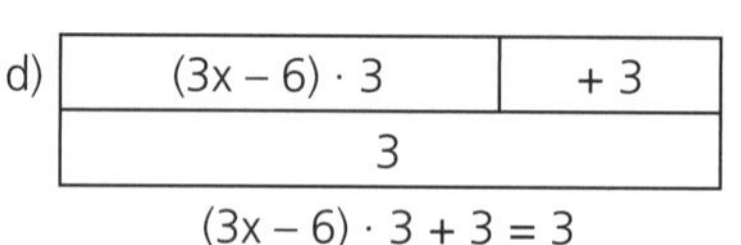

$(3x - 6) \cdot 3 + 3 = 3$
$x = 2$

3 Die Gleichung $18 - (2 - x) = 42$ gehört zum Text B
Gleichung zum Text A: $18 + (2 - x) = 42$ Gleichung zum Text C: $18 - (2 + x) = 42$

4 $x + x + 33 = 61$
$x = 14$

Alter des Sohnes: 14 Jahre
Alter des Vaters: 47 Jahre

5 a) $x + x + 7 = 35$
$x = 14$ Alter von Tobias: 14 Jahre   Alter von Silke: 21 Jahre

b) $x + 1{,}5x = 100$
$x = 40$ Alter von Fr. Weidner: 40 Jahre   Alter der Mutter: 60 Jahre

c) $15 + x + 1{,}5x = 35$
$x = 8$ Alter von Otto: 8 Jahre   Alter von Gisela: 12 Jahre

d)

Andrea:	x Jahre	15 Jahre
Matthias:	x Jahre – 10 Jahre	5 Jahre
Tobias:	x Jahre + 2 Jahre	17 Jahre
Daniel:	x Jahre + 6 Jahre	21 Jahre
Silke:	x Jahre + 7 Jahre	22 Jahre

Gleichung:
$x + x - 10 + x + 2 + x + 6 + x + 7 = 80$
$x = 15$

AH 25

AH 26

K 21

K 22

K 23

Z

Aufgabenkartei

Textaufgaben zu Gleichungen: Text – Gleichung – Lösungsweg – Lösung
Falte die Aufgabenkärtchen. Rechne und überprüfe dann auf der Rückseite.

Gleichungen bei Sachaufgaben lösen

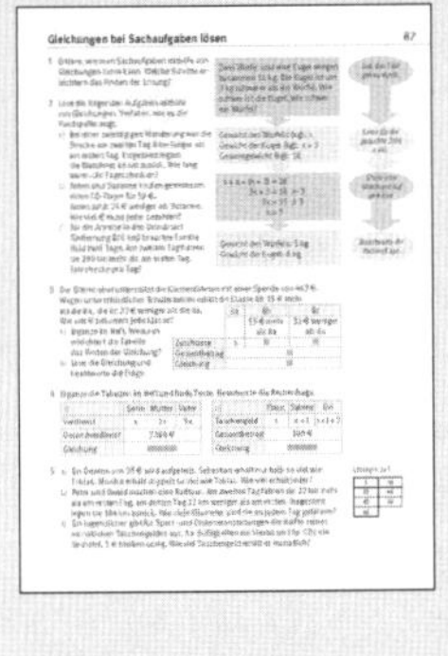

1 Das Ablaufdiagramm zeigt einen möglichen Weg zum Lösen von Sachaufgaben auf. Das Ansetzen des Gewichts eines Würfels mit x führt zur Gleichung.

2 a)

1. Tag:	x km	19 km
2. Tag:	x km + 8 km	27 km
Gesamtstrecke:	46 km	
Gleichung:	$x + x + 8 = 46$	
	$x = 19$	

b)

Susanne:	x €	41,50 €
Anton:	x € – 24 €	17,50 €
Gesamt:	59 €	
Gleichung:	$x + x - 24 = 59$	
	$x = 41{,}5$	

c)

1. Tag:	x km	290 km
2. Tag:	x km + 290 km	580 km
Gesamtstrecke:	870 km	
Gleichung:	$x + x + 290 = 870$	
	$x = 290$	

3 a) In der Tabelle sind die mathematischen Zusammenhänge verdeutlicht.

	8a	8b	8c
		15 € mehr als 8a	32 € weniger als 8a
Zuschüsse	x €	x € + 15 €	x € – 32 €
Gesamtbetrag	463 €		
Gleichung	$x + x + 15 + x - 32 = 463$		

b) Lösung: $x = 160$
Antwort: Die Klasse 8a erhält 160 €, Klasse 8b 175 €, Klasse 8c 128 €.

4 a) Textbeispiel: Vater verdient dreimal so viel wie sein Sohn, Mutter doppelt so viel wie ihr Sohn. Zusammen verdienen sie 7 380 €.
$x + 2x + 3x = 7\,380 \rightarrow x = 1\,230$
Verdienst des Vaters 3 690 €, der Mutter 2 460 € und des Sohnes 1 230 €.

b) Textbeispiel: Sabine erhält 1 € mehr Taschengeld als Klaus, Evi 2 € mehr als Sabine. Zusammen erhalten sie 100 €.
$x + x + 1 + x + 1 + 2 = 100 \rightarrow x = 32$
Klaus erhält 32 €, Sabine 33 € und Evi 35 €.

5 a)

Sebastian:	x € : 2	5 €
Tobias:	x €	10 €
Monika:	2 · x €	20 €
Gesamt:	35 €	
Gleichung:	$x : 2 + x + 2 \cdot x = 35$	
	$x = 10$	

b)

1. Tag:	x km	58 km
2. Tag:	x km + 22 km	80 km
3. Tag:	x km – 12 km	46 km
Gesamt:	184 km	
Gleichung:	$x + x + 22 + x - 12 = 184$	
	$x = 58$	

c)

Sport/Disco:	$\frac{1}{2}x$ €	30 €
Süßigkeiten:	$\frac{1}{4}x$ €	15 €
CDs:	$\frac{1}{6}x$ €	10 €
Rest:	5 €	5 €
Gesamt:	x €	60 €
Gleichung:	$\frac{1}{2}x + \frac{1}{4}x + \frac{1}{6}x + 5 = x$	
	$60 = x$	

Zu Sachaufgaben werden Gleichungen aufgestellt. Eine erfolgversprechende Lösungsstrategie wird angestrebt: Textanalyse, Festlegung der Unbekannten, Aufstellen und Lösen der Gleichung und Formulierung einer Antwort. Die Schüler sollen auch selbst Texte zu Gleichungen finden; dies ebnet die Übergänge zwischen sprachlicher und symbolischer Darstellung und lässt den Bau von Aufgaben besser verstehen. Ein konsequentes Einhalten der aufgeführten Lösungsschritte – auch bei einfachen Aufgaben – verbessert die Sicherheit beim Lösen

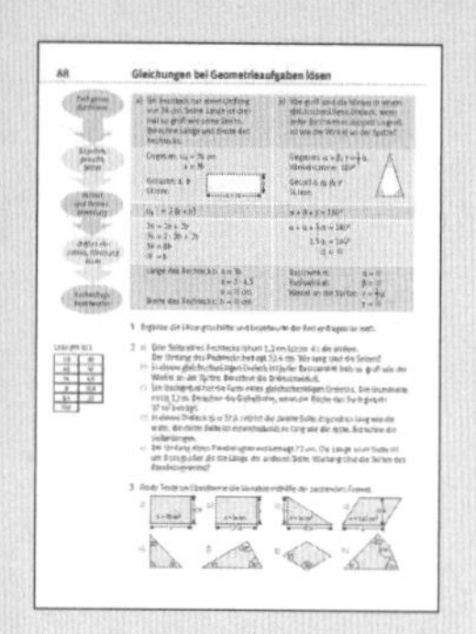

Besonders im Bereich der Geometrie haben die Schüler Formeln kennen gelernt. So bietet es sich an, unter dem Aspekt „Umgang mit Formeln" darauf zurückzugreifen. Gleichzeitig werden dadurch auch geometrische Inhalte wiederholt und gefestigt.

L

1 a) Länge des Rechtecks: $a = 13{,}5$ cm Breite des Rechtecks: $b = 4{,}5$ cm

b) Basiswinkel: $\alpha = \beta = 72°$ Winkel an der Spitze: $\gamma = 36°$

2 a) $u = 2\,(x + x - 1{,}2)$ Länge: 9 cm
$33{,}6 = 2\,(2x - 1{,}2)$ Breite: 7,8 cm
$9 = x$

b) $\alpha + \beta + \gamma = 180$ $\alpha = 45°$
$0{,}5x + 0{,}5x + x = 180$ $\beta = 45°$
$x = 90$ $\gamma = 90°$

c) $A = \frac{1}{2} g \cdot h$ Giebelhöhe: 4,5 m
$27 = \frac{1}{2} \cdot 12 \cdot h$
$4{,}5 = h$

d) $u = a + b + c$ $c = 8{,}4$ cm
$37{,}8 = c + 2c + 1{,}5c$ $b = 16{,}8$ cm
$8{,}4 = c$ $a = 12{,}6$ cm

e) $u = 2\,(a + b)$ $a = 22$ cm
$72 = 2\,(b + 8 + b)$ $b = 14$ cm
$14 = b$

3 a) $70 = a \cdot 5$
$14 = a$
$a = 14$ (cm)

b) $36 = 2 \cdot 12 + 2 \cdot b$
$6 = b$
$b = 6$ (cm)

c) $36 = 8 \cdot h : 2$
$9 = h$
$h = 9$ (cm)

d) $59{,}5 = a \cdot 7$
$8{,}5 = h$
$h = 8{,}5$ (cm)

e) $90 + x + x = 180$
$x = 45$
$x = 45$ (°)

f) $x + 2x + 3x = 180$
$x = 30$
$x = 30$ (°)

g) $x + 2x + x + 2x = 360$
$x = 60$
$x = 60$ (°)

h) $x + 1{,}5x + 3{,}5x + 2x = 360$
$x = 45$
$x = 45$ (°)

Z

Weitere Aufgaben

1. Berechne die fehlenden Größen eines Kreises.

	a)	b)	c)
r	15 cm	5,5 dm	3 m
d	30 cm	11 dm	6 m
u	94,2 cm	34,54 dm	18,84 m

	d)	e)	f)
r	5 cm	25 m	8 dm
u	31,4 cm	157 m	50,24 dm
A	78,5 cm²	1 962,5 m²	200,96 dm

2. a) Ein Pkw–Reifen hat eine durchschnittliche Laufleistung von 40 000 km. Wie oft hat sich ein Rad mit einem Durchmesser von 55 cm dabei gedreht? Runde sinnvoll. (≈ 23 200 000 Umdrehungen)

b) Eine alte Eiche hat einen Umfang von 4,71 m. Berechne den Flächeninhalt ihres Querschnitts. (≈ 1,77 m²)

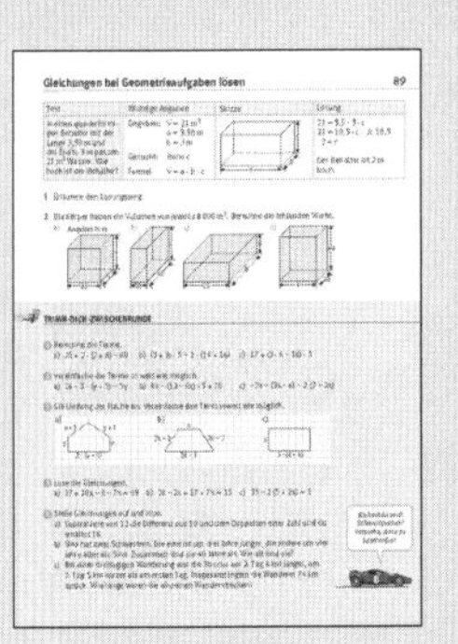

1 Zuerst werden wichtige Angaben des Textes mit „Gegeben" und „Gesucht" strukturiert und die passende Formel notiert. Anschließend werden die bekannten Angaben in die Formel eingesetzt und die dadurch entstandene Gleichung gelöst. Zum Schluss wird das Ergebnis durch die Antwort wieder in den Sachzusammenhang gesetzt.

2 a) $8\,000 = 20 \cdot a \cdot a$
$20 = a$ Breite des Quaders: 20 m

b) $8\,000 = 10 \cdot 40 \cdot c$
$20 = c$ Höhe des Quaders: 20 m

c) $8\,000 = 25 \cdot b \cdot 8$
$40 = b$ Breite des Quaders: 40 m

d) $8\,000 = a \cdot 10 \cdot 40$
$20 = a$ Länge des Quaders: 20 m

TRIMM-DICH-ZWISCHENRUNDE

1 a) -5 b) 0 c) 17

2 a) $11 - 8y$ b) $34x + 10$ c) $4x$

3 a) $2(y + 1) + y + y + 1 + y + 1 + y = 6y + 4$
b) $2x - 1 + 2x - 2 + x + 2x - 2 = 7x - 5$
c) $3(x + 4) + 3(x + 4) + x + x = 8x + 24$

4 a) $x = 20$ b) $x = -6$ c) $x = 6$

5 a) $12 - (10 - 2x) = 18$
$x = 8$

b) $x + x - 3 + x + 4 = 40$
$x = 13$
Sina: 13 Jahre alt
jüngere Schwester: 10 Jahre
ältere Schwester: 17 Jahre

c) $x + x + 4 + x - 5 = 74$
$x = 25$
1. Tag: 25 km
2. Tag: 29 km
3. Tag: 20 km

Die Trimm-dich-Zwischenrunden dienen dazu, diagnostisch zur individuellen Förderung den Lernstand der Schüler auch während des Lernprozesses zu ermitteln: Was „sitzt", wo sind noch Schwächen vorhanden, welche Lerninhalte müssen nochmals aufgegriffen und vertieft werden?
Eine realistische Einschätzung der eigenen Leistungen hilft, Stärken zu erhalten und Schwächen abzumildern. Mithilfe des Selbsteinschätzungsbogens (K 29) können die Schüler ihre Kenntnisse und Fertigkeiten selbst bewerten.

Die besondere Seite: Superhirn

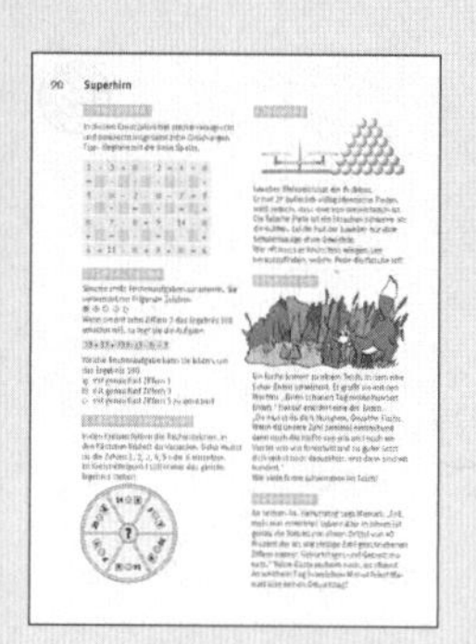

Diese Aufgaben sind wirklich für Superhirne. Dabei hat es freilich auch seinen didaktischen Sinn, wenn man den Schülern nach einigen (vergeblichen) Bemühungen Lösungswege und / oder Lösungen vorgibt, die sie nun erläutern müssen.

L

1 Kreuzzahlrätsel

1	·	3	+	0	·	2	=	4	–	1
=		·		·		·		·		+
5	·	6	–	2	·	9	–	7	=	5
·		–		=		–		=		=
(– 1)	·	7	·	0	=	9	·	14	·	0
+		=		·		=		·		+
6	+	11	·	– 1	+	9	+	2	=	6

2 Köpfchen, Köpfchen

a) Beispiel: $111 - 11 = 100$

b) Beispiel: $33 \cdot 3 + 3 : 3 = 100$

c) Beispiel: $5 \cdot 5 \cdot 5 - 5 \cdot 5 = 100$

3 Zahlenrad für den Rechenmeister

$14 - x = 10$	$5 + y = 10$	$30 : a = 10$	$16 - b = 10$	$9 + c = 10$	$20 : d = 10$
$14 - 4 = 10$	$5 + 5 = 10$	$30 : 3 = 10$	$16 - 6 = 10$	$9 + 1 = 10$	$20 : 2 = 10$

4 Wiegekönig

Drei Wiegevorgänge reichen aus:
Der Juwelier teilt die 27 Perlen in drei Gruppen zu je neun Perlen.
Zwei davon wiegt er. Ist eine der Perlengruppen schwerer als die andere, so ist die falsche Perle in dieser Gruppe. Sind sie jedoch gleich schwer, muss die falsche Perle in der dritten Gruppe sein, die noch nicht gewogen wurde. Die schwerere Perlengruppe teilt der Juwelier wiederum in drei Gruppen zu je drei Perlen. Das Wiegen dieser Gruppen liefert ihm die richtige Dreiergruppe. Beim dritten Wiegen kann er schließlich herausfinden, welche Perle falsch ist.

5 Fuchs und Ente

$2x + 0{,}5x + 0{,}25x + 1 = 100$

$x = 36$

Es sind 36 Enten.

6 Geburtstagsraten

$44 : \frac{1}{7} : \frac{1}{3} : \frac{40}{100} = 2\,310$

Manuel feiert seinen Geburtstag am 23. Oktober.

L

1 a) A Umformungen: $\vert -2\frac{2}{3}x$ $\quad \vert -4\frac{1}{2}$ $\quad \vert : \left(-\frac{7}{6}\right)$

B Umformungen: $\vert \cdot 12$ $\quad \vert -32x-54$ $\quad \vert : (-14)$

b) –/–

2 a) $x = 26$ b) $x = -2$ c) $x = 24$ d) $x = \frac{14}{13}$

e) $x = 0{,}3$ f) $x = 1{,}5$

3 a) $x = -19$ b) $x = 12$ c) $x = 5$ d) $x = -34$ e) $x = 5$

f) $x = 5$ g) $x = -\frac{1}{15}$ h) $x = -15$ i) $x = 1$ j) $x = -6$

4 a)
$$\frac{5x+5}{2} = \frac{23+2x}{2} \quad \vert \cdot 2$$
$$5x+5 = 23+2x \quad \vert -2x$$
$$3x+5 = 23 \quad \vert -5$$
$$3x = 18 \quad \vert :3$$
$$x = 6$$

b)
$$\frac{-1{,}5x+7}{3} = \frac{9-2x}{3} \quad \vert \cdot 3$$
$$-1{,}5x+7 = 9-2x \quad \vert +2x$$
$$0{,}5x+7 = 9 \quad \vert -7$$
$$0{,}5x = 2 \quad \vert :0{,}5$$
$$x = 4$$

c)
$$(-3x+5)\cdot 2 + 3x = 22+3x \quad \vert -3x$$
$$(-3x+5)\cdot 2 = 22 \quad \vert :2$$
$$-3x+5 = 11 \quad \vert -5$$
$$-3x = 6 \quad \vert :(-3)$$
$$x = -2$$

5 a) Höhe: $\frac{1}{4}x$ Tiefe: $4x$

b) $63 = x + \frac{1}{2}x + \frac{1}{4}x$

$36 = x$

1. Stufe: 36 cm
2. Stufe: 18 cm
3. Stufe: 9 cm

c) $36 + 72 + 144 = 252$ (cm)

Ab dieser Seite beginnen die Aufgaben mit erhöhtem Anforderungsniveau für M-Klassen.
Sie eignen sich aber auch hervorragend zur Binnendifferenzierung in Regelklassen, da auf diesen Seiten der bisherige Stoff erweitert und vertieft wird.

Z

1. Bestimme die Erweiterungs- bzw. Kürzungszahl.

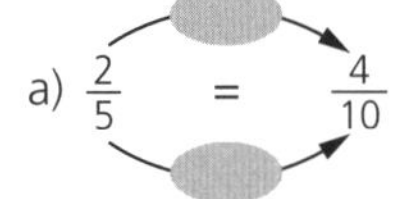

a) $\frac{2}{5} = \frac{4}{10}$ b) $\frac{7}{5} = \frac{21}{15}$ c) $\frac{12}{5} = \frac{4}{5}$ d) $\frac{18}{24} = \frac{3}{4}$

2. Welche Brüche haben jeweils den gleichen Wert?

a) $\frac{10}{25}, \frac{15}{20}, \frac{8}{16}, \frac{9}{12}, \frac{4}{10}, \frac{4}{8}, \frac{75}{100}$

b) $\frac{2}{3}, \frac{12}{18}, \frac{25}{30}, \frac{3}{7}, \frac{5}{6}, \frac{6}{14}, \frac{20}{30}$

3. Bestimme jeweils den kleinsten gemeinsamen Nenner (Hauptnenner).

a)	b)	c)	d)
Halbe	Drittel	Drittel	Viertel
Drittel	Fünftel	Sechstel	Sechstel
Viertel	Halbe	Zehntel	Achtel

4. Bestimme den Hauptnenner und ordne der Größe nach.

a) $\frac{2}{3}, \frac{3}{8}, \frac{5}{6}$ b) $\frac{3}{4}, \frac{5}{10}, \frac{3}{5}$ c) $\frac{1}{3}, \frac{2}{4}, \frac{5}{8}$ d) $\frac{5}{7}, \frac{1}{2}, \frac{6}{9}$

e) $\frac{6}{7}, \frac{4}{5}, \frac{3}{4}$ f) $\frac{13}{27}, \frac{2}{3}, \frac{5}{9}$ g) $\frac{7}{12}, \frac{3}{4}, \frac{5}{8}$ h) $\frac{3}{10}, \frac{1}{3}, \frac{5}{20}$

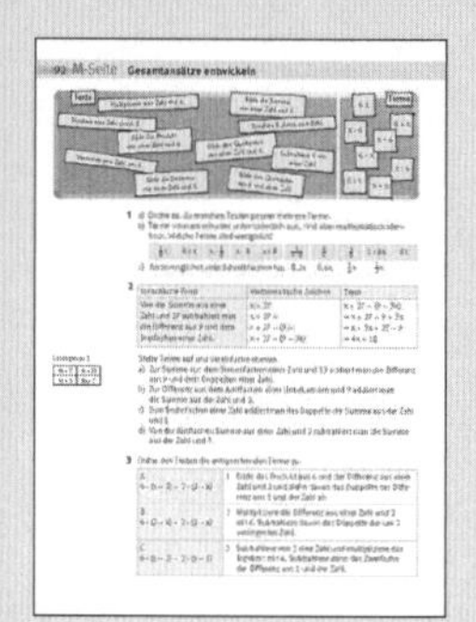

Terme können mit Hilfe von Rechenzeichen und Zahlen (mathematische Form) oder auch in sprachlicher Form dargestellt werden. Beim Entwickeln von Gesamtansätzen geht es vor allem darum, die sprachliche Form in eine mathematische Form zu „übersetzen". Aber auch die umgekehrte Form darf nicht unberücksichtigt bleiben. Indem die Schüler selbst kleine Texte formulieren, erfassen sie die Struktur der Aufgaben. Die Schüler sollen auch erkennen, dass es unterschiedliche Schreibweisen für gleiche Terme gibt.

K 1

L

1 a)

Multipliziere eine Zahl mit 6.	$x \cdot 6$	oder $6x$
Dividiere eine Zahl durch 6.	$x : 6$	
Bilde das Produkt aus einer Zahl und 6.	$x \cdot 6$	oder $6x$
Vermehre eine Zahl um 6.	$x + 6$	oder $6 + x$
Bilde die Differenz aus einer Zahl und 6.	$x - 6$	
Bilde die Summe aus einer Zahl und 6.	$x + 6$	oder $6 + x$
Dividiere 6 durch eine Zahl.	$6 : x$	
Bilde den Quotienten aus einer Zahl und 6.	$x : 6$	
Subtrahiere 6 von einer Zahl.	$x - 6$	
Bilde den Quotienten aus 6 und einer Zahl.	$6 : x$	

b) $\frac{1}{8}x = x \cdot \frac{1}{8} = x : 8 = \frac{x}{8}$

$x \cdot 8 = 8x$

$\frac{1}{x \cdot 8} = 1 : 8x$

$8 : x = \frac{8}{x}$

c) $0{,}2x = x \cdot 0{,}2 = x : 5 = \frac{1}{5}x = x \cdot \frac{1}{5}$

$0{,}6x = x \cdot 0{,}6 = 3 \cdot x : 5 = \frac{3}{5}x = x \cdot \frac{3}{5}$

$\frac{1}{4}x = x \cdot \frac{1}{4} = x : 4 = x \cdot 0{,}25 = 0{,}25 \cdot x$

$\frac{1}{2}x = x \cdot \frac{1}{2} = 0{,}5x = x \cdot 0{,}5 = x : 2$

2 a) $(7x + 13) + (9 - 2x) = 5x + 22$ b) $(8x - 9) + (x + 2) = 9x - 7$

c) $6x + 2 \cdot (x + 1) = 8x + 2$ d) $5 \cdot (x + 2) - (x + 5) = 4x + 5$

3 a) A → 1 b) B → 3 c) C → 2

Z

Kopfrechenübungen

Einsatzhinweis: auf Folie oder nach Diktat

1. Notiere als Term:
   a) die Summe aus 7 und 9 — $7 + 9$
   b) die Differenz aus 16 und 7 — $16 - 7$
   c) das Produkt aus 5 und 4 — $5 \cdot 4$
   d) den Quotient aus 27 und 3 — $27 : 3$
   e) Addiere die Zahlen 27 und 3. — $27 + 3$
   f) Subtrahiere 20 von 40. — $40 - 20$

2. Notiere als Term.
   a) Multipliziere 15 mit der Differenz aus 6 und 4. — $15 \cdot (6 - 4)$
   b) Dividiere 42 durch die Summe aus 2 und 5. — $42 : (2 + 5)$
   c) Multipliziere die Summe aus 6 und 4 mit 10. — $(6 + 4) \cdot 10$
   d) Dividiere die Differenz aus 16 und 4 durch 3. — $(16 - 4) : 3$
   e) Addiere zum Quotienten aus 6 und 3 das Produkt aus 7 und 2. — $6 : 3 + 7 \cdot 3$
   f) Ziehe vom Produkt aus 4 und 5 den Quotienten aus 8 und 4 ab. — $4 \cdot 5 - 8 : 4$

3. Formuliere selbst kleine Texte.
   a) $13 - 4$ a) $5 \cdot 3 + 6$ b) $70 - 10 \cdot 3$ c) $(7 + 3) \cdot 5$ d) $(16 + 14) : 6$ k) $7 \cdot 4 + 8 : 4$

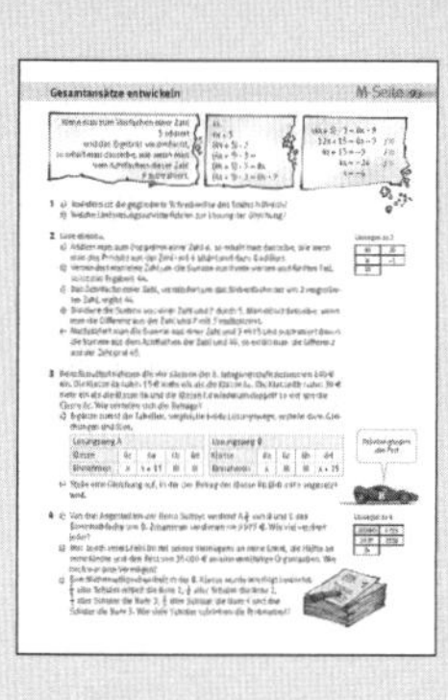

L

1 a) Die Gleichung wird schrittweise aufgebaut.
b) Umformungsschritte: / – 8x / – 15 / : 4

2 a) $2x + 6 = 4x + 8$
$x = -1$

b) $x - (0{,}25x + 0{,}2x) = 44$
$x = 80$

c) $10x - 7\,(x + 2) = 46$
$x = 20$

d) $(x + 7) : 5 = (x - 7) \cdot 3$
$x = 8$

e) $(x + 3) \cdot 5 - (8x + 40) = x - 65$
$x = 10$

3 a)

Lösungsweg A				
Klasse	8 c	8 a	8 b	8 d
Einnahmen	x	x + 15	x + 45	2x

Lösungsweg B				
Klasse	8 a	8 c	8 b	8 d
Einnahmen	x	x – 15	x + 30	2 (x – 15)

8a: 171 €
8b: 201 €
8c: 156 €
8d: 312 €

Gleichungen: A $x + 15 + x + 45 + x + 2x = 840$ $x = 156$
B $x + x + 30 + x - 15 + 2\,(x - 15) = 840$ $x = 171$

b) Betrag der Klasse 8b: x $x - 30 + x + x - 45 + 2\,(x - 45) = 840$ $x = 201$ €
Betrag der Klasse 8d: x $x : 2 + 15 + x : 2 + 45 + x : 2 + x = 840$ $x = 312$ €

AH 27

4 a)

A:	$\frac{2}{3}x$	2 100 €
B:	x	3 150 €
C:	1,5 x	4 725 €

Gleichung: $\frac{2}{3}x + x + 1{,}5x = 9\,975$
$x = 3\,150$

b)

Enkel:	$\frac{1}{3}x$	70 000 €
Kinder:	$\frac{1}{2}x$	105 000 €
Rest:	35 000	35 000 €
Gesamtbetrag:	x	210 000 €

Gleichung: $\frac{1}{2}x + \frac{1}{3}x + 35\,000 = x$
$x = 210\,000$

c)

Note 1:	$\frac{1}{8}x$	3 Schüler
Note 2:	$\frac{1}{4}x$	6 Schüler
Note 3:	$\frac{1}{3}x$	8 Schüler
Note 4:	$\frac{1}{6}x$	4 Schüler
Note 5:	3	3 Schüler
Gesamtschülerzahl:	x	24 Schüler

Gleichung: $\frac{1}{8}x + \frac{1}{4}x + \frac{1}{3}x + \frac{1}{6}x + 3 = x$
$x = 24$

Terme mit mehreren Variablen berechnen

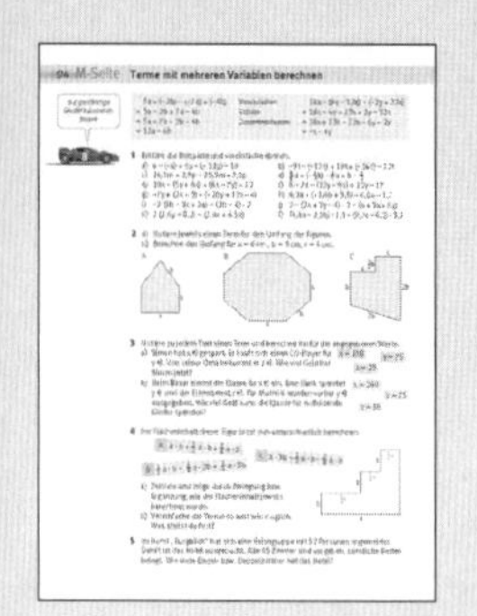

Die Schüler sollen erkennen, dass Variablen addiert, subtrahiert, multipliziert und dividiert werden können. Für ein übersichtliches Arbeiten ist es dabei sinnvoll, die Glieder des Terms zu ordnen und entsprechend zusammenzufassen (vgl. Aufgabe 1). An die Stelle des Ordnens kann auch das Markieren von gleichartigen Termteilen treten. Dabei ist zu beachten, dass vorausgehende Rechenzeichen zum Termteil gehören und deshalb mitmarkiert werden, z.B.:
12x – 13 **–6y –5x**+10**–4y**

L

1 a) $-4 + x + 20y$ b) $-2t - 13s$ c) $-m + 10p$
d) $\frac{3}{5}a + \frac{2}{3}b - \frac{1}{2}$ e) $22x - 12y + 12$ f) $-9 + 2s - 11y$
g) $13y - 10x - 3$ h) $-0{,}6a + 2{,}6b - 11{,}2$ i) $-6a - 19b + 9c + 8$
j) $5 - 9x - 12y$ k) $3{,}2y - 0{,}4 - 2{,}8x - 4{,}5z$ l) $4a - 2b - 3c + 2$

2

A	$u = a + 2b + 2c$	$u = 6 + 2 \cdot 5 + 2 \cdot 4$	u = 24 cm
B	$u = 2a + 4b + 2c$	$u = 2 \cdot 6 + 4 \cdot 5 + 2 \cdot 4$	u = 40 cm
C	$u = 2a + 3{,}5b + 2c$	$u = 2 \cdot 6 + 3{,}5 \cdot 5 + 2 \cdot 4$	u = 37,5 cm

3 a) $x - y + z$ $150 - 75 + 25 = 100$ (€)
b) $x + y + z - y$ $260 + 75 + 50 - 75 = 310$ (€)

4 a) A

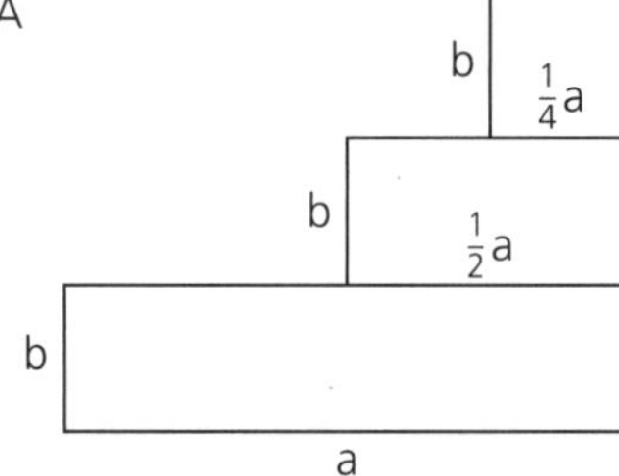

B

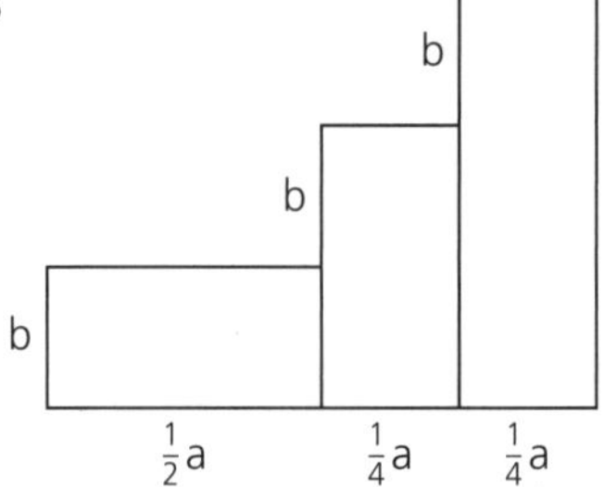

C

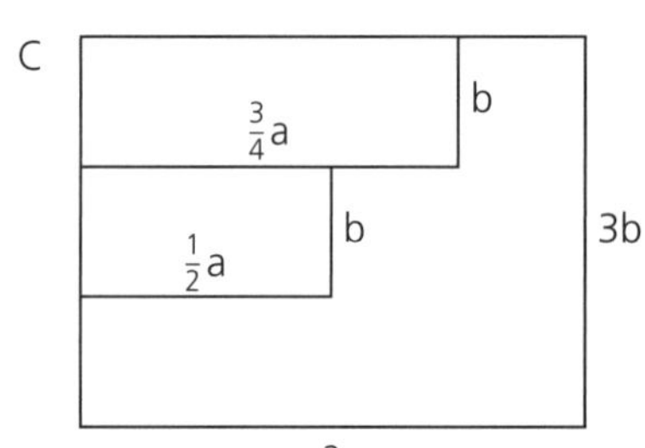

b) Die Terme sind identisch: $1{,}75\,a \cdot b$

5 Einzelzimmer: 38 Doppelzimmer: 7

L

1 a)

Geschwindigkeit:	$v = \frac{s}{t}$
Dreiecksfläche:	$A = \frac{1}{2} \cdot g \cdot h$
Umfang eines Quadrats:	$u = 4 \cdot a$
Quadratfläche:	$A = a \cdot a$
Volumen eines Quaders:	$V = a \cdot b \cdot c$
Winkelsumme im Dreieck:	$\alpha + \beta + \gamma = 180°$
Rechtecksfläche:	$A = a \cdot b$
Trapezfläche:	$A = m \cdot h$
Volumen eines Würfels:	$V = a \cdot a \cdot a$
Oberfläche des Quaders:	$O = 2 \cdot (a \cdot b + a \cdot c + b \cdot c)$
Umfang eines Rechtecks:	$u = 2 \cdot (a + b)$
Fläche eines Parallelogramms:	$A = a \cdot h$
Oberfläche eines Würfels:	$O = 6 \cdot a \cdot a$

b) v: Geschwindigkeit; s: Weg; t: Zeit
A: Flächeninhalt; g: Grundlinienlänge; h: Höhe
u: Umfang; a: Seitenlänge
A: Flächeninhalt; a: Seitenlänge
V: Volumen; a: Länge; b: Breite; c: Höhe
α; β; γ: Winkelmaße
A: Flächeninhalt; a: Länge; b: Breite
A: Flächeninhalt; m: Länge der Mittellinie; h: Höhe
V: Volumen; a: Kantenlänge
O: Oberflächeninhalt; a: Länge; b: Breite; c: Höhe
u: Umfang; a: Länge; b: Breite
A: Flächeninhalt; a: Grundlinie; h: Höhe
O: Oberflächeninhalt; a: Seitenlänge

2 Ein trapezförmiger Hof ... → Skizze eines Trapezes → $A = \frac{a + c}{2} \cdot h$
Herr Binder legt mit ... → Graph → $v = \frac{s}{t}$
Wie viel Draht ... → Skizze eines Quaders → $k = 4 \cdot (a + b + c)$

Textbeispiele für

$V = a \cdot a \cdot a$ Berechne das Volumen eines Würfels mit der Kantenlänge a = 7 cm.

$A = a \cdot h$ Wie groß ist der Flächeninhalt eines Parallelogramms, das eine Grundlinie von 6 cm und eine Höhe von 4 cm hat?

$V = a \cdot b \cdot c$ Berechne das Volumen eines Quaders mit a = 17 cm, b = 18 cm und c = 1,8 m

3 a) $u = a + b + c$
$234 = 58 + b + b$
$b = 88$ (cm)

b) $u = a + b + c + d$
$120 = a + \frac{a}{2} + \frac{a}{2} + \frac{a}{2}$
$a = 48$ (cm)
$b = 24$ (cm)
$c = 24$ (cm)
$d = 24$ (cm)

c) $u = \frac{x}{2} + 2 \cdot x + 2 \cdot 18$
$96 = 2,5x + 36$
$x = 24$ (cm)

d) $u = 2a + 2b$
$28 = 2a + 2\,(a - 1)$
$a = 7,5$ (cm)
$b = 6,5$ (cm)

Formeln und der Umgang damit sind Schwerpunkte der folgenden Seiten. Formeln – allgemeingültige Gleichungen – werden nach den Regeln des Gleichungslösens bearbeitet. Sinnvoll ist es, in den Formeln ohne Benennungen zu rechnen.
Erst die ermittelten Zahlenwerte sind mit den richtigen Benennungen zu versehen und dann in den Sachzusammenhang einzuordnen.

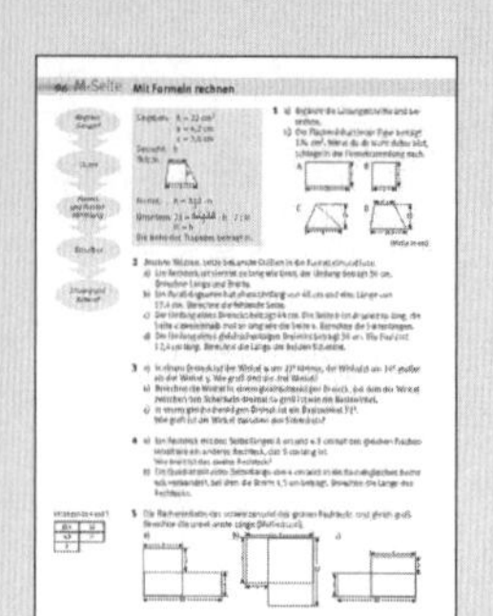

L

1 a) $h = 5{,}5$ cm

b) A $A = a \cdot b$
$196 = 28 \cdot b$
$b = 7$ (cm)

B $A = a \cdot a$
$196 = a \cdot a$
$a = 14$ (cm)

C $A = \frac{1}{2} \cdot g \cdot h$
$196 = \frac{1}{2} \cdot g \cdot 14$
$g = 28$ (cm)

D $A = (a + c) : 2 \cdot h$
$196 = (24{,}5 + c) : 2 \cdot 10$
$c = 14{,}7$ (cm)

2 a) $50 = 2\,(4b + b)$ $a = 20$ cm $b = 5$ cm
b) $48 = 2\,(17{,}4 + b)$ $a = 6{,}6$ cm
c) $44 = a + 2a + 2{,}5a$ $a = 8$ cm $b = 16$ cm $c = 20$ cm
d) $38 = 12{,}4 + 2a$ $a = 12{,}8$ cm

3 a) $180 = \gamma - 21 + \gamma + 18 + \gamma$ $\alpha = 40°$ $\beta = 79°$ $\gamma = 61°$
b) $180 = \alpha + \alpha + 3\alpha$ $\alpha = 36°$ $\beta = 36°$ $\gamma = 108°$
c) $180 = 52 + 52 + \gamma$ $\gamma = 76°$

4 a) $8 \cdot 6{,}5 = 5 \cdot b$
$b = 10{,}4$ (cm)

b) $6 \cdot 6 = 4{,}5 \cdot b$
$b = 8$ (cm)

5 a) $10 \cdot x = 5\,(x + 3)$
$x = 3$ (cm)

b) $8 \cdot x = 12\,(x - 4)$
$x = 12$ (cm)

c) $x \cdot 10 = 6\,(x + 3)$
$x = 4{,}5$ (cm)

Z

Kopfrechenübungen

Mit welchen Formeln kannst du die schraffierten Flächeninhalte bestimmen?

A
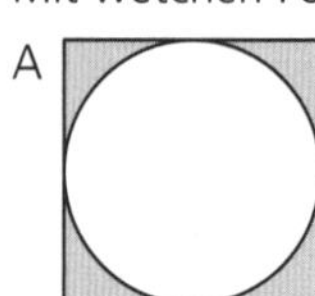

B
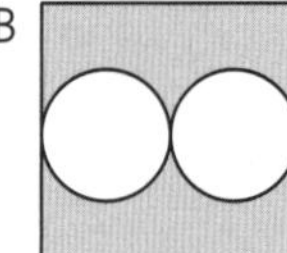

C
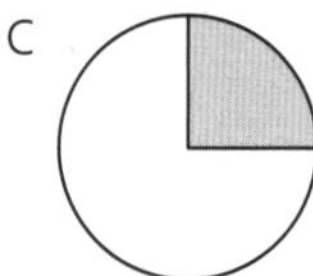

D
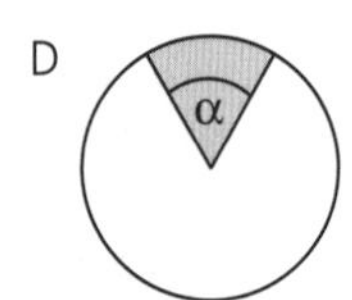

E
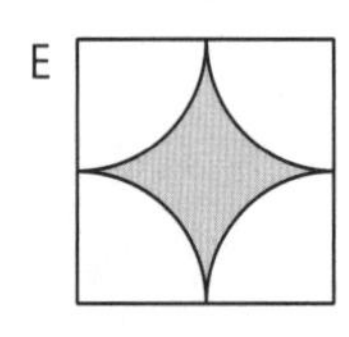

F

a) $A = r_1^2 \cdot 3{,}14 - r_2^2 \cdot 3{,}14$
b) $A = r \cdot r \cdot 3{,}14 : 360° \cdot \alpha$
c) $A = r \cdot r \cdot 3{,}14 : 4$
d) $A = a \cdot a - 2 \cdot r \cdot r \cdot 3{,}14$
e) $A = a \cdot a - r \cdot r \cdot 3{,}14$
f) $A = a \cdot a - 4 \cdot \frac{1}{4} \cdot r \cdot r \cdot 3{,}14$

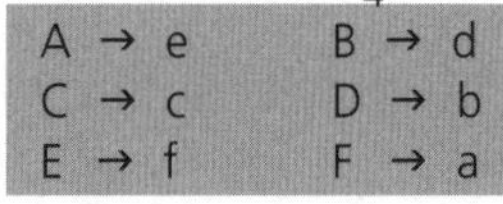

Terme und Gleichungen wiederholen

L

1 a) 7 b) 17 c) -10 d) -300

2 a) $5x - 5$ b) $-3 - 21x$ c) $-0{,}3y - 1$
d) $20 - 26x$ e) $34y + 2{,}5$

3 a) $-57 - 20x$ b) $18y$ c) $36x + 4$
d) $18 - 26x$ e) $7{,}5 - 35y$ f) $14{,}3 - 11x$

4 a) $x \cdot 8$ b) $15 + x$ c) $x - 17$ d) $x : 6$
e) $x - 4$ f) $2x + 3$ g) $x : 5 - 10$ h) $7x + 15 : 3$

5 a → D b → A c → B d → C

Auf den Seiten 97 bis 99 werden wesentliche Inhalte des Themenbereichs „Therme und Gleichungen" noch einmal auf verschiedenen Niveaustufen wiederholt. Dies soll einerseits der Sicherung und Vertiefung dienen und andererseits sowohl der Lehrkraft als auch dem einzelnen Schüler Auskunft über den Leistungsstand geben. Eventuelle Defizite erfordern ein nochmaliges Aufgreifen im Unterricht. Die nebenstehenden Lösungen finden sich auch im Schülerbuch auf der Seite 179.

Terme und Gleichungen wiederholen

L

6 a) $8x + 12$ b) $13 - 3x$ c) $8 - 8x$ d) $12 - 3x - 1$

7 a) $x = 3{,}8$ b) $x = 6{,}5$ c) $x = 6$ d) $x = -6$ e) $x = 17{,}4$ f) $x = 8{,}5$

8 a) $9 + 4x = 59$, $x = 12{,}5$ Ein Taschenrechner kostet 12,50 €.

b) $7x - 13 = 64$, $x = 11$ Thomas hat sich die Zahl 11 gedacht.

9 a) $x + 3x = 100$, $x = 25$ Tobias ist 25 Jahre alt, seine Großmutter 75 Jahre.

b) $x + x + 23 = 65$, $x = 21$ Die Tochter ist 21 Jahre alt, die Mutter 44 Jahre.

c) $x + x - 7 = 61$, $x = 34$ Mutter: 27 Jahre, Vater: 34 Jahre

10 a) $a = 8$ cm b) $b = 6$ cm c) $h = 8$ cm d) $a = 14{,}4$ cm

11 a) 2 Vierer- und 2 Dreiergruppen

b) und c)

Zutaten	3er Gruppe	Gesamtbedarf
Nudelteigplatten	150 g	700 g
Speiseöl	1,5 Essl	7 Essl
Speck	37,5 g	175 g
Zwiebeln	1,5 St.	7 St.
Pfifferlinge	75 g	350 g
Hackfleisch	281 g	1 313 g
Thymian	$\frac{3}{4}$ Teel.	$3\frac{1}{2}$ Teel.
Basilikum	$\frac{3}{4}$ Teel.	$3\frac{1}{2}$ Teel.
Oregano	$\frac{3}{4}$ Teel.	$3\frac{1}{2}$ Teel.
Tomaten	375 g	1 750 g
Tomatenmark	22,5 g	105 g
Brühe	94 ml	438 ml

12 1 → A → b 2 → C → c 3 → B → a

13 a) Beide haben richtig gerechnet.
Lena: $A = 6 \cdot (3 + 2) = 30\ (\text{cm}^2)$
Sarin: $A = 6 \cdot 3 + 6 \cdot 2 = 30\ (\text{cm}^2)$

b) Lena hat mit Rechenvorteilen (Distributivgesetz) gerechnet.

Auf den Seiten 97 bis 99 werden wesentliche Inhalte des Themenbereichs „Therme und Gleichungen" noch einmal auf verschiedenen Niveaustufen wiederholt. Dies soll einerseits der Sicherung und Vertiefung dienen und andererseits sowohl der Lehrkraft als auch dem einzelnen Schüler Auskunft über den Leistungsstand geben. Eventuelle Defizite erfordern ein nochmaliges Aufgreifen im Unterricht. Die nebenstehenden Lösungen finden sich auch im Schülerbuch auf der Seite 179.

L

14 a) Würfel – Zylinder – Quader – Kugel
b) Zylinder – Kugel – Kegel

15 a) $10x - 2x + 32 = 120 \quad x = 11$
b) $18 + 6(x - 4) - 3x = 24 \quad x = 10$
c) $x + x + 8 = 46$
$x = 19$
1. Tag: 19 km
2. Tag: 27 km
d) $\frac{x}{2} - 3 + \frac{1}{3}x + \frac{1}{3}x - 240 = x$
$1\,458 = x$
A: 486 Stimmen
B: 726 Stimmen
C: 246 Stimmen

16 $(a - 2x) \cdot (b - 2x)$
$(60 - 8) \cdot (40 - 8) = 1\,664\ (cm^2)$

17 $2x - 6$

18 a)
$6x + 14 = 2x + 18 \quad | -2x$
$4x + 14 = 18 \quad | -14$
$4x = 4 \quad | :4$
$x = 1$

b)
$10x - 24 = 4x + 6 \quad | +24$
$10x = 4x + 30 \quad | -4x$
$6x = 30 \quad | :6$
$x = 5$

19 a) $x = 5{,}6$
b) $x = 9{,}4$

20 a)
$\left(\frac{x}{4} + 7\right) \cdot 5 = 50 \quad | :5$
$\frac{x}{4} + 7 = 10 \quad | -7$
$\frac{x}{4} = 3 \quad | \cdot 4$
$x = 12$

b)
$(2x - 4) \cdot 3 = 78 \quad | :3$
$2x - 4 = 26 \quad | +4$
$2x = 30 \quad | :2$
$x = 15$

21 a)
$A_P = A_R$
$g \cdot h = a \cdot b$
$150 \cdot 75 = 125 \cdot b$
$90\ (m) = b$

b)
$V_W = V_Q$
$a \cdot a \cdot a = a \cdot b \cdot c$
$4 \cdot 4 \cdot 4 = 2 \cdot 2 \cdot c$
$16\ (dm) = c$

c)
$k = 4 \cdot (a + b + c)$
$90 = 4 \cdot (3a + 3)$
$6{,}5\ (cm) = a \qquad b = 6{,}5\ cm;\ c = 9{,}5\ cm$

Auf den Seiten 97 bis 99 werden wesentliche Inhalte des Themenbereichs „Therme und Gleichungen" noch einmal auf verschiedenen Niveaustufen wiederholt. Dies soll einerseits der Sicherung und Vertiefung dienen und andererseits sowohl der Lehrkraft als auch dem einzelnen Schüler Auskunft über den Leistungsstand geben. Eventuelle Defizite erfordern ein nochmaliges Aufgreifen im Unterricht. Die nebenstehenden Lösungen finden sich auch im Schülerbuch auf der Seite 179.

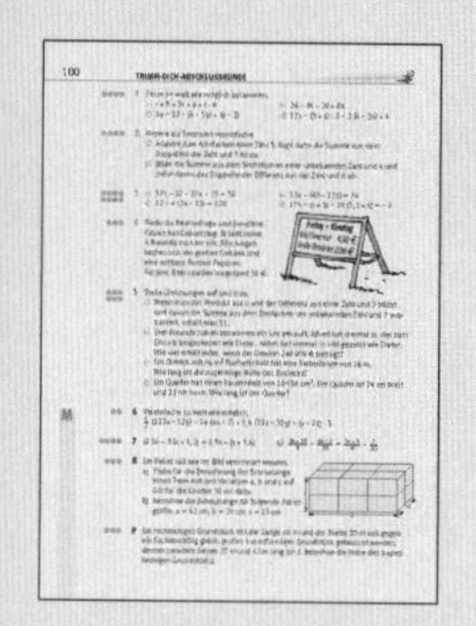

Mithilfe der Trimm-dich-Abschlussrunde kann am Ende einer Lerneinheit die abschließende Lernstandserhebung durchgeführt werden. Die orangen Punkte am Rand geben die Anzahl der Punkte für die jeweilige Aufgabe an. Im Anhang des Lehrerbandes steht eine weitere Trainingsrunde zur Verfügung. Eine realistische Einschätzung der eigenen Leistungen hilft, Stärken zu erhalten und Schwächen abzumildern. Mithilfe des Selbsteinschätzungsbogens (K 29) können die Schüler ihre Kenntnisse und Fertigkeiten selbst bewerten.

L

1 a) $8r + 17$ b) $5x - 2$ c) $12y - 19$ d) $18x - 23$

2 a) $8x + 5 + 2x + 5 = 10x + 10$
b) $6x + 4 - 2 \cdot (x - 8) = 4x + 20$

3 a) $x = 10$ b) $x = 5$ c) $x = -8$ d) $x = 9$

4 Rechenfrage: Wie viel kostet eine mittlere Portion Popcorn?
Rechnung: $5 \cdot 2 + 5 \cdot 4{,}5 + 5x = 38$
$x = 1{,}10$
Antwort: Preis für eine mittlere Portion Popcorn: 1,10 €

5 a) $6 \cdot (x - 3) - (3x + 7) = 11$
$x = 12$

b)

Alfred:	3x €	90 000 €
Dieter:	x €	30 000 €
Anton:	4x €	120 000 €
Gesamt:		240 000 €

Gleichung: $3x + x + 4x = 240\,000$
$x = 30\,000$

c) $A = \frac{1}{2} \cdot g \cdot h$
$96 = \frac{1}{2} \cdot 16 \cdot h$
$12 = h$
Dreieckshöhe: 12 m

d) $V = a \cdot b \cdot c$
$10\,656 = a \cdot 24 \cdot 12$
$37 = a$
Länge des Quaders: 37 cm

6 $48 - 3x - 67y + 24z$

7 a) $x = 4$ b) $x = -2$

8 a) Schnurlänge: $4a + 6b + 6c + 30$
b) Schnurlänge: 408 cm

9 $a \cdot b = (a + c) : 2 \cdot h$
$60 \cdot 35 = (43 + 37) : 2 \cdot h$
$h = 52{,}50$
Höhe des Grundstücks: 52,50 m

T 4

Trainingsrunde 4

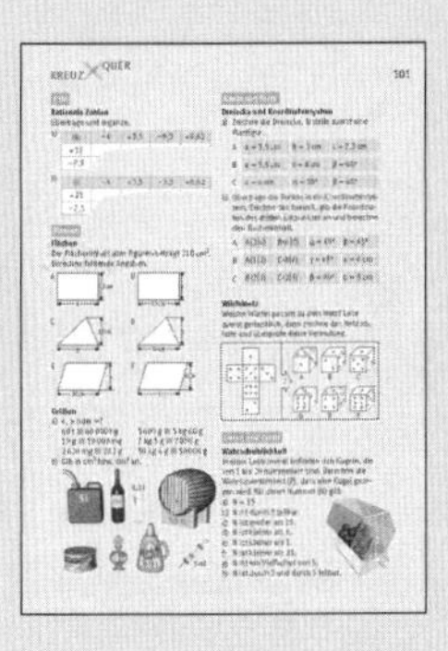

L

Zahl

Rationale Zahlen

a)

⊕	−4	+ 3,5	−9,3	+ 0,62
+ 11	7	14,5	1,7	11,62
−7,5	−11,5	−4	−16,8	−6,88

b)

⊙	−4	+ 3,5	−9,3	+ 0,62
+ 11	−44	38,5	−102,3	6,82
−7,5	30	−26,25	69,75	−4,65

Messen

Flächen

(A) a = 17,5 cm (B) b = 14 cm
(C) g = 42 cm (D) h = 17,5 cm
(E) h = 6 cm (F) c = 35 cm

Größen

a) 60 t (=) 60 000 kg 5 600 g (>) 5 kg 60 g
19 g (=) 19 000 mg 7 kg 5 g (<) 7 050 g
2 820 mg (<) 282 g 50 kg 6 g (=) 50 006 g

b)

	5 l	1,5 l	0,2 l	0,5 hl	225 ml	100 ml	0,75 l	5 ml
cm^3	5 000	1 500	200	50 000	225	100	750	5
dm^3	5	1,5	0,2	50	0,225	0,1	0,75	0,005

Raum und Form

Dreiecke und Koordinatensystem

a)

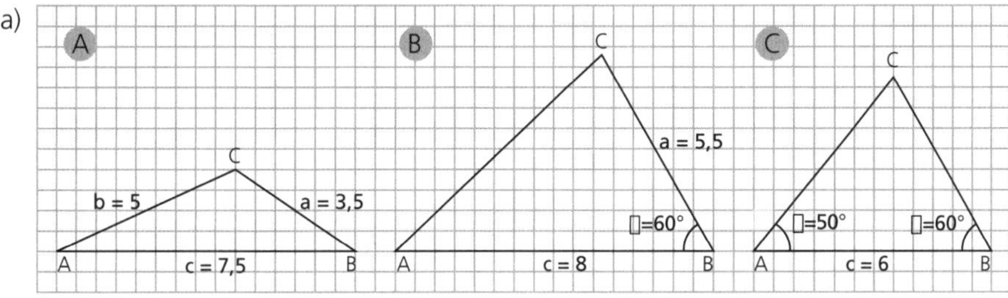

b) (A) C (4 | 2) A ≈ 8 cm²   (B) B (8 | 2) A ≈ 42 cm²   (C) A (−1 | 1) A ≈ 12 cm²

Würfelnetz

D und E

Daten und Zufall

a) $\frac{1}{20}$ b) $\frac{6}{20} = \frac{3}{10}$ c) $\frac{5}{20} = \frac{1}{4}$ d) $\frac{5}{20} = \frac{1}{4}$
e) 0 f) 1 g) $\frac{3}{20}$ h) $\frac{1}{20}$

Die Seiten „Kreuz und quer" greifen im Sinne einer permanenten Wiederholung Lerninhalte früher behandelter Kapitel auf und sichern so nachhaltig Grundwissen und Basiskompetenzen.

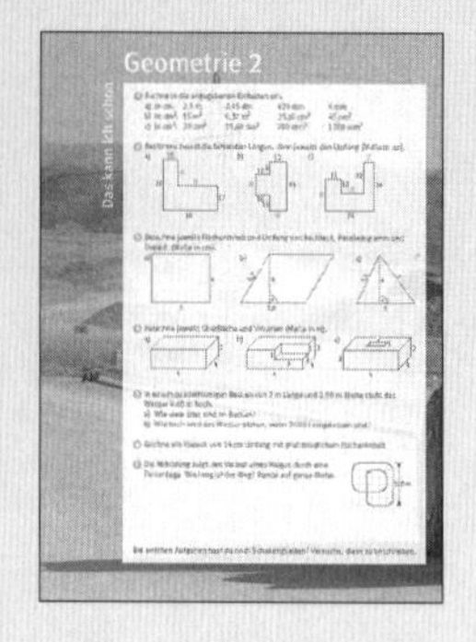

Geometrie 2

Diagnose, Differenzierung und individuelle Förderung

Die Lerninhalte des Schulbuchs sind drei unterschiedlichen Niveaustufen zugeordnet, nämlich Basiswissen (Blau), qualifizierendes Niveau (Rot) und gehobenes Niveau (Schwarz). Ziel ist es, die Kompetenzen beim einzelnen Schüler genau entsprechend seiner Leistungsfähigkeit aufzubauen.

Als erste Schritte zur Analyse der Lernausgangslage (Diagnose) für das folgende Kapitel dienen die beiden Einstiegsseiten: „**Das kann ich schon**" (SB 102) und **Bildaufgabe** (SB 103). Die Schüler bringen zu den Inhalten des Kapitels „Geometrie 2" bereits Vorwissen aus früheren Jahrgangsstufen mit. Mithilfe der Doppelseite im Schülerbuch soll möglichst präzise ermittelt werden, welche Inhalte bei den Schülern noch verfügbar sind, wo auf fundiertes Wissen aufgebaut werden kann und was einer nochmaligen Grundlegung bedarf. So kann diese Lernstandserhebung ein wichtiger Anhaltspunkt sein, um Schüler möglichst früh angemessen zu fördern.

Der Test „Das kann ich schon" ist zur Bearbeitung in Einzelarbeit gedacht.
Die Bildaufgabe wird man eher im Klassenverband angehen, weil die offenen Aufgabenstellungen auf dieser Seite unterschiedliche Wege zulassen und viele Ideen eingebracht werden können.

L

1

a) in cm:	350 cm	24,5 cm	42 cm	0,5 cm
b) in dm²:	1 500 dm²	37 dm²	25,20 dm²	0,45 dm²
c) in cm³:	29 000 cm³	15 600 cm³	0,700 cm³	1,300 cm³

2 a)

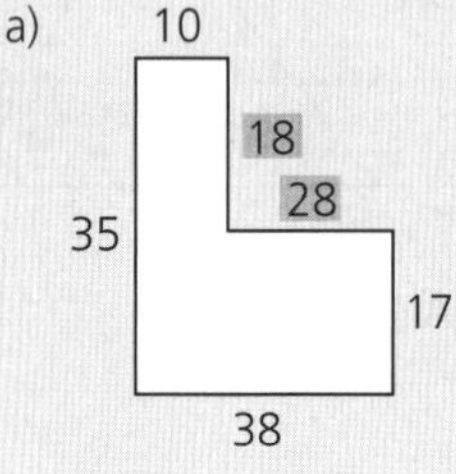

u = 146 cm

b)

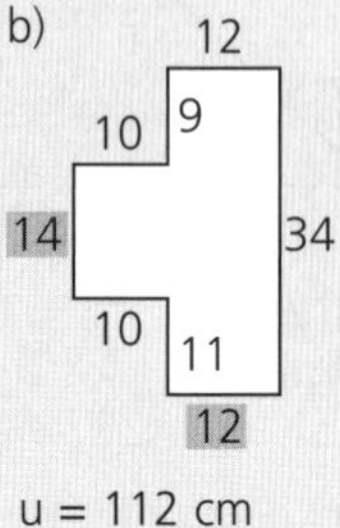

u = 112 cm

c)

7
11
22
10
16
34
22
34

u = 156 cm

3 a) $A = 20\ cm^2$, $u = 18\ cm$ b) $A = 22\ cm^2$, $u = 20{,}4\ cm$ c) $A = 10\ cm^2$, $u = 14{,}5\ cm$

4 a) $O = 88\ cm^2$ b) $O = 88\ cm^2$ c) $O = 88\ cm^2 - 4\ cm^2 + 2 \cdot (4\ cm^2 + 2\ cm^2)$
bleibt gleich $= 96\ cm^2$
$V = 48\ cm^3$ $V = \frac{3}{4} \cdot 48\ cm^3 = 36\ cm^3$ $V = 48\ cm^3 - 4\ cm^3 = 44\ cm^3$

5 a) Inhalt: 4 500 l b) Höhe: 1,2 m

6 Quadrat; $a = 3{,}5\ cm$

7 1 Karolänge entspricht 20 m
Länge des Weges: $20 \cdot 20\ m + 2 \cdot 2 \cdot 20\ m \cdot 3{,}14 = 651{,}20\ m \approx 651\ m$

Zielstellungen

Regelklasse

An Alltagsgegenständen und Modellen entdecken die Schüler die Eigenschaften des Zylinders und können Volumen und Oberfläche berechnen. Sie schulen ihre Raumvorstellung mithilfe von kopfgeometrischen Übungen und durch Zerlegen von einfach zusammengesetzten Körpern in Prismen, deren Volumen sie berechnen können.

M-Klasse

An Alltagsgegenständen und Modellen entdecken die Schüler die Eigenschaften des Zylinders und erschließen sich Volumen und Oberflächenberechnung. In Aufgaben zu verschiedenen Sachbezügen ermitteln sie die Volumina von Kreiszylindern und zusammengesetzten Körpern. Sie schulen ihre Raumvorstellung durch räumliche zeichnerische Darstellungen sowie durch kopfgeometrische Übungen.

Inhaltsbereiche

Regelklasse

- Eigenschaften des Zylinders untersuchen
- Volumen und Oberfläche des Zylinders berechnen
- Einfach zusammengesetzte Körper in Prismen zerlegen und deren Volumen berechnen
- Ansichten deuten

M-Klasse

- Eigenschaften des Zylinders untersuchen
- Volumen und Oberfläche des Zylinders berechnen
- Volumen des Kreiszylinders berechnen
- Volumen zusammengesetzter Körper berechnen
- Ansichten deuten

Bildaufgabe

- Wie lang und wie hoch ist diese Straßenwalze (gesamte Baumaschine)?
  Bezugsgröße: Fahrer (≈ 1,80 m), der über Stufen auf die Maschine steigen muss.
  → Höhe ≧ 2,50 m; Länge ≧ 4 m
  (Schätzwerte in einem sinnvollen Toleranzbereich annehmen.)
- Durchmesser der Walze: ≈ 1,20 m; Breite der Walze: ≈ 2 m
- Länge einer Umdrehung: 1,20 m · 3,14 ≈ 3,80 m
- Die Fläche ist ein Rechteck: 3,80 m · 2 m = 7,6 m²

  Die genaue Berechnung erfolgt auf Seite 112. Hier genügen Ergebnisse, die sich aus sinnvollen Schätzgrößen ergeben.

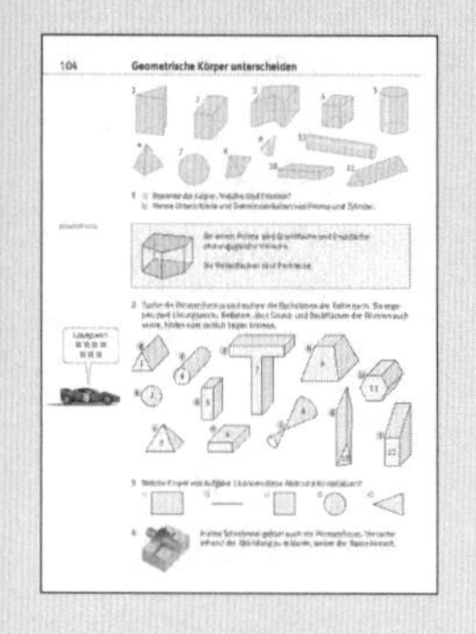

Die Schüler benennen und beschreiben geometrische Körper. Sie schulen ihre Raumvorstellung. Eigenschaften gerader Prismen werden wiederholend erarbeitet und zur Bestimmung von Körpern herangezogen.

1 a)

Pyramide	6, 8	Würfel (Prisma)	4	Quader (Prisma)	2, 10, (4)
Kegel	9	Kugel	7	Zylinder	5, 11
dreiseit. Prisma	1, 12	fünfseit. Prisma	3		

b)

	Prisma	Zylinder
Unterschiede	Grund- und Deckfläche sind Vielecke, Seitenflächen Rechtecke.	Grund- und Deckflächen sind Kreisflächen, die Seitenfläche ist gewölbt und ausgebreitet ein Rechteck.
Gemeinsamkeit	Körper besitzen Grund- und Deckfläche sowie einen Mantel. Man bezeichnet sie auch als Säulen.	

2 Lösungswort: ganz gut

3 Hinweis:
Hier sollen die Schüler lediglich nach Augenmaß die Körper von Aufgabe 1 zuordnen.

Abdruck	a)	b)	c)	d)	e)
Körper	1, 2, 3	1, 2, 3, 4, 6, 8, 10	4	5, 7	1, 6, 8

4 Der rotierende Fräskopf fräst in das Holz eine prismenförmige Nut.

Abbildungen von Körpern (Kopfgeometrie)

Einsatzhinweis: Abbildungen auf Folie kopieren
Mögliche Arbeitsaufträge: - Welche Körper entstehen aus den Netzen?
- Welche Punkte fallen am Körper zusammen?

(1 bis 2 Körper zur Kopfgeometrie einer Stunde genügen)

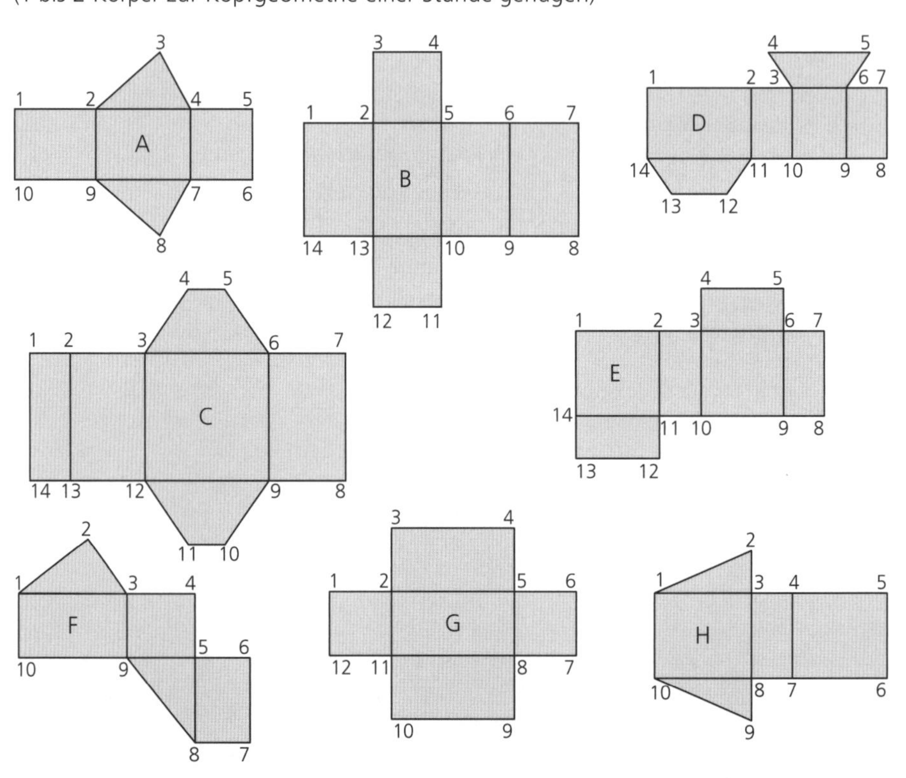

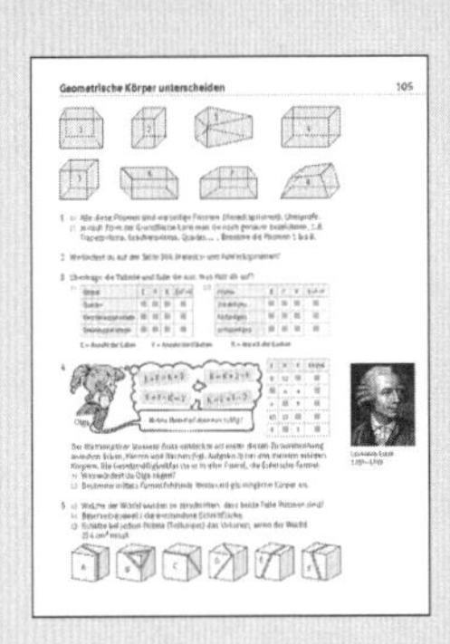

Die Schüler untersuchen Prismen. Als eine Gesetzmäßigkeit bei eckigen (konvexen) Körpern entdecken die Schüler die Eulersche Formel und arbeiten ansatzweise mit ihr. Das ist auch ein Beitrag, um systematische Zusammenhänge im Bereich der Mathematik anschaulich zu verdeutlichen.

L

1 a) Alle Körper sind vierseitige Prismen.
b) Quader 2, 4, 6, (5) Trapezprisma 1, 7 allg. Vierecksprisma 8
Würfel 5 Drachenprisma 3

2 Dreiecksprismen: Nr. 1 (1, 12), Nr. 2 (1, 10) Fünfecksprismen: Nr. 1 (3), Merksatz

3 a)

Körper	E	F	K	E + F – K
Quader	8	6	12	2
Rechteckspyramide	5	5	8	2
Dreieckspyramide	4	4	6	2

b)

Prisma	E	F	K	E + F – K
Dreiseitiges	6	5	9	2
Fünfseitiges	10	7	15	2
Sechsseitiges	12	8	18	2

E = Anzahl der Ecken F = Anzahl der Flächen K = Anzahl der Kanten

4 a) Nach der Tabelle in Aufgabe 2 ergibt sich als Eulersche Formel:
E + F – K = 2.
Aber auch alle anderen in der Gedankenblase angeführten Formeln sind richtig.

b)

E	K	F	Körper
8	12	6	Quader
4	6	4	Pyramide (vgl. S.104, Nr. 1 ⑥)
6	9	5	Dreiseitiges Prisma
10	15	7	Fünfseit. Prisma (vgl. S.104, Nr.1 ③)
5	8	5	Pyramide (vgl. S.104, Nr. 1 ⑧)

5

	Würfel	A	B	C	D	E	F
a)	beide Teile Prismen	x		x		x	
b)	Schnittfläche	Rechteck	gleichseit. Dreieck	Rechteck	Trapez	Rechteck	Viereck
c)	Teilkörper	je 108 cm³	211,5 cm³ 4,5 cm³	je 108 cm³	≈ 40 cm³ ≈ 176 cm³	je 108 cm³	je 108 cm³

Auf den Spuren von Euler

Einsatzhinweis: Infotext und Figuren auf Kopie vorgeben;
weitere Untersuchung der Gesetzmäßigkeiten durch die Schüler

Leonhard Euler lebte im 18. Jahrhundert. Er wurde in der Schweiz geboren und studierte schon mit 13 Jahren an der Universität Astronomie, Biologie, Technik und Mathematik. In Mathematik war er am besten und voller Ideen. So entdeckte er viele Gesetzmäßigkeiten, wie auch die Eulersche Formel in Aufgabe 3. Er hatte freilich diese Zusammenhänge nicht nur an Körpern untersucht, sondern auch an Flächen in der Ebene. Probieren wir es an einem Beispiel (vgl. Abbildung a): Er markierte 5 Punkte (Ecken) und verband sie mit Linien (Kanten). Dabei entstehen 2 Flächen, nämlich eine innerhalb und eine außerhalb der Figur. Und siehe da, auch hier gilt seine Formel:
Ecken – Kanten + Flächen = 2.
Machen wir weiter (Abbildungen b und c): Setzen wir zwei Punkte außerhalb der anderen und verbinden sie mit der Figur, gilt die Formel wieder; ebenso, wenn wir noch einen zusätzlichen Punkt nehmen.
Zeichne nun selbst weitere Figuren und überprüfe, ob die Eulersche Formel auch bei ebenen Flächen seine Gültigkeit hat. Benütze verschiedene Farbstifte, dann kannst du leichter sehen, was jeweils neu dazu kommt.

(Die Formel ist allgemein gültig. Heute, ca. 300 Jahre später, hat sie eine große Bedeutung in der Topologie.)

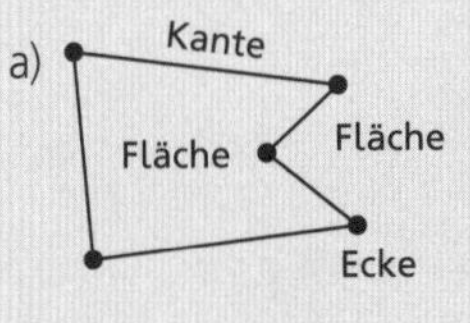

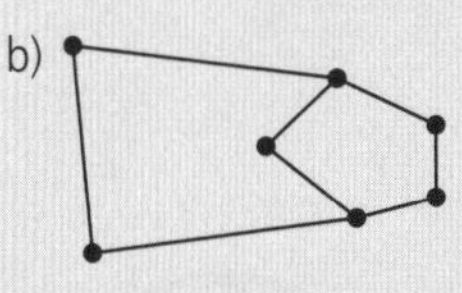

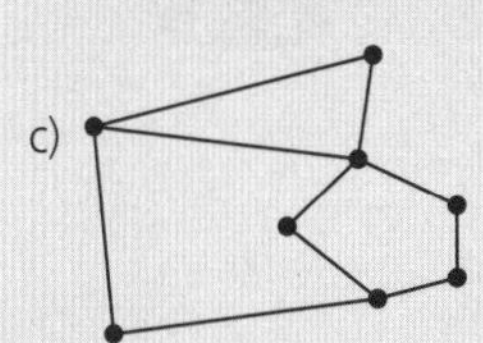

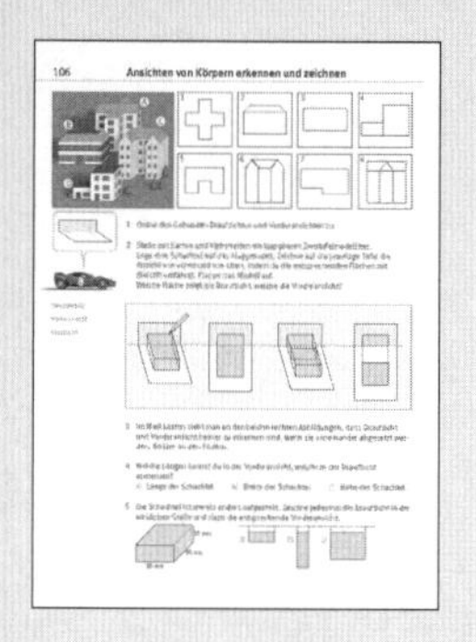

Die Schüler lernen Grund- und Aufrissdarstellungen kennen. Aus dem Bereich Technik kann hilfreiches Fachwissen einfließen; technisches Zeichnen unter dem Primat dort geltender Normen ist freilich nicht vorgesehen.

1 Draufsicht: 1 → A; 3 → B; 5 → C; 7 → D
Vorderansicht: 2 → B; 4 → D; 6 → C; 8 → A

2 a) Vorgehen wie im Merksatz skizziert

b) Draufsicht: Grundfläche und Deckfläche
Vorderansicht: Vorderseite und Rückseite

3 Vorderansicht und Draufsicht sind voneinander abgesetzt und dadurch leichter zu erkennen. Noch wichtiger wird dieser Abstand für das Dreitafelbild (s. nächste Seite).

4 a) Länge der Schachtel: Draufsicht

b) Breite der Schachtel: Draufsicht, Vorderansicht

c) Höhe der Schachtel: Vorderansicht

5

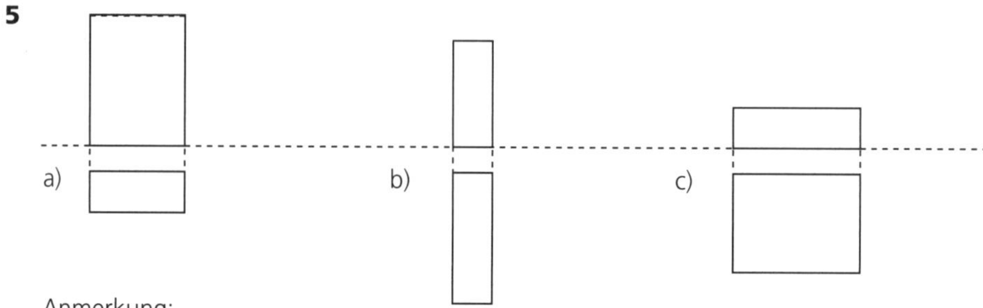

Anmerkung:
Hilfreich ist es nicht nur für schwächere Schüler, das Modell einer Schachtel zur Veranschaulichung vorzugeben.

Z

K 24

Ansichten von Körpern (Kopfgeometrie)

Einsatzhinweis:
Die mit den in Aufgabe 1 gleichen, jetzt nur skizzierten Abbildungen können als vorbereitende oder vertiefende Aufgabenstellung ausgegeben werden.
Lösung: siehe Aufgabe 1

Weitergehende Einsatzmöglichkeit:
Schneidet man die einzelnen Draufsichten und Vorderansichten (auf Folie) aus, kann man den Schülern aus ihrer Ausgangslage gedrehte Teile (Halb-, Vierteldrehung ...) vorlegen und zuordnen lassen.

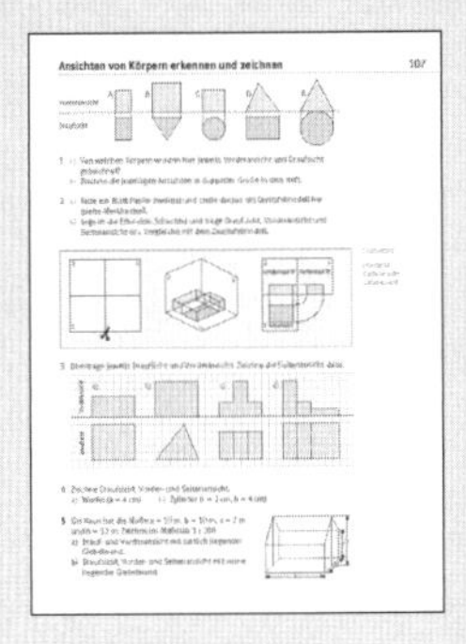

1 a) A: Quader B: dreis. Prisma C: Zylinder D: Pyramide, dreis. Prisma E: Kegel b) –/–

2 a) Herstellung gemäß Beschreibung

b) Zur Draufsicht und Vorderansicht (Zweitafelmodell) kommt jetzt noch die Seitenansicht dazu. Sie ist mitunter wichtig, um ein vollständiges Bild von einem Körper zu bekommen.

3

4

5

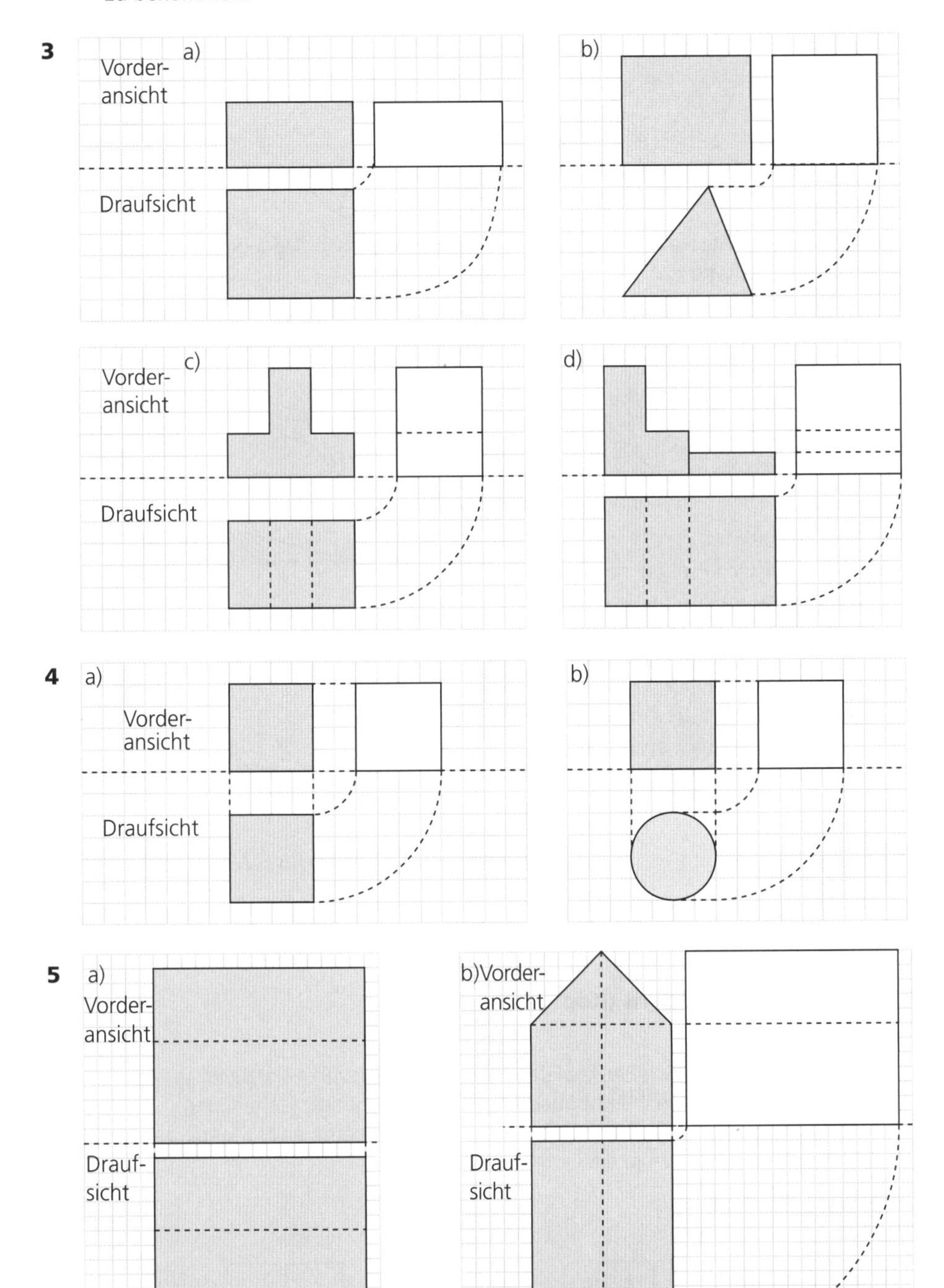

Die Ausweitung auf das Dreitafelbild (zusätzlich Seitenansicht) ist als Angebot für leistungsstärkere Schüler gedacht. Erst durch die drei Ansichten bekommt man eine exakte Vorstellung des Gegenstandes.

AH 29

AH 30

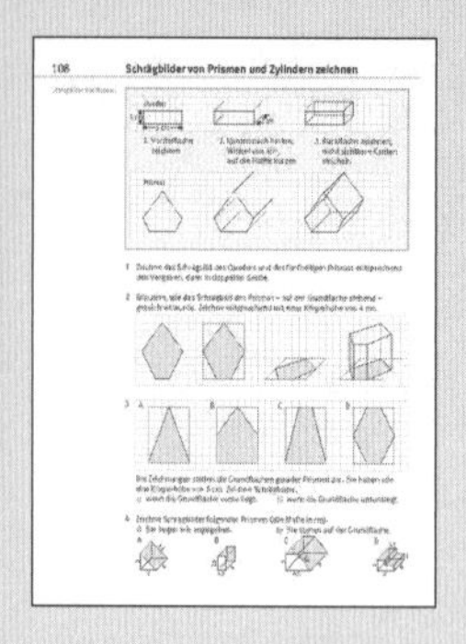

Das Zeichnen von Schrägbildern wird weitergeführt und auf Prismen ausgedehnt. Dabei greifen die Schüler auf die bekannten Vorgehensweisen der Kavalierprojektion (Kabinettprojektion) zurück. Mitunter erleichtern Hilfskonstruktionen (vgl. Aufgaben 2 und 3) das Zeichnen entsprechender Schrägbilder.

1 –/–

2 Die vieleckige Grundfläche wird zu einem Rechteck ergänzt, die Eckpunkte des Vielecks werden daran markiert. Dann wird dieses Rechteck in eine Kavalierprojektion gebracht. Die Körperhöhen werden in den markierten Punkten abgetragen und entsprechend miteinander verbunden.

3 a)

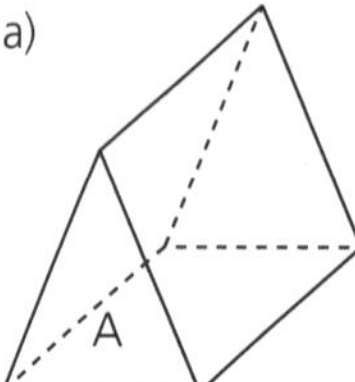

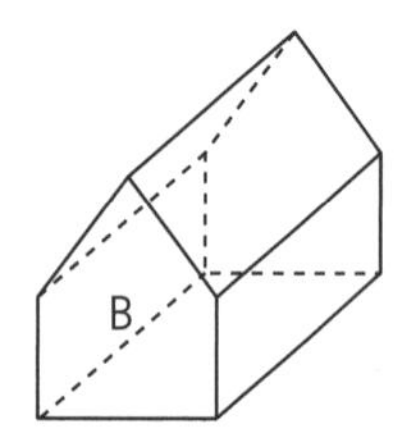

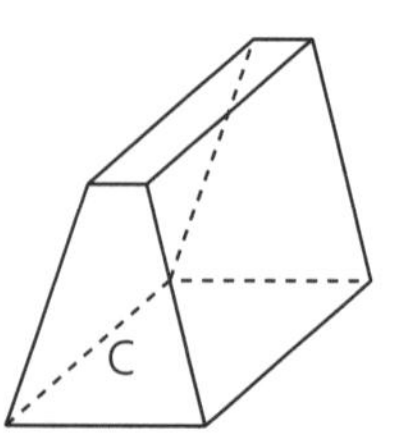

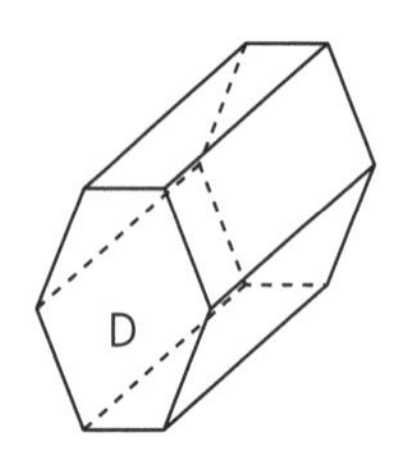

b) Die roten Rechtecke ermöglichen ein Vorgehen wie es in Aufgabe 2 demonstriert wird.

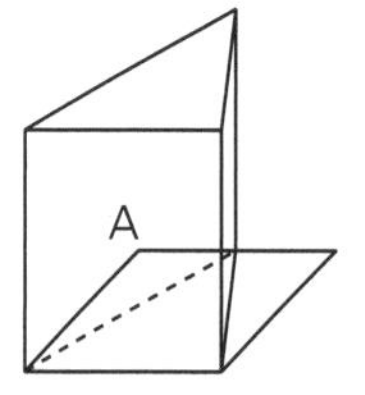

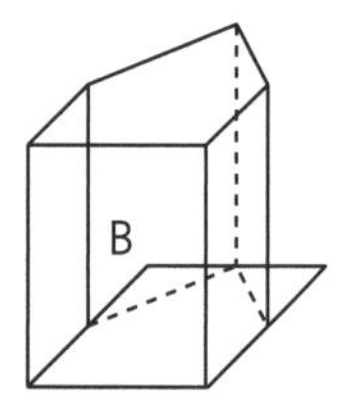

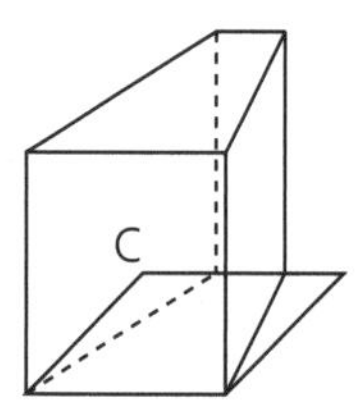

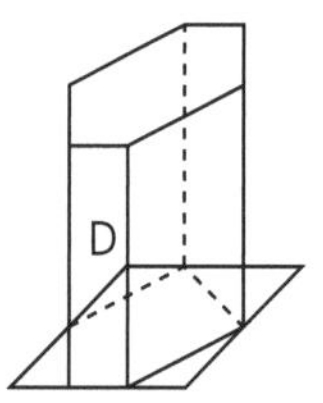

4 a) siehe Vorgabe

b) Als Grundfläche sei die nach vorne zeigende Fläche vereinbart. Variationen in der Darstellung sind möglich, da die Grundfläche verschieden platziert werden kann. Ein Umschreiben der Grundfläche mit einem Rechteck erweist sich als hilfreich.

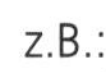

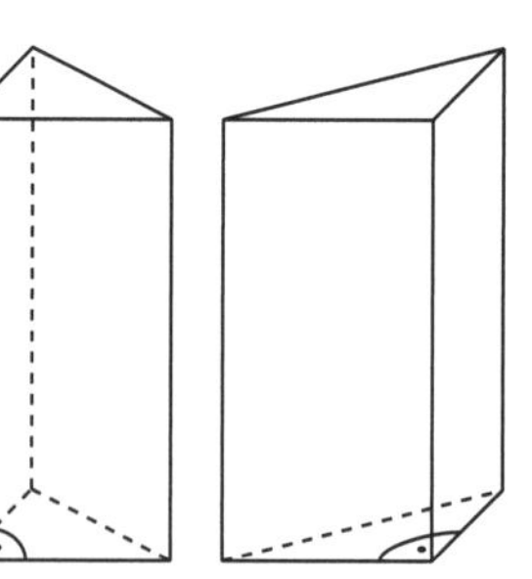
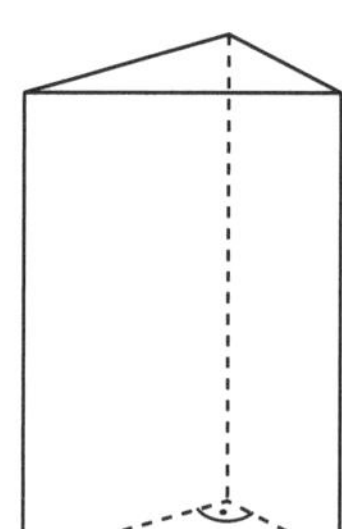

Z

K 25

Ansichten von Körpern (Kopfgeometrie)

Einsatzhinweis:
- Gitterquadrate für die Schüler kopieren bzw. von ihnen selbst skizzieren lassen; für jeden Körper werden 4 Gitterquadrate (1 Reihe) benötigt. (siehe unten)
- Körper auf Folie kopieren; 1 bis 2 Körper zur Kopfgeometrie einer Stunde genügen.
- Schüler tragen die Ziffern in die Gitterquadrate ein.

Lösung: z. B. Körper ①/1

vorne

	5
1	2

rechts

	5
2	3

links

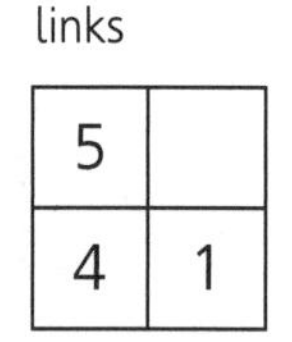

5	
4	1

hinten

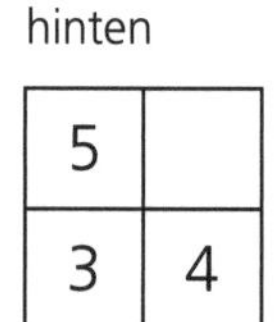

5	
3	4

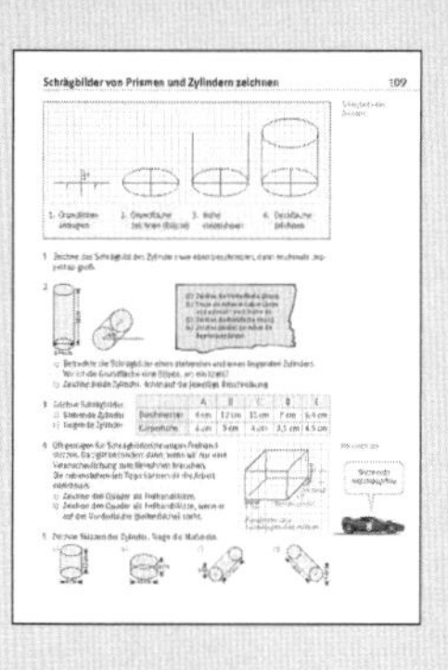

1 Zeichnungen gemäß Vorgaben im Merkkasten.

2 a) Stehender Zylinder: Grundfläche ist eine Ellipse.
Liegender Zylinder: Grundfläche ist ein Kreis.
b) –/–

3 Vgl. Skizzen zu Aufgabe 2.

4 Es gelten folgende Vorgaben:
- Vorderfläche zeichnen (1 cm ≙ 2 Karokästchen)
- Die rückwärts verlaufenden Kanten unter einem Winkel von 45° antragen (= Karodiagonale)
- Die rückwärts verlaufenden Kanten kürzen (1 Karodiagonale ≙ 1 cm)

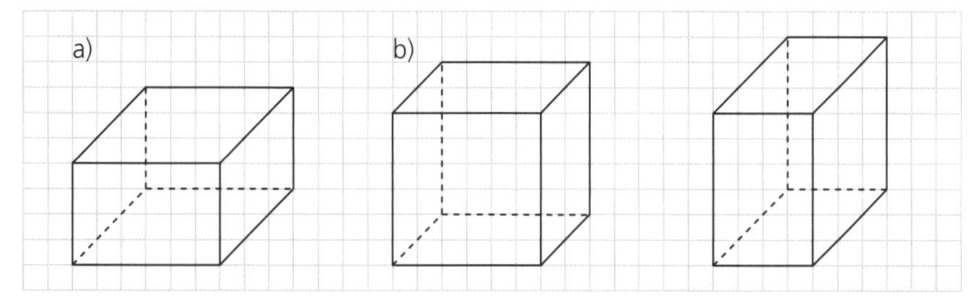

5 Skizzen gemäß den Abbildungen

Neue Strategien erfordert das Zeichnen von Schrägbildern des Zylinders. Die kreisförmige Grundfläche muss in eine Ellipse verwandelt werden. Lebenspraktische Bedeutsamkeit hat das Erstellen von Freihandskizzen. Deshalb sollte darauf weder auf dieser Seite noch bei späteren Aufgabenstellungen verzichtet werden, selbst wenn erste Versuche noch etwas unansehnliche Ergebnisse liefern. Das Zeichnen von liegenden Zylindern (Aufgaben 2 und 3 b) ist als Zusatzangebot für leistungsstarke Schüler bzw. Klassen gedacht.

Z

Ansichten von Körpern (Kopfgeometrie)

K 25

Einsatzhinweise:
siehe Zusatzangebot Seite SB 108.

Lösungen:
z. B. Körper ② / 1

vorne

5	
1	2

rechts

5	6
2	3

links

6	5
4	1

hinten

	6
3	4

z. B. Körper ③ / 1

vorne

5	6
1	2

rechts

6	7
2	3

links

8	5
4	1

hinten

7	8
3	4

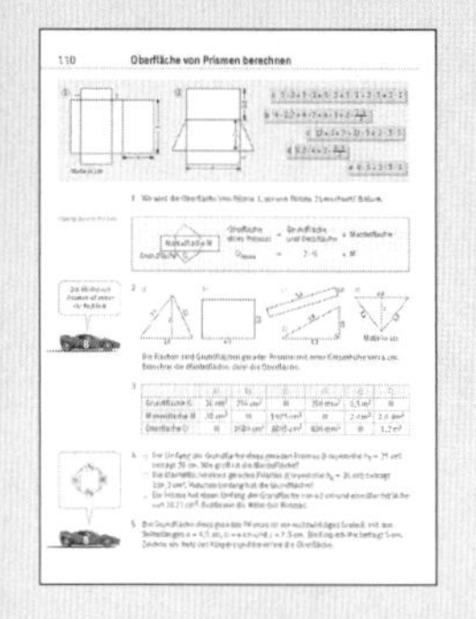

Auch bei Prismen gilt, dass sich die Oberfläche aus allen Begrenzungsflächen zusammensetzt. Die besonderen Eigenschaften der Prismen erlauben ein vorteilhaftes Berechnen: Die Seitenflächen ergeben immer eine rechteckige Mantelfläche, für die Grund- und Deckfläche braucht man nur jeweils einmal den Flächeninhalt zu bestimmen und diesen dann zu verdoppeln.

1 Prisma 1: Terme a, c, e
Prisma 2: Terme b, d
Mitunter wird freilich geschickt gerechnet, was man an der Kürze der Terme erkennen kann.
$O_1 = 46\ cm^2$ $O_2 = 22,8\ cm^2$

2

Körper	a)	b)	c)	d)	e)
Grundfläche G	2,5 cm²	14,4 cm²	3,12 cm²	7,28 cm²	7,2 cm²
Mantelfläche M	43,2 cm²	92,4 cm²	69,6 cm²	83,4 cm²	74,4 cm²
Oberfläche O	48,2 cm²	121,2 cm²	75,84 cm²	97,96 cm²	88,8 cm²

3

	a)	b)	c)	d)	e)	f)
Grundfläche G	28 cm²	254 cm²	865 cm²	250 mm²	1,5 m²	59,1 dm²
Mantelfläche M	30 cm²	1 172 cm²	1 075 cm²	330 mm²	2,8 m²	1,8 dm²
Oberfläche O	86 cm²	1 680 cm²	2 805 cm²	830 mm²	5,8 m²	1,2 m²

4 a) $M = 750\ cm^2$ b) $u = 9,2\ cm$ c) $h_{Körper} = 45,5\ cm$

5 $O = 117\ cm^2$

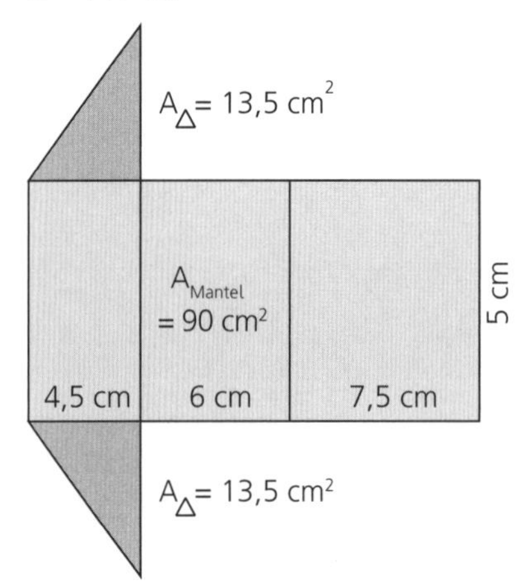

Oberfläche von Prismen (Kopfgeometrie / Kopfrechnen)

Einsatzhinweise:
Auf Folie vorgeben; die Maße können immer wieder verändert werden.
Aufgabe: Die Flächen sind Grundflächen gerader Prismen.
Lösung:
$h_K = 4$ cm (…) M = O =

a) 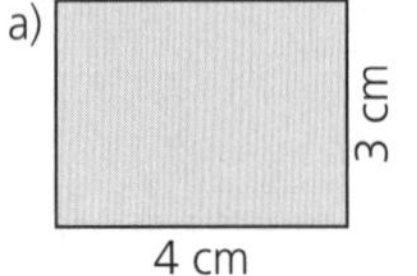

b) 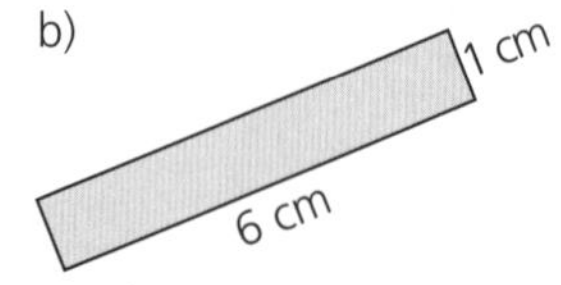

c) 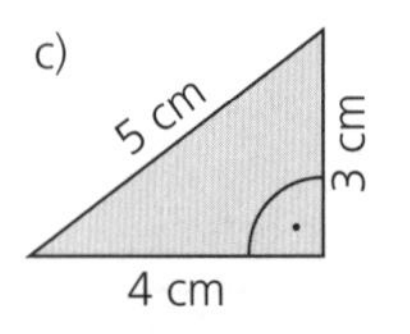

d) 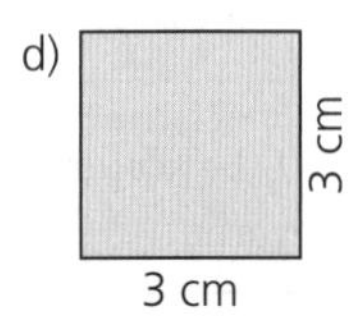

Lösungen:

a) $M = 56\ cm^2$, $O = 80\ cm^2$
b) $M = 56\ cm^2$, $O = 68\ cm^2$
c) $M = 48\ cm^2$, $O = 60\ cm^2$
d) $M = 48\ cm^2$, $O = 66\ cm^2$

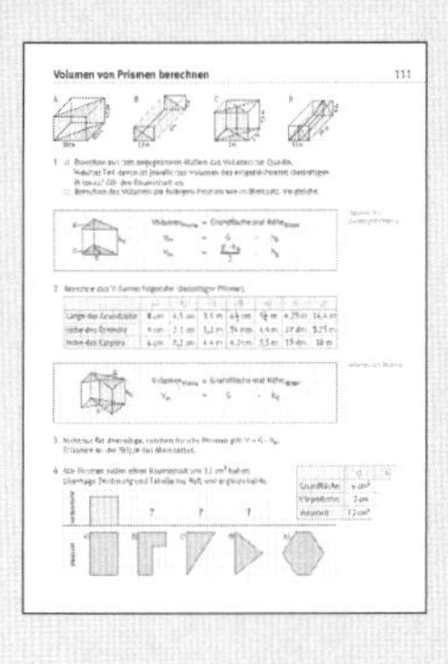

L

1 a) $V_{Quader} = 9\,000\ cm^3$ —(:2)→ $V_{Prisma} = 4\,500\ cm^3$
b) $V_{Quader} = 9\ m^3$ —(:2)→ $V_{Prisma} = 4{,}5\ m^3$
c) $V_{Quader} = 6{,}4\ m^3$ —(:4)→ $V_{Prisma} = 1{,}6\ m^3$
d) $V_{Quader} = 3\,072\ m^3$ —(:2)→ $V_{Prisma} = 1\,536\ m^3$

b) Gleiche Ergebnisse wie in a)
Es gilt: $\text{Volumen}_{\text{dreiseitiges Prisma}} = G \cdot h$

2

	a)	b)	c)	d)	e)	f)	g)
Länge der Grundseite	8 cm	4,5 cm	3,5 cm	$8\frac{1}{2}$ cm	$5\frac{1}{4}$ m	4,25 m	14,4 m
Höhe des Dreiecks	4 cm	3,2 cm	1,2 cm	34 mm	4,4 m	17 dm	3,75 m
Höhe des Köpers	6 cm	7,2 cm	4,4 m	4,2 cm	3,5 m	15 dm	18 m
Volumen	96 cm³	51,84 cm³	9,24 m³	60,69 cm³	40,425 m³	≈ 5,42 m³	486 m³

3 Jedes n-seitige Prisma kann - wie die Abbildung zeigt - in entsprechende dreiseitige Prismen mit insgesamt gleicher Grundfläche und gleicher Höhe aufgeteilt werden. Deshalb gilt allgemein für n-seitige Prismen: $V = G \cdot h_k$

Die Schüler wiederholen die Volumenberechnung von n-seitigen Prismen. Über den methodischen Weg, Körper in dreiseitige Prismen aufzuteilen, wird einsichtig, dass auch hier wie z.B. beim Quader gilt: $V = G \cdot h_k$.

4

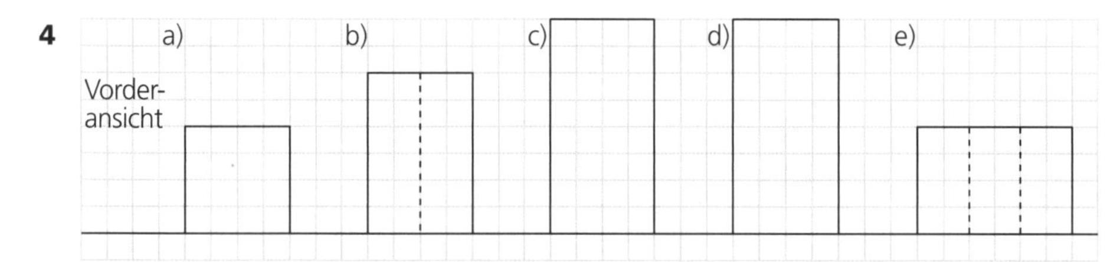

AH 32

Grundfläche	6 cm²	4 cm²	3 cm²	3 cm²	6 cm²
Körperhöhe	2 cm	3 cm	4 cm	4 cm	2 cm
Volumen	12 cm³	12 cm³	12 cm³	12 cm³	12 cm³

Z

Volumen von Prismen (Kopfgeometrie / Kopfrechnen)

Einsatzhinweise:
Die Aufgaben des Zusatzangebots von Seite 110 bilden die Grundlage.
Es soll nun zusätzlich zu Mantel- und Oberfläche das Volumen berechnet werden.

Lösung:
a) $V = 48\ cm^3$ b) $V = 24\ cm^3$ c) $V = 24\ cm^3$ d) $V = 36\ cm^3$

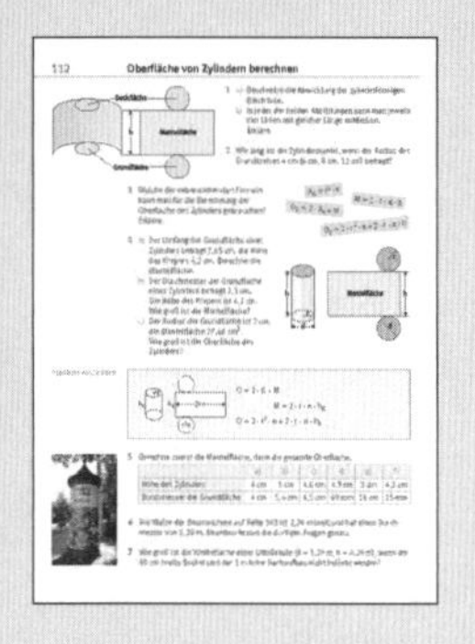

Die Schüler berechnen die Oberfläche von Zylindern. Die Oberfläche besteht – wie die Skizzen zeigen – aus einer rechteckigen Mantelfläche und jeweils kreisförmigen Grund- und Deckflächen.

1 a) Die Blechdose wird entlang der Körperhöhe und der kreisförmigen Grund- und Deckfläche aufgeschnitten und dann auseinander gebreitet. Es ergeben sich als Oberfläche eine rechteckige Mantelfläche und zwei kreisförmige Grundflächen.

b) Gleich lange Linien:
Umfänge der kreisförmigen Grundflächen ≙ Längen der Rechtecke

2

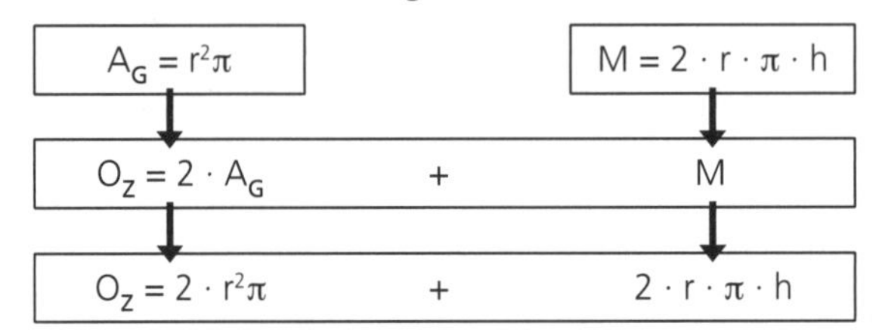

r_{Kreis}	4 cm	6 cm	8 cm	12 cm
u_{Kreis} Länge$_{Mantel}$	25,12 cm	37,68 cm	50,24 cm	75,36 cm

3 Alle Formeln kann man gebrauchen:

$A_G = r^2\pi$ → $O_Z = 2 \cdot A_G$ → $O_Z = 2 \cdot r^2\pi$

$M = 2 \cdot r \cdot \pi \cdot h$ → M → $2 \cdot r \cdot \pi \cdot h$

$O_Z = 2 \cdot A_G + M$

$O_Z = 2 \cdot r^2\pi + 2 \cdot r \cdot \pi \cdot h$

4 a) $M = 32{,}97\ cm^2$ b) $M = 32{,}97\ cm^2$ c) $O = 62{,}8\ cm^2$

5

	a)	b)	c)	d)	e)	f)
h	4 cm	5 cm	4,8 cm	4,5 cm	3 dm	4,3 cm
d	4 cm	5,6 cm	4,5 cm	60 mm	18 cm	15 mm
M	50,24 cm²	87,92 cm²	67,82 cm²	84,78 cm²	16,96 dm²	20,25 cm²
O	75,36 cm²	137,16 cm²	99,62 cm²	141,30 cm²	22,04 dm²	23,79 cm²
V	50,24 cm³	123,09 cm³	76,30 cm³	127,17 cm³	7,63 dm³	7 594,88 mm³

6 1 Umdrehung: $1{,}20\ m \cdot 3{,}14 \approx 3{,}80\ m$
Flächenform: Rechteck
Fläche: $3{,}80\ m \cdot 2{,}20\ m = 8{,}36\ m^2 \approx 8{,}5\ m^2$

7 Werbefläche: $h_{Zylinder} = 4{,}20\ m - 1\ m - 40\ cm = 2{,}80\ m$

$M_{Zylinder} = 1{,}20\ m \cdot 3{,}14 \cdot 2{,}80\ m = 10{,}55\ m^2$

$A = 10{,}55\ m^2$

Z

Info: Die (erste) Litfaß-Anschlagsäule

Weil er sich über wild geklebte Plakate geärgert hatte, erfand der Berliner Druckereibesitzer Ernst Litfaß die runde Anschlagsäule für Plakate, die noch heute seinen Namen trägt. Deshalb schreibt man auch Litfaß- und nicht Litfasssäule.

Aufgrund eines Vertrages mit dem Generalpolizeidirektor Hinkeldey wurden die ersten Säulen am 1. Juli 1855 aufgestellt. Noch heute findet man diese Säulen.

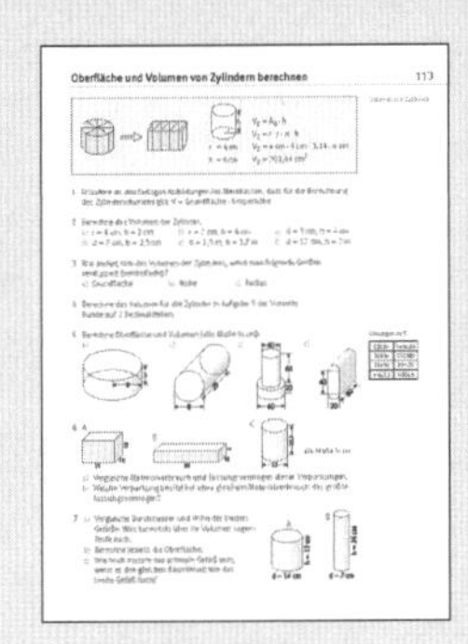

1 Aus einem Zylinder lässt sich näherungsweise ein Quader herstellen und umgekehrt. Also gilt die Quaderformel „$V = G \cdot h_k$" auch für die Volumenberechnung des Zylinders.

2

	a)	b)	c)	d)	e)	f)
$\text{Radius}_{\text{Grundkreis}}$	4 cm	7 cm	2,5 cm	3,5 cm	0,75 m	0,85 m
$\text{Höhe}_{\text{Körper}}$	2 cm	6 cm	4 cm	2,5 cm	3,7 m	3 m
Volumen	100,48 cm³	923,16 cm³	78,5 cm³	96,16 cm³	6,54 m³	6,81 m³

3 a) doppelte (dreifache) Grundfläche → doppeltes (dreifaches) Volumen
b) doppelte (dreifache) Höhe → doppeltes (dreifaches) Volumen
c) doppelter (dreifacher) Radius → vierfaches (neunfaches) Volumen

4 vgl. Seite SB 112 Aufgabe 5

5 a) $O = 653{,}12\ \text{cm}^2 \quad V = 1\,004{,}8\ \text{cm}^3$
b) $O = 828{,}96\ \text{cm}^2 \quad V = 1\,456{,}96\ \text{cm}^3$
c) $O = O_1 + O_2 - 2 \cdot A_{\text{Kreis}} = 9\,420\ \text{cm}^2 + 10\,048\ \text{cm}^2 - 2\,512\ \text{cm}^2 = 16\,956\ \text{cm}^2$
$V = V_1 + V_2 = 56\,520\ \text{cm}^3 + 75\,360\ \text{cm}^3 = 131\,880\ \text{cm}^3$
d) $O = \text{Mantelfläche} + 2 \cdot \text{Grundfläche} = 11\,424\ \text{cm}^2 + 2\,228\ \text{cm}^2 = 13\,652\ \text{cm}^2$
$V = \text{Grundfläche} \cdot h_K = 1\,114\ \text{cm}^2 \cdot 80\ \text{cm} = 89\,120\ \text{cm}^3$

6 a)

	Quadratisches Prisma A	Quader B	Zylinder C
Materialverbrauch	800 cm²	1 000 cm²	≈ 727,2 cm²
Volumen	1 500 cm³	1 500 cm³	≈1 503,4 cm³

b) Die gegebene zylindrische Verpackung verbraucht bei gleichem Volumen weniger Verpackungsmaterial als die abgebildeten quaderförmigen. Allerdings ist nicht bei jeder zylindrischen Verpackung das Verhältnis von Volumen zu Oberfläche besser als bei einer quaderförmigen, man stelle sich nur einen sehr flachen Zylinder im Vergleich zum Würfel vor. Trotzdem gilt: Es gibt immer Zylinder, die eine geringere Oberfläche aufweisen als ein volumengleicher Quader. Begründung: Der Kreis ist die Fläche, bei der das Verhältnis von Flächeninhalt zu Umfang maximal ist.

7 a)

	Gefäß A	Gefäß B
Durchmesser	$1 \cdot d$	$\frac{1}{2} \cdot d$
Höhe	$1 \cdot h$	$2 \cdot h$
Volumen	1 846,32 cm³	923,16 cm³

b) $O_{\text{Körper A}} = 7\ \text{cm} \cdot 7\ \text{cm} \cdot 3{,}14 \cdot 2 + 14\ \text{cm} \cdot 3{,}14 \cdot 12\ \text{cm}$
$= 307{,}72\ \text{cm}^2 + 527{,}52\ \text{cm}^2$
$= 835{,}24\ \text{cm}^2$

$O_{\text{Körper B}} = 3{,}5\ \text{cm} \cdot 3{,}5\ \text{cm} \cdot 3{,}14 \cdot 2 + 7\ \text{cm} \cdot 3{,}14 \cdot 24\ \text{cm}$
$= 76{,}93\ \text{cm}^2 + 527{,}52\ \text{cm}^2$
$= 604{,}45\ \text{cm}^2$

c) $h = V : G = 1\,846{,}32\ \text{cm}^3 : 38{,}465\ \text{cm}^2 = 48\ \text{cm}$

Das Volumen von Zylindern lässt sich analog zu dem der Prismen berechnen. Hierbei wird in Anlehnung an die Vorgehensweise bei den Prismen der methodische Weg der Umwandlung des Zylinders in einen Quader gewählt. Anstelle bzw. in Ergänzung dessen kann auch das Schichtenmodell die Volumenberechnung einsichtig veranschaulichen. Auf eine saubere Schreibweise sollte immer geachtet werden (vgl. Merksatz).

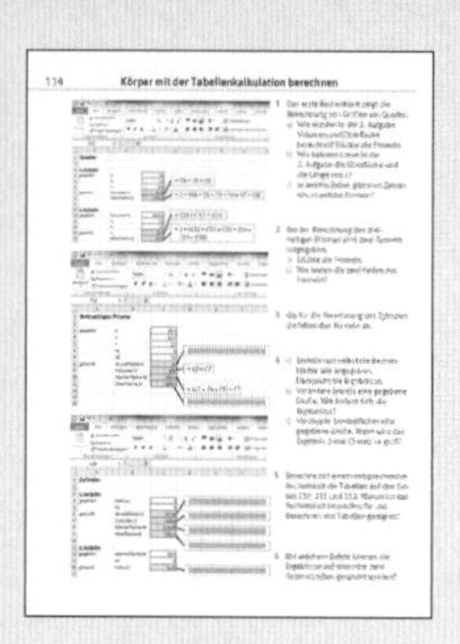

Die Schüler berechnen Größen an Körpern mit der Tabellenkalkulation. Sie erkennen, dass es nicht ohne Formeln aus dem Geometrieunterricht geht und dass die Arbeit mit einem Kalkulationsprogramm besonders sinnvoll ist, wenn sich viele ähnliche Aufgaben aneinander reihen (Tabellen) oder die Vorgaben von Größen variiert werden. Sie lernen die genormte Eingabe für Formeln kennen.

1 a) Jede Zelle ist durch ihre Koordinaten bestimmt, z. B. C3, C4 oder C5. Möchte man das Volumen des Quaders berechnen, also $a \cdot b \cdot c$, so multipliziert man die entsprechenden Inhalte der dafür stehenden Zellen.

b) Entsprechend gilt das oben Gesagte auch für die Oberfläche und die Länge von c.

c) Vorgegebene Größen werden als Zahlenwerte eingegeben, zu berechnende Werte als Formeln. In den blau markierten Zellen stehen Formeln, in allen anderen Zahlen.

2 a) Die Formel = C8 · C7 entspricht genau der Volumenformel $V = G \cdot h_K$.
Die Formel = (C3 + C4 + C5) * C7 entspricht der Berechnung des Mantels $(a + b + c) \cdot h_K$.

b) fehlende Formeln:
in C8: = C5 · C6 : 2 (entspricht $A = g \cdot h : 2$)
in C11: = C10 + 2 · C8 (entspricht $O = M + 2 \cdot$ Grundfläche)

3 a) $\text{Grundfläche}_{\text{Zylinder}}$ = C4 · C4 · 3,14
$\text{Mantelfläche}_{\text{Zylinder}}$ = C4 · 2 · 3,14 · C5
$\text{Oberfläche}_{\text{Zylinder}}$ = C6 · 2 + C8
$\text{Volumen}_{\text{Zylinder}}$ = C6 · C5

4 a) Rechenblätter wie angegeben, nun am PC

b) Hier bietet sich eine gute Möglichkeit, die Auswirkungen von Veränderungen an einzelnen Größen auf das Gesamtergebnis spielerisch zu erfahren (und evtl. auch begründen zu lernen).

c) siehe b)

5 Anwendung des gewonnenen Wissens über Tabellenkalkulation in einer Aufgabenreihe. Diese ist besonders für die Arbeit mit dem Programm geeignet, weil nur die verschiedenen Werte einzugeben sind, die Formeleingabe nicht verändert werden muss.

6 1. Möglichkeit:
Die Zelle wird entsprechend formatiert:
<Format>, <Zelle>, <Zahl>, <2 Dezimalstellen>

2. Möglichkeit:
Durch den Befehl „Runden":
= RUNDEN (Zahl; Anzahl der Dezimalstellen)

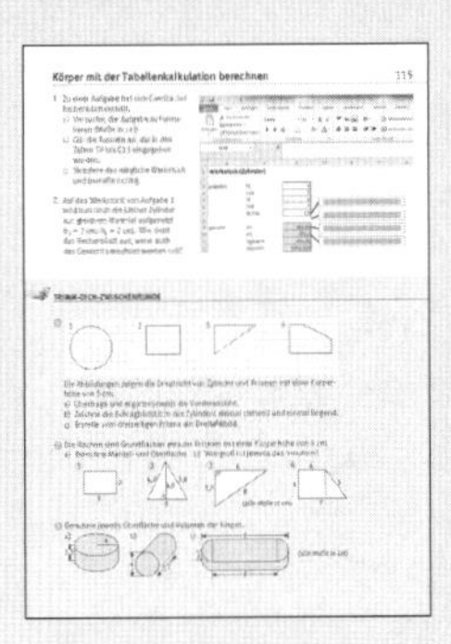

L

1 a) Beispiel: Ein Werkstück aus Eisen $\left(\text{Dichte } \frac{7{,}8\ \text{g}}{\text{cm}^3}\right)$ besteht aus zwei Zylindern. Auf einem breiten Zylinder (r = 8 cm; h_K = 3 cm) ist oben noch ein schmaler (r = 4 cm; h_K = 5 cm) aufgesetzt. Welche Masse hat das Werkstück?

b) C9: C3 * C3 * 3,14 * C4
C10: C5 * C5 * 3,14 * C6
C11: C9 + C10
C12: C11 * 7,8

c)

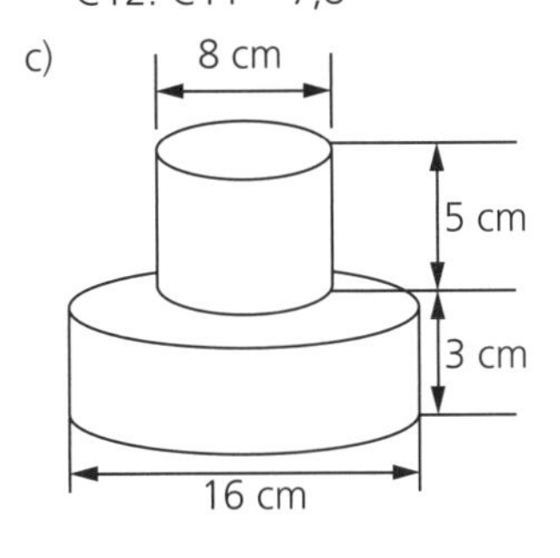

2 Analog zu den bisherigen Angaben für Radien und Körperhöhen müssten noch r_3 und h_K eingegeben werden. V_3 wäre noch zu berechnen und in V_{Gesamt} zu berücksichtigen.

TRIMM-DICH-ZWISCHENRUNDE

Die Trimm-dich-Zwischenrunden dienen dazu, diagnostisch zur individuellen Förderung den Lernstand der Schüler auch während des Lernprozesses zu ermitteln: Was „sitzt", wo sind noch Schwächen vorhanden, welche Lerninhalte müssen nochmals aufgegriffen und vertieft werden?
Eine realistische Einschätzung der eigenen Leistungen hilft, Stärken zu erhalten und Schwächen abzumildern. Mithilfe des Selbsteinschätzungsbogens (K 29) können die Schüler ihre Kenntnisse und Fertigkeiten selbst bewerten.

1 a)

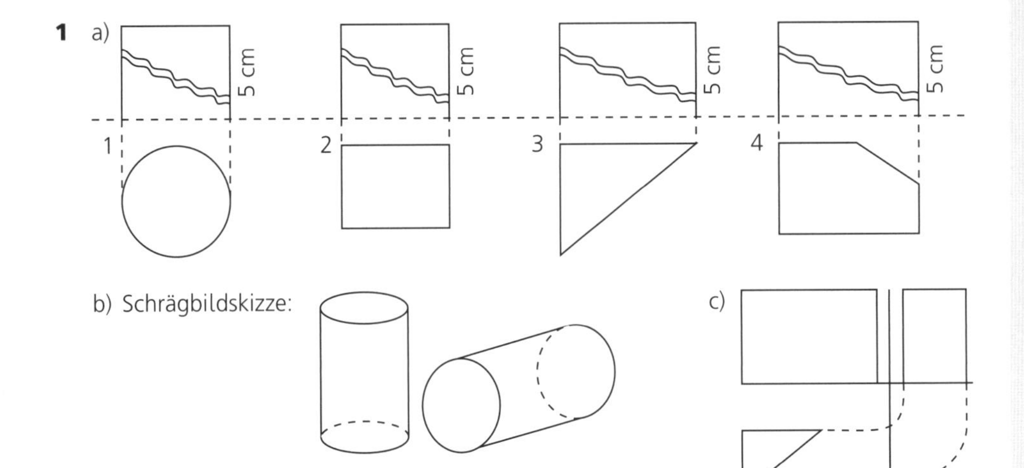

2 a) $M_1 = 40\ \text{cm}^2$ $O_1 = 52$ cm $M_2 = 62\ \text{cm}^2$ $O_2 = 84{,}5\ \text{cm}^2$
$M_3 = 77{,}2\ \text{cm}^2$ $O_3 = 109\ \text{cm}^2$ $M_4 = 80\ \text{cm}^2$ $O_4 = 124\ \text{cm}^2$

3 a) $O = 87{,}92\ \text{cm}^2 + 100{,}48 = 188{,}4\ \text{cm}^2$ $V = 175{,}84\ \text{cm}^3$

b) $O = 94{,}2\ \text{cm}^2 + 25{,}12\ \text{cm}^2 = 119{,}32\ \text{cm}^2$ $V = 94{,}2\ \text{cm}^3$

c) $O = 36{,}56\ \text{cm}^2 + 30{,}28\ \text{cm}^2 = 66{,}84\ \text{cm}^2$ $V = 30{,}28\ \text{cm}^3$

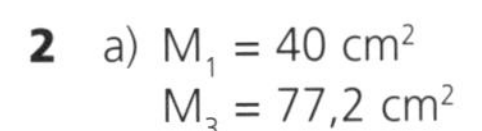

Die besondere Seite: Der Wald als Holzlieferant

Als nachwachsender Rohstoff hat Holz ökologische wie ökonomische Bedeutung. Letzteres soll hier durch den Aspekt der Waldbewirtschaftung angedeutet werden. Hinsichtlich des Mathematikstoffs stehen Berechnungen an zylindrischen Körpern im Mittelpunkt.

L

1

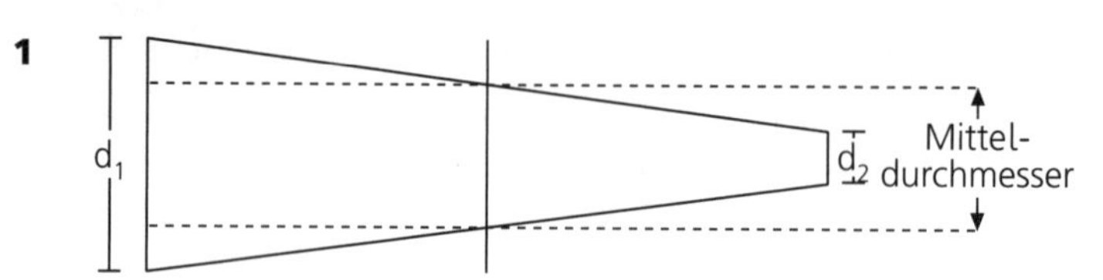

Für die Berechnung des Volumens des Baumstammes (Zylinder) wäre d_1 zu groß, d_2 aber zu klein.
Der Mittelwert zwischen beiden ergibt den relevanten Durchmesser. Die Skizze verdeutlicht auch, dass der Schnitt durch den Baumstamm ein Trapez darstellt. Auch dort berechnet man die Fläche mit der Mittellinie m.

2 Entfernung: Flensburg – Bodensee ≈ 800 km
$V = 30\text{ m} \cdot 1\text{ m} \cdot 800\,000\text{ m} = 24\,000\,000\text{ m}^3$
Es werden 24 000 000 Festmeter (m^3) Holz eingeschlagen. Meist sind es sogar mehr.

Anmerkung:
Die Bezeichnung „Festmeter" ist in der Holzwirtschaft die Volumeneinheit für m^3, solange das Holz noch nicht in Balken oder Bretter geschnitten ist. Erst dann spricht man von Kubikmeter.

3 $V_{1.\,\text{Baum}} = 0{,}24 \cdot 0{,}24 \cdot 3{,}14 \cdot 6 \approx 1{,}085\ (m^3)$
Wert: $1{,}085 \cdot 320 = 347{,}2$ (€)

$V_{2.\,\text{Baum}} = 0{,}26 \cdot 0{,}26 \cdot 3{,}14 \cdot 5 \approx 1{,}061\ (m^3)$
Wert: $1{,}061 \cdot 320 = 339{,}52$ (€)

$V_{3.\,\text{Baum}} = 0{,}28 \cdot 0{,}28 \cdot 3{,}14 \cdot 4{,}50 \approx 1{,}108\ (m^3)$
Wert: $1{,}108 \cdot 320 = 354{,}56$ (€)

Gesamtpreis: ≈ 1041 €

4 Anzahl der Stämme:
$\frac{1}{2} \cdot x + \frac{1}{3} \cdot x + 4 = x \qquad x = 24$

12 Stämme mit $d_M = 28$ cm:	$V \approx 13{,}29\ m^3$
8 Stämme mit $d_M = 25$ cm:	$V \approx 7{,}07\ m^3$
4 Stämme mit $d_M = 34$ cm:	$V \approx 6{,}53\ m^3$
	$26{,}89\ m^3$

Wert der Stämme: $26{,}89 \cdot 100 = 2\,689$ (€)

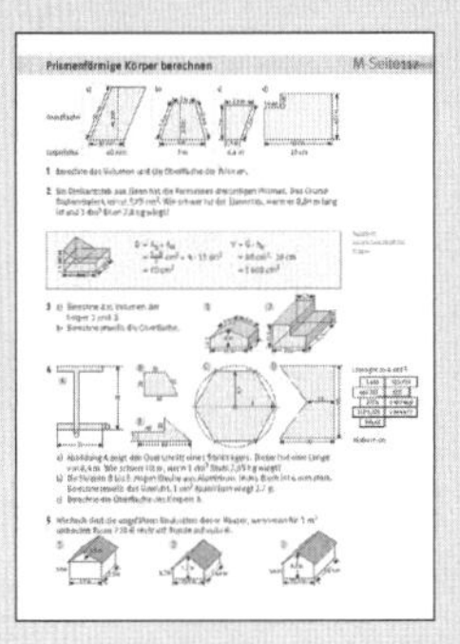

Ab dieser Seite beginnen die Aufgaben mit erhöhtem Anforderungsniveau für M-Klassen.
Sie eigenen sich aber auch zur Binnendifferenzierung in Regelklassen, da auf diesen Seiten der bisherige Stoff erweitert und vertieft wird. Mit erhöhtem Anforderungsniveau werden nun Oberfläche und Volumen von aus Prismen zusammengesetzten Körpern berechnet.

L

1

	a)	b)	c)	d)
Volumen	82 800 mm³	67,2 m³	38,4 m³	33 480 cm³
Oberfläche	12 360 mm²	108,8 m²	77,28 m²	7 464 cm²

2 $V_{Stab} = 3{,}75 \cdot 80 = 300\ (cm^3)$
Masse: 2,34 kg

3 a) $G_1 = 96\ m^2$ $\qquad G_2 = 4{,}5\ cm^2$
$V_1 = 96\ m^2 \cdot 12\ m = 1\,152\ m^3$ $\qquad V_2 = 27\ cm^3$

b) $M_1 = 42\ m \cdot 12\ m = 504\ m^2$ $\qquad M_2 = 10\ cm \cdot 6\ cm = 60\ cm^2$
$O_1 = 504\ m^2 + 192\ m^2 = 696\ m^2$ $\qquad O_2 = 60\ cm^2 + 9\ cm^2 = 69\ cm^2$

4 a) $V = (105\ cm^2 + 57{,}5\ cm^2) \cdot 840\ cm = 136\,500\ cm^3 = 136{,}5\ dm^3$ Gewicht: 1 071,525 kg

b) $V_b = 500\ cm^2 \cdot 0{,}6\ cm = 300\ cm^3$ Gewicht: 810 g
$V_c = 2 \cdot 32{,}25\ cm^2 \cdot 0{,}6\ cm = 38{,}7\ cm^3$ Gewicht: 104,49 g
$V_d = 2 \cdot 22{,}5\ cm \cdot 20\ cm \cdot 0{,}6\ cm = 540\ cm^3$ Gewicht: 1 458 g
$V_e = \left(40\ cm \cdot 15\ cm + \frac{40\ cm \cdot 35\ cm}{2}\right) \cdot 0{,}6\ cm = 780\ cm^3$ Gewicht: 2 106 g

c) $O_a = 325\ cm^2 + 135\ cm \cdot 840\ cm = 113\,725\ cm^2$

5 $V_{1.\ Haus} = 83{,}05\ m^2 \cdot 13\ m = 1\,079{,}65\ m^3$ Kosten: 777 348 €
$V_{2.\ Haus} = 54{,}6\ m^2 \cdot 14{,}4\ m = 786{,}24\ m^3$ Kosten: ≈ 566 093 €
$V_{3.\ Haus} = 74{,}025\ m^2 \cdot 18{,}4\ m = 1\,362{,}06\ m^3$ Kosten: ≈ 980 683 €

Z

Denken statt rechnen

Einsatzhinweis:
Aufgaben auf Folie oder
als Arbeitsblatt vorgeben

1. Der dunkle Würfel wird entfernt.
Wie ändern sich Volumen und Oberfläche?

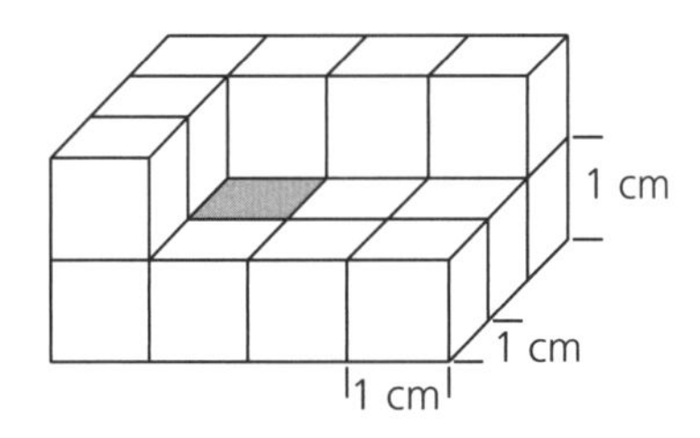

Lösung: $V - 1\ cm^3$; $O + 2\ cm^2$

2. Blankofiguren
Wie verändert sich Volumen und Oberfläche?

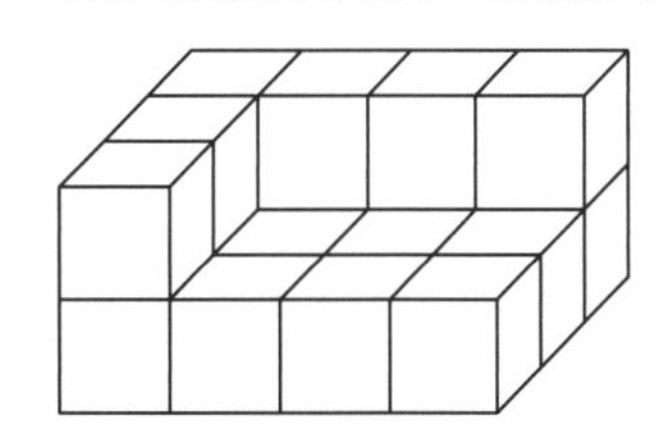

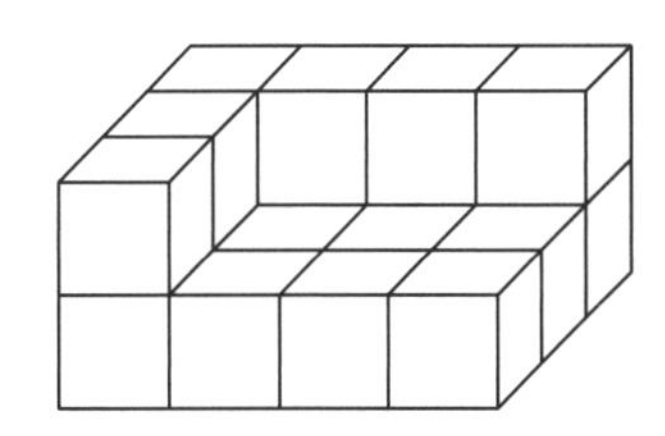

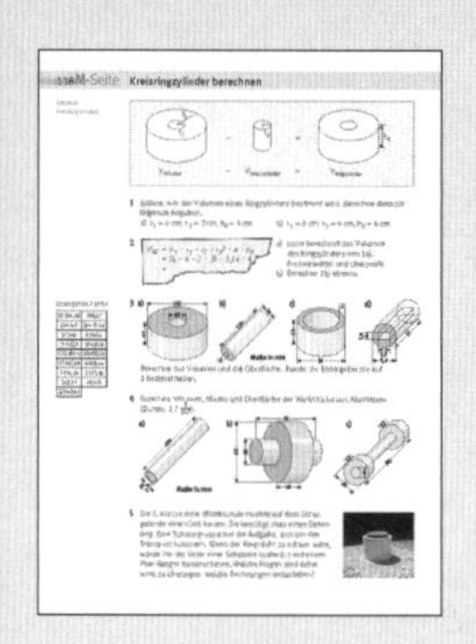

Die Schüler berechnen verschiedene Werkstücke und wenden dabei ihre Kenntnisse hinsichtlich Zylindern und Prismen an. Schwerpunktmäßig wird auf die Berechnung von Kreisringzylindern eingegangen und dafür eine vorteilhafte Anschreibeform gefunden.

1 Erläuterung wie in der Skizze dargestellt.
a) $V = 339{,}12\ cm^3$ b) $V = 527{,}52\ cm^3$

2 a) $V = 339{,}12\ cm^3$ (vorteilhafter Rechenweg)
b) $V = 527{,}52\ cm^3$ (vorteilhafter Rechenweg)

3 a) $V = 800\,072\ mm^3 - 65\,312\ mm^3 = 734\,760\ mm^3$
$O = 30\,772\ mm^2 + 22\,859{,}2\ mm^2 - 2\,512\ mm^2 + 6\,531{,}2\ mm^2$
$= 57\,650{,}4\ mm^2$
b) $V = 21\,100{,}8\ mm^3$, $O = 10\,902{,}08\ mm^2$
c) $V = 1\,934{,}24\ mm^3$, $O = 2\,210{,}56\ mm^2$
d) $V = 262{,}15\ mm^3$, $O = 399{,}87\ mm^2$

4 a) $V = 97\,968\ mm^3$ $m = 264\,513{,}6\ mg$ $O = 98\,294{,}56\ mm^2$
b) $V = 45\,373\ mm^3$ $m = 122\,507{,}1\ mg$ $O = 8\,760{,}6\ mm^2$
c) $V = 10\,349{,}44\ mm^3$ $m = 27\,943{,}49\ mg$ $O = 4\,069{,}44\ mm^2$

5 Mögliche Fragen
5.1 Wie schwer ist der Betonring?
- Welche Maße?
  Nach Bild wahrscheinlich Normbetonring mit Maßen gemäß Skizze
- Volumen?
  $V = 141{,}30\ dm^3$
- Masse (Gewicht)? $\rho_{Beton} = 2{,}2\ \frac{kg}{dm^3}$
  $m = 310{,}86\ kg$

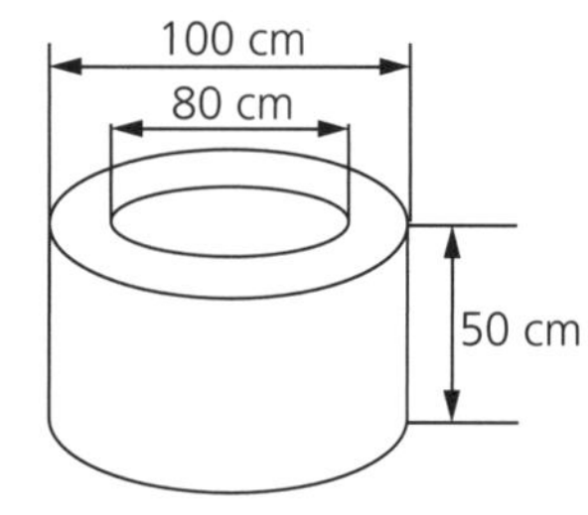

5.2 Nutzlast PKW-Anhänger?
laut KFZ-Brief/Internet für mittelgroßen Anhänger: 594 kg
5.3 Transport möglich?
594 kg > 311 kg → Transport möglich

Z

Prismen berechnen (Kopfrechnen / Kopfgeometrie)

Siehe Seite SB 123.

Einsatzhinweis:
Auf Folie vorgeben.
Variation: Zahlenwerte ändern

L

1 Mantelfläche: 46 597,6 cm^2 ≈ 4,66 m^2
Anzahl der Ringe: 15
Drahtkosten: 44,93 €
Stoffpreis: 16,31 €
Länge eines Drahtrings: 166,4 cm
Gesamtkosten: 61,24 €

2 a) $V_{1\,Rohr} = 20\,347{,}2\ cm^3$ $Masse_{1\,Rohr} = 158{,}70816\ kg$ $Anzahl_{Rohre} = 28$
b) Gesamtgewicht: 6t
c) $Mantelfläche_{außen} = 11\,304\ cm^2$
$Mantelfläche_{innen} = 9\,043{,}2\ cm^2$
d) Gesamtfläche = 20 573,28 cm^2

3 a) a = 2,04 m b) Gewicht: 210,33 kg

4 a) Ölmenge: 4 019,2 l b) Höhe: 0,8 m c) Ölmenge: 3 265,6 l

In komplexen Sachzusammenhängen berechnen die Schüler Oberfläche und Volumen. In Teilen sind die Aufgaben Qualiprüfungen vergangener Jahre entnommen.

AH 34

Z

Körper und Netze (Kopfgeometrie)

Einsatzhinweis:
Auf Folie vorgeben.
Ordne Netz und Körper richtig zu:

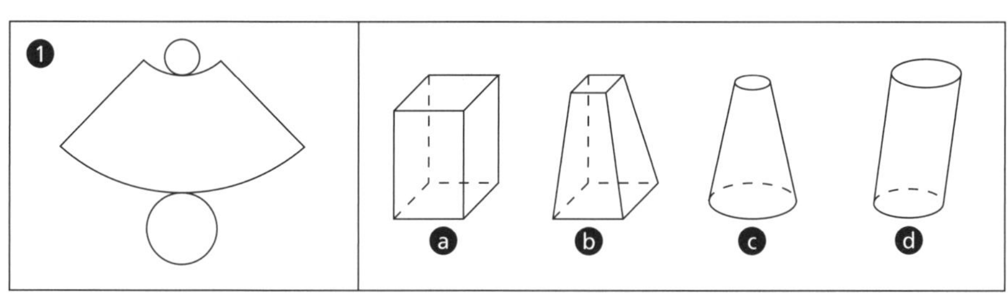

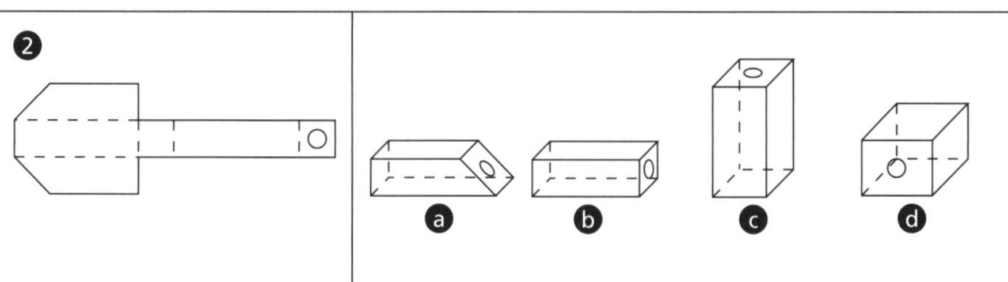

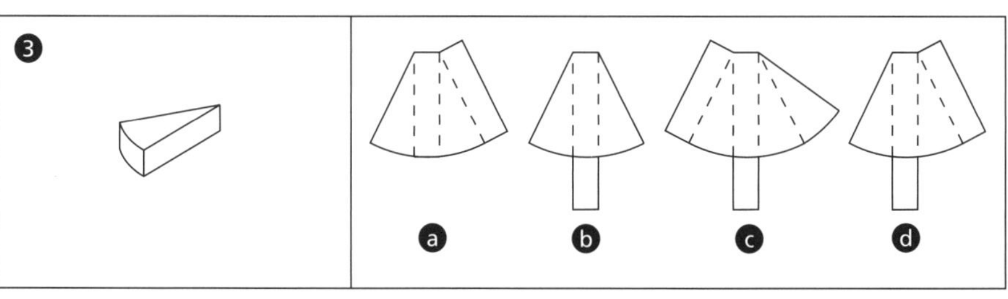

Lösungen:
1 – c; 2 – a; 3 – d

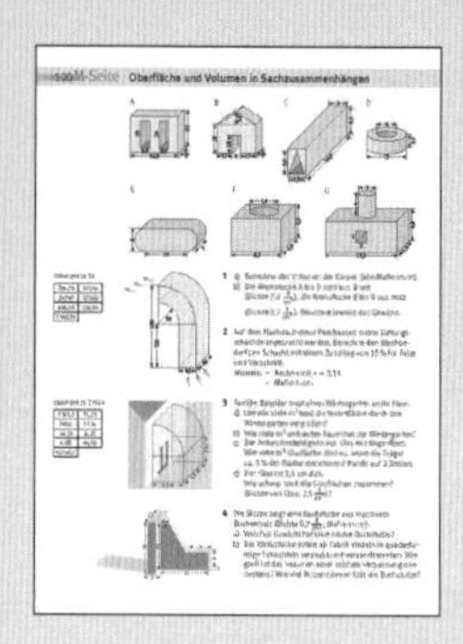

1 Hinweis: Die Ergebnisse sind auf zwei Dezimalen gerundet.

	a) Volumen	b) Gewicht
A	24 040 cm³	187 512 g
B	22 960 cm³	179 088 g
C	163,56 cm³	1 275,79 g
D	296,73 cm³	2 314,49 g
E	1 460,16 cm³	1 022,11 g
F	226,54 cm³	158,58 g
G	496,35 cm³	347,45 g

2 Blechbedarf: 62 760,1 cm^2

3 a) $A = 11,25\ m^2$
b) $V = 44,58\ m^3$
c) Glasfläche: 44,15 m^2
d) Gewicht Glas: 1 545,3 kg

4 a) $V = 1\,134\ cm^3$
Gewicht: 793,8 g
b) $V = 4\,320\ cm^3$
Füllung: 26,25 %

Z

K 26

Volumen zusammengesetzter Körper

Einsatzhinweis:
Auf Folie oder als Arbeitsblatt vorgeben.

Lösungen:
1. A → 3 B → 5 C → 1 D → 2 E → 4
   Volumen jeweils 648 cm^3
2. Volumen jeweils 486 cm^3

1

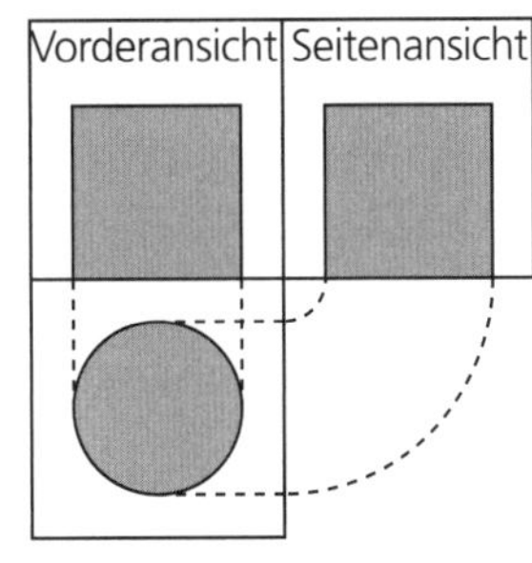

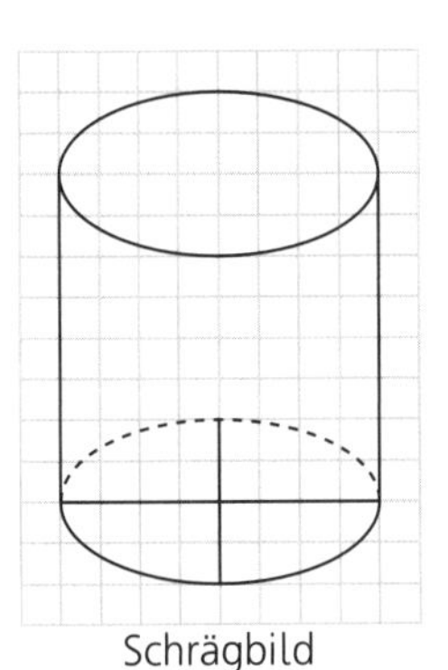

Schrägbild

2 a)

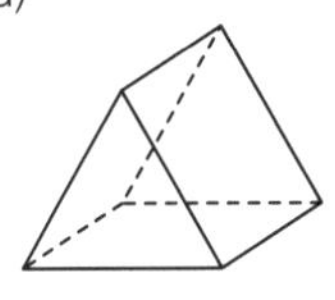

b)

c)

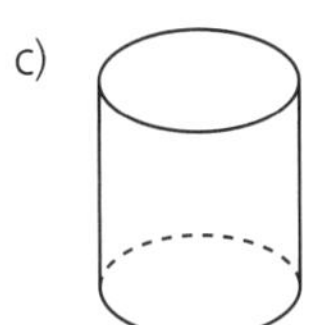

3 $V_a = 150\ cm^3$ $V_b = 46{,}2\ cm^3$ $V_c = 26\ cm^3$

4 $V_a = 36\ cm^3$ $O_a = 84\ cm^2$
$V_a = 117\ cm^3$ $O_b = 225{,}6\ cm^2$

5 a) $V = 141{,}3\ cm^3$ $O = 150{,}72\ cm^2$
b) $V = 30\ 778{,}28\ mm^3$ $O = 5\ 796{,}44\ mm^2$
c) $V = 5\ 626{,}88\ cm^3$ $O = 1\ 808{,}64\ cm^2$

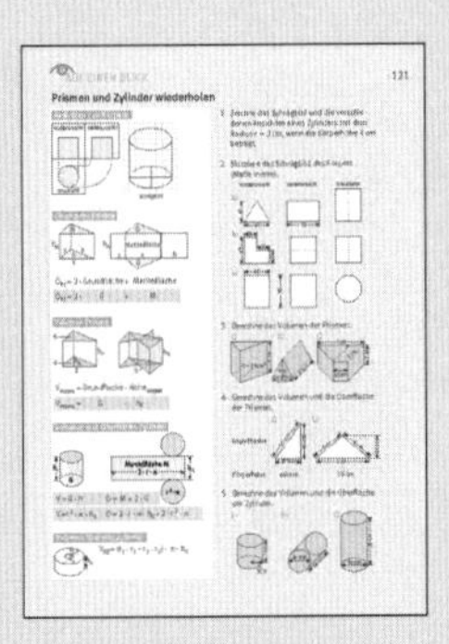

Auf den Seiten 121 bis 123 werden wesentliche Inhalte des Themenbereichs „Prismen und Zylinder" noch einmal auf verschiedenen Niveaustufen wiederholt. Dies soll einerseits der Sicherung und Vertiefung dienen und andererseits sowohl der Lehrkraft als auch dem einzelnen Schüler Auskunft über den Leistungsstand geben. Eventuelle Defizite erfordern ein nochmaliges Aufgreifen im Unterricht. Die nebenstehenden Lösungen finden sich auch im Schülerbuch auf den Seiten 179 und 180.

Prismen und Zylinder berechnen (Kopfrechnen / Kopfgeometrie)

Einsatzhinweis:
Auf Folie vorgeben; c) für M-Schüler

a)

Zylinder		①	②	③	④	⑤	⑥
	G	$6\ m^2$	$5\ m^2$	$13\ m^2$	$7\ cm^2$	$13\ cm^2$	$18\ cm^2$
	M	$10\ m^2$	$15\ m^2$	$13\ m^2$	$14\ cm^2$	$23\ cm^2$	$36\ cm^2$
	O	$22\ m^2$	$25\ m^2$	$39\ m^2$	$28\ cm^2$	$49\ cm^2$	$72\ cm^2$

b)

Prisma		①	②	③	④	⑤	⑥
b, a	a	3 cm	5 cm	3 cm	5 cm	3 cm	6 cm
	b	4 cm	2 cm	6 cm	4 cm	8 cm	3 cm
	h_k	2 cm	4 cm	5 cm	4 cm	5 cm	3 cm
	V	$12\ cm^3$	$20\ cm^3$	$45\ cm^3$	$40\ cm^3$	$60\ cm^3$	$27\ cm^3$

c)

Prisma		①	②	③	④	⑤	⑥
h_c, c	c	6 cm	15 cm	7 cm	8 cm	13 cm	15 cm
	h_c	3 cm	6 cm	4 cm	5 cm	2 cm	6 cm
	h_k	5 cm	3 cm	4 cm	8 cm	4 cm	4 cm
	V	$45\ cm^3$	$135\ m^3$	$56\ m^3$	$160\ cm^3$	$52\ cm^3$	$180\ cm^3$

Prisment und Zylinder wiederholen

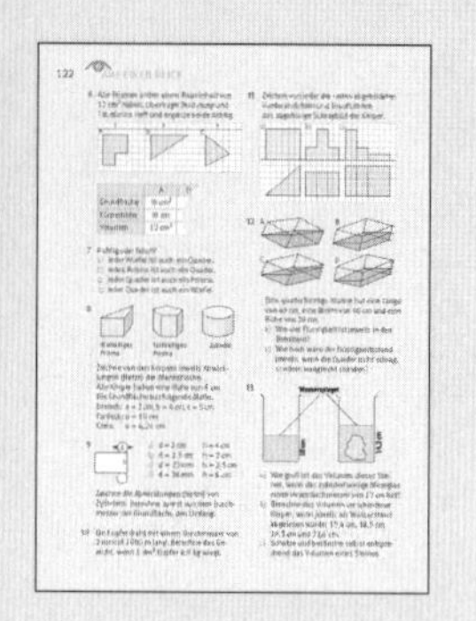

Auf den Seiten 121 bis 123 werden wesentliche Inhalte des Themenbereichs „Prismen und Zylinder" noch einmal auf verschiedenen Niveaustufen wiederholt. Dies soll einerseits der Sicherung und Vertiefung dienen und andererseits sowohl der Lehrkraft als auch dem einzelnen Schüler Auskunft über den Leistungsstand geben. Eventuelle Defizite erfordern ein nochmaliges Aufgreifen im Unterricht. Die nebenstehenden Lösungen finden sich auch im Schülerbuch auf den Seiten 179 und 180.

L

6

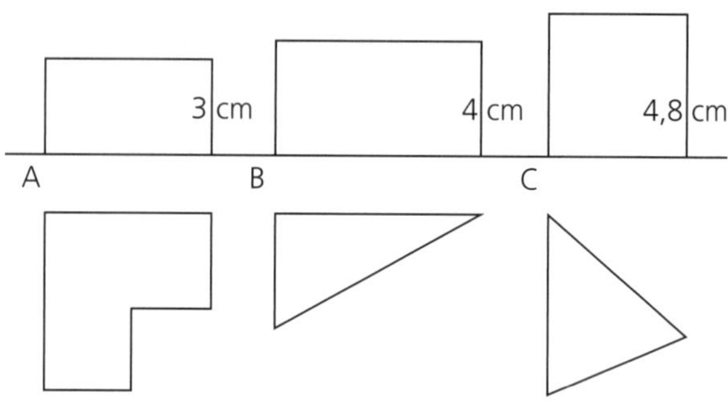

	A	B	C
Grundfläche	4 cm²	3 cm²	2,5 cm²
Körperhöhe	3 cm	4 cm	4,8 cm
Volumen	12 cm³	12 cm³	12 cm³

7 a) wahr b) falsch c) wahr d) falsch

8 Die Mantelflächen sind immer Rechtecke. Der Umfang des Grundkreises ist jeweils die Länge des Rechtecks, die Höhe der Körper ist jeweils die Breite.

9 Abwicklungen entsprechend dem vorgegebenen Beispiel; der Umfang ist jeweils die Länge des Mantels:

$u_a \approx 6{,}3$ cm $u_b \approx 4{,}7$ cm $u_c \approx 6{,}9$ cm $u_d \approx 11{,}3$ cm

10 Masse: 27,946 kg

11 a) b) c)

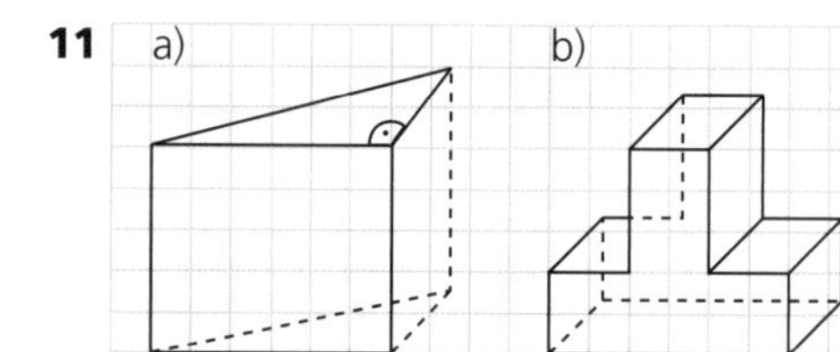

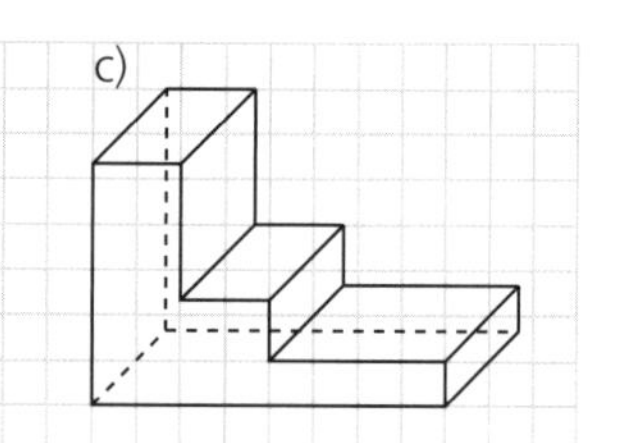

12 a) $V_A = 24\,000$ cm³ $V_B = 12\,000$ cm³ $V_C = 18\,000$ cm³ $V_D = 9\,600$ cm³

b) $h_A = 10$ cm $h_B = 5$ cm $h_C = 7{,}5$ cm $h_D = 4$ cm

13 a) $V = 1\,605{,}168\ \text{cm}^3 - 1\,130{,}4\ \text{cm}^3 = 474{,}768\ \text{cm}^3$

b) 610,416 cm³ 960,84 cm³ 1 051,272 cm³ 1 424,304 cm³

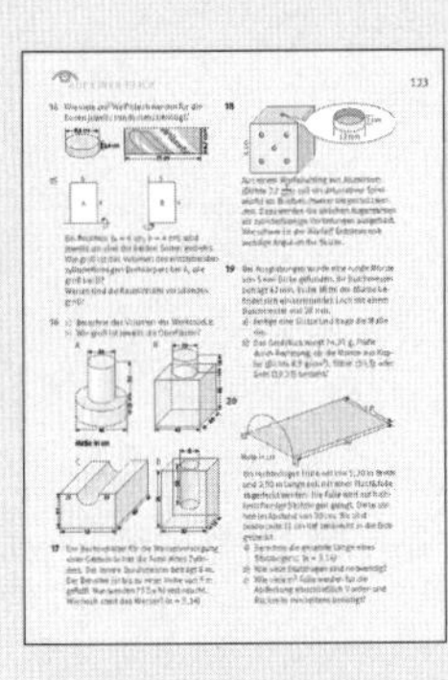

L

14 a) $O = 215{,}47\ cm^2$ b) $O = 512{,}28\ cm^2$

15 $V_A = 6\ cm \cdot 6\ cm \cdot 3{,}14 \cdot 4\ cm = 452{,}16\ cm^3$

$V_B = 4\ cm \cdot 4\ cm \cdot 3{,}14 \cdot 6\ cm = 301{,}44\ cm^3$

Bei Körper A ergibt sich eine deutlich größere Grundfläche: $36\ cm^2$ gegenüber $16\ cm^2$

16 a) $V_A = 39\,385{,}02\ cm^3$ $V_B = 70\,079{,}04\ cm^3$
$V_C = 115\,440\ cm^3$ $V_D = 6\,595{,}68\ cm^3$

b) $O_A = 7\,900{,}24\ cm^3$ $O_B = 10\,705{,}28\ cm^3$
$O_C = 17\,232\ cm^3$ $O_D = 2\,802{,}16\ cm^3$

17 Wasserhöhe: 3,5 m

18 $Masse_{Spielwürfel} \approx 564\ g$

19 a)

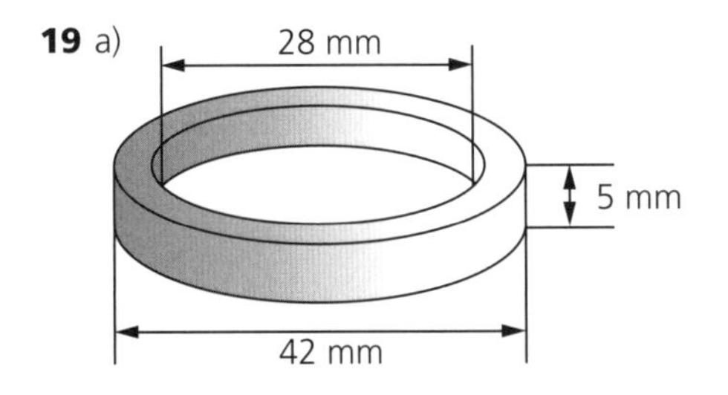

b) $V_{Münze} \approx 3\,846{,}5\ mm^3$
$\rho \approx 19{,}32\ \frac{g}{cm^3}$

→ Münze aus Gold

20 a) $Länge_{Bogen}$: 210,40 cm b) Anzahl: 6 c) Folie: $\approx 5{,}84\ m^2$

Prismen berechnen (Kopfrechnen / Kopfgeometrie)

Einsatzhinweis: Auf Folie vorgeben.
Variation: Zahlenwerte ändern

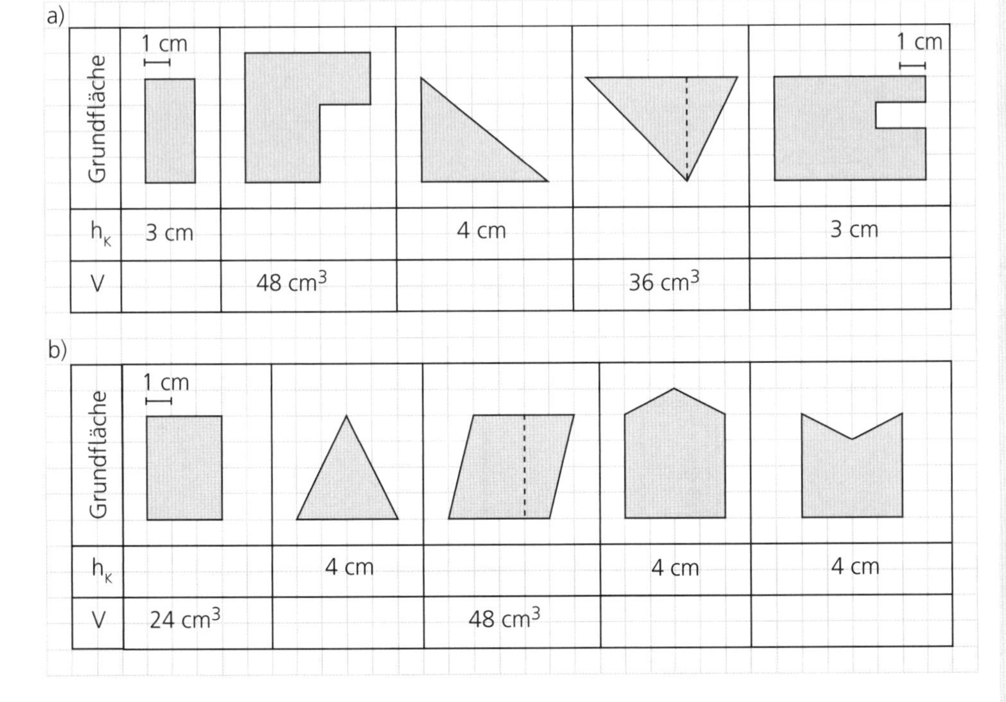

a)

Grundfläche	1 cm				1 cm
h_K	3 cm		4 cm		3 cm
V		48 cm³		36 cm³	

b)

Grundfläche	1 cm				
h_K		4 cm		4 cm	4 cm
V	24 cm³		48 cm³		

Auf den Seiten 121 bis 123 werden wesentliche Inhalte des Themenbereichs „Prismen und Zylinder" noch einmal auf verschiedenen Niveaustufen wiederholt. Dies soll einerseits der Sicherung und Vertiefung dienen und andererseits sowohl der Lehrkraft als auch dem einzelnen Schüler Auskunft über den Leistungsstand geben. Eventuelle Defizite erfordern ein nochmaliges Aufgreifen im Unterricht. Die nebenstehenden Lösungen finden sich auch im Schülerbuch auf den Seiten 179 und 180.

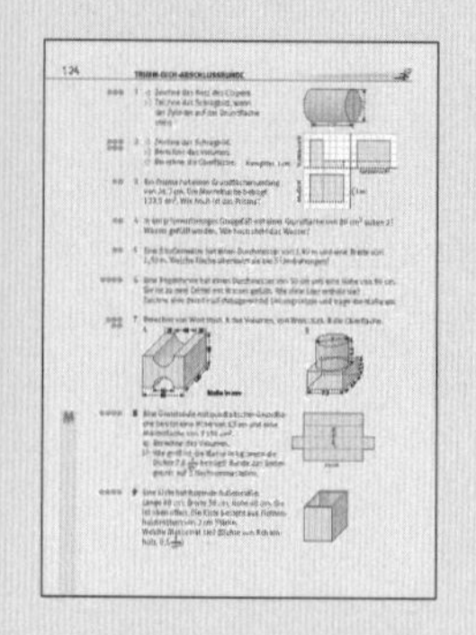

Mithilfe der Trimm-dich-Abschlussrunde kann am Ende einer Lerneinheit die abschließende Lernstandserhebung durchgeführt werden. Die orangen Punkte am Rand geben die Anzahl der Punkte für die jeweilige Aufgabe an. Im Anhang des Lehrerbandes steht eine weitere Trainingsrunde zur Verfügung. Eine realistische Einschätzung der eigenen Leistungen hilft, Stärken zu erhalten und Schwächen abzumildern. Mithilfe des Selbsteinschätzungsbogens (K 29) können die Schüler ihre Kenntnisse und Fertigkeiten selbst bewerten.

L

1 a)

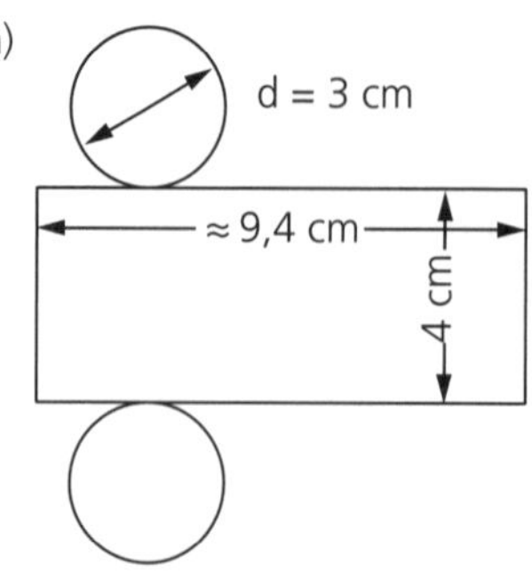

b)

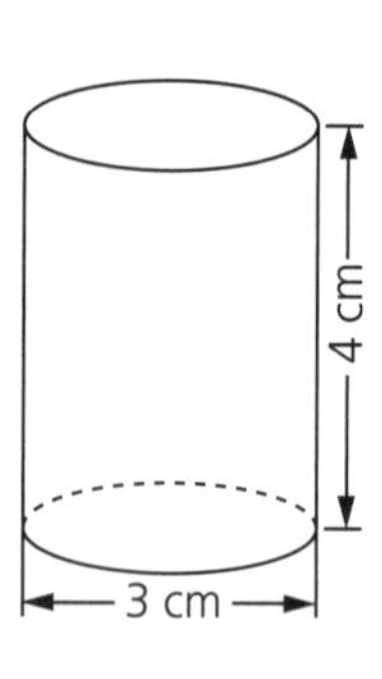

2 a)

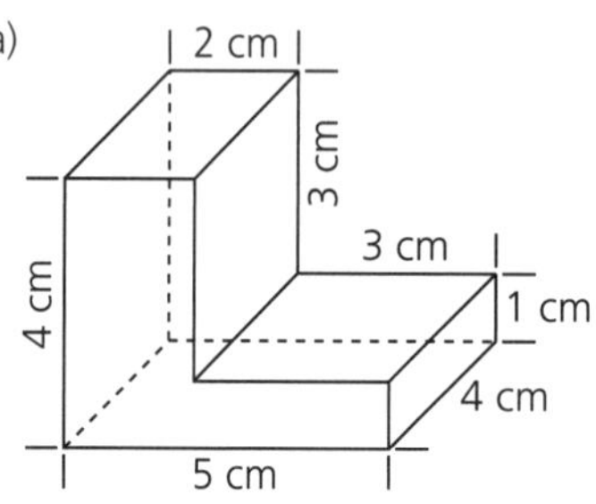

b) $V = (5\ cm \cdot 4\ cm - 3\ cm \cdot 3\ cm) \cdot 4\ cm = 44\ cm^3$

c) $O = (20\ cm^2 - 9\ cm^2) \cdot 2 + 18\ cm \cdot 4\ cm = 94\ cm^2$

3 Höhe: 5,5 cm

4 Höhe: 25 cm

5 $M = 6{,}594\ m^2$

$Fläche_{5\ Umdrehungen} = 32{,}97\ m^2$

6 $V_{Tonne} = 176{,}625\ l$
$V_{Regenwasser} = 117{,}75\ l$

60 cm $\frac{2}{3}$ 90 cm 50 cm

7 $V_A = 425\,280\ mm^3$
$O_B = 353{,}43\ mm^3$

8 a) Grundkante: 12,5 cm, $V = 9\,843{,}75\ cm^3$
b) Masse: 76,781 kg

9 $V = 80\ cm \cdot 50\ cm \cdot 60\ cm - 76\ cm \cdot 46\ cm \cdot 58\ cm = 37{,}232\ dm^3$
Masse: 18,616 kg

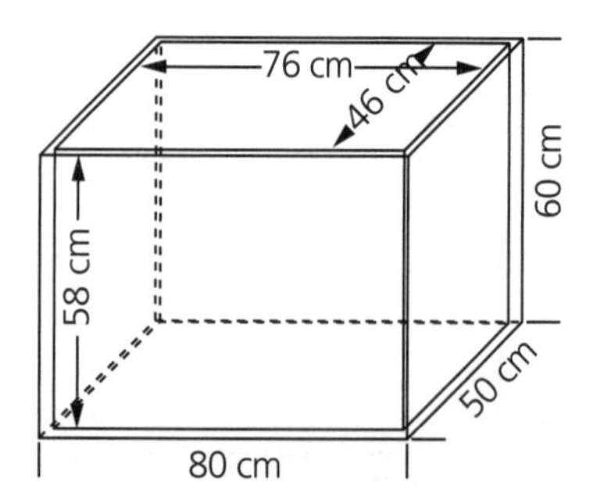

T 5

Trainingsrunde 5

L

Zahl

Runden

a)

Z	H	T	ZT	HT
469 890 370	469 890 400	469 890 000	469 890 000	469 900 000

M	ZM	HM
470 000 000	470 000 000	500 000 000

b)

3,57 €	39 Ct	73 cm
5,68 m	9 km	9 kg
2,7 t	6,8 hl	2,75 l

Ganze Zahlen

a) −1 b) −6,25 c) 84 d) 9 e) −13 f) 4

Messen

Sachaufgaben

Individuelle Lösungen

Zusammengesetzter Körper

$V_A = 243\ 750\ cm^3$; $V_B = 241\ 875\ cm^3$

Raum und Form

Würfel- und Quadernetze

a)

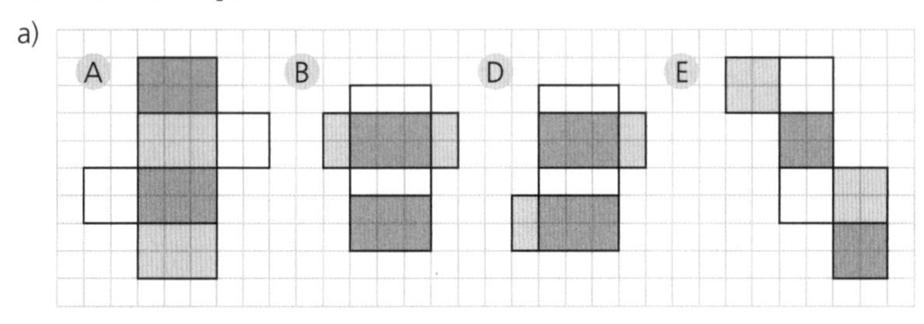

Funktionaler Zusammenhang

Terme und Gleichungen

a) $-0{,}5 - y$ $1 + 2x$ $-1{,}1 - 1{,}1x$

b) $x = -4$ $x = -2$ $x = 2{,}5$ $x = 8{,}5$

c) $x + 2x - 1\ 000 + (2x - 1\ 000) : 2 = 158\ 500$
$x = 40\ 000$
A erhält 40 000 €, B bekommt 79 000 € und C 39 500 €

Quader

Das Volumen wird

A) verdoppelt B) achtmal so groß

C) halbiert D) $\frac{1}{8}$-mal so groß

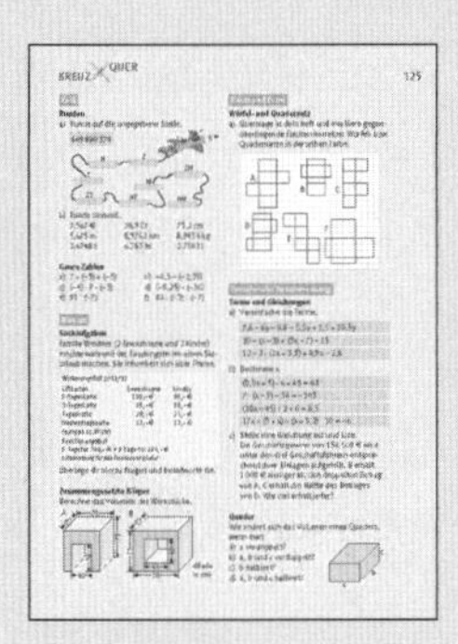

Die Seiten „Kreuz und quer" greifen im Sinne einer permanenten Wiederholung Lerninhalte früher behandelter Kapitel auf und sichern so nachhaltig Grundwissen und Basiskompetenzen.

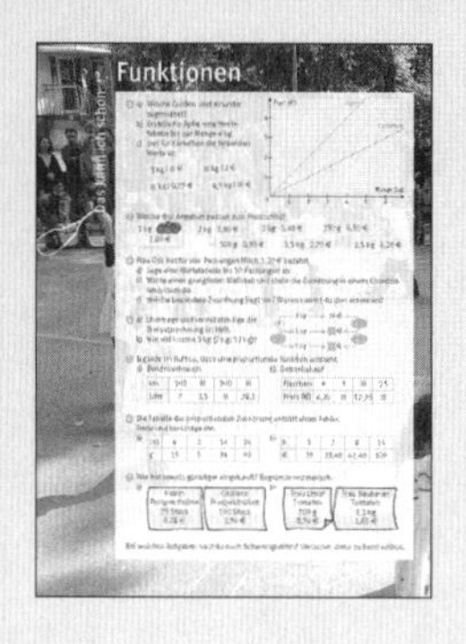

Funktionen

Diagnose, Differenzierung und individuelle Förderung

Als erste Schritte zur Analyse der Lernausgangslage (Diagnose) für das folgende Kapitel dienen die beiden Einstiegsseiten: „**Das kann ich schon**" (SB 126) und **Bildaufgabe** (SB 127). Die Schüler bringen zu den Inhalten des Kapitels „Funktionen" bereits Vorwissen aus früheren Jahrgangsstufen mit, insbesondere aus der 7. Mithilfe der Doppelseite im Schülerbuch soll möglichst präzise ermittelt werden, welche Inhalte bei den Schülern noch verfügbar sind, wo auf fundiertes Wissen aufgebaut werden kann und was einer nochmaligen Grundlegung bedarf. So kann diese Lernstandserhebung ein wichtiger Anhaltspunkt sein, um Schüler möglichst früh angemessen zu fördern.

Eine realistische Einschätzung der eigenen Leistungen hilft, Stärken zu erhalten und Schwächen abzumildern. Mithilfe des Selbsteinschätzungsbogens **(K 29)** können die Schüler ihre Kenntnisse und Fertigkeiten selbst bewerten.

L

1 a) zugeordnete Größen: Menge (kg) → Preis (€)

b)

Menge (kg)	0	1	2	3	4	5	6
Preis (€)	0	1	2	3	4	5	6

c) 3 kg | 1,50 €   6 kg | 3 €   1,5 kg | 0,75 €   4,5 kg | 2,25 €

2 3 kg | 5,40 €   500 g | 0,90 €   1,5 kg | 2,70 €

3

Packungen	0	1	2	3	4	5	6	7	8	9	10
Preis (€)	0	0,80	1,60	2,40	3,20	4,00	4,80	5,60	6,40	7,20	8,00

b) Beispiel für geeigneten Maßstab
x-Achse: 1 cm ≙ 1 Packung   y-Achse: 1 cm ≙ 1 €
entsprechende Darstellung im Koordinatensystem

c) Es liegt eine proportionale Zuordnung vor, da der Graph eine vom Nullpunkt ausgehende Halbgerade ist.

4 a)
8 kg → 78 €
:8   :8
1 kg → 9,75 €
·5   ·5
5 kg → 48,75 €

b) 3 kg → 29,25 €
7 kg → 68,25 €
12 kg → 117,00 €

5 a)

km	100	50	300	550
Liter	7	3,5	21	38,5

b)

Flaschen	4	3	9	15
Preis (€)	6,20	4,65	13,95	23,25

6 a)

cm	14
g	34

⇒

14
35

oder:

13,6
34

b)

h	14
€	109

⇒

14
109,20

7 a) Giuliana mit einem Stückpreis von 2,98 Ct (Katrin: 3,12 Ct)

b) Fr. Umut mit 0,14 € je 100 g Tomaten (Fr. Neubauer: 0,15 €)

Zielstellungen

Regelklasse

Die Schüler stellen Sachsituationen mit linearen Abhängigkeiten als Funktionen in Wertetabellen und Graphen dar. Sie können diese Darstellungen ineinander überführen und ermitteln mit deren Hilfe fehlende Funktionswerte. Beim Erstellen von Graphen achten sie auf geeignete Maßstäbe.

M-Klasse

Die Schüler stellen Sachsituationen mit linearen Abhängigkeiten als Funktionen in Wertetabellen, Graphen oder einfachen Gleichungen dar und können diese Darstellungen auch ineinander überführen. Insbesondere lernen sie für lineare Funktionen Zusammenhänge zwischen Funktionsgleichung und Graph kennen. Mithilfe der Darstellungen ermitteln sie Funktionswerte. Sie achten beim Erstellen von Graphen auf geeignete Maßstäbe.

Inhaltsbereiche

Regelklasse

- lineare Funktionen in Sachsituationen erkennen, z. B. Tarife mit Grundgebühr
- lineare Funktionen in Tabellen und im Koordinatensystem darstellen
- Werte berechnen und am Graphen ablesen
- beim Erstellen von Graphen geeignete Maßstäbe auswählen
- den Graphen derselben Funktion in verschiedenen Maßstäben darstellen, vergleichen und kritisch werten
- mit Hilfe eines Tabellenkalkulationsprogramms Werte ermitteln und Diagramme zeichnen

M-Klasse

- lineare Funktionen in Sachsituationen erkennen, z. B. Tarife mit Grundgebühr
- lineare Funktionen in Gleichungen, Tabellen und im Koordinatensystem darstellen
- Werte berechnen und am Graphen ablesen
- beim Erstellen von Graphen geeignete Maßstäbe auswählen
- den Graphen derselben Funktion in verschiedenen Maßstäben darstellen, vergleichen und kritisch werten
- Vergleich der Graphen linearer Funktionen; Steigung, Funktionsgleichung: $y = m \cdot x + t$
- mit Hilfe eines Tabellenkalkulationsprogramms Werte ermitteln und Diagramme zeichnen

Bildaufgabe

- Welcher Sachverhalt ist dargestellt?
  An der Sachsituation „Schulfest" werden Beispiele für Zuordnungen (Funktionen) zwischen der Anzahl der Portionen/Stückzahl und dem Preis dargestellt.
- Untersuche jeweils den Zusammenhang zwischen Anzahl und Preis. Was stellst du fest?
  gleichmäßiges Ansteigen: Kartoffelsupppe, Salate, Kaffee bis zu 4 Tassen
  ⇒ Proportionale Funktionen liegen vor.
  ungleichmäßiges Ansteigen: Tombola, Kaffee 8 Tassen
- Finde Fragestellungen zu den Aussagen von Gino, Tom und Violetta. Beantworte diese.
  Gino: Wie viele Portionen Kartoffelsuppe und Salat hat meine Familie gekauft?
  (4 Portionen Suppe und 2 Portionen Salat)
  Tim: Wie viel kostet das? (6,10 €)
  Violetta: Wie viele Lose habe ich dafür bekommen? (im günstigsten Fall 20 Lose; im ungünstigsten Fall 14 Lose)
- Überlege, notiere und bearbeite weitere Aufgabenstellungen.
  Beispiele:
  · Elena hat für 6 € Kartoffelsuppe gekauft. (4 Portionen)
  · Kaufe 12 Lose möglichst günstig.
  (5 + 5 + 2: 5 €   5 + 5 + 1 + 1: 5 €)

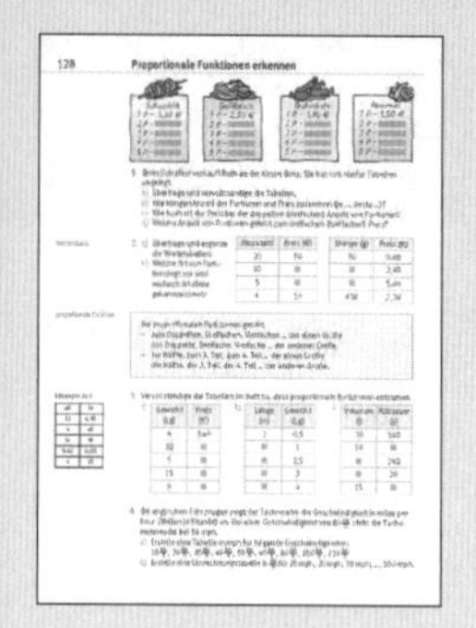

Grundlegende Eigenschaften einer proportionalen Funktion (vgl. Merkkasten im Schülerbuch) werden wiederholend erarbeitet. Dies geschieht überwiegend in Tabellen(form), da dadurch Zusammenhänge prägnant und anschaulich verdeutlicht werden.

1 a)

Schaschlik	
1 P. –	3,20 €
2 P. –	6,40 €
3 P. –	9,60 €
4 P. –	12,80 €
5 P. –	16,00 €

Grillfleisch	
1 P. –	2,50 €
2 P. –	5,00 €
3 P. –	7,50 €
4 P. –	10,00 €
5 P. –	12,50 €

Bratwürste	
1 P. –	1,80 €
2 P. –	3,60 €
3 P. –	5,40 €
4 P. –	7,20 €
5 P. –	9,00 €

Pommes	
1 P. –	1,50 €
2 P. –	3,00 €
3 P. –	4,50 €
4 P. –	6,00 €
5 P. –	7,50 €

b) Je mehr Portionen, desto höher der Preis
Je weniger Portionen, desto niedriger der Preis

c) doppelte Anzahl von Portionen → doppelter Preis
vierfache Anzahl von Portionen → vierfacher Preis

d) dreifacher Preis → dreifache Anzahl von Portionen
fünffacher Preis → fünffache Anzahl von Portionen

2 a)

Stückzahl	Preis (€)
20	50
10	25
5	12,50
4	10

Menge (g)	Preis (€)
50	0,80
150	2,40
350	5,60
450	7,20

b) proportionale Funktion
Kennzeichen: siehe Merkkasten im Schülerbuch S. 128

3 a)

Gewicht (kg)	Preis (€)
4	3,60
20	18
5	4,50
15	13,50
9	8,10

Länge (m)	Gewicht (kg)
2	0,5
4	1
10	2,5
12	3
16	4

Volumen (l)	Fülldauer (s)
30	180
10	60
40	240
5	30
15	90

4 a)

Geschwindigkeit $\left(\frac{km}{h}\right)$	10	20	30	40	50	60	80	100	120
Geschwindigkeit (mph)	6,25	12,5	18,75	25	31,25	37,5	50	62,5	75

b)

Geschwindigkeit (mph)	10	20	30	40	50	60	70	80	90	100
Geschwindigkeit $\left(\frac{km}{h}\right)$	16	32	48	64	80	96	112	128	144	160

K1

Kopfrechenübungen

1. Ergänze die Tabelle.

Anzahl der Getränkeflaschen	3	1	5	4	8	11	15
Preis (€)	5,40	1,80	9	7,20	14,40	19,80	27

2. Ergänze die Tabelle.

Flugzeit (h)	4	2	$\frac{1}{2}$	$2\frac{1}{2}$	6	$8\frac{1}{2}$	$5\frac{1}{4}$
Flugstrecke (km)	3 200	1 600	400	2 000	4 800	6 800	4 200

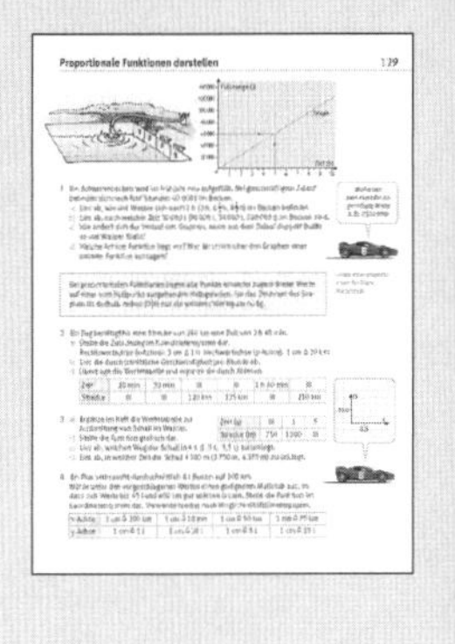

L

1 a)

Zeitraum (h)	1	2	$6\frac{1}{2}$	$8\frac{1}{2}$
Wassermenge (l)	12 000	24 000	78 000	102 000

b)

Wassermenge (l)	30 000	90 000	54 000	100 000
Zeitraum (h)	$2\frac{1}{2}$	$7\frac{1}{2}$	$4\frac{1}{2}$	$8\frac{1}{3}$

c) doppelte Wassermenge: Der Graph verläuft entsprechend steiler (steigt stärker).
halbe Wassermenge: Der Graph verläuft entsprechend flacher (steigt weniger stark).

d) Es liegt eine proportionale Funktion vor.
Der Graph einer proportionalen Funktion ergibt eine Halbgerade, die vom Nullpunkt ausgeht.

Proportionale Funktionen lassen sich graphisch durch eine gerade Linie (Halbgerade) darstellen. Dies erfahren die Schüler, erstellen entsprechende graphische Darstellungen und bestimmen anhand des Graphen weitere Wertepaare.

2 a) Strecke (km)   Hinweis: siehe auch Zusatzangebot

240, 220, 200, 180, 160, 140, 120, 100, 80, 60, 40, 20

0   1   2   Zeit (h)

b) durchschnittliche Geschwindigkeit: 90 $\frac{\text{km}}{\text{h}}$

c)

Zeit	20 min	30 min	1 h 20 min	1 h 30 min	1 h 40 min	2 h 20 min
Strecke	30 km	45 km	120 km	135 km	150 km	210 km

3 a)

Zeit (s)	0,5	1	5
Strecke (m)	750	1 500	7 500

b) Die Erstellung des Graphen mit dem Maßstab in der Randspalte erfolgt entsprechend der vorherigen Aufgabe (0 m bei 0 s; 1 500 m bei 1 s).
Hinweis: siehe auch Zusatzangebot

c)

Zeit (s)	4	1,5	3,5
Strecke (m)	6 000	2 250	5 250

d)

Strecke (m)	4 500	3 750	6 375
Zeit (s)	3	2,5	4,25

4 geeigneter Maßstab: x-Achse: 1 cm ≙ 50 km   y-Achse: 1 cm ≙ 5 l
Die Erstellung des Graphen erfolgt entsprechend den vorherigen Aufgaben.
Hinweis: siehe auch Zusatzangebot

Z

Koordinatensysteme

Einsatzhinweis:
Koordinatensystem auf Folie kopieren und den jeweiligen Graphen selbst erstellen bzw. durch Schüler erstellen lassen. Über den OHP bzw. die Folie (Overlay) ergibt sich dann eine Kontrollmöglichkeit für jeden Schüler.

K 27

K 28

Lineare Funktionen erkennen

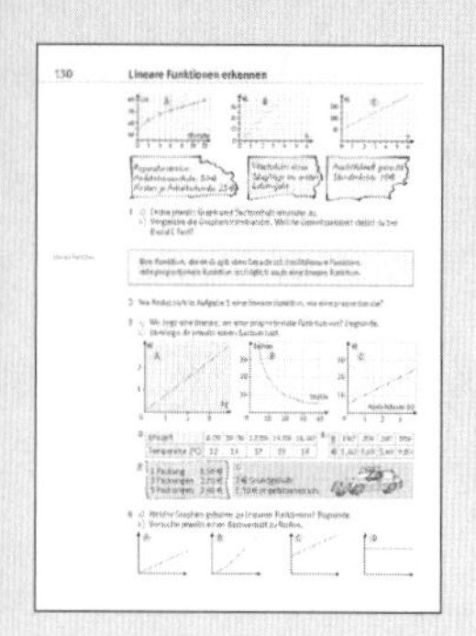

Mithilfe von Graphen wird die grundlegende Eigenschaft einer linearen Funktion herausgefunden. Vorgegebene Funktionsgraphen bzw. Funktionen werden auf Linearität hin überprüft.

1 a)

Graph	Sachverhalt
A	Säuglingswachstum
B	Aushilfskraft
C	Reparaturservice

b) A: Graph keine Gerade
B / C: Graph jeweils eine Gerade

2 B: lineare und zudem proportionale Funktion
C: lineare Funktion

3 a) b)

Beispiel	lineare Funktion	proportionale Funktion	möglicher Sachverhalt (Beispiel)
A	x	x	Kauf von z.B. Äpfeln
B			Bestuhlung Pausenhalle
C	x		Ausleihkosten z.B. für Rüttler
D			Temperaturmessung
E	x	x	Kauf von z.B. Schinken
F			Kauf von z.B. Zucker (Mengenaktion)
G	x		Taxikosten

4 a) b)

Beispiel	lineare Funktion	möglicher Sachverhalt (Beispiel)
A	x	Kosten für z.B. Kartoffeln
B		Zufluss durch einen Wasserschlauch; zum Zeitpunkt des Knicks wird der Zufluss erhöht
C	x	Leihauto mit Grundgebühr und Kilometergebühr
D	x	Leihauto mit Tagespauschale

L

1 a) durchschnittliche Reisegeschwindigkeit: 900 $\frac{km}{h}$

b)

Flugzeit (h)	2	4	5	7	9	$1\frac{1}{2}$	$5\frac{1}{2}$	$8\frac{1}{2}$
Strecke (km)	1 800	3 600	4 500	6 300	8 100	1 350	4 950	7 650

2 a) Erklärung gemäß Vorgaben

b) Grundgebühr: 20 €

c)

Fahrstrecke (km)	20	40	50	70	100	110	120	130
Gesamtkosten (€)	25	30	32,50	37,50	45	47,50	50	52,50

3 a)

Nutzungszeit (h)	0	1	2	3	4	5	6	7	8
Kosten (€)	10	14	18	22	26	30	34	38	42

b)

Kosten (€)	20	36	17	27	41
Nutzungszeit (h)	$2\frac{1}{2}$	$6\frac{1}{2}$	$1\frac{3}{4}$	$4\frac{1}{4}$	$7\frac{3}{4}$

c)

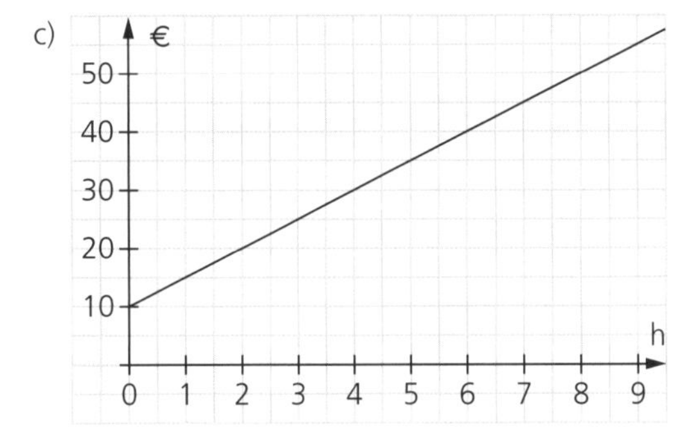

Hinweis: siehe auch Zusatzangebot

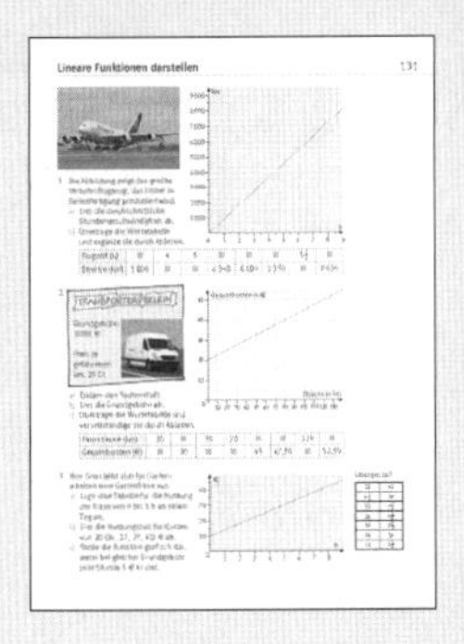

Anhand des vorgegebenen Graphen werden weitere Tabellenwerte bzw. Wertepaare bestimmt.

Z

Koordinatensystem

Einsatzhinweis:
Koordinatensystem auf Folie kopieren und den jeweiligen Graphen selbst erstellen bzw. durch Schüler erstellen lassen. Über den OHP bzw. die Folie (Overlay) ergibt sich dann eine Kontrollmöglichkeit für jeden Schüler.

Ausgehend von Wertetabellen zeichnen die Schüler nun erst den zugehörigen Graphen und lesen anschließend weitere Werte ab. Während hierbei anfänglich der Maßstab vorgegeben ist bzw. zur Auswahl steht, ist dieser schließlich selbst geeignet festzulegen. Zudem wird bei Aufgabe 4 eine lineare Funktion in verschiedenen Maßstäben dargestellt. Die jeweiligen Schaubilder werden anschließend hinsichtlich der Ablesegenauigkeit von Werten miteinander verglichen.

1 a) Erklärung entsprechend Vorgaben

b)

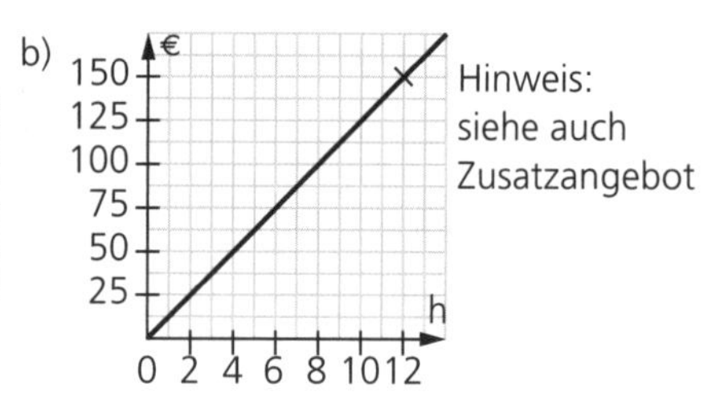

c)

Arbeitszeit (h)	6	7	9
Lohn (€)	75	87,50	112,50

d)

Lohn (€)	100	62,50	137,50
Arbeitszeit (h)	8	5	11

2 a) Autoverleih, bei dem neben einer Grundgebühr eine Kilometergebühr zu bezahlen ist, die von der Länge der Fahrstrecke abhängt.

b) Grundgebühr: 30 €

c) Gebühr je gefahrenen Kilometer: 10 € : 50 = 0,20 €

d) x-Achse: 1cm ≙ 25 km   y-Achse: 1 cm ≙ 10 €
Graphen entsprechend zeichnen   Hinweis: siehe auch Zusatzangebot

e)

km	250	75	325
€	80	45	95

f)

€	90	55	75
km	300	125	225

3 a)

Wassermenge (cm³)	200	50	100	300	550
Höhe der Wassersäule (cm)	10	2,5	5	15	27,5

b) Zeichnen des Graphen wie bei entsprechenden vorherigen Aufgaben:
x-Achse: 1 cm ≙ 50 cm³   y-Achse: 1 cm ≙ 2,5 cm
Hinweis: siehe auch Zusatzangebot

c)

Höhe der Wassersäule (cm)	25	17,5	12,5
Wassermenge (cm³)	500	350	250

4 a)

Menge (kg)	1	2	3	4	5	6
Preis (€)	5	10	15	20	25	30

b) Darstellung als Funktion kg → € im jeweils angegebenen Maßstab entsprechend den vorherigen Aufgaben
Hinweis: siehe auch Zusatzangebot

c)

Menge (kg)	1,5	2,5	4,5	0,750	$2\frac{1}{4}$	$5\frac{3}{4}$
Preis (€)	7,50	12,50	22,50	3,75	11,25	28,75

Schaubild 2, da sich hier Kilogrammwerte am genauesten ablesen lassen.

5 Zeichnen des Graphen wie bei entsprechenden vorherigen Aufgaben:
x-Achse: 1 cm ≙ 100 cm³   y-Achse: 1 cm ≙ 100 g

Aufgabenbeispiele	Gewicht ablesen			Volumen ablesen		
Volumen (cm³)	200	600	900	400	1 000	1 300
Gewicht (g)	150	450	675	300	750	975

AH 36

Z

K 28

Koordinatensystem

Einsatzhinweis: Koordinatensystem auf Folie kopieren und den jeweiligen Graphen selbst erstellen bzw. durch Schüler erstellen lassen. Über den OHP bzw. die Folie (Overlay) ergibt sich dann eine Kontrollmöglichkeit für jeden Schüler.

L

1 a) Äpfel: 4,05 €
Birnen: 3,45 €
Kirschen: 2,35 € → (+) → Gesamtausgabe: 22,75 €
Pfirsiche: 12,25 €
Trauben: 0,65 €

b) Der Lösungsweg wird Zweisatz genannt, weil die Lösung in zwei Sätzen (Schritten) erfolgt:

1. Satz ausführlich:
1 kg Äpfel kostet 1,35 €
2. Satz ausführlich:
3 kg Äpfel kosten 1,35 € · 3 = 4,05 €

1. Satz kurz:
1 kg → 1,35 €
2. Satz kurz:
3 kg → 1,35 € · 3 = 4,05 €

2

Anzahl der Kisten	24	6	8	12	48
Gewicht (kg)	960	240	320	480	1 920

3 a) 1 m^2 → 180 €

Grundstück	B	C	D	E
Preis (€)	104 400	129 600	114 300	144 900

b) Die Lösung erfolgt in drei Sätzen (Schritten). Erklärung analog Aufgabe 1 b).

4

Wohnfläche		Monatsmiete
78 m^2	→	487,50 €
1 m^2	→	6,25 €
104 m^2	→	650,00 €
95 m^2	→	593,75 €

5 a) Streichfläche mit 7 kg: 28 m^2
Streichfläche mit 11 kg: 44 m^2
b) Farbmenge für 96 m^2: 24 kg
Farbmenge für 38 m^2: 9,5 kg

6
1. Abfüllmenge in 3 h: 28 500 l
2. Abfüllmenge in 1 h: 9 500 l
3. Abfüllmenge in 5 h: 47 500 l

7
1. Versprühte Wassermenge in 1 s: $\frac{10}{15}$ l = $\frac{2}{3}$ l
2. Anzahl der Sekunden: 5 400
3. Versprühte Wassermenge in $1\frac{1}{2}$ h: 3 600 l (36 hl)

oder:

1. Anzahl der Sekunden: 5 400
2. Vielfaches an Zeit: 360
3. Versprühte Wassermenge in $1\frac{1}{2}$ h: 3 600 l (36 hl)

Mittels Zwei- und Dreisatz werden Werte linearer, speziell proportionaler Funktionen berechnet.
Diese Rechenverfahren sind dem Schüler seit der Grundschule bekannt und immer wieder begegnet. Sie sind somit nichts grundlegend Neues und werden nur wiederholend erarbeitet.

Z

Kopfrechenübungen

Löse mit dem Dreisatz:

a) 6 kg → 9 €
8 kg → ☐ €

b) 15 kg → 60 m^2
10 kg → ☐ m^2

c) 40 h → 1 200 €
12 h → ☐ €

Lösungen:

a) 6 kg → 9 €
2 kg → 3 €
(1 kg → 1,50 €)
8 kg → 12 €

b) 15 kg → 60 m^2
5 kg → 20 m^2
(1 kg → 4 m^2)
10 kg → 40 m^2

c) 40 h → 1 200 €
4 h → 120 €
(1 h → 30 €)
12 h → 360 €

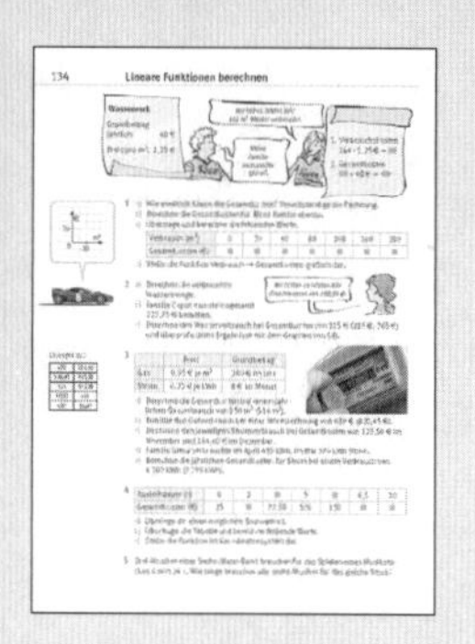

Bei der Berechnung von Werten linearer Funktionen, die nicht proportional sind, ist zusätzlich der Grundbetrag / die Grundgebühr entsprechend zu berücksichtigen.

1 a) Aileen berechnet zunächst die Verbrauchskosten für 164 m³ Wasser, addiert dazu den jährlichen Grundbetrag von 40 € und erhält so die Gesamtkosten.

1. Verbrauchskosten
$164 \cdot 1{,}25$ € = 205 €
2. Gesamtkosten
205 € + 40 € = 245 €

b) 1. Verbrauchskosten: 245 €
2. Gesamtkosten: 285 €

c)

Verbrauch (m³)	0	20	40	80	100	160	200
Gesamtkosten (€)	40	65	90	140	165	240	290

d) Zeichnen des Graphen wie bei entsprechenden vorherigen Aufgaben:
x-Achse: 1 cm ≙ 20 m³ y-Achse: 1 cm ≙ 20 €
Hinweis: siehe auch Zusatzangebot

2 a) Verbrauchte Wassermenge: (192,50 – 40) : 1,25 = 122 (m³)

b) Wasserverbrauch Familie Copur: 147 m³

c)

Gesamtkosten (€)	115	215	265
Verbrauch (m³)	60	140	180

3 a) Gesamtkosten: 572,50 € (730,20 €)

b) Gasverbrauch: 420 m³ (611 m³)

c) Stromverbrauch November: 525 kWh
Stromverbrauch Dezember: 620 kWh

d) Gesamtkosten Familie Giesa für April: 103,70 €
Gesamtkosten Familie Giesa für Mai: 89,40 €

e) Jährliche Gesamtkosten: $4\,200 \cdot 0{,}22$ € + $12 \cdot 8$ € = 1 020 €
($3\,795 \cdot 0{,}22$ € + $12 \cdot 8$ € = 930,90 €)

4 a) Möglicher Sachverhalt (Beispiel):
Ausleihen eines Minibaggers mit einer Grundgebühr von 25 € und Gesamtkosten von 100 € bei einer Ausleihdauer von 5h

b)

Ausleihdauer (h)	0	2	3,5	5	7	8,5	10
Gesamtkosten (€)	25	55	77,50	100	130	152,50	175

c) Zeichnen des Graphen wie bei entsprechenden vorherigen Aufgaben:
x-Achse: 1 cm ≙ 1 h y-Achse: 1 cm ≙ 10 €
Hinweis: siehe auch Zusatzangebot

5 Sie brauchen ebenfalls 8 min 25 s, wenn sie zusammen spielen. Der Sachverhalt stellt keine proportionale Funktion dar.

Z

K 28

Koordinatensystem

Einsatzhinweis:
Koordinatensystem auf Folie kopieren und den jeweiligen Graphen selbst erstellen bzw. durch Schüler erstellen lassen. Über den OHP bzw. die Folie (Overlay) ergibt sich dann eine Kontrollmöglichkeit für jeden Schüler.

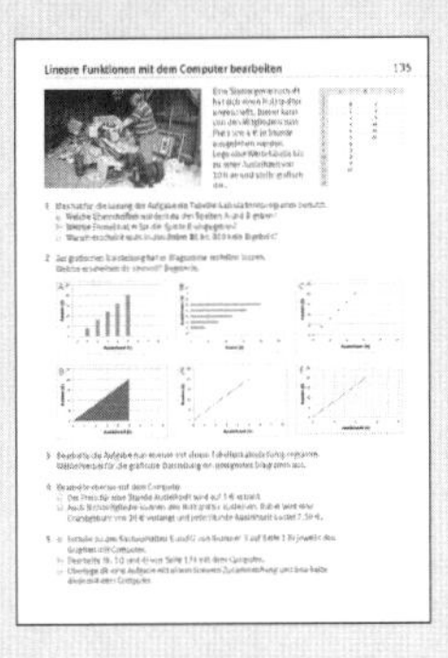

1 a) Überschrift für Spalte A: Ausleihzeit (h)
Überschrift für Spalte B: Kosten (€)

b) eingegebene Formel für Spalte B: = A2*4
Max hat die Formel vermutlich nur bis in Zelle B7 kopiert.

2 Individuelle Lösungen mit entsprechender Begründung möglich. Die Darstellung als „Linie" (Halbgerade) verdeutlicht jedoch den funktionalen Zusammenhang der beiden Größen gut und „Hilfslinien"erleichtern das (exakte) Ablesen von Werten.

3 Erstellung der Wertetabelle gemäß Vorgaben im Buch und anschließende Umsetzung in ein Liniendiagramm mit Gitternetz.

4 a)

	A	B
1	Arbeitszeit (h)	Kosten (€)
2	0	0
3	1	5
4	2	10
5	3	15
6	4	20
7	5	25
8	6	30
9	7	35
10	8	40
11	9	45
12	10	50
13		

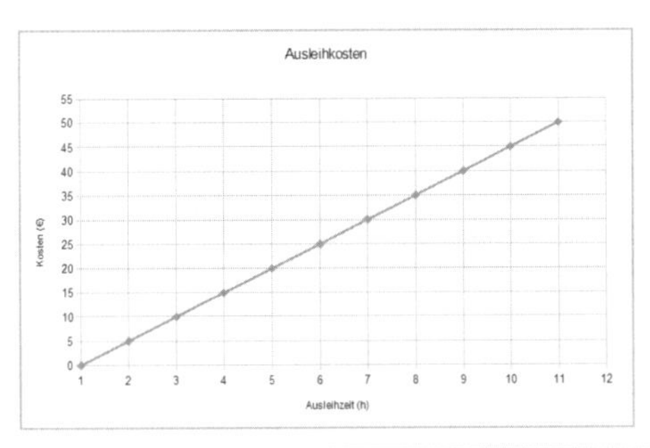

b)

	A	B
1	Arbeitszeit (h)	Kosten (€)
2	0	10
3	1	17.5
4	2	25
5	3	32.5
6	4	40
7	5	47.5
8	6	55
9	7	62.5
10	8	70
11	9	77.5
12	10	85

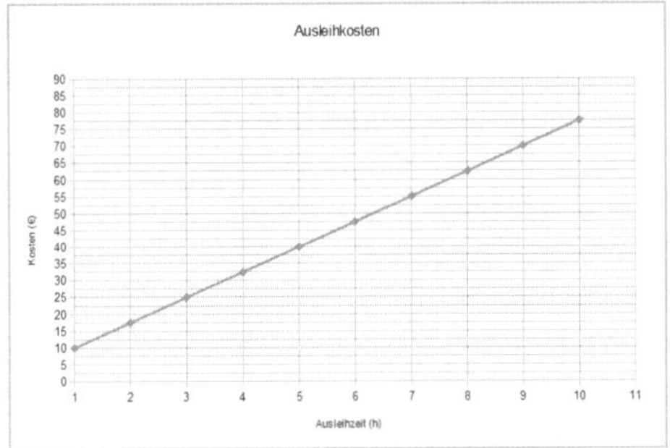

5 a) E Formel: A2/100*1,8 G Formel: = A2*1,5 + 2

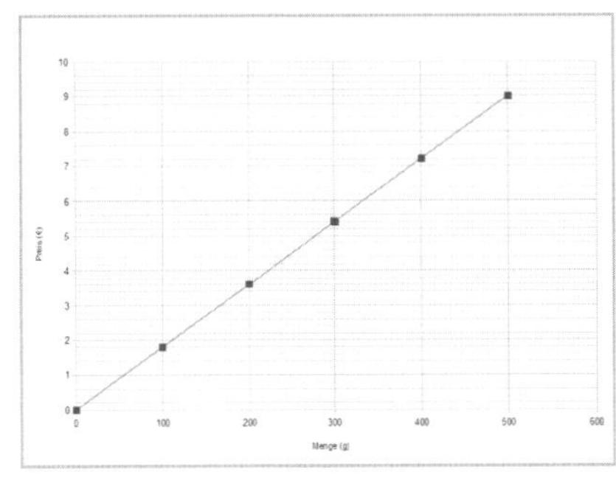

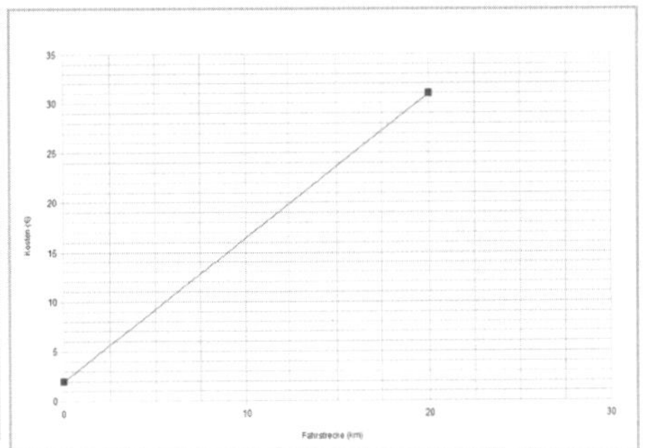

b) Bearbeitung entsprechend den bisherigen Aufgaben

c) –/–

Die Schüler vollziehen zunächst unter Einbezug ihrer bisherigen schulischen und außerschulischen Erfahrungen im Umgang mit einem Tabellenkalkulationsprogramm die Bearbeitung einer linearen Funktion mit dem Computer gedanklich und danach konkret nach. Die Bearbeitung weiterer linearer Funktionen schließt sich an. Bewusst finden sich dabei zuerst Aufgabenstellungen mit Variationen der Ausgangsaufgabe. Dies erleichtert nämlich zum einen die eigenständige Bearbeitung durch die Schüler und verdeutlicht zum anderen den Vorteil eines Kalkulationsprogramms bei der Lösung mehr oder minder gleicher Aufgaben mit lediglich variierten Größenvorgaben.

Die besondere Seite: Günstiger Strom?

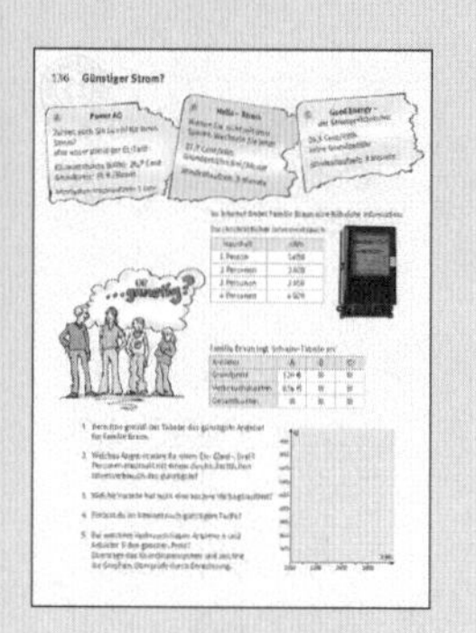

Als Anwendung erlernter Operationen ist die besondere Seite „Günstiger Strom?" gedacht. Dabei ist der Aufbau an eine mögliche Schrittfolge der Realität angepasst: Man sieht (verlockende) Angebote, entscheidet aber erst nach sachgerechtem Vergleichen.

L

1

Vier-Personen-Haushalt	A	B	C
Grundpreis	120 €	96 €	0 €
Verbrauchskosten bei 4 000 kWh	836 €	876 €	980 €
Gesamtpreis	956 €	972 €	980 €

Angebot A ist (rein finanziell gesehen) für Familie Braun das günstigste.

2

Ein-Personen-Haushalt	A	B	C
Grundpreis	120 €	96 €	0 €
Verbrauchskosten bei 1 600 kWh	334,40 €	350,40 €	392 €
Gesamtpreis	454,40 €	446,40 €	392 €

Zwei-Personen-Haushalt	A	B	C
Grundpreis	120 €	96 €	0 €
Verbrauchskosten bei 2 800 kWh	585,20 €	613,20 €	686 €
Gesamtpreis	705,20 €	709,20 €	686 €

Drei-Personen-Haushalt	A	B	C
Grundpreis	120 €	96 €	0 €
Verbrauchskosten bei 3 400 kWh	710,60 €	744,60 €	833 €
Gesamtpreis	830,60 €	840,60 €	833 €

Angebot C ist für einen Ein- und Zwei-Personen Haushalt das günstigste.
Angebot A ist finanziell gesehen das günstigste für einen Drei-Personen-Haushalt, hat für den geringen Preisvorteil aber eine deutlich längere Vertragslaufzeit.

3 Man kommt schneller aus einem Vertrag heraus, wenn man ein günstigeres Angebot entdeckt.

4 –/–

5 Anmerkung: Es empfiehlt sich, wie angegeben, Millimeterpapier zu verwenden.
Hinweis: siehe Kopiervorlage K 27

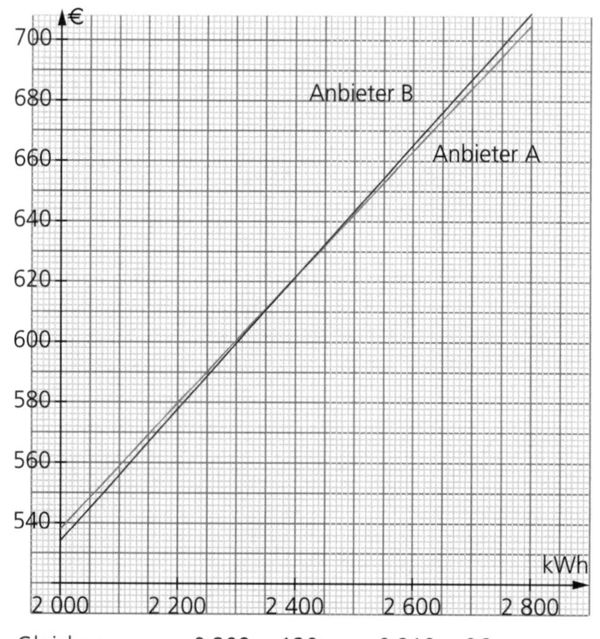

Gleichung: $x \cdot 0{,}209 + 120 = x \cdot 0{,}219 + 96$
Lösung: $2\,400 = x$
Antwort: Gleicher Preis bei Verbrauch von 2 400 kWh

L

1 Nettostromentgelt: 1 085,88 €
Umsatzsteuer 19,00 %: 206,32 €
Bruttostromentgelt: 1 292,20 €

2 a) Stromanbieter fordern nicht erst nach einem Jahr das Stromentgelt ein. Sie erheben (monatlich oder für 2 Monate) einen Abschlag, der sich am voraussichtlichen Stromverbrauch orientiert.

b) monatlicher $\text{Abschlag}_{\text{bisher}}$: 1 152 : 12 = 96 (€)
monatlicher $\text{Abschlag}_{\text{neu}}$: 96 + (140,20 : 12) = 107,68 (€) ⇒ 108 (€)

3 –/–

4 –/–

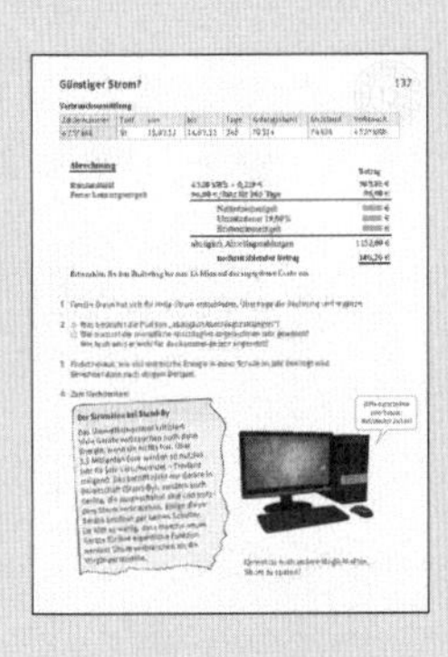

Neben der rechnerischen Bewältigung der Aufgaben bietet diese Seite Anregungen, um die Schüler für einen verantwortungsbewussten Umgang mit Energie zu sensibilisieren.

Die Berechnung und Darstellung linearer Funktionen wird in verschiedenen Sachzusammenhängen angewandt und vertieft.

AH 38

L

1

sm	5	15	20	25	37,5	250
km	9,26	27,78	37,04	46,3	69,45	463

2 a)

Fahrstrecke		Benzinmenge
500 km	→	42,5 l
100 km	→	8,5 l
200 km	→	17,0 l
(350 km	→	29,75 l)

b)

Benzinmenge		Fahrstrecke
42,5 l	→	500 km
1,0 l	→	11,765 km
34,0 l	→	400 km
(21,25 l	→	250 km)

3 a)

Pflanzen	5	10	15	20	25	30	35	40	45	50
Preis (€)	0,90	1,80	2,70	3,60	4,50	5,40	6,30	7,20	8,10	9,00

Darstellung entsprechend vorherigen Aufgaben Hinweis: siehe auch K 27

b)

Verbrauch (m^3)	0	20	40	60	80	100	120	140	160	180	200
Kosten (€)	20	55	90	125	160	195	230	265	300	335	370

geeigneter Maßstab: x-Achse: 1 cm ≙ 20 cm^3 y-Achse: 1 cm ≙ 40 €
Darstellung entsprechend vorherigen Aufgaben Hinweis: siehe auch K 28

TRIMM-DICH-ZWISCHENRUNDE

Die Trimm-dich-Zwischenrunden dienen dazu, diagnostisch zur individuellen Förderung den Lernstand der Schüler auch während des Lernprozesses zu ermitteln: Was „sitzt", wo sind noch Schwächen vorhanden, welche Lerninhalte müssen nochmals aufgegriffen und vertieft werden?
Eine realistische Einschätzung der eigenen Leistungen hilft, Stärken zu erhalten und Schwächen abzumildern. Mithilfe des Selbsteinschätzungsbogens (K 29) können die Schüler ihre Kenntnisse und Fertigkeiten selbst bewerten.

K 29

1 a) Es liegt eine proportionale Funktion vor, da zum doppelten, dreifachen, … Gewicht der doppelte, dreifache, … Preis gehört. Der Graph ist eine vom Nullpunkt ausgehende Halbgerade.

b)

l	4	5	20	60
€	3,80	4,75	19	57

2 a)

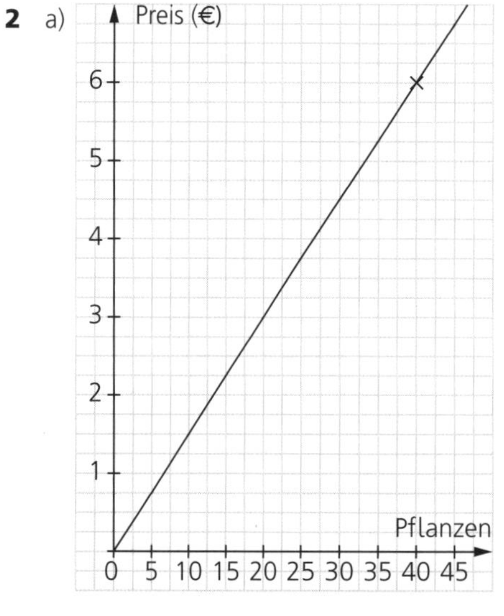

Hinweis: siehe auch K 28

b)

Pflanzen	15	20	30	45
Preis (€)	2,25	3,00	4,50	6,75

3 a)

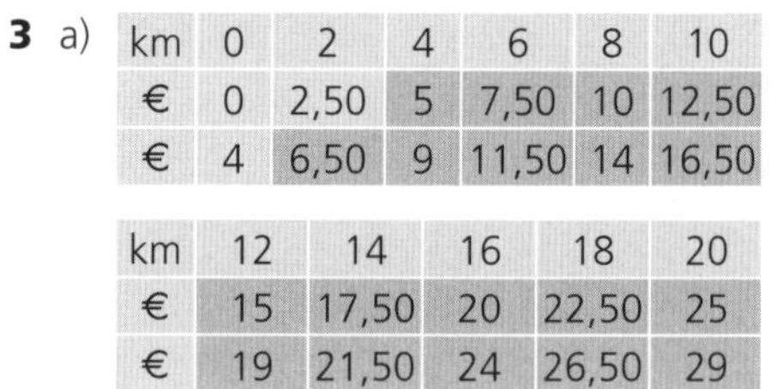

km	0	2	4	6	8	10
€	0	2,50	5	7,50	10	12,50
€	4	6,50	9	11,50	14	16,50

km	12	14	16	18	20
€	15	17,50	20	22,50	25
€	19	21,50	24	26,50	29

b) x-Achse: 1 cm ≙ 2 km
y-Achse: 1 cm ≙ 4 €

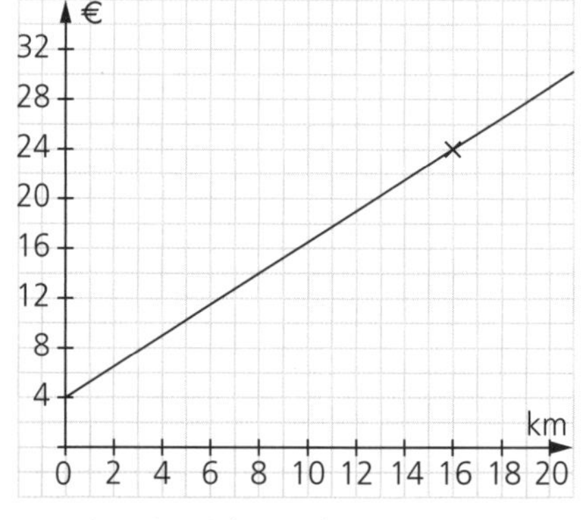

Hinweis: siehe auch K 28

4 Birnen: 1 kg ≙ 0,90 €
Pasta: 750 g 1,69 €
Nudelsauce: 400 ml 0,98 €
(0,4 l 0,98 €)

1 a) Entfernungen in Meilen und Entfernungen in Kilometern werden einander zugeordnet. Die Funktion ist proportional, da zum Dreifachen, Fünffachen, ... der einen Größe das Dreifache, Fünffache, ... der anderen Größe gehört.

b) Quotient aller Wertepaare: 1,6

2 a) Erklärung gemäß Notizzettel
$x = 40$ (mls) $\rightarrow y = 64$ (km)

b)

x-Wert mls	y-Wert km
40	64
65	104
110	176
135	216
150	240

c)

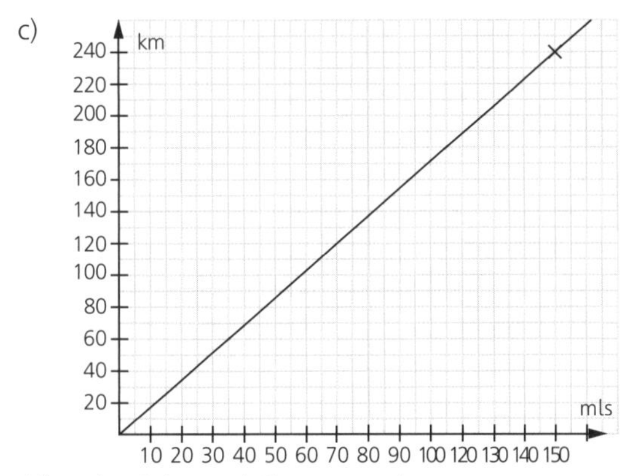

Hinweis: siehe auch Zusatzangebot

d) Durch Multiplikation des x-Wertes mit dem Proportionalitätsfaktor ergibt sich der zugehörige y-Wert:
$y = m \cdot x$

3 a)

x	5	9	18	23,5
y	20	36	72	94

b)

x	6	14	22	25
y	15	35	55	62,5

c)

x	10	25	-5	-15
y	2	5	-1	-3

4 a) Obstsorte A

x (kg)	1	2	3	4	5	6	7	8	9	10
y (€)	0,50	1,00	1,50	2,00	2,50	3,00	3,50	4,00	4,50	5,00

Obstsorte B

x (kg)	1	2	3	4	5	6	7	8	9	10
y (€)	0,80	1,60	2,40	3,20	4,00	4,80	5,60	6,40	7,20	8,00

Obstsorte C

x (kg)	1	2	3	4	5	6	7	8	9	10
y (€)	1,15	2,30	3,45	4,60	5,75	6,90	8,05	9,20	10,35	11,50

b) Obstsorte A: $y = 0,5 \cdot x$
Obstsorte B: $y = 0,8 \cdot x$
Obstsorte C: $y = 1,15 \cdot x$

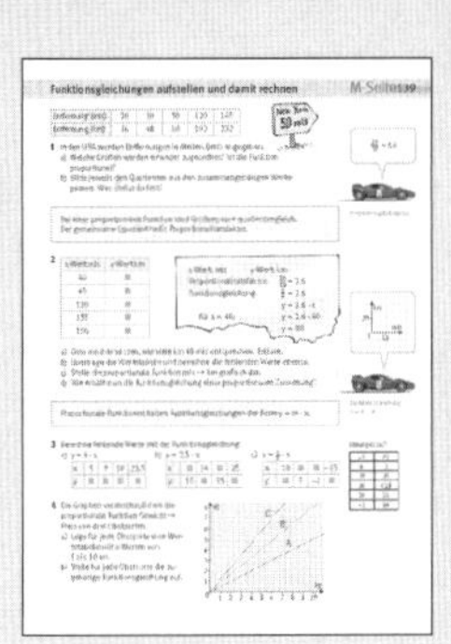

Ab dieser Seite beginnen die Aufgaben mit erhöhtem Anforderungsniveau für M-Klassen.
Sie eigenen sich aber auch hervorragend zur Binnendifferenzierung in Regelklassen, da auf diesen Seiten der bisherige Stoff erweitert und vertieft wird.
Wiederholend wird ausgehend vom Proportionalitätsfaktor die Funktionsgleichung einer proportionalen Funktion aufgestellt und die allgemeine Form $y = m \cdot x$ als deren Kennzeichen angesprochen. Die verschiedenen Darstellungsformen (Funktionsgleichung, Tabelle und Graph) werden ineinander übergeführt.

Koordinatensystem

K 28

Einsatzhinweis: Koordinatensystem auf Folie kopieren und den jeweiligen Graphen selbst erstellen bzw. durch Schüler erstellen lassen. Über den OHP bzw. die Folie (Overlay) ergibt sich dann eine Kontrollmöglichkeit für jeden Schüler.

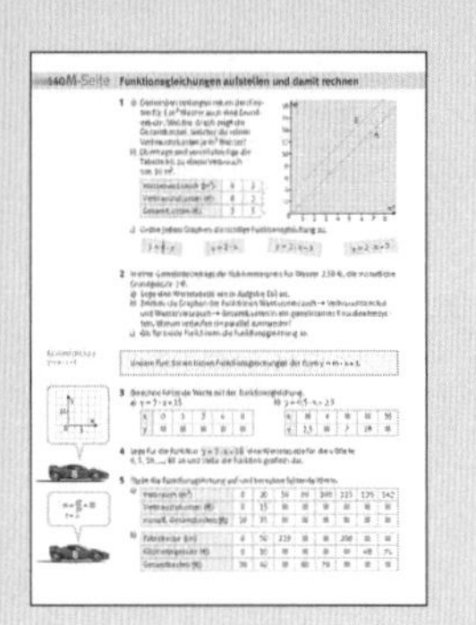

Ausgehend von der Betrachtung der Funktionen Wasserverbrauch → Verbrauchskosten und Wasserverbrauch → Gesamtkosten wird die Funktionsgleichung $y = m \cdot x + t$ als charakteristisch für eine lineare Funktion erkannt. Die verschiedenen Darstellungsformen (Funktionsgleichung, Tabelle und Graph) werden ineinander übergeführt.

1 a) Graph A: reine Verbrauchskosten
Graph B: Gesamtkosten

b)

Wasserverbrauch (m³)	0	1	2	3	4	5	6	7	8	9	10
Verbrauchskosten (€)	0	2	4	6	8	10	12	14	16	18	20
Gesamtkosten (€)	3	5	7	9	11	13	15	17	19	21	23

c) Graph A: $y = 2 \cdot x$ Graph B: $y = 2 \cdot x + 3$

2 a)

Wasserverbrauch (m³)	0	1	2	3	4	5	6	7	8	9	10
Verbrauchskosten (€)	0	2,50	5,00	7,50	10,00	12,50	15,00	17,50	20,00	22,50	25
Gesamtkosten (€)	2	4,50	7,00	9,50	12,00	14,50	17,00	19,50	22,00	24,50	27

b) Erstellung der Graphen gemäß dem Maßstab bei Aufgabe 1 im Schulbuch.
Hinweis: siehe auch K 28
Die Geraden verlaufen parallel, da die jeweilige Addition der Grundgebühr einer entsprechenden Verschiebung entspricht.

c) Wasserverbrauch → Verbrauchskosten: $y = 2{,}5 \cdot x$
Wasserverbrauch → Gesamtkosten: $y = 2{,}5 \cdot x + 2$

3 a)

x	0	1	3	6	8
y	15	18	24	33	39

b)

x	0	4	9	33	55
y	2,5	4,5	7	19	30

4

x	0	5	10	15	20	25	30	35	40
y	10	25	40	55	70	85	100	115	130

Hinweis: siehe auch K 28

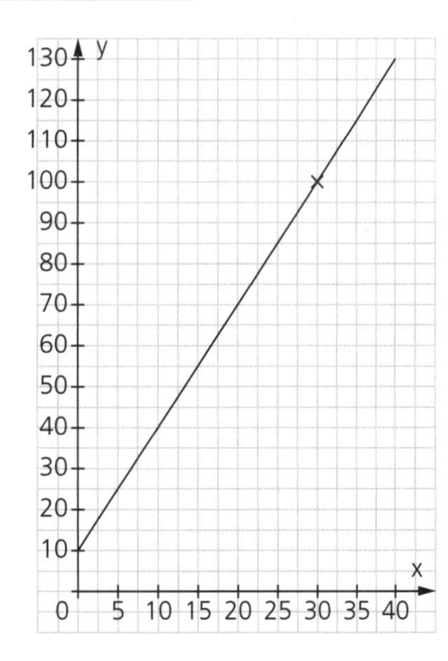

5 a) $y = 0{,}75 \cdot x + 20$

Verbrauch (m³)	0	20	50	80	100	115	135	142
Verbrauchskosten (€)	0	15	37,50	60	75	86,25	101,25	106,50
mtl. Gesamtkosten (€)	20	35	57,50	80	95	106,25	121,25	126,50

b) $y = 0{,}2 \cdot x + 30$

Fahrstrecke (km)	0	50	120	150	200	230	300	380
Kilometergebühr (€)	0	10	24	30	40	46	60	76
Gesamtkosten (€)	30	40	54	60	70	76	90	106

L

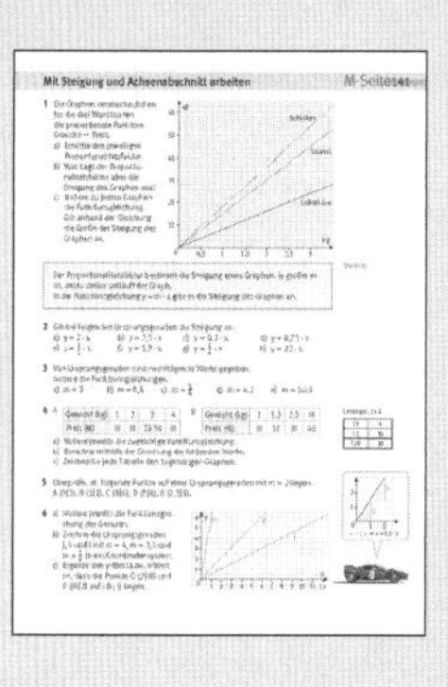

Der Proportionalitätsfaktor wird als bestimmend für die Steigung des Graphen einer proportionalen Funktion erkannt. In der Funktionsgleichung $y = m \cdot x$ gibt m die Steigung an. Mittels dieser Erkenntnis können Funktionsgleichungen aufgestellt, Steigungen aus Graphen abgelesen bzw. bei vorgegebener Steigung Graphen gezeichnet werden.

1 a)

Wurstsorte	Proportionalitätsfaktor
Leberkäse	20 : 2,5 = 8
Salami	30 : 2 = 15
Schinken	45 : 2,5 = 18

b) siehe Merkkasten im Schülerbuch

c) Leberkäse: $y = 8 \cdot x \Rightarrow$ Steigung: $m = 8$
Salami: $y = 15 \cdot x \Rightarrow$ Steigung: $m = 15$
Schinken: $y = 18 \cdot x \Rightarrow$ Steigung: $m = 18$

2 a) $m = 2$ b) $m = 3{,}5$ c) $m = 0{,}2$ d) $m = 0{,}75$
e) $m = \frac{1}{2}$ f) $m = 1{,}9$ g) $m = \frac{1}{4}$ h) $m = 22$

3 a) $y = 3 \cdot x$ b) $y = 0{,}8 \cdot x$ c) $y = \frac{3}{4} \cdot x$
d) $y = 4{,}2 \cdot x$ e) $y = 10{,}5 \cdot x$

4 a) (A) $y = 7{,}5 \cdot x$ (B) $y = 12 \cdot x$

b) (A)

kg	1	2	3	4
€	7,50	15,00	22,50	30,00

(B)

kg	1	1,5	2,5	4
€	12	18	30	48

c) Maßstab: x-Achse: 2 cm ≙ 1 kg y-Achse: 1 cm ≙ 5 €
Erstellung der Graphen entsprechend den vorherigen Aufgaben
Hinweis: siehe auch Zusatzangebot

5 Funktionsgleichung: $y = 2 \cdot x$
x-Wert und y-Wert des jeweiligen Punktes in Funktionsgleichung einsetzen.
Bsp.: A (0|2): linke Seite: 2 rechte Seite: $2 \cdot 0 = 0$
$2 \neq 0 \Rightarrow$ A liegt nicht auf der Geraden.
Punkte auf der Geraden: B (1|2); C (3|6); E (2,5|5)
Punkte nicht auf der Geraden: A (0|2); D (5|8)

6 a) g: $y = x$
h: $y = 6 \cdot x$
i: $y = 0{,}5 \cdot x$

b)

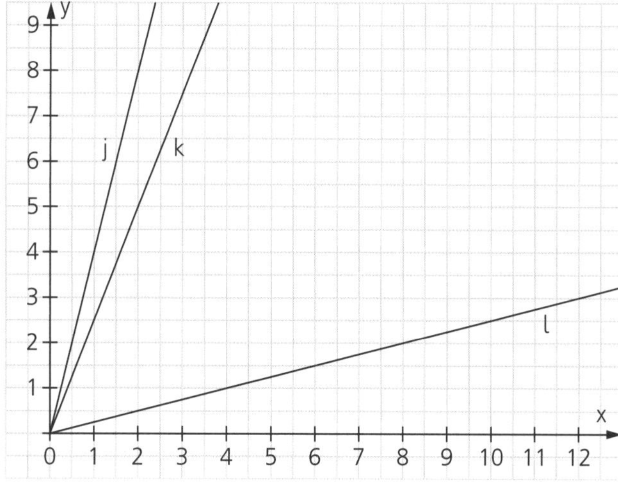

c)

	O	P
j	(2|8)	(0,5|2)
k	(2|5)	(0,8|2)
l	(2|0,5)	(8|2)

Z

Koordinatensystem

K 28

Einsatzhinweis:
Koordinatensystem auf Folie kopieren und den jeweiligen Graphen selbst erstellen bzw. durch Schüler erstellen lassen. Über den OHP bzw. die Folie (Overlay) ergibt sich dann eine Kontrollmöglichkeit für jeden Schüler.

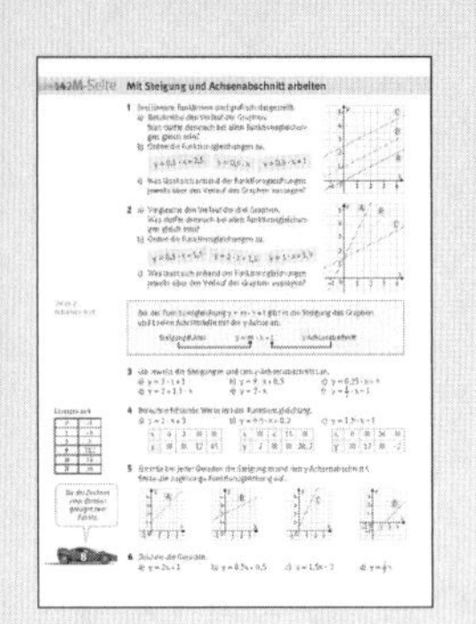

Anknüpfend an die Steigung m wird der y-Achsenabschnitt t als weiteres Bestimmungsstück einer allgemeinen linearen Funktion erkannt. Mit dieser Erkenntnis lassen sich zu gegebenen Geraden die entsprechenden Funktionsgleichungen aufstellen bzw. Funktionen bei bekannter Funktionsgleichung graphisch darstellen.

AH 40

K 28

1 a) Graphen A, B und C verlaufen parallel zueinander. ⇒ Steigung m ist bei allen gleich.

b) Graph A: $y = 0{,}5 \cdot x$ Graph B: $y = 0{,}5 \cdot x + 1$
Graph C: $y = 0{,}5 \cdot x + 2{,}5$

c) Gleiche Steigung m (⇒ paralleler Verlauf), unterschiedliche Schnittpunkte mit der y-Achse

2 a) Graphen A, B und C haben gemeinsame Schnittstelle mit der y-Achse (0 I 1,5).
⇒ Achsenabschnitt t ist bei allen gleich.

b) Graph A: $y = 2 \cdot x + 1{,}5$ Graph B: $y = 1 \cdot x + 1{,}5$
Graph C: $y = 0{,}5 \cdot x + 1{,}5$

c) Gleicher Achsenabschnitt t (⇒ gemeinsamer Schnittpunkt mit der y-Achse), unterschiedliche Steigung

3 a) $m = 3$ $t = 1$ b) $m = 9$ $t = 0{,}5$ c) $m = 0{,}25$ $t = 4$
d) $m = 1{,}5$ $t = 2$ e) $m = 2$ $t = 0$ f) $m = \frac{1}{2}$ $t = -1$

4 a)

x	0	3	7	21
y	3	9	17	45

b)

x	1	6	15	35
y	1	5	12,2	28,2

c)

x	0	12	26	−4
y	−1	17	38	−7

5 A: $m = 1$ $t = 1$ ⇒ $y = 1 \cdot x + 1$
B: $m = 0{,}5$ $t = 2$ ⇒ $y = 0{,}5 \cdot x + 2$
C: $m = 2$ $t = 0{,}5$ ⇒ $y = 2 \cdot x + 0{,}5$
D: $m = 1$ $t = -1{,}5$ ⇒ $y = 1 \cdot x - 1{,}5$

6 a) b) c) d)

Hinweis: siehe auch Zusatzangebot

Z

Koordinatensystem

Einsatzhinweis:
Koordinatensystem auf Folie kopieren und den jeweiligen Graphen selbst erstellen bzw. durch Schüler erstellen lassen. Über den OHP bzw. die Folie (Overlay) ergibt sich dann eine Kontrollmöglichkeit für jeden Schüler.

L

1

kg	3	5	3,5	4,5	1,8	5,6
€	1,50	2,50	1,75	2,25	0,90	2,80

2 a)

8 m²	96 €
1 m²	12 €
3 m²	36 €

b)

3 l	13,80 €
5 l	23,00 €
7,5 l	34,50 €

3 a) Die Funktion ist linear, da der Graph eine Gerade ist.

b) Grundgebühr: 25 €

c)

km	100	200	50	300	150
€	50	75	37,50	100	62,50

4 a)

g	100	200	300	400	500	600	700	800	900	1 000
€	2,50	5,00	7,50	10,00	12,50	15,00	17,50	20,00	22,50	25,00

b)

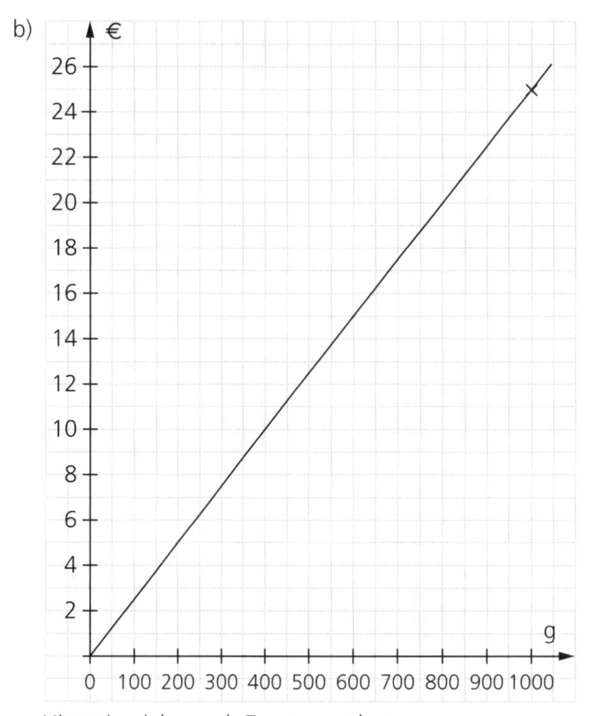

Hinweis: siehe auch Zusatzangebot

c) Es liegt eine proportionale und damit auch eine lineare Funktion vor.

Auf den Seiten 143 und 145 werden wesentliche Inhalte des Themenbereichs „Funktionen" noch einmal auf verschiedenen Niveaustufen wiederholt. Dies soll einerseits der Sicherung und Vertiefung dienen und andererseits sowohl der Lehrkraft als auch dem einzelnen Schüler Auskunft über den Leistungsstand geben. Eventuelle Defizite erfordern ein nochmaliges Aufgreifen im Unterricht. Die nebenstehenden Lösungen finden sich auch im Schülerbuch auf der Seite 180.

Z

Koordinatensystem **K 28**

Einsatzhinweis:
Koordinatensystem auf Folie kopieren und den jeweiligen Graphen selbst erstellen bzw. durch Schüler erstellen lassen. Über den OHP bzw. die Folie (Overlay) ergibt sich dann eine Kontrollmöglichkeit für jeden Schüler.

Funktionen wiederholen

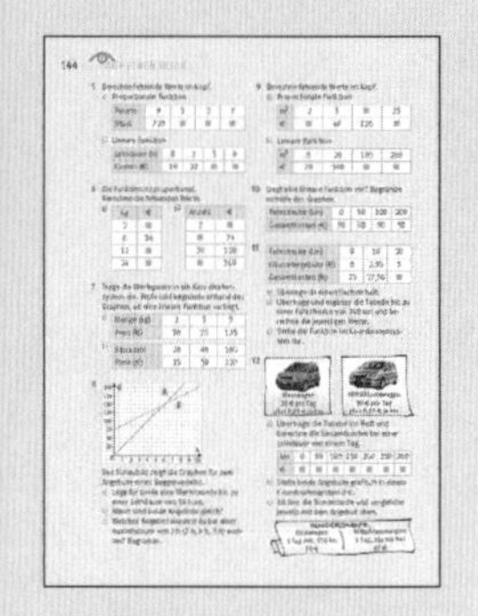

Auf den Seiten 143 und 145 werden wesentliche Inhalte des Themenbereichs „Funktionen" noch einmal auf verschiedenen Niveaustufen wiederholt. Dies soll einerseits der Sicherung und Vertiefung dienen und andererseits sowohl der Lehrkraft als auch dem einzelnen Schüler Auskunft über den Leistungsstand geben. Eventuelle Defizite erfordern ein nochmaliges Aufgreifen im Unterricht. Die nebenstehenden Lösungen finden sich auch im Schülerbuch auf den Seiten 181 und 182.

5 a)

Pakete	9	1	3	7
Stück	720	80	240	560

b)

Leihdauer (h)	0	1	5	8
Kosten (€)	10	22	70	106

6 a)

kg	2	8	12	24
€	9	36	54	108

b)

Anzahl	2	6	30	90
€	8	24	120	360

7 a)

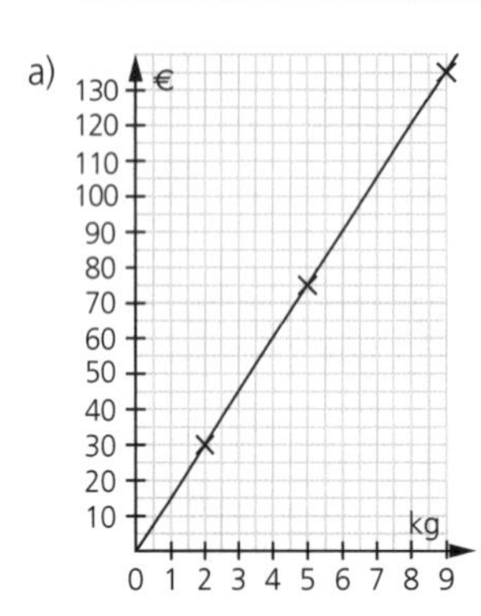

Hinweis: siehe auch K 28
Alle Punkte liegen auf einer Geraden und gehören somit zum Graphen einer linearen Funktion.

b) Erstellung des Graphen entsprechend Aufgabe a) mit
x-Achse: 1 cm ≙ 10 Stück
y-Achse: 1 cm ≙ 10 €
Hinweis: siehe auch K 28
Da nicht alle Punkte auf einer Geraden liegen, gehören sie auch nicht zum Graphen einer linearen Funktion.

8 a) A

h	0	1	2	3	4	5	6	7	8	9	10
€	0	25	50	75	100	125	150	175	200	225	250

B

h	0	1	2	3	4	5	6	7	8	9	10
€	75	87,50	100	112,50	125	137,50	150	162,50	175	187,50	200

b) Beide Angebote sind bei einer Ausleihdauer von 6 h gleich.

c)

Ausleihdauer	3 h	7 h	9 h	5 h
Angebot	A	B	B	A

Das gewählte Angebot ist jeweils günstiger.

9 a)

m^2	2	5	15	35
€	16	40	120	280

b)

m^3	0	20	100	200
€	70	100	220	370

10 Alle Punkte liegen auf einer Geraden und gehören somit zum Graphen einer linearen Funktion

11 a) Sachverhalt: Ausleihen eines Pkw mit einer Grundgebühr von 25 € und einer Gebühr von 0,25 € je gefahrenen Kilometer

b)

km	0	10	20	30	40	50	60	70	80	90	100
€	0	2,50	5	7,50	10	12,50	15	17,50	20	22,50	25
€	25	27,50	30	32,50	35	37,50	40	42,50	45	47,50	50

c) Erstellung des Graphen mit x-Achse: 1 cm ≙ 10 km y-Achse: 1 cm ≙ 5 €
Hinweis: siehe auch K 28

12 a) Kleinwagen

km	0	50	100	150	200	250	300
€	20	35	50	65	80	95	110

Mittelklassewagen

km	0	50	100	150	200	250	300
€	30	47,50	65	82,50	100	117,50	135

b) x-Achse: 1 cm ≙ 25 km y-Achse: 1 cm ≙ 10 €

c) Die Pauschale von 50 € umfasst eine Farhstrecke von 150 km Länge.
Die Pauschale von 80 € umfasst eine Fahrstrecke beliebiger Länge.
Sondertarif im Vergleich zum sonstigen Angebot:

Kleinwagen

Strecke (km)	< 100	100	>100 u. ≤150
Sondertarif	teurer	gleich	billiger

Mittelklassewagen

Strecke (km)	< 143	143	> 143
Sondertarif	teurer	gleich	billiger

13 15 € → 250 Prospekte 3 € → 50 Prospekte 24 € → 400 Prospekte

14 a) 0,33 l → 36,3 g Zucker 0,10 l → 11,0 g Zucker 1,5 l → 165 g Zucker

b) Zuckermenge in 0,5 l: 55 g
Würfelzuckerstückchen: $18\frac{1}{3}$

15 a) 120 km → 9 l Benzin 10 km → 0,75 l Benzin 230 km → 17,25 l Benzin

b) 9 l Benzin → 120 km 1 l Benzin → $13\frac{1}{3}$ km 33 l Benzin → 440 km

Bamberg $\xrightarrow{220\text{ km}}$ München

16

Treibstoffart	Literzahl	Tageseinnahme (€)
Diesel	2 250	3 240,00
Super	6 750	10 530,00
Super E10	1 125	1 721,25

Tageseinnahme durch Treibstoffverkauf: 15 491,25 €

17 Stückpreis Ei: 15 Ct ⇒ Man kann für 1 € auch nur 6 Eier kaufen.

18 a) Funktionsgleichung: $y = 0{,}85 \cdot x$

€	10	40	50	75	200	235,29
£	8,50	34	42,50	63,75	170	200

b) Hinweis: siehe auch K 28

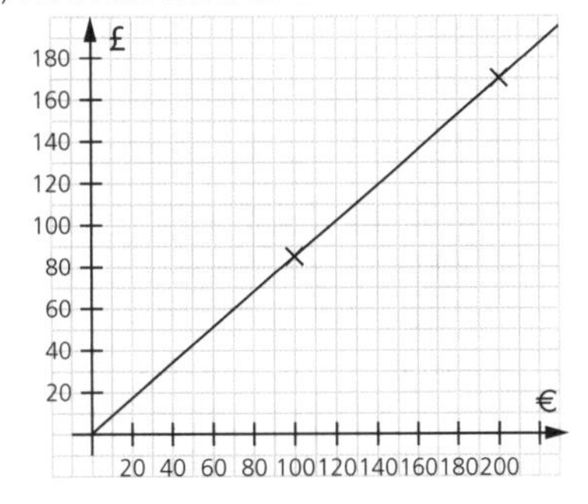

c) –/–

19 a)

x	3	6	14
y	10,5	21	49

b)

x	12	–3	–15
y	4	–1	–5

20

Funktionsgleichung	Steigung	y-Achsenabschnitt
$y = 2 \cdot x + 1$	2	1
$y = 0{,}5x - 2$	0,5	–2
$y = 1{,}5x + 0{,}5$	1,5	0,5
$y = 3x - 5$	3	–5

Zeichnung gemäß Nr. 21 im SB
Hinweis: siehe auch K 28

21

	m	t	Funktionsgleichung
g	0,5	0	$y = 0{,}5 \cdot x$
h	1,5	1	$y = 1{,}5 \cdot x + 1$
i	0,25	– 0,5	$y = 0{,}25 \cdot x - 0{,}5$

22 a) Beispiele:
$y = 0{,}5 \cdot x + 2$
$y = 3 \cdot x + 2$
$y = \frac{1}{5} \cdot x + 2$

b)

Funktion	Beispiele
$y = 0{,}5 \cdot x$	$y = 0{,}5 \cdot x + 1$ $y = 0{,}5 \cdot x + 2{,}5$ $y = 0{,}5 \cdot x - 2$
$y = 2 \cdot x - 1$	$y = 2 \cdot x$ $y = 2 \cdot x + 0{,}5$ $y = 2 \cdot x + 2$
$y = \frac{1}{4} \cdot x + 2$	$y = \frac{1}{4} \cdot x + 4$ $y = \frac{1}{4} \cdot x$ $y = \frac{1}{4} \cdot x - 1{,}5$

Auf den Seiten 143 und 145 werden wesentliche Inhalte des Themenbereichs „Funktionen“ noch einmal auf verschiedenen Niveaustufen wiederholt. Dies soll einerseits der Sicherung und Vertiefung dienen und andererseits sowohl der Lehrkraft als auch dem einzelnen Schüler Auskunft über den Leistungsstand geben. Eventuelle Defizite erfordern ein nochmaliges Aufgreifen im Unterricht. Die nebenstehenden Lösungen finden sich auch im Schülerbuch auf den Seiten 180 bis182.

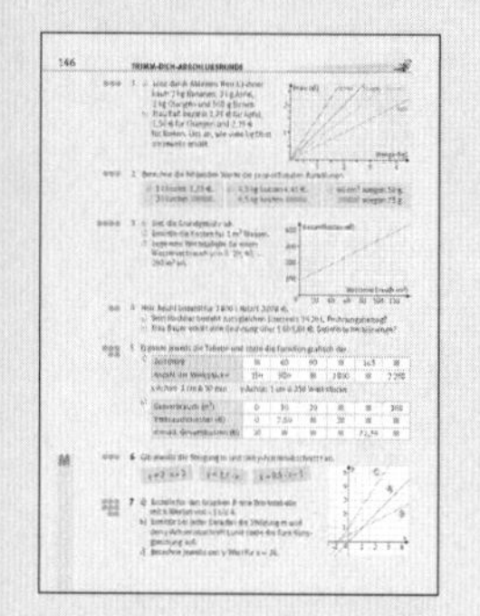

Mithilfe der Trimm-dich-Abschlussrunde kann am Ende einer Lerneinheit die abschließende Lernstandserhebung durchgeführt werden. Die orangen Punkte am Rand geben die Anzahl der Punkte für die jeweilige Aufgabe an. Im Anhang des Lehrerbandes steht eine weitere Trainingsrunde zur Verfügung. Eine realistische Einschätzung der eigenen Leistungen hilft, Stärken zu erhalten und Schwächen abzumildern. Mithilfe des Selbsteinschätzungsbogens (K 29) können die Schüler ihre Kenntnisse und Fertigkeiten selbst bewerten.

K 29

L

1 a)

2 kg Bananen:	1,50 €
3 kg Äpfel:	1,50 €
2 kg Orangen:	2,00 €
500 g Birnen:	0,75 €
Total:	5,75 €

b)

Äpfel:	3,5 kg
Orangen:	1,5 kg
Birnen:	1,5 kg

2 a) 1 l kostet 1,75 €.
3 l kosten 5,25 €.

b) 4,5 kg kosten 4,41 €.
0,5 kg kosten 0,49 €.

c) 60 cm³ wiegen 50 g.
90 cm³ wiegen 75 g.

3 a) Grundgebühr: 90 €

b) Kosten für 1 m³ Wasser: (340 € – 90 €) : 100 = 2,50 €

c)

Verbrauch (m³)	0	20	40	60	80	100	120	140	160	180	200
Kosten (€)	90	140	190	240	290	340	390	440	490	540	590

4 a) Rechnungsbetrag: (3 078 : 3 800) · 2 620 = 2 122,20 (€)

b) Heizölmenge: 1 603,80 : (3 078 : 3 800) = 1 980 (l)

5 a)

Zeit in min	30	60	90	120	165	270
Anzahl der Werkstücke	250	500	750	1 000	1 375	2 250

Maßstab für a): x-Achse 1 cm ≙ 30 min y-Achse: 1 cm ≙ 250 Werkstücke

b)

Gasverbrauch (m³)	0	10	20	40	70	100
Verbrauchskosten (€)	0	7,50	15	30	52,50	75
mtl. Gesamtkosten (€)	20	27,50	35	50	72,50	95

Maßstab für b): x-Achse 1 cm ≙ 10 m³ y-Achse: 1 cm ≙ 10 €
Erstellung der Graphen entsprechend den vorherigen Aufgaben
Hinweis: siehe auch K 28

6

Funktionsgleichung	Steigung m	y-Achsenabschnitt t
$y = 2 \cdot x + 2$	2	2
$y = 1{,}5 \cdot x$	1,5	0
$y = 0{,}5 \cdot x - 1$	0,5	–1

7 a)

x	–1	0	1	2	3	4
y	0	0,5	1	1,5	2	2,5

b)

Graph	m	t	Funktionsgleichung
A	1	0	$y = x$
B	0,5	0,5	$y = 0{,}5 \cdot x + 0{,}5$
C	1,5	1	$y = 1{,}5 \cdot x + 1$

c) $y = x$: $y = 28$
$y = 0{,}5 \cdot x + 0{,}5$: $y = 14{,}5$
$y = 1{,}5 \cdot x + 1$: $y = 43$

T 6

Trainingsrunde 6

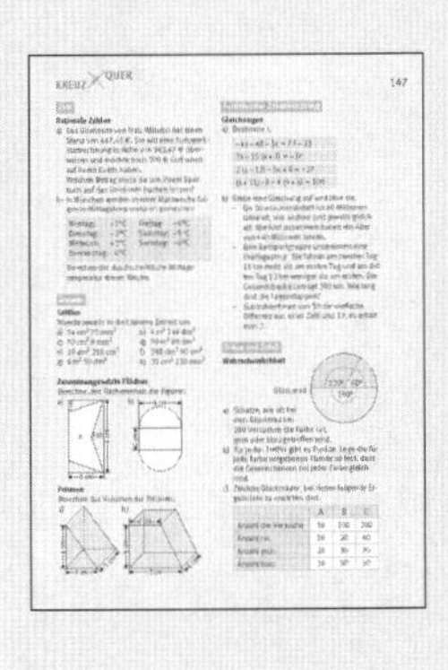

Die Seiten „Kreuz und quer" greifen im Sinne einer permanenten Wiederholung Lerninhalte früher behandelter Kapitel auf und sichern so nachhaltig Grundwissen und Basiskompetenzen.

L

Zahl

Rationale Zahlen

a) 647,63 € – 963,67 € + 516,04 € = 200 €
Sie muss 516,04 € auf das Girokonto buchen lassen.

b) durchschnittliche Mittagstemperatur: –2 °

Messen

Größen

a) 5 470 mm² b) 4 146 dm³ c) 7 009 mm² d) 99 080 dm³
d) 19 218 cm³ f) 340 090 cm³ g) 850 dm² h) 21 220 mm³

Zusammengesetzte Flächen

a) A = 12 cm² b) A = 20,56 cm²

Prismen

a) V = 30 cm³ b) V = 64 cm³

Funktionaler Zusammenhang

Gleichungen

a) x = 10 x = –1,5 $x = 3\frac{2}{3}$ x = 7

b) 80 000 000 + 4x = 440 000 000
x = 90 000 000
Die vier Dinosaurier sind jeweils 90 Mio. Jahre alt.

x + x + 18 + x – 12 = 300
x = 98
Strecke Tag 1: 98 km Strecke Tag 2: 116 km
Strecke Tag 3: 86 km

50 – 4 (x – 19) = 2
x = 31

Daten und Zufall

Wahrscheinlichkeit

a) blau: ca. 100-mal grün: ca. 35-mal rot: ca. 65-mal
b) blau: 2 Punkte grün: 6 Punkte rot: 3 Punkte
c)

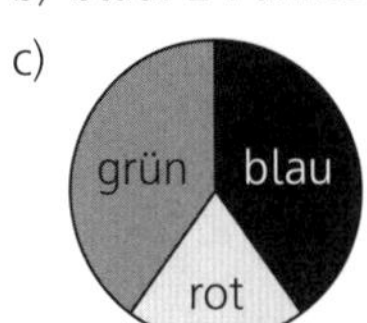

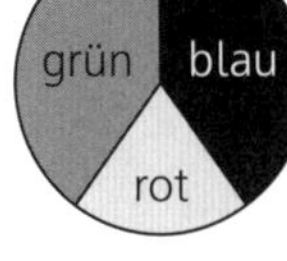

rot: $\frac{1}{5}$
blau: $\frac{2}{5}$
grün: $\frac{2}{5}$

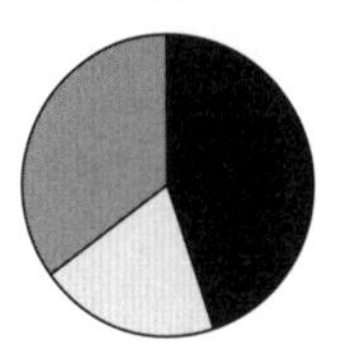

rot: $\frac{1}{5}$
blau: $\frac{1}{2}$
grün: $\frac{3}{10}$

rot: $\frac{1}{5}$
blau: $\frac{9}{20}$
grün: $\frac{7}{20}$

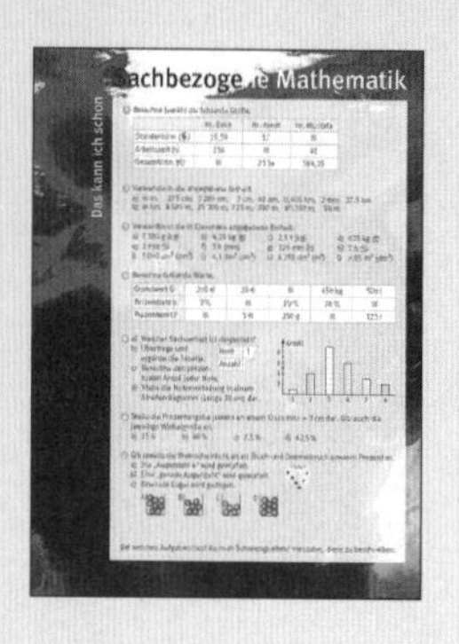

Sachbezogene Mathematik

Diagnose, Differenzierung und individuelle Förderung

Als erste Schritte zur Analyse der Lernausgangslage (Diagnose) für das folgende Kapitel dienen die beiden Einstiegsseiten: **„Das kann ich schon"** (SB 148) und **Bildaufgabe** (SB 149). Die Schüler bringen zu den Inhalten des Kapitels „Sachbezogene Mathematik" bereits Vorwissen aus früheren Jahrgangsstufen mit. Mithilfe der Doppelseite im Schülerbuch soll möglichst präzise ermittelt werden, welche Inhalte bei den Schülern noch verfügbar sind, wo auf fundiertes Wissen aufgebaut werden kann und was einer nochmaligen Grundlegung bedarf. So kann diese Lernstandserhebung ein wichtiger Anhaltspunkt sein, um Schüler möglichst früh angemessen zu fördern.

Eine realistische Einschätzung der eigenen Leistungen hilft, Stärken zu erhalten und Schwächen abzumildern. Mithilfe des Selbsteinschätzungsbogens **(K 29)** können die Schüler ihre Kenntnisse und Fertigkeiten selbst bewerten.

L

1 Gesamtlohn Hr. Bakir: 2 418 € Arbeitszeit Hr. Arndt: 148 h
Stundenlohn Hr. Mustafa: 14,25 €

2 a) 2,75 m; 32 m; 0,03 m; 4 m; 405 m; 0,2 m; 37 500 m
b) 8,5 km; 25,2 km; 0,725 km; 0,3 km; 80,35 km; 0,05 km

3 a) 7,3 kg b) 4 250 g c) 2 500 kg d) 0,625 t
e) 120 s f) 180 min g) $3\frac{1}{2}$ h h) 3 600 s
i) 5 dm^3 j) 8 100 cm^3 k) 8,25 m^3 l) 9 050 dm^3

4

Grundwert G	200 €	20 €	2 500 g	450 kg	500 l
Prozentsatz p	3 %	25 %	10 %	18 %	35 %
Prozentwert P	6 €	5 €	250 g	81 kg	175 l

5 a) Sachverhalt: Notenverteilung bei einer Probearbeit

b), c)

Note	1	2	3	4	5	6
Anzahl	1	4	9	6	3	2
prozent. Anteil	4 %	16 %	36 %	24 %	12 %	8 %

d) 1 | 2 | 3 | 4 | 5 | 6

6 a)

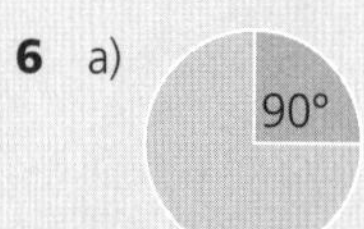

b) 144°

c)

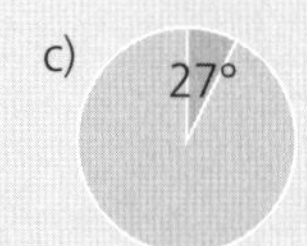

d)

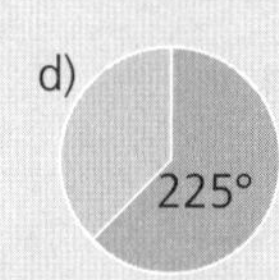

7 a) $P = \frac{1}{6} = 0{,}1\overline{6} \approx 16{,}7\ \%$ b) $P = \frac{1}{2} = 0{,}5 = 50\ \%$

c) Ⓐ $P = \frac{4}{8} = \frac{1}{2} = 0{,}5 = 50\ \%$ Ⓑ $P = \frac{6}{6} = 1{,}0 = 100\ \%$

Ⓒ $P = \frac{0}{5} = 0{,}0 = 0\ \%$ Ⓓ $P = \frac{6}{8} = \frac{3}{4} = 0{,}75 = 75\ \%$

Zielstellungen

Die Schüler sollen anhand von wirklichkeitsnahen Sachverhalten Zusammenhänge zwischen zugeordneten Größen erkennen. Sie sollen feststellen, dass in vielen Lebensbereichen Größen auftreten, die sich aus anderen Größen zusammensetzen und folglich als zusammengesetzte Größen bezeichnet werden. Mit diesen wird der graphische und rechnerische Umgang geübt.

Anhand von Sachfeldern wird den Schülern verdeutlicht, dass uns im alltäglichen Leben quantitative Informationen oft mehr oder minder zufällig begegnen. Diese regen mathematische Fragestellungen an und drängen nach einer rechnerischen oder auch graphischen Erschließung. Gerade die Arbeit in Sachfeldern ermöglicht dabei realitätsbezogenes Lernen und unterstreicht die Forderung nach anwendungsbezogener Mathematik nachhaltig.

Im Rahmen dieser Sachfelder soll den Schülern vor allem auch klar werden, dass Schaubilder Zuordnungen von Größen in spezieller Weise verdeutlichen und im täglichen Leben zunehmend an Bedeutung gewinnen. Durch eine gezielte Auseinandersetzung mit diesen graphischen Darstellungen sollen sie einerseits zu einer kritischen Sichtweise angeregt werden und andererseits die Bedeutung der Auswahl eines geeigneten Maßstabes und einer günstigen Darstellung beim Zeichnen von Schaubildern erkennen.

Inhaltsbereiche

Funktionen
- Zusammengesetzte Größen (Grundpreis, Stundenlohn, Geschwindigkeit, Dichte)

Arbeit in Sachfeldern / Schaubilder
- Schaubilder lesen, zeichnen, interpretieren
- Schaubilder am Computer

Bildaufgabe

- In welchen Ländern liegen die angegebenen Städte?

Stadt	Land
München	Deutschland
Stockholm	Schweden
London	Großbritannien
Paris	Frankreich
Madrid	Spanien
Lissabon	Portugal
Rom	Italien
Athen	Griechenland
Istanbul	Türkei

- Finde Städte, die gleich weit, etwa doppelt bzw. dreimal so weit von München entfernen liegen. Gleich weit liegen Paris und Rom sowie Madrid und Athen entfernt. Etwa doppelt so weit liegen im Vergleich zu Paris bzw. Rom die Städte Stockholm/Madrid/Athen entfernt („etwa" bedeutet ± 100 km). Etwa dreimal so weit liegt Lissabon im Vergleich zu Paris bzw. Rom von München entfernt.
- Mit welcher Flugzeit muss man von München nach Lissabon rechnen?
  Man muss mit etwa $2\frac{1}{4}$ (exakt 2 h 13 min 20 s) rechnen.
- Wie viele Liter Kerosin werden bei einem Flug von München nach London etwa verbraucht?
  Es werden dabei etwa 13 500 l Kerosin verbraucht.
- Finde weitere Aufgabenstellungen und bearbeite diese.
  Beispiele (stichwortartig):
  - Flugzeit von München nach Istanbul (etwa $1\frac{3}{4}$ h)
  - Kerosinverbrauch bei Flug von München nach Madrid (22 500 l)
  - Kerosinverbrauch bei Flug von München nach Stockholm und zurück (39 000 l)

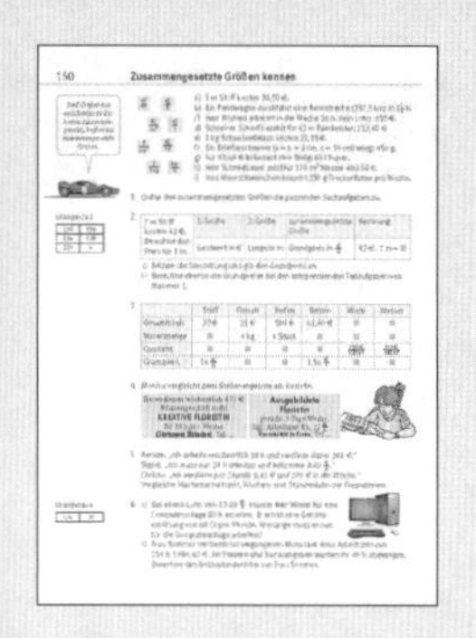

Wichtige, sehr häufig vorkommende zusammengesetzte Größen werden aufgegriffen und mit Hilfe konkreter Textbeispiele verdeutlicht. Die zusammengesetzten Größen entstehen durch Division (Multiplikation) von Größen mit verschiedenartigen Maßeinheiten.
Durch Division zusammengesetzte Größen werden mit Bruchstrich ($\frac{€}{h}$, $\frac{g}{cm^3}$, $\frac{km}{h}$) oder mit Schrägstrich (€/h, g/cm³, km/h) geschrieben.
Um Preise gleicher Ware objektiv vergleichen zu können, muss man den Quotienten aus Gesamtpreis und Warenmenge jeder Ware (Grundpreis) berechnen. Das ist gerade bei dem vielfältigen Warenangebot in unterschiedlich großen Packungen in Supermärkten hilfreich.
Die Schüler sollen ferner wissen, dass die Vergleichsbasis für den Lohn der Lohn pro Stunde ist. Ebenso bedeutsam ist es auch, einmal zu berechnen, wie lange man arbeiten muss, damit man sich eine bestimmte Ware leisten kann.

L

1 a) → $\frac{€}{m}$ b) → $\frac{km}{h}$ c) → $\frac{€}{h}$
d) → $\frac{€}{m}$ e) → $\frac{€}{kg}$ f) → $\frac{g}{cm^3}$
g) → $\frac{€}{l}$ h) → $\frac{€}{m^3}$ i) → $\frac{g}{Tag}$

2 a) Erklärung entsprechend Vorgaben im Schülerbuch
Grundpreis: 6 $\frac{€}{m}$ ⇒ 1 m Stoff kostet 6 €.

b)

Teilaufgabe Nr. 1	Grundpreis
a)	7,50 $\frac{€}{m}$ ⇒ 1 m Stoff kostet 7,50 €.
d)	2,70 $\frac{€}{m}$ ⇒ 1 m Randleiste kostet 2,70 €.
e)	7,85 $\frac{€}{kg}$ ⇒ 1 kg Schweinefleisch kostet 7,85 €.
g)	1,56 $\frac{€}{l}$ ⇒ 1 l Super kostet 1,56 €.
h)	2,25 $\frac{€}{m^3}$ ⇒ 1 m³ Wasser kostet 2,25 €.

3

	Stoff	Fleisch	Reifen	Benzin	Miete	Wasser
Gesamtpreis	32 €	21 €	580 €	62,40 €	750 €	555 €
Warenmenge	2 m	4 kg	4 Stück	40 l	120 m²	300 m³
Quotient	$\frac{32 €}{2 m}$	$\frac{21 €}{4 kg}$	$\frac{580 €}{4 Stück}$	$\frac{62,40 €}{40 l}$	$\frac{750 €}{120 m^2}$	$\frac{555 €}{300 m^3}$
Grundpreis	16 $\frac{€}{m}$	5,25 $\frac{€}{kg}$	145 $\frac{€}{Stück}$	1,56 $\frac{€}{l}$	6,25 $\frac{€}{m^2}$	1,85 $\frac{€}{m^3}$

4 Gärtnerei Ritschel: 475 € : 38 h = 12,50 $\frac{€}{h}$
höherer Stundenlohn, geringere Arbeitszeit (, niedrigerer Wochenarbeitslohn)

Kreativität in Grün: 12 $\frac{€}{h}$ · 40 h = 480 €
geringerer Stundenlohn, höhere Arbeitszeit (, höherer Wochenarbeitslohn)

5

	Wochenarbeitszeit	Wochenlohn	Stundenlohn
Renate	38 h	361 €	9,50 €
Sigrid	35 h	329 €	9,40 €
Christa	40 h	378 €	9,45 €

Jeweiliger Vergleich erfolgt mittels der Tabellenwerte.

6 a) Kosten der Computeranlage: 13,80 · 80 = 1 104 (€)
Erforderliche Arbeitsstunden: 1 104 : 14,40 = $76,\overline{6} \approx 77$ (h)
oder:
13,80 · 80 : (13,80 + 0,60) ≈ 77
⇒ Herr Winter muss fast 77 h dafür arbeiten.

b) Nettolohn: 1 986,60 · 0,6 = 1 191,96 (€)
Nettostundenlohn: 1 191,96 : 154 = 7,74 (€)
oder:
Bruttostundenlohn: 1 986,60 : 154 = 12,90 (€)
Nettostundenlohn: 12,90 · 0,6 = 7,74 (€)
oder:
1 986,60 · 0,6 : 154 = 7,74 (€)
⇒ Der Nettostundenlohn von Fr. Sommer beträgt 7,74 €.

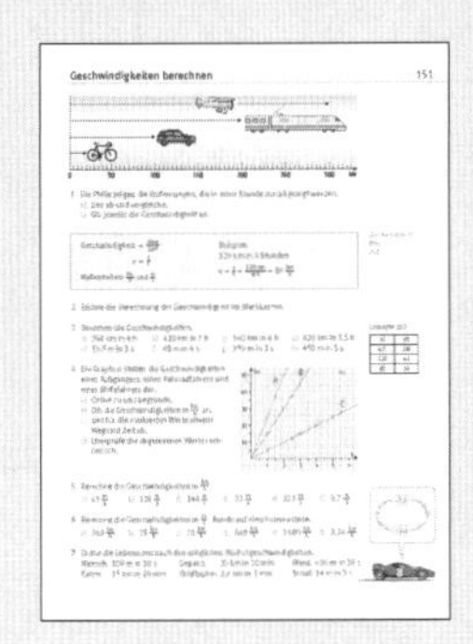

Eine im Alltag häufig vorkommende Größe ist die Geschwindigkeit. Auf dieser Seite erfahren die Schüler, dass die Geschwindigkeit den Weg angibt, der in 1 Stunde (h) bzw. 1 Sekunde (s) zurückgelegt wird. Mit diesem Wissen bestimmen sie Geschwindigkeiten und rechnen in unterschiedliche Einheiten um.

L

1 a) Fahrrad: 20 km Auto: 100 km ICE: 200 km Flugzeug: 300 km
Vergleich (Beispiele):
– Das Auto legt in einer Stunde die fünffache Entfernung des Fahrrads zurück.
– Der ICE legt in einer Stunde die doppelte Entfernung des Autos zurück.

b) Fahrrad: $20\,\frac{km}{h}$ Auto: $100\,\frac{km}{h}$ ICE: $200\,\frac{km}{h}$ Flugzeug: $300\,\frac{km}{h}$

2 Erklärung gemäß Merkkasten im Schülerbuch

3 a) $v = 90\,\frac{km}{h}$ b) $v = 60\,\frac{km}{h}$ c) $v = 70\,\frac{km}{h}$ d) $v = 120\,\frac{km}{h}$
e) $v = 6{,}5\,\frac{m}{s}$ f) $v = 20\,\frac{m}{s}$ g) $v = 330\,\frac{m}{s}$ h) $v = 90\,\frac{m}{s}$

4

	a) Graph	b) Geschwindigkeit
Fußgänger	C	$5\,\frac{km}{h}$
Fahrradfahrer	B	$15\,\frac{km}{h}$
Mofafahrer	A	$25\,\frac{km}{h}$

c) Fußgänger:

h	1	2,5	3	4	5	5,5
km	5	12,5	15	20	25	27,5

Radfahrer:

h	1	2	2,5	3
km	15	30	37,5	45

Mofafahrer:

h	1	1,5	2
km	25	37,5	50

d) Rechnerische Überprüfung durch Einsetzen in die Formel und entsprechendes Umformen.
Beispiele:
– Fußgänger: $v = 5\,\frac{km}{h}$; $t = 2{,}5$ h $5 = \frac{s}{2{,}5}$ $\Rightarrow s = 5 \cdot 2{,}5 = 12{,}5$ (km)
– Mofafahrer: $v = 25\,\frac{km}{h}$; $s = 37{,}5$ km $25 = \frac{37{,}5}{t}$ $\Rightarrow t = 37{,}5 : 25 = 1{,}5$ (h)

5 a) $234\,\frac{km}{h}$ b) $460{,}8\,\frac{km}{h}$ c) $518{,}4\,\frac{km}{h}$ d) $118{,}8\,\frac{km}{h}$ e) $1\,198{,}8\,\frac{km}{h}$ f) $2{,}52\,\frac{km}{h}$

6 a) $100\,\frac{m}{s}$ b) $6{,}9\,\frac{m}{s}$ c) $21{,}7\,\frac{m}{s}$ d) $238{,}9\,\frac{m}{s}$ e) $444{,}4\,\frac{m}{s}$ f) $0{,}9\,\frac{m}{s}$

7

	Lebewesen	Höchstgeschwindigkeit $\frac{km}{h}$	Höchstgeschwindigkeit $\frac{m}{s}$
1	Brieftaube	174	$48\frac{1}{3}$
2	Gepard	120	$33\frac{1}{3}$
3	Pferd	72	20
4	Katze	45	12,5
5	Mensch	36	10*
6	Schaf	(≈) 10	2,8

*) Für 100 m in 9,6 s ergeben sich folgende Höchstgeschwindigkeiten:
$37{,}5\,\frac{km}{h}$ $10{,}42\,\frac{m}{s}$

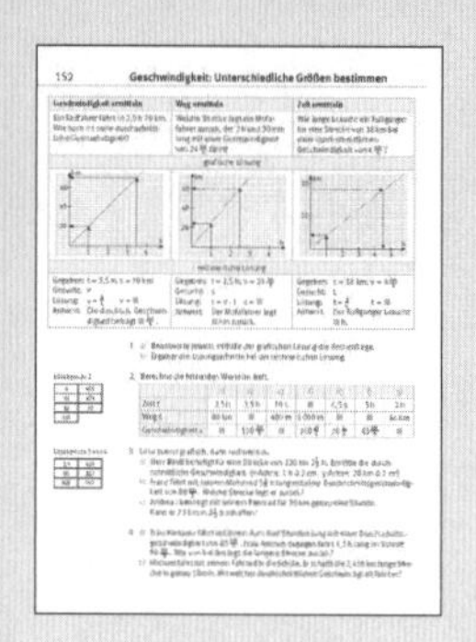

Zur Ermittlung von Geschwindigkeit, Weg und Zeit werden graphische und rechnerische Lösungsverfahren eingesetzt. Beide Vorgehensweisen stützen sich gegenseitig und fördern die Einsicht.

L

1 a) Ermittlung der Geschwindigkeit:
Die durchschnittl. Geschwindigkeit des Radfahrers beträgt $20\,\frac{km}{h}$.
Ermittlung des Weges:
Der Mofafahrer legt in $2\frac{1}{2}$ h 60 km zurück.
Ermittlung der Zeit:
Der Fußgänger braucht für 18 km $4\frac{1}{2}$ h.

b) $v = 20\,\frac{km}{h}$

$s = 60$ km

$t = 4{,}5$ h

2

	a)	b)	c)	d)	e)	f)	g)
Zeit t	2,5 h	3,5 h	50 s	10 s	6,5 s	5 h	2 h
Weg s	80 km	385 km	400 m	1 000 m	455 m	425 km	66 km
Geschwind. v	$32\,\frac{km}{h}$	$110\,\frac{km}{h}$	$8\,\frac{m}{s}$	$100\,\frac{m}{s}$	$70\,\frac{m}{s}$	$85\,\frac{km}{h}$	$33\,\frac{km}{h}$

3 Anmerkung: Bei a) empfiehlt es sich, Millimeterpapier zu verwenden.
Hinweis: siehe auch K 27 und K 28

a)

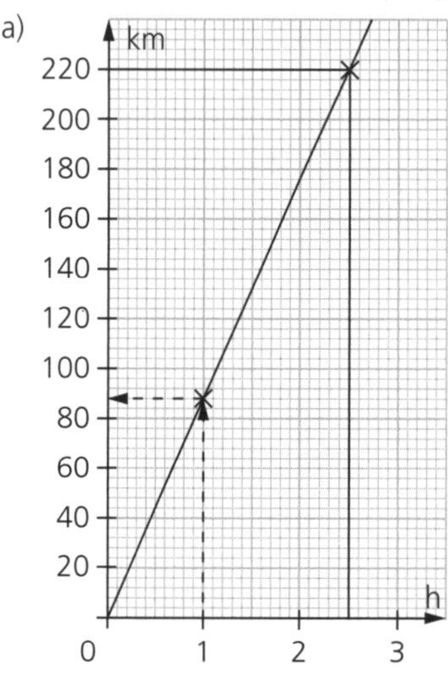

$v = \frac{s}{t} = \frac{220}{2{,}5} = 88 \left(\frac{km}{h}\right)$

b)

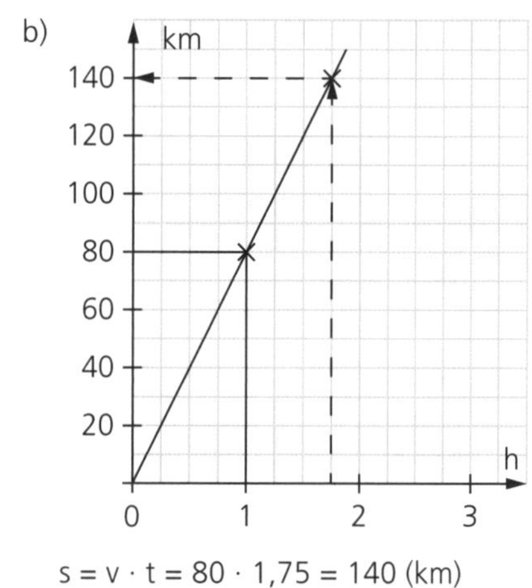

$s = v \cdot t = 80 \cdot 1{,}75 = 140$ (km)

c)

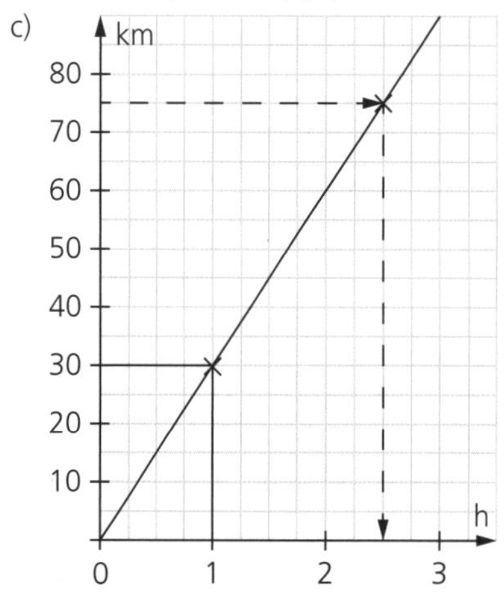

$t = \frac{s}{v} = \frac{75}{30} = 2{,}5$ (h)
Andreas kann 75 km in 2,5 h schaffen.

4 a) Strecke von Fr. Hartauer: 425 km
Strecke von Fr. Ammon: 405 km
⇒ Fr. Hartauer legt die längere Strecke zurück.

b) Durchschnittliche Geschwindigkeit:
$v = (3\,450 : 600) \cdot 3{,}6 = 20{,}7 \left(\frac{km}{h}\right)$
oder:
Strecke in einer Stunde:
$3{,}450 \text{ km} \cdot 6 = 20{,}7$ km
⇒ Er fährt mit einer Durchschnittsgeschwindigkeit von $20{,}7\,\frac{km}{h}$.

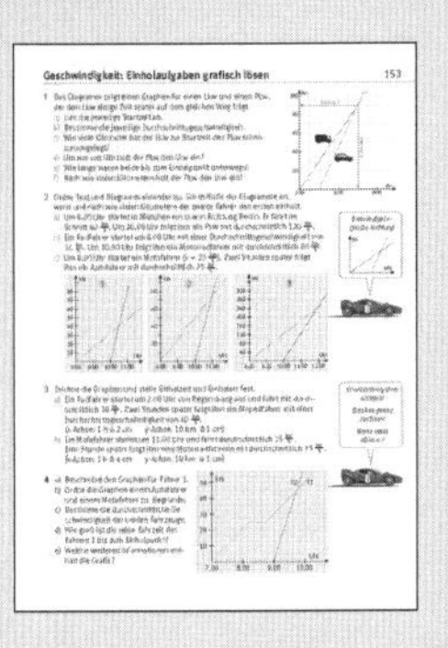

Sogenannte Einhol- und Begegnungsaufgaben bieten ein sinnvolles Anwendungsfeld für graphische Lösungsverfahren. Die Darstellungen veranschaulichen einsichtig und helfen den Schülern Zusammenhänge zu erkennen.

L

1 a) Startzeit Lkw: 7.00 Uhr Startzeit Pkw: 7.30 Uhr

b) Lkw: $60 \frac{km}{h}$ Pkw: $90 \frac{km}{h}$

c) Der Lkw hat zur Startzeit des Pkw schon 30 km zurückgelegt.

d) Der Pkw holt den Lkw um 8.30 Uhr ein.

e) Der Lkw war 1,5 h, der Pkw 1 h unterwegs.

f) Der Pkw holt den Lkw nach 90 km ein.

2 a → ③ Einholzeit: 12.00 Uhr Einholort: nach 240 km
b → ① Einholzeit: 10.30 Uhr Einholort: nach 40 km
c → ② Einholzeit: 11.00 Uhr Einholort: nach 75 km

3 a)

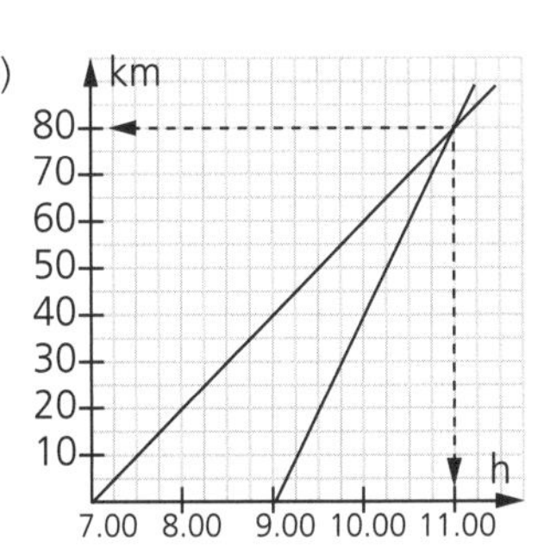

Hinweis: siehe auch Zusatzangebot
Einholzeit: 11.00 Uhr
Einholort: nach 80 km

b)

km
80 70 60 50 40 30 20 10
h
11.00 12.00 13.00

Hinweis: siehe auch Zusatzangebot
Einholzeit: 12.30 Uhr
Einholort: nach 37,5 km

4 a) Fahrer 1 fährt um 7.00 Uhr ab; er unterbricht die Fahrt von 8.15 bis 8.45 Uhr und fährt dann mit gleicher Geschwindigkeit weiter.

b) Mofafahrer → grüner Graph (F1) Autofahrer → roter Graph (F2)

c) Mofafahrer: $v = 20 \frac{km}{h}$ Autofahrer: $v = 60 \frac{km}{h}$

d) Reine Fahrzeit des Fahrers 1: 2 h 15 min

e) Beispiele:
- Startzeit Pkw (Fahrer 2): 9.00 h
- Unterschied zwischen beiden Startzeiten: 2 h
- Einholzeit: 9.45 Uhr
- Einholort: nach 45 km
- Fahrzeit des Pkw bis zum Einholpunkt: 45 min
- zurückgelegte Kilometer von Fahrer 1 bis zur Fahrtunterbrechung: 25 km
- zurückgelegte Kilometer von Fahrer 1 beim Start von Fahrer 2: 30 km

Z

AH 43

Koordinatensystem

Einsatzhinweis:
Koordinatensystem auf Folie kopieren und den jeweiligen Graphen selbst erstellen bzw. durch Schüler erstellen lassen. Über den OHP bzw. die Folie (Overlay) ergibt sich dann eine Kontrollmöglichkeit für jeden Schüler.

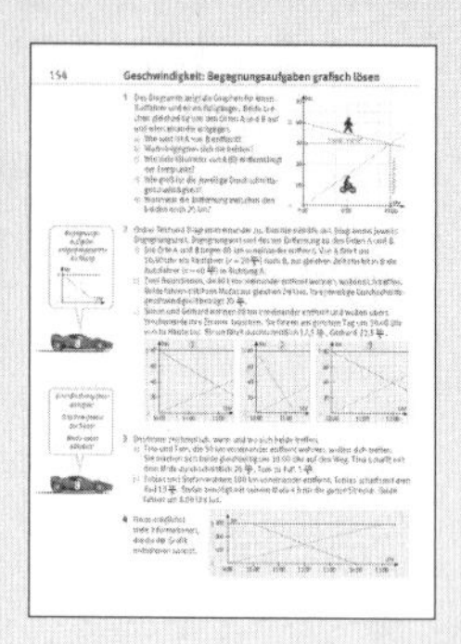

L

1 a) Entfernung zwischen A und B: 40 km

b) Begegnungszeit: nach 2 h um 10.00 Uhr

c) Treffpunkt ist von A 30 km und von B 10 km entfernt.

d) Radfahrer: $v = 15 \frac{km}{h}$ Fußgänger: $v = 5 \frac{km}{h}$

e) Die Entfernung betrug nach 1 h, also um 9.00 Uhr, noch 20 km.

2 a → ② Begegnungszeit: 11.00 Uhr
Begegnungsort: 20 km von A und 60 km von B entfernt

b → ③ Begegnungszeit: 12.00 Uhr
Begegnungsort: 40 km von A und 40 km von B entfernt

c → ① Begegnungszeit: 12.00 Uhr
Begegnungsort: 35 km von A und 45 km von B entfernt

3 a)

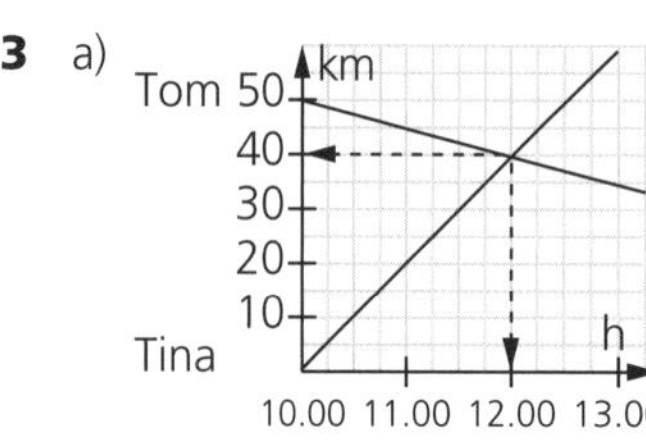

Begegnungszeit: 12.00 Uhr
Begegnungsort: 40 km von Tinas und 10 km von Toms Wohnort entfernt

Hinweis: siehe auch Zusatzangebot

b)

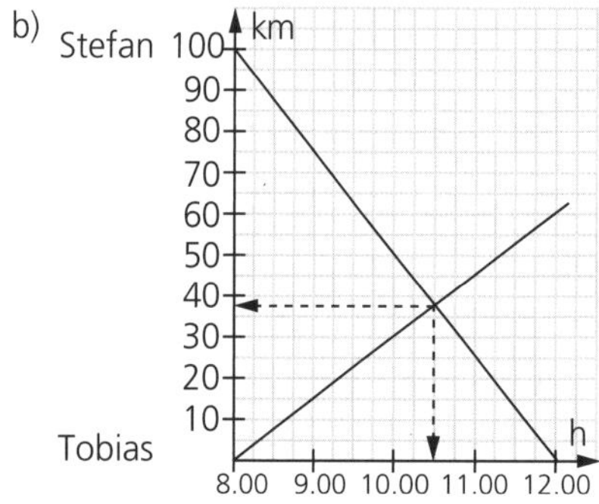

Begegnungszeit: 10.30 Uhr
Begegnungsort: 37,5 km von Tobias und 62,5 km von Stefans Wohnort entfernt

Hinweis: siehe auch Zusatzangebot

4 Beispiele:
- Entfernung zwischen A und B: 300 km
- Abfahrtszeit von A: 9.00 Uhr — Abfahrtszeit von B: 10.00 Uhr
- Geschwindigkeit Zug A: $v = 50 \frac{km}{h}$ — Geschwindigkeit Zug B: $v = 75 \frac{km}{h}$
- Begegnungszeit: 12.00 Uhr
- Begegnungsort: 150 km von A bzw. von B entfernt
- Ankunft von Zug A im Ort B: 15.00 Uhr — Ankunft von Zug B im Ort A: 14.00 Uhr

AH 44

K 28

Z

Koordinatensystem

Einsatzhinweis:
Koordinatensystem auf Folie kopieren und den jeweiligen Graphen selbst erstellen bzw. durch Schüler erstellen lassen. Über den OHP bzw. die Folie (Overlay) ergibt sich dann eine Kontrollmöglichkeit für jeden Schüler.

1 Die Würfel weisen zwar alle die gleiche Masse auf, haben aber ein unterschiedliches Volumen. Das erklärt sich dadurch, dass die verschiedenen Materialien unterschiedliche Dichte besitzen.

2 a) Körper aus verschiedenen Stoffen mit gleichem Volumen haben eine unterschiedliche Masse. Man kann daraus ableiten, dass verschiedene Stoffe unterschiedlich schwer sind.

b) Der Quotient aus Masse und Volumen ist bei den jeweiligen Stoffen immer gleich:
Granit: 2,6 Beton: 2,7 Marmor: 2,4

3

Stoffart	Kork	Eis	Aluminium	Blei	Silber
Dichte $\left(\frac{g}{cm^3}\right)$	0,25	0,9	2,7	11,3	10,5

4

	a)	b)	c)	d)	e)	f)
Stoff	Kupfer	Benzin	Kork	Eis	Kupfer	Eisen
Volumen	2,8 cm^3	4 560 cm^3	18,3 dm^3	18,2 dm^3	4,5 m^3	112,5 dm^3
Masse	24,92 g	3 420 g	4,575 kg	16,380 kg	40,05 t	877,5 kg
Dichte	8,9 $\frac{g}{cm^3}$	0,75 $\frac{g}{cm^3}$	0,25 $\frac{kg}{dm^3}$	0,9 $\frac{kg}{dm^3}$	8,9 $\frac{t}{m^3}$	7,8 $\frac{kg}{dm^3}$

5 a) $m = 3 \cdot 3 \cdot 3 \cdot 2{,}8$
$m = 75{,}6$
Glaswürfel: 75,6 g

$m = 3 \cdot 3 \cdot 3 \cdot 10{,}5$
$m = 283{,}5$
Silberwürfel: 283,5 g

$m = 3 \cdot 3 \cdot 3 \cdot 19{,}3$
$m = 521{,}1$
Goldwürfel: 521,1 g

b) $V = 7{,}5 : 1{,}6$
$V \approx 4{,}688\ (m^3)$ $\Rightarrow$ Es dürfen höchstens 4,688 m^3 Sand befördert werden.

c) $5\ l = 5\ dm^3$
$\rho = 3{,}75 : 5$
$\rho = 0{,}75 \left(\frac{kg}{dm^3}\right)$ $\Rightarrow$ Die Flüssigkeit ist Benzin.

Dichte unterschiedlicher Materialien

Ermittle zunächst die Masse, indem du den Körper wiegst.

Bestimme dann das Volumen mit Hilfe eines wassergefüllten Messzylinders.

Berechne anschließend die Dichte.

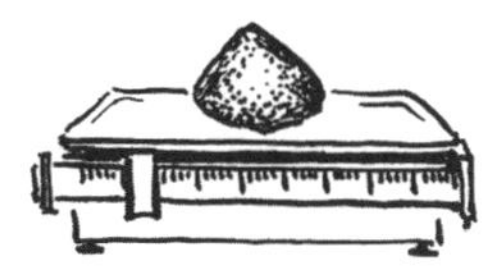

Weiterführende Aufgaben

Schätze zuerst, dann rechne.

1. Kannst du einen Kubikmeter-Würfel aus Kork heben?
2. Kannst du einen Kubikmeter-Würfel aus Styropor tragen?
3. Was ist schwerer: Du oder die Raumluft im Klassenzimmer?

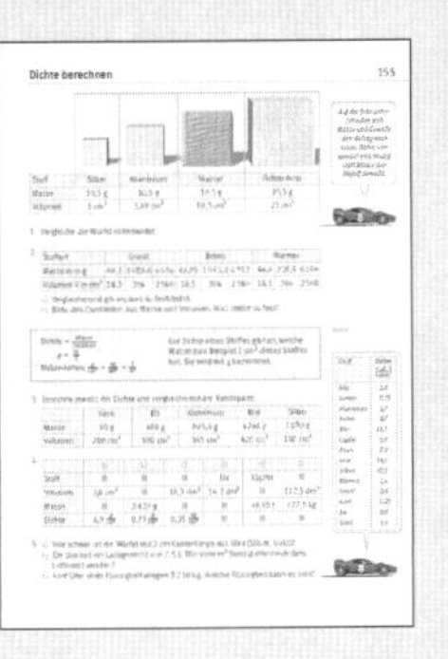

Die exakte Unterscheidung zwischen Masse und Gewicht wird nicht angesprochen, sondern dem Physikunterricht überlassen. So kann es zwar zu fachlichen Ungereimtheiten kommen, doch ist die feine Unterscheidung zwischen Masse und Gewicht hier nicht relevant.

Zusammenstellung:

Größe Einheit	Masse kg	Gewicht N
Messverfahren	Hebelwaage	Federwaage
Bemerkung	vom Ort unabhängig	vom Ort abhängig

Jeder Stoff hat eine spezifische Dichte. Diese gibt an, welche Masse beispielsweise 1 cm^3 des Stoffs hat. Gebräuchliche Einheiten für die Dichte sind $\frac{g}{cm^3}$, $\frac{kg}{dm^3}$ bzw. $\frac{t}{m^3}$.

Wahrscheinlichkeiten bestimmen

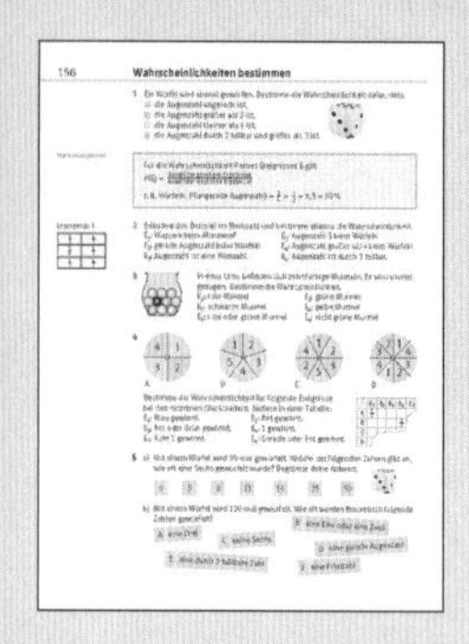

Die Seiten zur Wahrscheinlichkeit sind als Zusatzangebot gedacht. Schüler, die sich bereits in früheren Jahrgangsstufen mit dieser Thematik beschäftigt haben, können hier ihr Wissen und Können vertiefen. Für alle anderen Schüler bietet die recht anschaulich aufbereitete Vorgehensweise einen leicht verständlichen Zugang zum Bereich der Wahrscheinlichkeitsrechnung.

1

a)	b)	c)	d)
$\frac{1}{2}$	$\frac{2}{3}$	$\frac{1}{2}$	$\frac{1}{3}$

2

E_1	E_2	E_3	E_4	E_5	E_6
$\frac{1}{2}$	$\frac{1}{6}$	$\frac{1}{2}$	$\frac{1}{3}$	$\frac{1}{2}$	$\frac{1}{3}$

3

E_1	E_2	E_3	E_4	E_5	E_6
$\frac{1}{5}$	$\frac{3}{10}$	$\frac{1}{10}$	0	$\frac{1}{2}$	$\frac{7}{10}$

4

	E_1	E_2	E_3	E_4	E_5	E_6
A	$\frac{1}{2}$	$\frac{1}{2}$	$\frac{1}{2}$	$\frac{1}{4}$	0	$\frac{1}{2}$
B	$\frac{2}{5}$	$\frac{1}{5}$	$\frac{3}{5}$	$\frac{1}{5}$	$\frac{1}{5}$	$\frac{3}{5}$
C	0	$\frac{1}{2}$	1	$\frac{1}{6}$	$\frac{1}{6}$	$\frac{5}{6}$
D	$\frac{1}{4}$	$\frac{1}{2}$	$\frac{3}{4}$	$\frac{1}{4}$	0	$\frac{5}{8}$

5 a) Am wahrscheinichsten ist der Wert 8, aber alle anderen sind theoretisch auch möglich.

b)

A	B	C	D	E	F
20 mal	40 mal	100 mal	60 mal	40 mal	60 mal

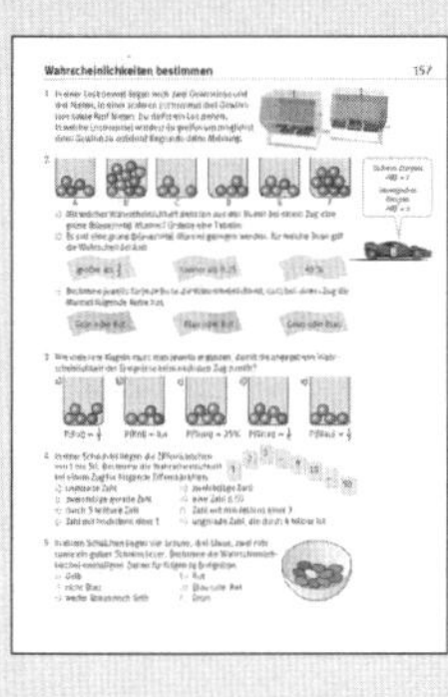

L

1

Lostrommel 1	P (Gewinn) = $\frac{2}{5} = \frac{16}{40}$
Lostrommel 2	P (Gewinn) = $\frac{3}{8} = \frac{15}{40}$

2 a)

	A	B	C	D	E	F
grün	$\frac{2}{5}$	$\frac{3}{10}$	1	$\frac{1}{4}$	$\frac{4}{5}$	0
blau	$\frac{1}{5}$	$\frac{3}{10}$	0	$\frac{3}{4}$	0	$\frac{5}{8}$
rot	$\frac{2}{5}$	$\frac{4}{10}$	0	0	$\frac{1}{5}$	$\frac{3}{8}$

b)

	größer als $\frac{1}{2}$	kleiner als 0,25	40 %
grün	C, E	F	
blau	D, F	A, C, E	
rot		C, D, E	A, B

c)

	A	B	C	D	E	F
Grün oder Rot	$\frac{4}{5}$	$\frac{7}{10}$	1	$\frac{1}{4}$	1	$\frac{3}{8}$
Blau oder Rot	$\frac{3}{5}$	$\frac{7}{10}$	0	$\frac{3}{4}$	$\frac{1}{5}$	1
Grün oder Blau	$\frac{3}{5}$	$\frac{3}{5}$	1	1	$\frac{4}{5}$	$\frac{5}{8}$

3

a)	b)	c)	d)	e)
1	1	3	5	0

4

a)	b)	c)	d)	e)	f)	g)	h)
$\frac{1}{2}$	$\frac{41}{50}$	$\frac{21}{50}$	1	$\frac{1}{5}$	$\frac{14}{50}$	$\frac{13}{50}$	0

5

a)	b)	c)	d)	e)	f)
$\frac{1}{10}$	$\frac{1}{5}$	$\frac{7}{10}$	$\frac{1}{2}$	$\frac{1}{2}$	0

Mit seinem Glück spielen

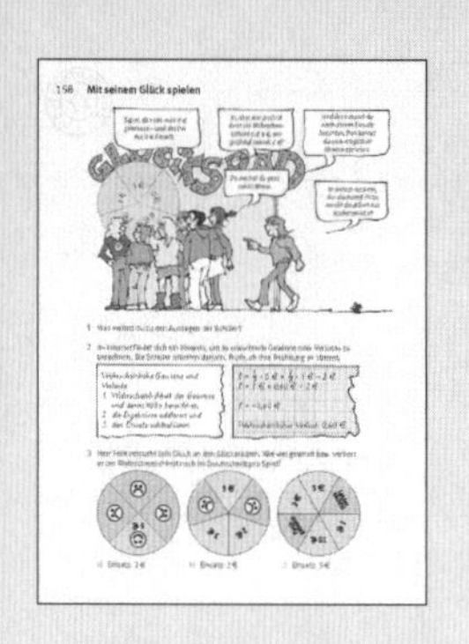

Die Wahrscheinlichkeitsrechnung bietet die Möglichkeit, Gewinnchancen bei Gewinnspielen (zumindest theoretisch) ausloten zu können. Das mag dazu beitragen, dass Erfolgsaussichten etwas nüchterner eingeschätzt werden. Die Gefahr der Glücksspielsucht aufzuzeigen, sollte ein pädagogisches Anliegen sein.

1 individuelle Lösung

2 stimmt

3

a)	b)	c)
–0,75 €	0 €	0 €

4 a)

1	2	3
3,00 €	3,50 €	1,00 €

b) Glücksrad 2 (Der Einsatz ist zwar untypisch, aber der Glücksradbetreiber will ja etwas verdienen.)

5

a)	b)
2,00 €	29 %

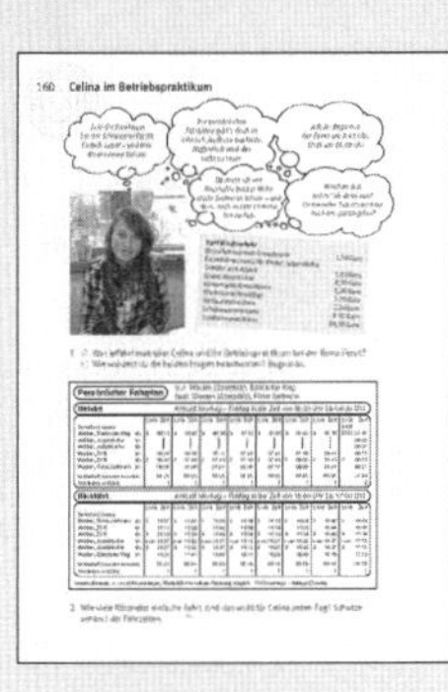

Das Betriebspraktikum ist für Mittelschüler/innen eine schulische Pflichtveranstaltung. In der 8. Jahrgangsstufe umfasst es in der Regel insgesamt zwei Wochen, die auch in zwei zeitlich getrennten Phasen stattfinden können. Das Praktikum dient vor allem der Berufsorientierung, fordert aber von den Schülerinnen und Schülern z. B. auch eine relativ eigenständige Organisation der Fahrt zur Arbeitsstätte. Dieser Aspekt soll auf dieser Seite aufgegriffen und untersucht werden.

1 a) Die Gedankenblasen geben die wesentlichen Infos für die Bearbeitung dieser Seite vor. Vor allem können erst dadurch die Fragen, die sich in b) ergeben, beantwortet werden.

b) Frage 1: Welchen Bus nehm' ich denn nun? (s. Tabelle)

Möglichkeiten

A: Scheidet aus, da zu frühe Ankunft.

B: Möglich; am ersten Tag vielleicht auch empfehlenswert, da Celina den Weg wahrscheinlich noch nicht genau kennt, vielleicht deshalb noch länger braucht.

C: Günstig: 7:21 Uhr + 10 Minuten Fußweg → 7:41 Uhr

D, E, F, G, H: Scheiden aus, da zu späte Ankunft.

K, L, M, N: Scheiden aus, da zu frühe Abfahrt.

O: Möglich, wenn Arbeit pünktlich beendet werden kann.

P: Sinnvoll, da Arbeitsende nicht immer auf die Minute genau planbar, außerdem keine Hektik zum Bus aufkommt.

Q, R: Eher unwahrscheinlich wegen zu später Abfahrt

hrt	**A**		**B**		**C**		**D**		**E**		**F**		**G**		**H**	
hrshinweis	Linie	Zeit	Linie	Zeit	Linie	Zeit	Linie	Zeit	Linie	Zeit	Linie	Zeit	Linie	Zeit	Linie V101	Zeit
n, Edeldorfer b	4	06:11	4	06:41	4	06:56	4	07:11	4	07:26	4	07:41	4	07:56	**2503**	07:57
h, Josefskirche		|		|		|		|		|		|		|		08:02
n, Jodefskirche		|		|		|		|		|		|		|		08:07
n, ZOB an		06:26		06:56		07:11		07:26		07:41		07:56		08:11		08:10
n, ZOB ab	3	06:30	3	07:00	3	07:15	3	07:30	3	07:45	3	08:00	3	08:15	3	08:15
n, Firma ann an		06:36		07:06		07:21		07:36		07:51		08:06		08:21		08:21
edarf den:Minuten)		**00:25**		**00:25**		**00:25**		**00:25**		**00:25**		**00:25**		**00:25**		**00:24**
eigen (Anzahl)		**1**		**1**		**1**		**1**		**1**		**1**		**1**		**2**

ahrt	**Ankunft Montag – Freitag on der Zeit von 15:00 Uhr bis 17:00 Uhr**															
hrshinweis	Linie	Zeit	Linie	Zeit	Linie	Zeit	Linie	Zeit	Linie	Zeit	Linie	Zeit	Linie	Zeit	Linie	Zeit
n, Firma ann ab	3	15:07	3	15:22	3	15:38	3	15:54	3	16:10	3	16:24	3	16:40	3	16:54
n, ZOB an		15:11		15:26		15:42		15:58		16:14		16:28		16:44		16:58
n, ZOB ab	4	15:19	4	15:34	4	15:49	4	16:04	4	16:19	4	16:34	4	16:49	4	17:04
n, Josefskirche	n.um.	15:27	n.um.	15:42	n.um.	15:57	n.um.	16:12	n.um.	16:27	n.um.	16:42	n.um.	16:57	n.um.	17:12
n, Josefskirche	4	15:27	4	15:42	4	15:57	4	16:12	4	16:27	4	16:42	4	16:57	4	17:12
n, Edeldorfer n		15:28		15:43		15:58		16:13		16:28		16:43		16:58		17:13
edarf den:Minuten)		**00:21**		**00:21**		**00:20**		**00:19**		**00:18**		**00:19**		**00:18**		**00:19**
eigen (Anzahl)		**1**		**1**		**1**		**1**		**1**		**1**		**1**		**1**
	K		L		M		N		O		P		Q		R	

Frage 2: Welche Tickets sind für mich am günstigsten?

Celina braucht auf jeden Fall je 5 Hin- und Rückfahrten, also 10 Fahrten. Somit ist für sie eigentlich nur eine Schülerwochenkarte sinnvoll.

2 Strecke Edeldorfer Weg bis Seltmann anhand der Fahrzeiten.
Durchschnittsgeschwindigkeit im Stadtverkehr für Busse: ca. 20 km/h (ohne Haltepausen).
Reine Fahrzeit: 21 Minuten (s. Hinfahrt) ⇒1/3 Stunde ⇒ Strecke: rund 7 km.

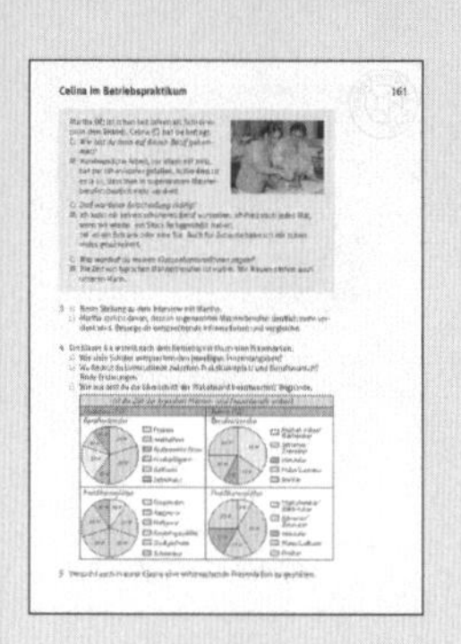

Auf dieser Seite geht es um einen Aspekt der Berufsorientierung: Ist die Zeit der typischen Männerberufe vorbei? Leicht gesagt, die Realität zeigt ein anderes Bild. Vielleicht ist das aber nur in dieser Klasse so. Deshalb ist die jeweilige Klasse aufgefordert, die eigene Situation entsprechend zu analysieren.

3 a) Diskussion der Thematik

b) Beispiel:

Für die genannten Berufswünsche gibt laut Bundesinstitut für Berufsbildung für 2011 folgende durchschnittliche Ausbildungsvergütungen:

Mädchen	Ausb. Vergüt.
Friseurin	456 €
Restaurantfachfrau	625 €
Gärtnerin	606 €
Kinderpflegerin	0 €
Verkäuferin	513 €
Arzthelferin	672 €

Buben	Ausb. Vergüt.
Mechatroniker	868 €
Schreiner	543 €
Zimmerer	943 €
Verkäufer (Bekleidung)	738 €
Maler	528 €
Drucker	661 €
Lackierer	592 €

4 a) Mädchen: 100 % = 10 Schülerinnen
⇒ 10 % = 1 Schülerin; 20 % = 2 Schülerinnen

Buben: 100 % = 12 Schüler
⇒ 8 % = 1 Schüler, 17 % = 2 Schüler, 25 % = 3 Schüler, 33 % = 4 Schüler

b) Unterschiede zwischen Praktikumsplatz und Berufswunsch
Mögliche Erklärungen: Kein entsprechender Praktikumsplatz vorhanden; Berufswunsch nach dem Praktikum verändert.

c) In dieser Klasse ist die Zeit der typischen Männer- und Frauenberufe noch nicht vorbei – aber ein Anfang ist gemacht.

5 –/–

1 a) Die Stückliste ist vollständig.

b) Die Füße – 90 cm lang, aber schräg gestellt – erreichen keine Höhe von 90 cm (87 cm). Freilich wird sichtbar, dass die Auflage über die Höhe der Füße hinausragt (+11 cm). Schätzung: Also doch rund 1 m.

2 a)

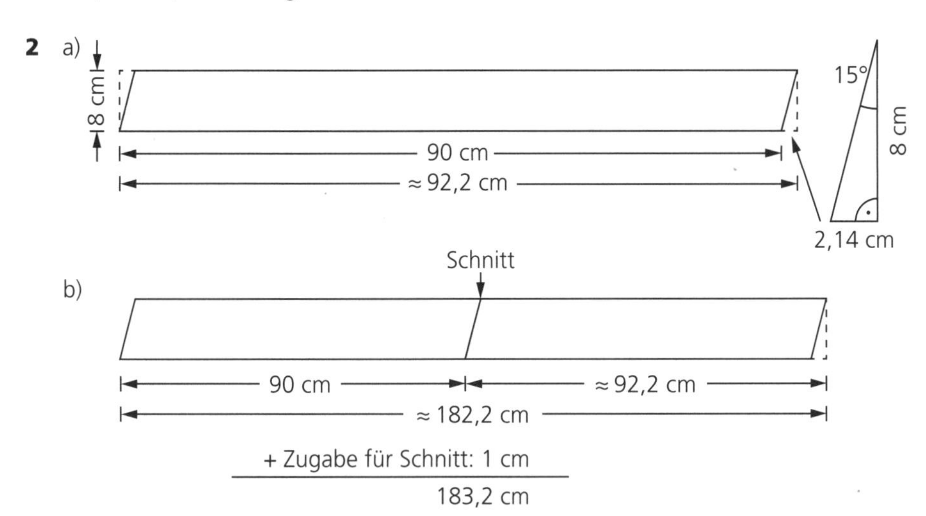

3 a) Die Auflage ist fest in die Backen der Füße eingespannt. Diese konstruktive Holzverbindung erhöht die Verbindungsfläche zwischen Auflage und Füßen. Die Auflage wird dadurch in ihrer Lage fixiert.

b) Wenn man es in einem Stück ausklinken könnte, wäre es ein Trapez.

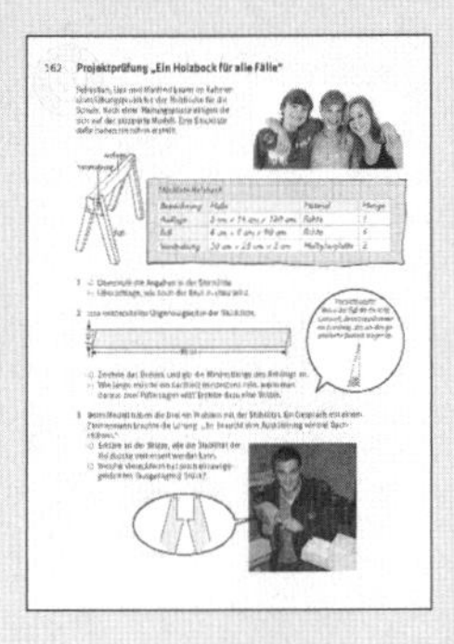

In der Projektprüfung geht es um selbstständiges Planen und Vorbereiten des Arbeitsprozesses, Durchführen der (praktischen) Arbeiten entsprechend der Aufgabenstellung an der Schule und schließlich um das Präsentieren der Ergebnisse. Gerade im Bereich Technik ist dabei auch viel mathematische Überlegung gefragt. Das soll beispielhaft an diesem Projekt verdeutlicht werden.

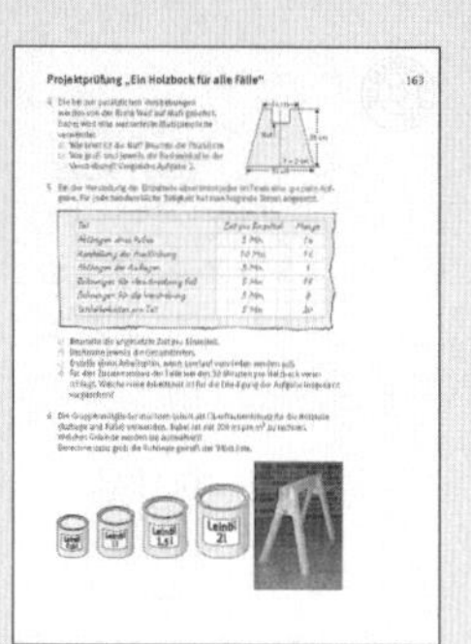

4 a) Die Auflage ist laut Stückliste 8 cm breit ⇒ Nut = 8 cm

b) Die Füße sind in einem Winkel von 75° abgeschrägt. Da die Verstrebung parallel zum Boden angebracht ist, ist die Größe der Basiswinkel auch 75°.

5 a) Die angesetzte Zeit hat sich in der praktischen Durchführung als praktikabel erwiesen.

b) / c) / d)

Zeit und Organisationsplan (mögliche Lösung)					
Lisa		Sebastian		Manfred	
Teil/Tätigkeit	Zeit	Teil/Tätigkeit	Zeit	Teil/Tätigkeit	Zeit
8 Füße ablängen	40 M.	8 Füße ablängen	40 M.	4 Auflagen ablängen	20 M.
8 Ausklinkungen	80 M.	8 Ausklinkungen	80 M.	4 Schleifarbeiten Auflage	20 M.
4 Schleifarbeiten Fuß	20 M.	4 Bohrungen Fuß	20 M.	8 Bohrungen Verstrebung	40 M.
4 Bohrungen Fuß	20 M.	4 Schleifarbeiten Fuß	20 M.	8 Bohrungen Fuß	40 M.
				8 Schleifarbeiten Fuß	40 M.
Arbeitszeit	160 M.		160 M.		160 M.
Zeit für die Endmontage/Zusammenbau					
Zeitvorgabe pro Holzbock 30 Minuten/Anzahl 4 =					120 M.
Geteilt durch die Gruppenstärke entfallen auf jeden Schüler 40 Minuten.					
Bei der Lösungsfindung können im Gespräch Bereiche wie Raumbedarf, Arbeitsplatz, Werkzeugeinsatz und Werkzeugbedarf erörtert werden.					

6 Holzschutz für Holzteile (Auflagen und Füße)

Teile	Berechnung (Maße in cm)	Ergebnis
4 Auflagen	$4 \cdot 2 \cdot (8 \cdot 14 + 8 \cdot 120 + 14 \cdot 120)$	2,2016 m^2
16 Füße	$16 \cdot 2 \cdot (8 \cdot 8 + 90 \cdot 8 + 8 \cdot 90)$	4,8128 m^2
Gesamt		7,0144 m^2

Leinöl: 7,0144 $m^2 \cdot$ 0,200 Liter/m^2 = 1,40288 Liter ⇒ Auswahl: 1,5 Liter

L

1 a) 3 200 m 0,6(0) m b) 4 m^2 840 cm^2
c) 16 m^3 3 050 cm^3 d) 19,85(0) kg 0,105 kg
e) 6 min 255 min

2 a) Durchschnittsgeschwindigkeit: 80 $\frac{km}{h}$

b)

Zeit (h)	2	$2\frac{1}{2}$	4	5	7
Weg (km)	160	200	320	400	560

c)

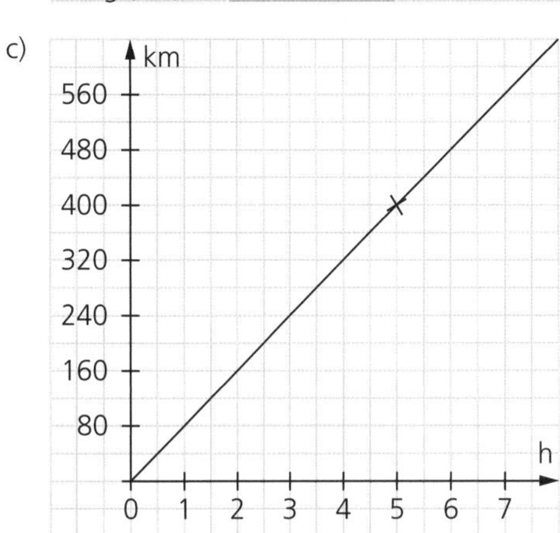

Hinweis: siehe auch Zusatzangebot

3 a) 2,7 $\frac{g}{cm^3}$ b) 8,9 $\frac{kg}{dm^3}$ c) 11,3 $\frac{g}{cm^3}$

4

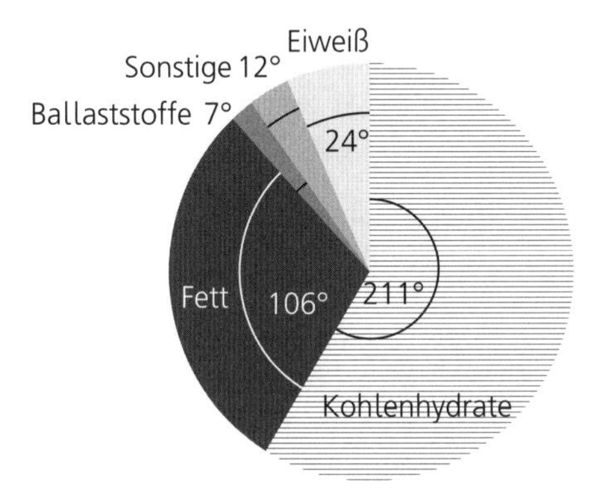

5 a) $P = \frac{1}{2} = 0{,}5 = 50\ \%$ b) $P = \frac{3}{10} = 0{,}3 = 30\ \%$

c) $P = \frac{5}{8} = 0{,}625 = 62{,}5\ \%$ d) $P = \frac{2}{9} = 0{,}\overline{2} \approx 22{,}2\ \%$

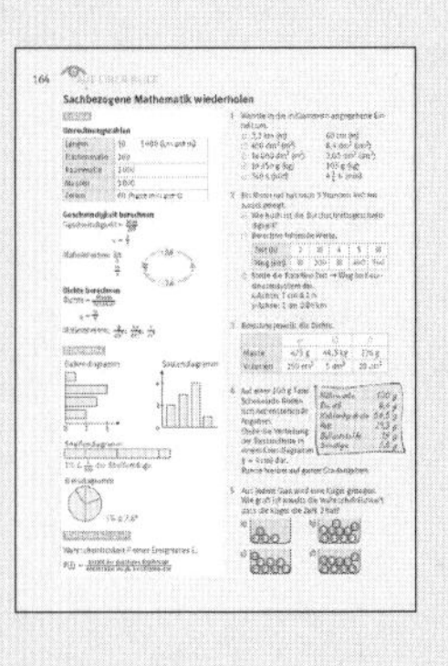

Auf den Seiten 164 und 165 werden wesentliche Inhalte des Themenbereichs „Sachbezogene Mathematik" noch einmal auf verschiedenen Niveaustufen wiederholt. Dies soll einerseits der Sicherung und Vertiefung dienen und andererseits sowohl der Lehrkraft als auch dem einzelnen Schüler Auskunft über den jeweiligen Leistungsstand geben. Eventuelle Defizite erfordern ein nochmaliges Aufgreifen im Unterricht.
Die nebenstehenden Lösungen finden sich auch im Schülerbuch auf der Seite 183.

Z

K 28

Koordinatensystem

Einsatzhinweis:
Koordinatensystem auf Folie kopieren und den jeweiligen Graphen selbst erstellen bzw. durch Schüler erstellen lassen. Über den OHP bzw. die Folie (Overlay) ergibt sich dann eine Kontrollmöglichkeit für jeden Schüler.

Auf den Seiten 164 und 165 werden wesentliche Inhalte des Themenbereichs „Sachbezogene Mathematik" noch einmal auf verschiedenen Niveaustufen wiederholt. Dies soll einerseits der Sicherung und Vertiefung dienen und andererseits sowohl der Lehrkraft als auch dem einzelnen Schüler Auskunft über den jeweiligen Leistungsstand geben. Eventuelle Defizite erfordern ein nochmaliges Aufgreifen im Unterricht.
Die nebenstehenden Lösungen finden sich auch im Schülerbuch auf der Seite 183.

L

6 a) Fluggeschwindigkeit $\left(\frac{\text{km}}{\text{h}}\right)$: 880
b) Flugstrecke (km): 4 200
c) Flugzeit (h): 12,5

7 a) Kinder insgesamt: 20

	kath.	evang.	islam.	sonst.
Kinder	11	4	3	2
Prozent	55	20	15	10

b)

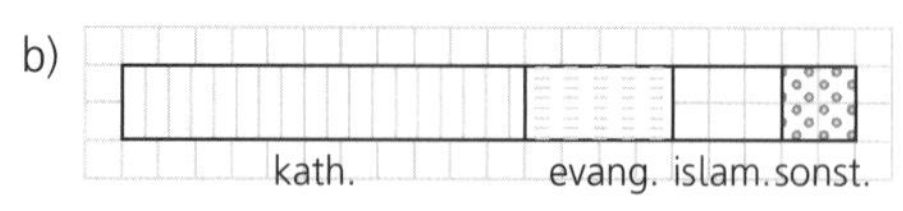

8

	Fehlende Größe	Stoff
a)	Dichte: 2,4 $\frac{\text{kg}}{\text{dm}^3}$	Marmor
b)	Dichte: 2,7 $\frac{\text{g}}{\text{cm}^3}$	Aluminium
c)	Masse: 15 kg	Benzin
d)	Volumen: 2 cm^3	Gold
e)	Dichte: 8,9 $\frac{\text{g}}{\text{cm}^3}$ $\left(\frac{\text{kg}}{\text{dm}^3}\right)$	Kupfer
f)	Dichte: 0,25 $\frac{\text{kg}}{\text{dm}^3}$ $\left(\frac{\text{t}}{\text{m}^3}\right)$	Kork

9

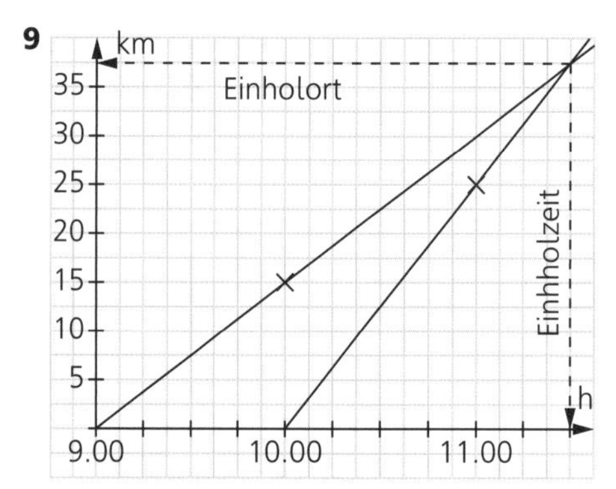

Hinweis: siehe auch K 28
Einholzeit: 11.30 h
Einholort: nach 37,5 km

10 Geschwindigkeit Pkw:
$v = \frac{1\,650\text{ m}}{75\text{ s}} = 22\,\frac{\text{m}}{\text{s}} = 79{,}2\,\frac{\text{km}}{\text{h}}$

⇒ Der Pkw-Fahrer hält sich an die Geschwindigkeitsbegrenzung.

11 Masse (Gewicht) 500 cm^3 Silber:
5 250 g
Masse (Gewicht) 500 cm^3 Eisen:
3 900 g

12 reine Fahrzeit:
84 min = 1 h 24 min = 1,4 h
Durchschnittsgeschwindigkeit: ≈161 $\frac{\text{km}}{\text{h}}$

13 a) 100 % – (22 % + 30 %) = 48 %
48 % : 4 = 12 %
Bus: 36 % Auto: 12 %

b)

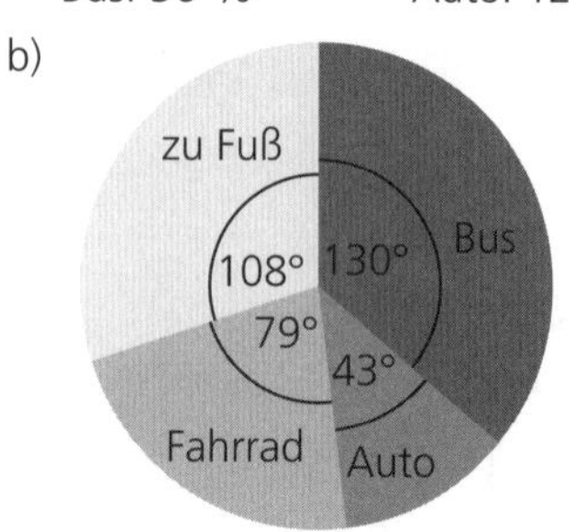

14

	P	Beispiele
a)	$\frac{1}{6}$	Buchstabe W wird gezogen. Buchstabe R wird gezogen.
b)	$\frac{1}{3}$	Buchstabe E wird gezogen. Buchstabe T wird gezogen Buchstabe W oder R wird gezogen.
c)	$\frac{2}{3}$	Buchstabe E oder T wird gezogen. Buchstabe E, W oder R wird gezogen. Es wird nicht Buchstabe E gezogen.

15 a) Volumen Würfel: 512 cm^3
Dichte: 2,6 $\frac{\text{g}}{\text{cm}^3}$ ⇒ Material: Granit

b) Volumen Pyramide: $341{,}\overline{3}$ cm^3
Masse Pyramide: ≈ 887,5 g

c) Volumen Pyramide: 512 cm^3
Höhe Pyramide: 24 cm

16 Masse 50-Cent-Münze: 7 g
Volumen Münze: ≈ 0,785 cm^3

17

P	Beispiel
$\frac{1}{12}$	7 wird gewürfelt.
$\frac{1}{6}$	4 oder 5 wird gewürfelt.
$\frac{1}{4}$	Vielfaches von 4 wird gewürfelt.
$\frac{1}{3}$	Durch 3 teilbare Zahl wird gewürfelt
$\frac{1}{2}$	Gerade Zahl wird gewürfelt.
$\frac{3}{4}$	Zahl kleiner als 10 wird gewürfelt.

1

Ware	Mehl	Brot	Tee	Mandeln	Erbsen	Ananas
Kilopreis	0,69 €	2,40 €	26,50 €	18 €	2,40 €	2,75 €

2 a) Volumen der Schaufensterscheibe: $V = 30 \cdot 20 \cdot 0{,}1 = 60\ (\text{dm}^3)$
Dichte von Glas: $\rho = \frac{168}{60} = 2{,}8 \left(\frac{\text{kg}}{\text{dm}^3}\right)$
b) Volumen des Quaders: $V = 17 \cdot 17 \cdot 21 = 6\,069\ (\text{cm}^3)$
Masse (Gewicht) des Quaders: $m = \rho \cdot V = 2{,}6 \cdot 6\,069 = 15\,779{,}4\ (\text{g})$

3 a) Entfernung zwischen A und B: 70 km
b) Treffzeit: nach 2 h
c) Treffpunkt von A 30 km (B 40 km) entfernt
d) Beispiele:

	Radfahrer A	Radfahrer B
Durchschnittsgeschwindigkeit	$15 \frac{\text{km}}{\text{h}}$	$20 \frac{\text{km}}{\text{h}}$
Erforderliche Zeit für ganzen Weg	4 h 40 min	3 h 30 min

Entfernung beider Radfahrer nach 1 h: 35 km

4

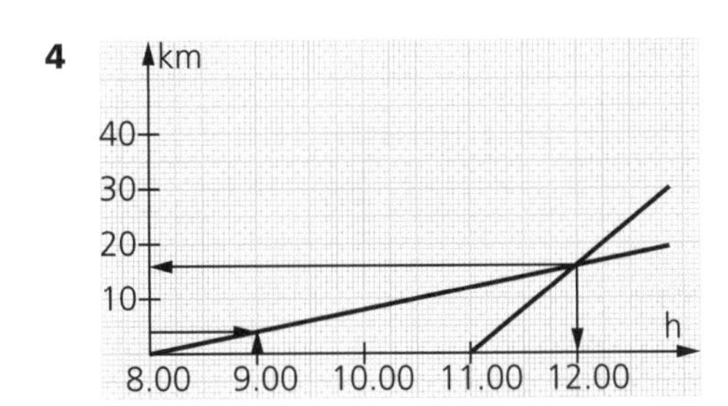

Hinweis: siehe auch K 27

Einholzeit: 12.00 Uhr
Einholort: nach 16 km

5 a)

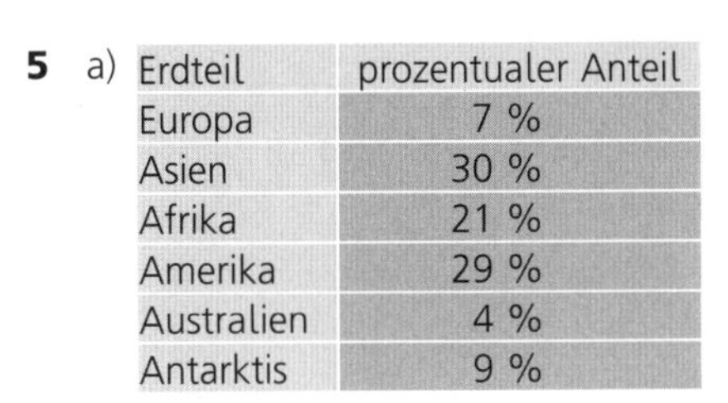

Erdteil	prozentualer Anteil
Europa	7 %
Asien	30 %
Afrika	21 %
Amerika	29 %
Australien	4 %
Antarktis	9 %

b)

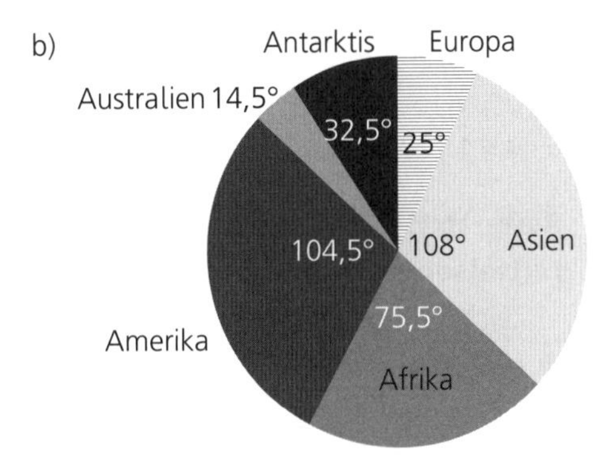

6 a) Zahl ist durch 2 teilbar.
$P = \frac{12}{24} = \frac{1}{2} = 0{,}5 = 50\ \%$
b) Zahl ist Vielfaches von 8.
$P = \frac{3}{24} = \frac{1}{8} = 0{,}125 = 12{,}5\ \%$

7 $t = \frac{149\,600\,000}{300\,000} = 498\,\frac{2}{3}\ (\text{s})$ Das Licht braucht von der Sonne bis zur Erde rund 499 s bzw. rund 8 min 19 s.

8 Es müssen Ereignisse formuliert werden mit jeweils 2 Kugeln als möglichem Ergebnis.
Beispiele (stichwortartig):
- Kugel mit Ziffer 2
- Vielfaches von 4
- gerade Zahl größer als 6
- gelbe Kugel
- durch 5 teilbare Zahl
- Kugel mit Ziffer 5 oder 6

Trainingsrunde 7

Mithilfe der Trimm-dich-Abschlussrunde kann am Ende einer Lerneinheit die abschließende Lernstandserhebung durchgeführt werden. Die orangen Punkte am Rand geben die Anzahl der Punkte für die jeweilige Aufgabe an. Im Anhang des Lehrerbandes steht eine weitere Trainingsrunde zur Verfügung. Eine realistische Einschätzung der eigenen Leistungen hilft, Stärken zu erhalten und Schwächen abzumildern. Mithilfe des Selbsteinschätzungsbogens (K 29) können die Schüler ihre Kenntnisse und Fertigkeiten selbst bewerten.

K 29

T 7

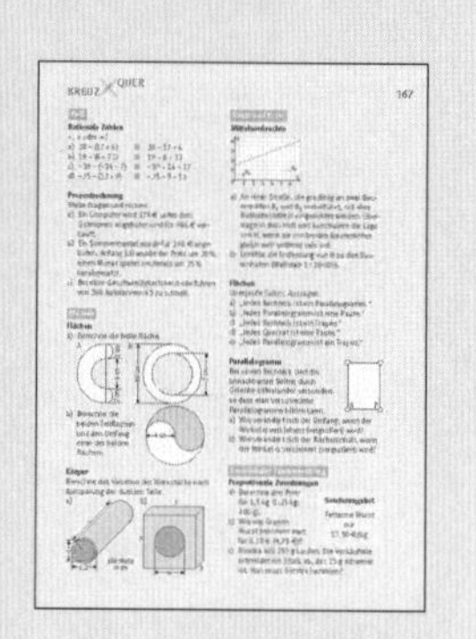

Die Seiten „Kreuz und quer" greifen im Sinne einer permanenten Wiederholung Lerninhalte früher behandelter Kapitel auf und sichern so nachhaltig Grundwissen und Basiskompetenzen.

L

Zahl

Rationale Zahlen

a) = b) < c) > d) =

Prozentrechnung

a) Wie viel betrug der Listenpreis? 1 160,00 €
Wie viel Prozent wurden nachgelassen? 15%

b) Wie viel betrug der erste Nachlass in €? 39,60 €
Wie viel kostete der Mantel Anfang Juli? 158,40 €
Wie viel betrug der zweite Nachlass? 39,60 €
Wie viel kostete der Mantel Anfang August? 118,80 €
Wie hoch war der Preisnachlass insgesamt in Prozent (in Euro)? 40% (79,20 €)

c) Wie viel Prozent der Autos fuhren zu schnell? 12,5%

Messen

Flächen

a) A: $A = 21{,}99\ cm^2$ B: $A = 40{,}06\ cm^2$

b) $A_{gelb} = A_{blau} = 4^2 \cdot 3{,}14 = 25{,}12\ (cm^2)$
$U_{gelb} = U_{blau} = 8 \cdot 3{,}14 : 2 + 4 \cdot 3{,}14 = 25{,}12\ (cm)$

Körper

	a)	b)
Volumen Körper	5,655 cm³	147 cm³
Volumen Werkstück	1,728 cm³	109,301 cm³
Abfall in cm³	3,927 cm³	37,699 cm³
Abfall in %	69%	26%

a) $V = (0{,}6^2 \cdot 3{,}14 - 0{,}5^2 \cdot 3{,}14) \cdot 5$
$V = 1{,}727\ (cm^3)$

b) $V = 7 \cdot 3 \cdot 7 - 2^2 \cdot 3{,}14 \cdot 3$
$V = 109{,}32\ (cm^3)$

Raum und Form

Mittelsenkrechte

a) Zeichnung der Mittelsenkrechten zur Strecke B_1B_2

b) ca. 330 m

Flächen

a) richtig b) falsch c) richtig d) richtig e) richtig

Parallelogramm

a) Der Umfang bleibt gleich.

b) Wird α kleiner bzw. größer, so wird der Flächeninhalt jeweils kleiner.

Funktionaler Zusammenhang

Proportionale Zuordnungen

a)

1,5 kg	1,25 kg	400 g
20,25 €	16,88 €	5,40 €

b)

8,10 €	4,73 €
600 g	350 g

c)

250 g	225 g
3,38 €	3,71 €

Zur Leistungsorientierung 1

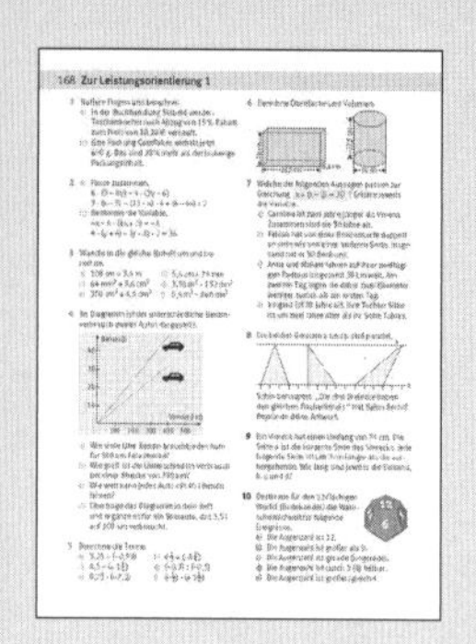

Aufgaben zur Leistungsorientierung erfassen die kognitiven Leistungen der Schüler und geben eine verlässliche Aussage über deren Leistungsstand. Sie decken verschiedene Kompetenzstufen ab: Reproduktion, Reorganisation, Transfer und Problemlösen.

1 a) Wie viel kostete das Buch vorher?
10,20 : 85% = 12 (€)

b) Wie groß war der Packungsinhalt vorher?
600 : 120% = 500 (g)

2 a) $78 - 60y$ $\quad$ $4x - 55$

b) $x = -0{,}5$ $\quad$ $y = 2$

3 a) 4,48 m = 448 cm $\quad$ b) 13 cm = 130 mm $\quad$ c) 4,24 cm^2 = 424 mm^2

d) 204 cm^2 = 2,04 dm^2 $\quad$ e) 4,850 dm^3 = 4 850 cm^3 $\quad$ f) 4,740 m^3 = 4 740 dm^3

4 a) Auto (roter Graph): 12 l $\quad$ Auto (blauer Graph): 8 l

b) Unterschied: 14 l

c) Auto (roter Graph): 333 km $\quad$ Auto (blauer Graph): 500 km

d)

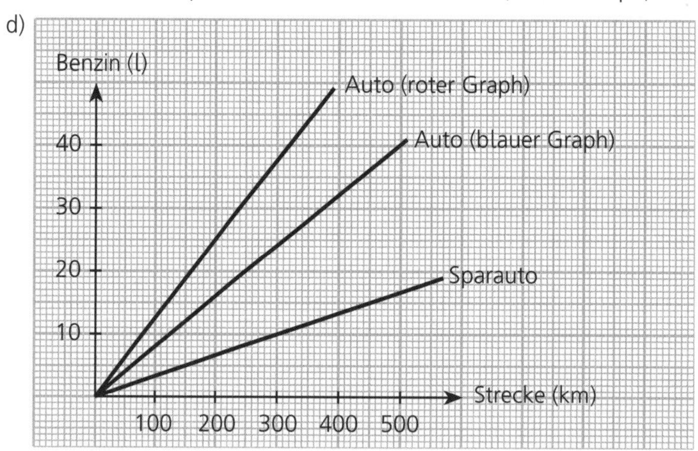

5 a) 4,2 $\quad$ b) $-1{,}75$ $\quad$ c) 3,25 $\quad$ d) 0,6 $\quad$ e) $-5{,}4$ $\quad$ f) $-\frac{5}{8}$

6 $O_Q = 2 \cdot 28{,}5 \cdot 18 + 2 \cdot 28{,}5 \cdot 6{,}4 + 2 \cdot 18 \cdot 6{,}4$ $\quad$ $V_Q = 28{,}5 \cdot 6{,}4 \cdot 18$

$O_Q = 1\,621{,}2$ (cm^2) $\quad$ $V_Q = 3\,283{,}2$ (cm^3)

$O_Z = 2 \cdot 8^2 \cdot 3{,}14 + 16 \cdot 3{,}14 \cdot 22{,}5$ $\quad$ $V_Z = 8^2 \cdot 3{,}14 \cdot 22{,}5$

$O_Z = 1\,532{,}32$ (cm^2) $\quad$ $V_Z = 4\,521{,}6$ (cm^3)

7 Zur Gleichung passen die Texte a (x: Alter von Verena) und c (x: Strecke am 1. Tag).

8 Sahin hat Recht, denn bei allen Dreiecken sind Grundlinie und Höhe gleich.

9 $74 = x + x + 3 + x + 6 + x + 9$ $\quad$ $x = 14$

a = 14 cm $\quad$ b = 17 cm $\quad$ c = 20 cm $\quad$ d = 23 cm

10 a) $\frac{1}{12}$ $\quad$ b) $\frac{3}{12} = \frac{1}{4}$ $\quad$ c) gerade: $\frac{6}{12} = \frac{1}{2}$; ungerade: $\frac{6}{12} = \frac{1}{2}$

d) durch 3: $\frac{4}{12} = \frac{1}{3}$; $\quad$ e) $\frac{9}{12} = \frac{3}{4}$

durch 4: $\frac{3}{12} = \frac{1}{4}$

1 a) Höhe der Grundgebühr: 30 €

b) Kilometerpreis: 0,20 €

c) 50 km → 40 €
100 km → 50 €
200 km → 70 €
225 km → 75 €

d) 60 € → 150 km
100 € → 350 km
90 € → 300 km

2

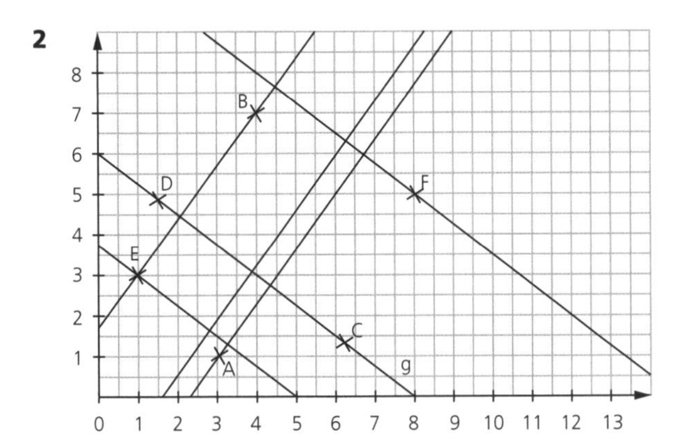

3 a) = b) > c) < d) =

4 a) 70 cm b) 11,5 dm c) 2,30 m d) 1,988 km
e) 4 kg f) 8,25 g g) 7 t h) 1 kg

5 a) älter als 45 Jahre: 2 856 Personen

b)

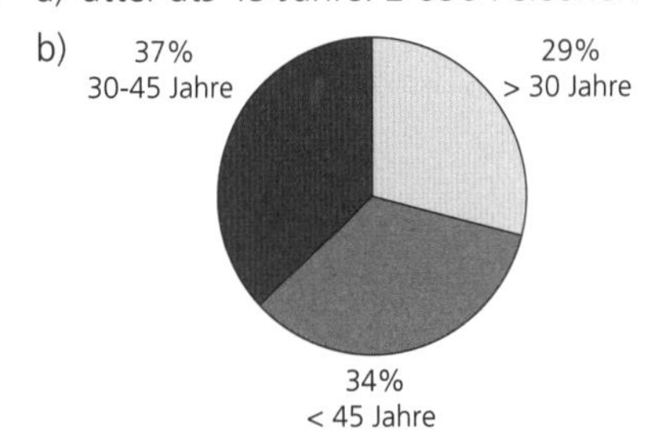

6 C

7 $A = 10{,}5 \cdot 5 - 2^2 \cdot 3{,}14$ $u = 2 \cdot 6{,}5 + 2 + 4 \cdot 3{,}14$
$A = 39{,}94$ (cm²) $u = 27{,}56$ (cm)

8 a) $M = 16 \cdot 16 \cdot 3$
$M = 768$ (cm²)

b) $G = O - M$ $V = 221{,}7 \cdot 16$ $221{,}7 = \frac{1}{2} \cdot 16 \cdot h$
$G = 221{,}7$ cm² $V = 3\,547{,}2$ cm³ $h = 27{,}7$ cm

9 1 Birne ist so schwer wie 8 Kirschen.
12 Kirschen sind so schwer wie ein Apfel.

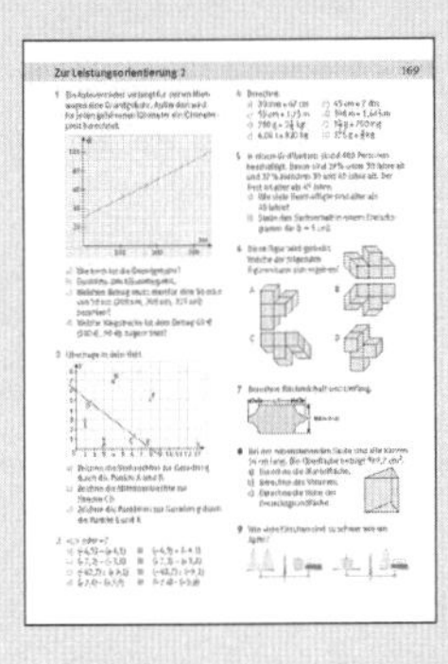

Aufgaben zur Leistungsorientierung erfassen die kognitiven Leistungen der Schüler und geben eine verlässliche Aussage über deren Leistungsstand. Sie decken verschiedene Kompetenzstufen ab: Reproduktion, Reorganisation, Transfer und Problemlösen.

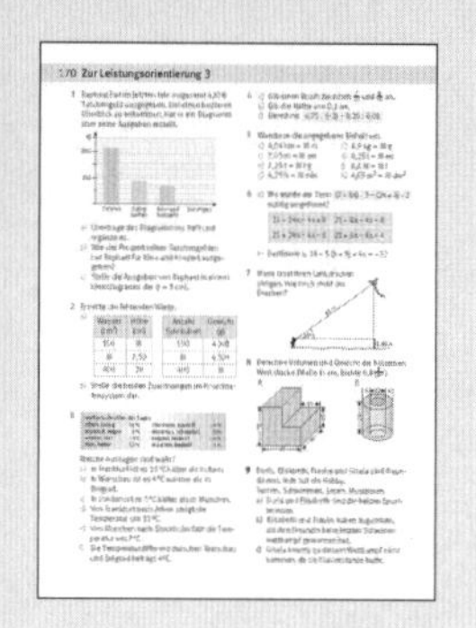

Aufgaben zur Leistungsorientierung erfassen die kognitiven Leistungen der Schüler und geben eine verlässliche Aussage über deren Leistungsstand. Sie decken verschiedene Kompetenzstufen ab: Reproduktion, Reorganisation, Transfer und Problemlösen.

1 a)

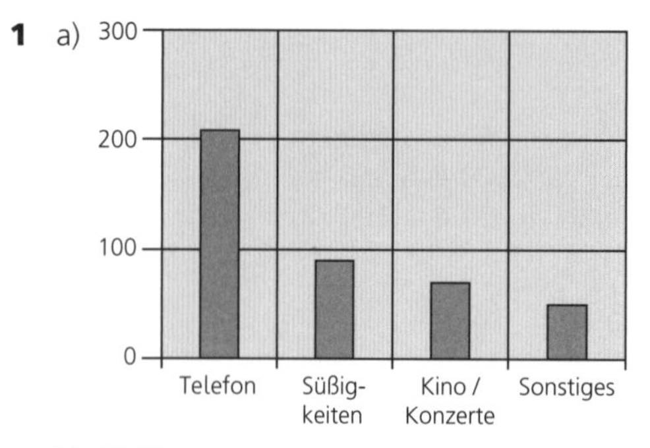

b) 17 %

c)

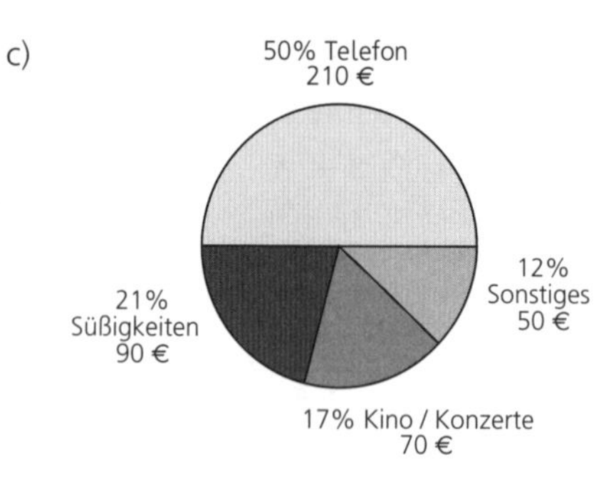

2

Wassermenge (cm^3)	Höhe (cm)
100	5
150	7,50
400	20

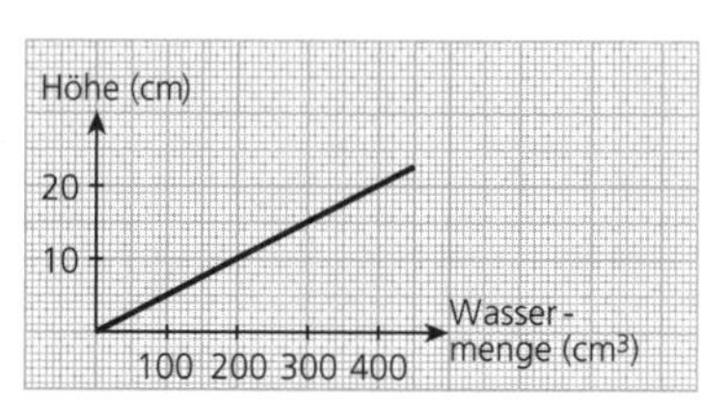

Anzahl der Schrauben	Gewicht (g)
150	4 200
225	6 300
400	11 200

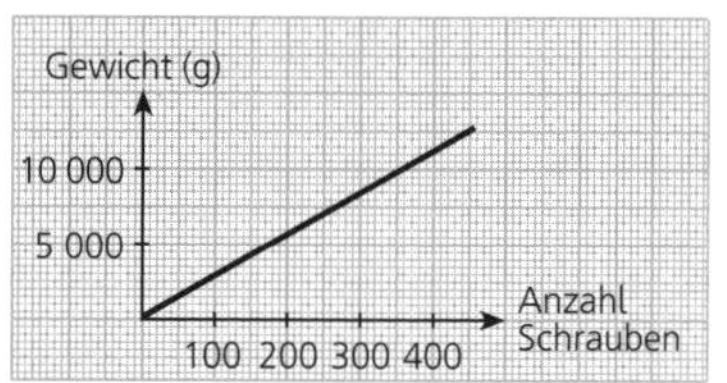

3 a) falsch (richtig: In Frankfurt ist es 9° kälter als in Rom.) b) richtig
c) falsch (richtig: In London ist es 6° kälter als in München.) d) richtig
e) falsch (richtig: Die Temperatur um 9°.) f) richtig

4 a) $\frac{15}{20}$ b) 0,05 c) −45,25

5 a) 4 040 m b) 8 900 g c) 705 cm d) 250 ml
e) 7 250 kg f) 880 l g) 255 min h) 405 dm^2

6 a) richtig: $21 + 24x - 4x - 8$ b) $x = 1$

7 ≈ 28 m

8 Ⓐ $V = 30 \cdot 30 \cdot 30 - 15 \cdot 15 \cdot 30$
$V = 20\,250\ (cm^3)$
$m = 20\,250 \cdot 0{,}8$
$m = 16\,200\ (g) = 16{,}2\ (kg)$

Ⓑ $V = (12^2 \cdot 3{,}14 - 6^2 \cdot 3{,}16) \cdot 24$
$V = 8\,138{,}88\ (cm^3)$
$m = 8\,138{,}88 \cdot 0{,}8$
$m = 6\,511\ (g) = 6{,}511\ (kg)$

9 Doris: Schwimmen
Elisabeth: Turnen
Frauke: Lesen
Gisela: Musizieren

Kopiervorlagen

Kopiervorlagen

Kopfrechenblatt

Datum:

Nr.	Lösungen	Punkte
1		
2		
3		
4		
5		
6		

Datum:

Nr.	Lösungen	Punkte
1		
2		
3		
4		
5		
6		

Datum:

Nr.	Lösungen	Punkte
1		
2		
3		
4		
5		
6		

Datum:

Nr.	Lösungen	Punkte
1		
2		
3		
4		
5		
6		

Datum:

Nr.	Lösungen	Punkte
1		
2		
3		
4		
5		
6		

Datum:

Nr.	Lösungen	Punkte
1		
2		
3		
4		
5		
6		

Datum:

Nr.	Lösungen	Punkte
1		
2		
3		
4		
5		
6		

Ich habe ☐ Punkte erreicht!

Puzzle: Bruch-Dezimalbruch

Schneide die Dreiecke aus und ordne sie so an,
dass aneinanderstoßende Seiten gleiche Werte haben.
Löse im Kopf.

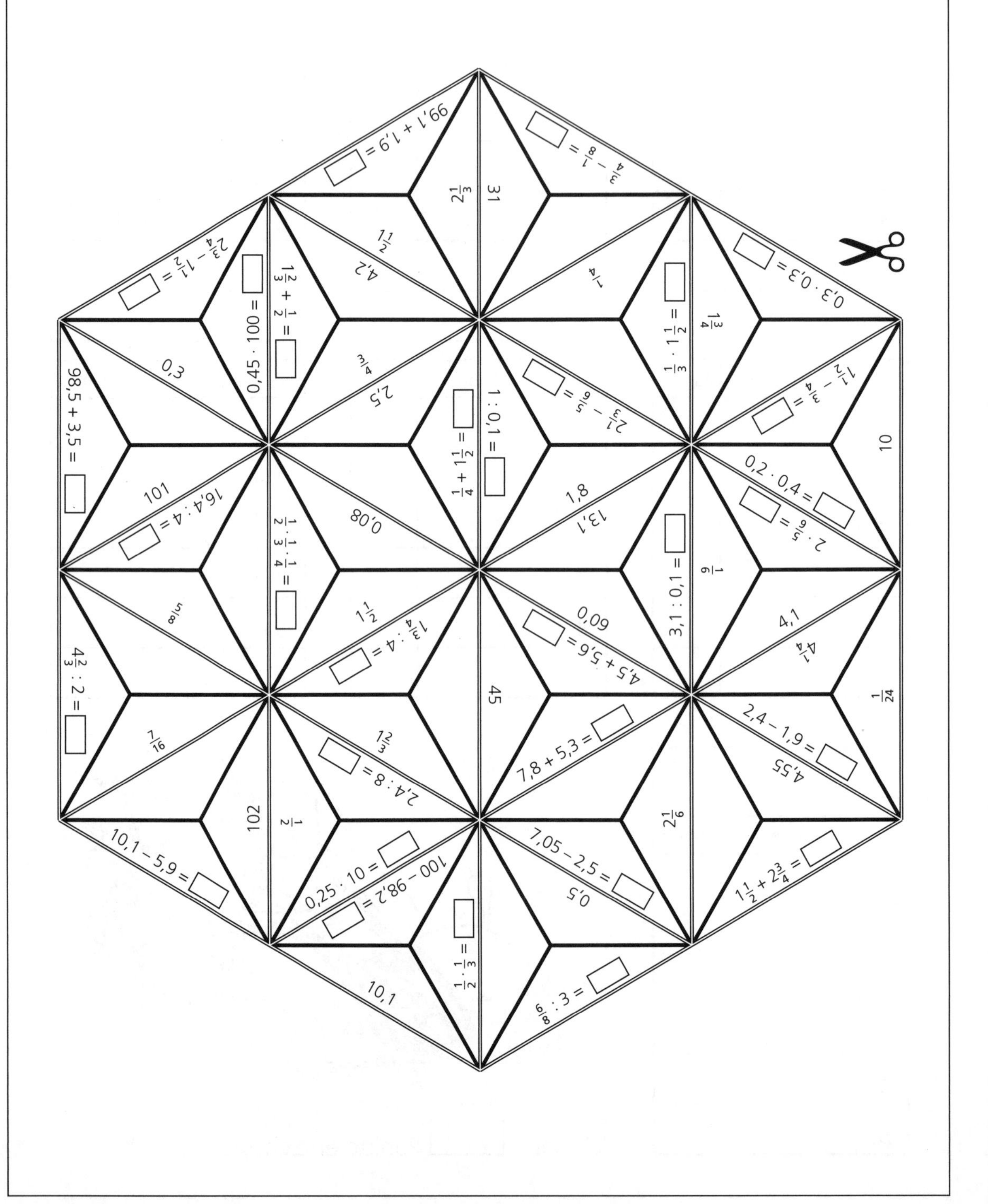

Prozentkreis und Prozenthalbkreis

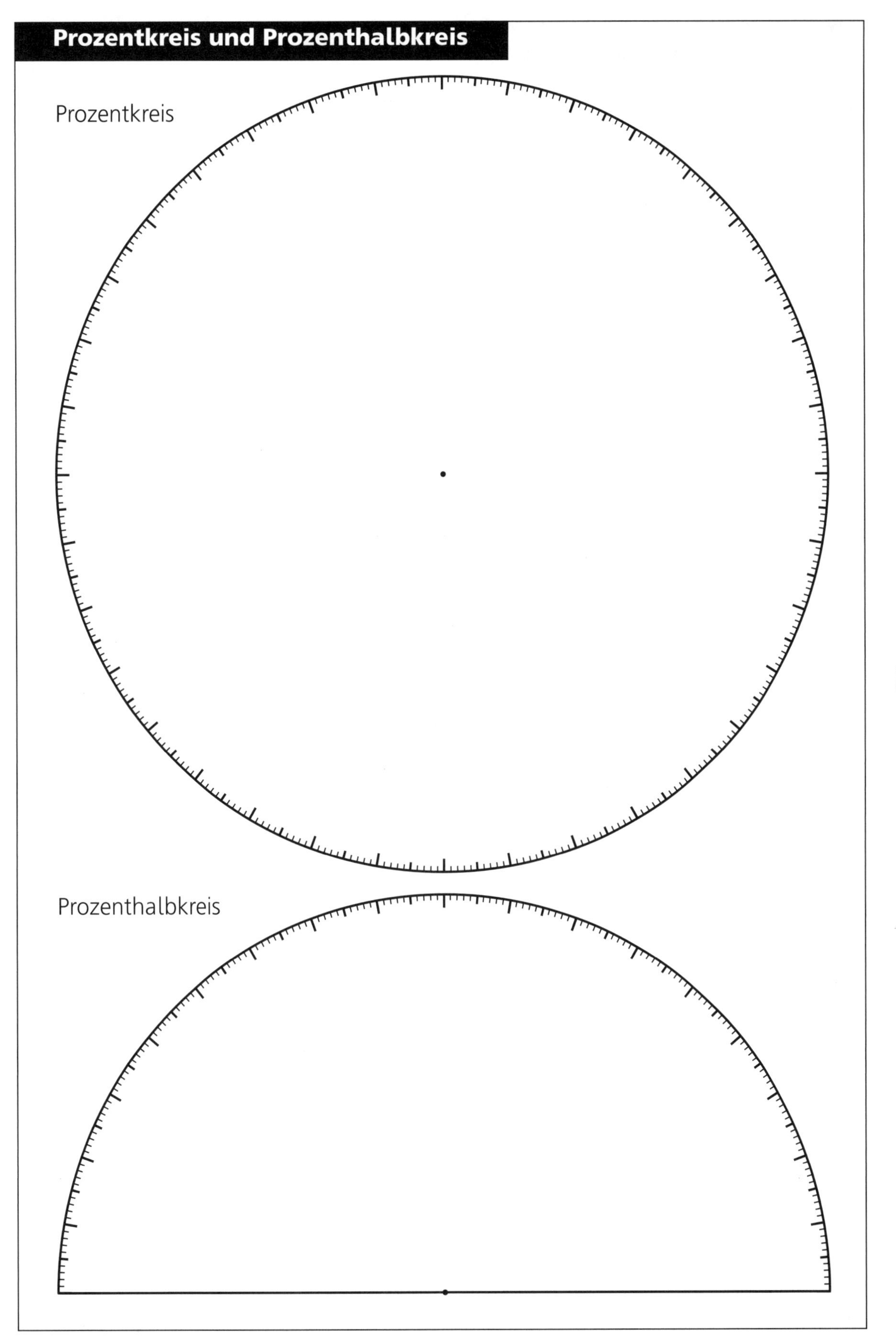

Berechnungsschemata: Preissteigerung

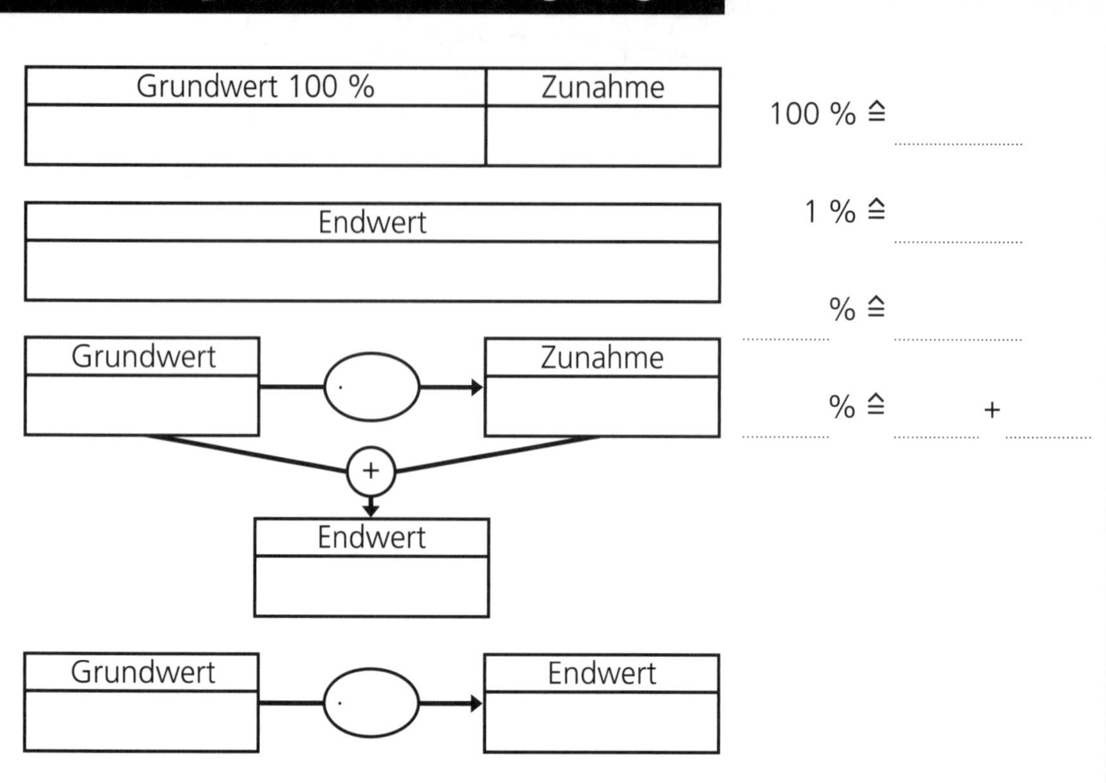

Berechnungsschemata: Preisnachlass

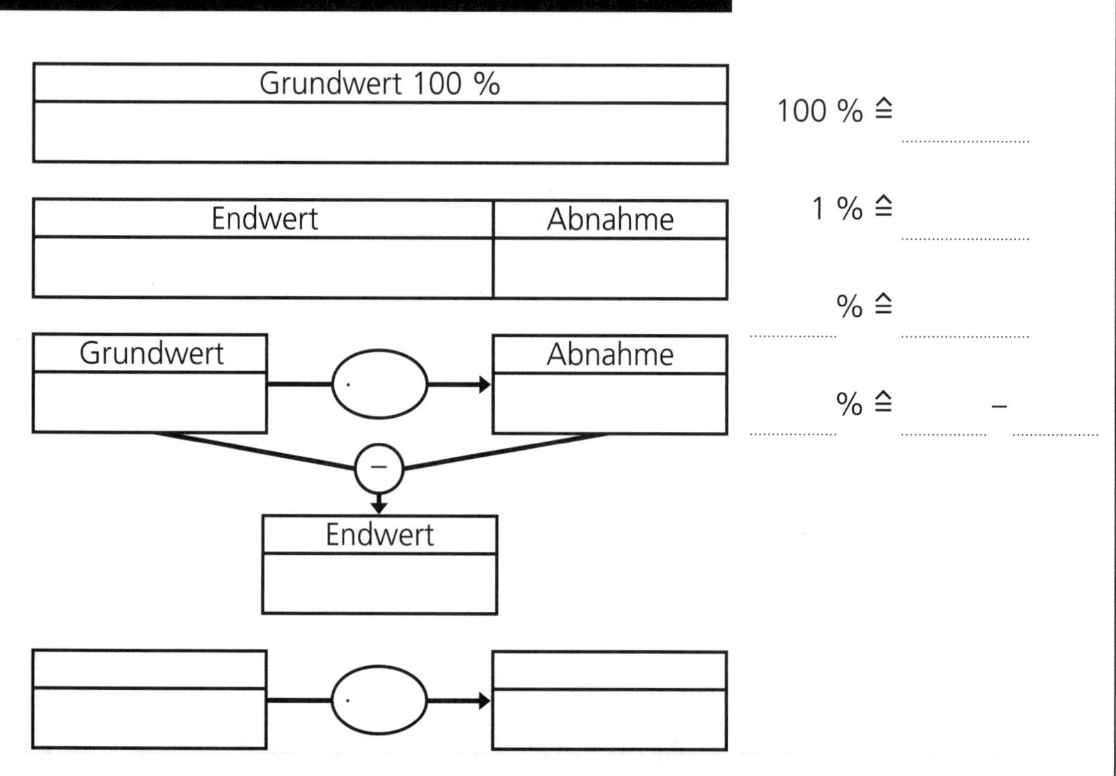

115%

Berechnungsschemata: Gewinn und Verlust (1)

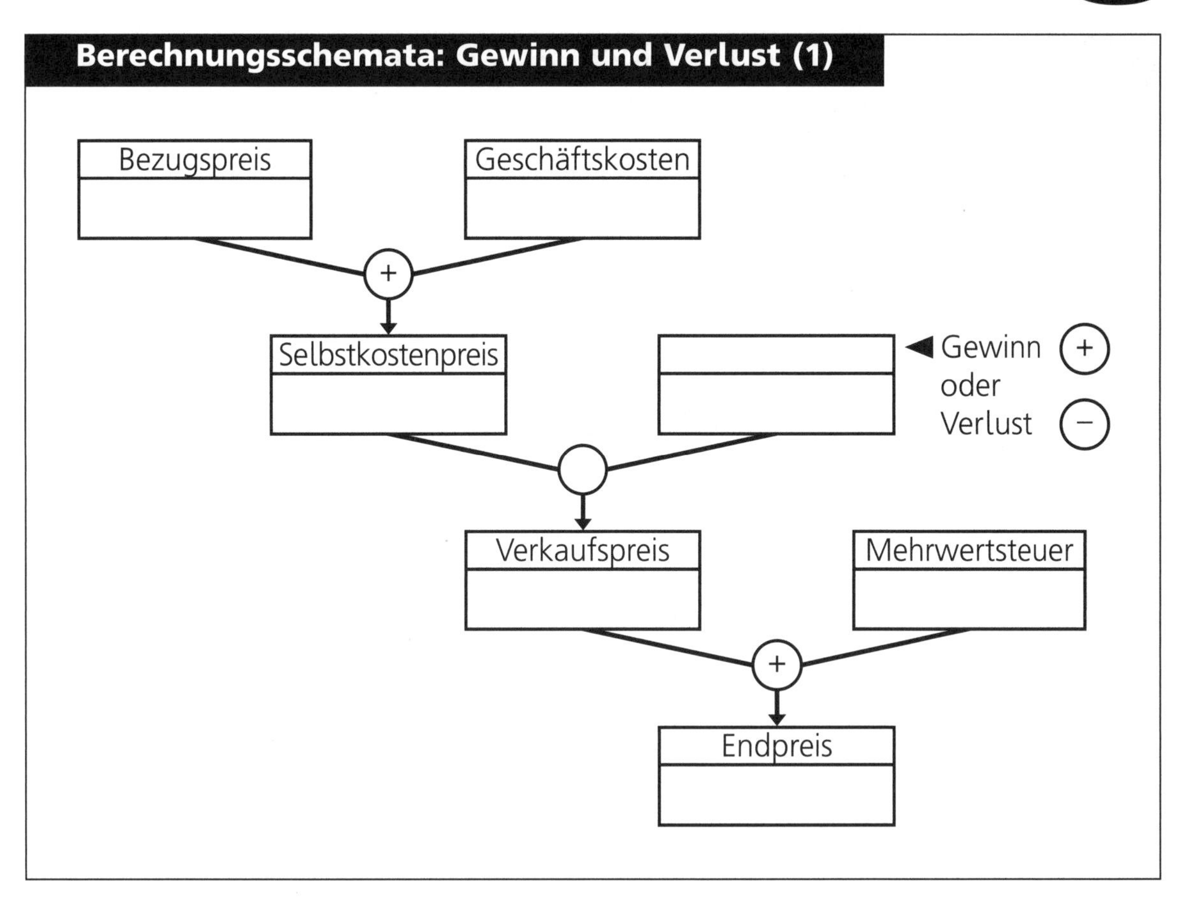

Berechnungsschemata: Gewinn und Verlust (1)

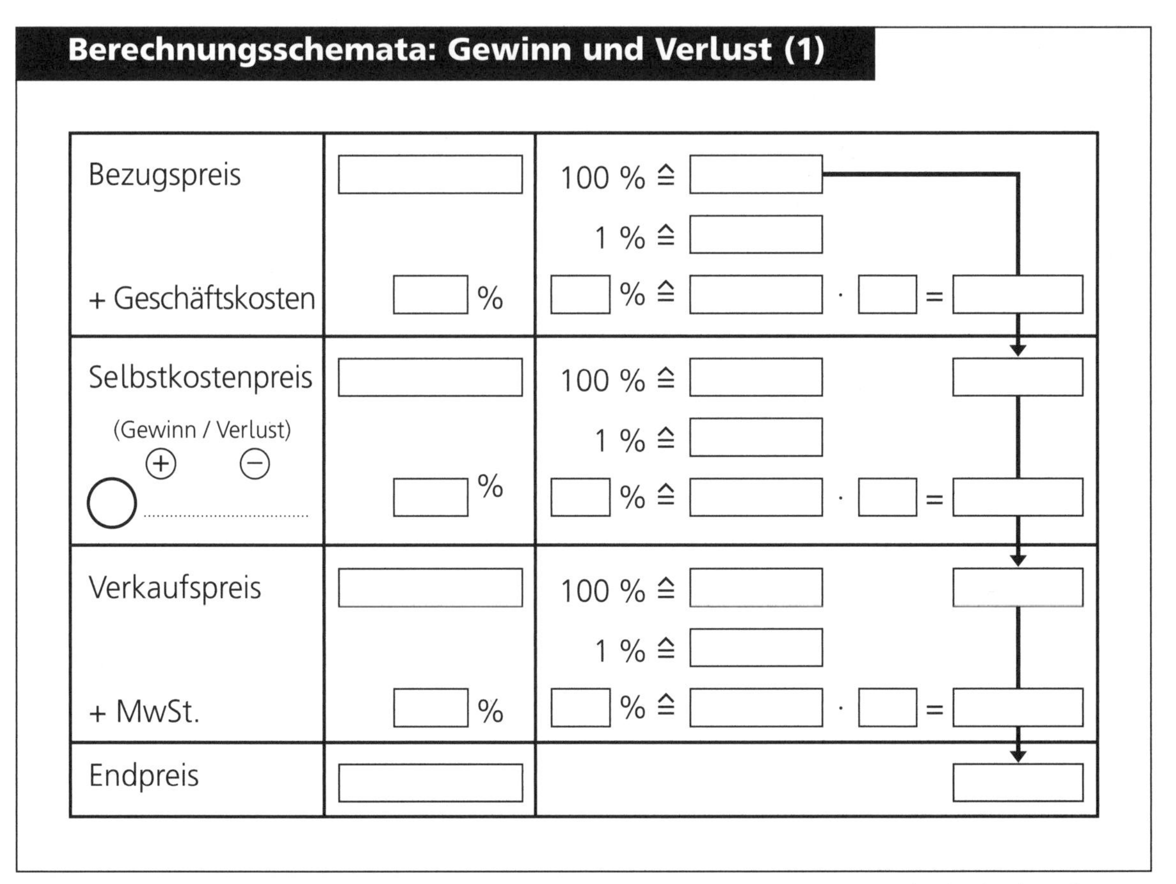

115%

Berechnungsschemata: Gewinn und Verlust (2)

Bezugspreis	Geschäftskosten

Selbstkostenpreis	Gewinn

Verkaufspreis	MwSt.

Endpreis

Barzahlungspreis	Skonto

Berechnungsschemata: Gewinn und Verlust (2)

Bezugspreis	Geschäftskosten

Selbstkostenpreis	
	Verlust

Verkaufspreis	MwSt.

Endpreis

Barzahlungspreis	Skonto

115%

Tabellenkalkulationsblatt

	A	B	C	D	E	F
1						
2						
3						
4						
5						
6						
7						
8						
9						
10						
11						
12						
13						

Tabellenkalkulationsblatt

	A	B	C	D	E	F
1						
2						
3						
4						
5						
6						
7						
8						
9						
10						
11						
12						
13						

Modell einer Zahlengeraden

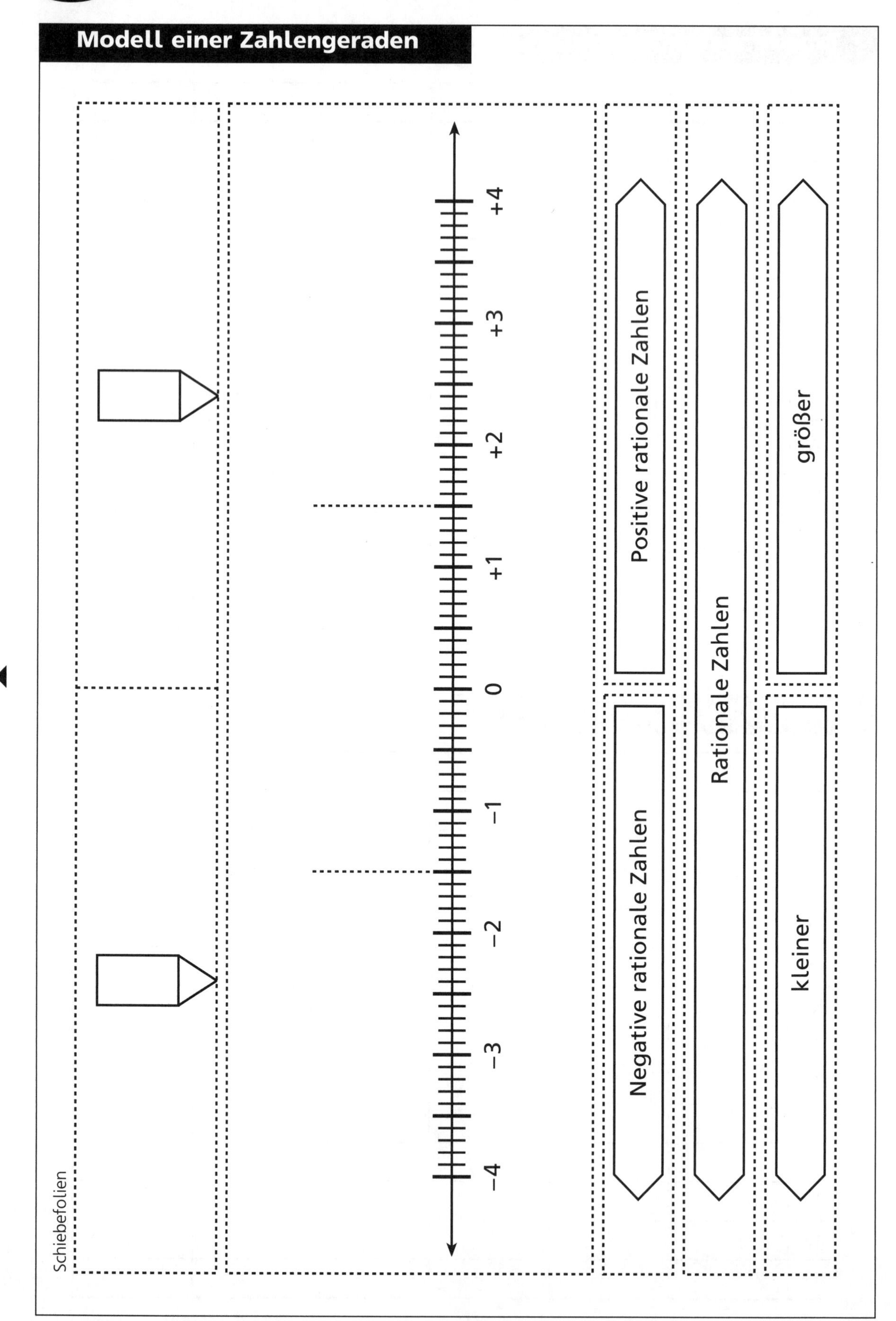

Zahlengeraden ergänzen

Ergänze die Skalierung der Zahlengeraden jeweils so, dass du die angegebenen rationalen Zahlen eindeutig zuordnen und eintragen kannst.

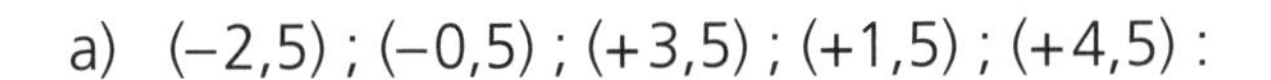

a) (−2,5) ; (−0,5) ; (+3,5) ; (+1,5) ; (+4,5) :

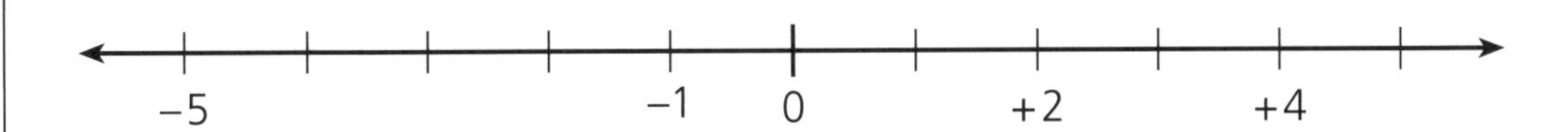

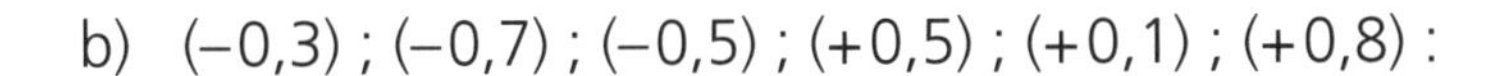

b) (−0,3) ; (−0,7) ; (−0,5) ; (+0,5) ; (+0,1) ; (+0,8) :

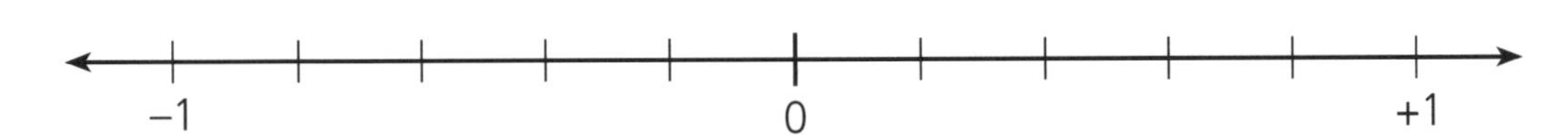

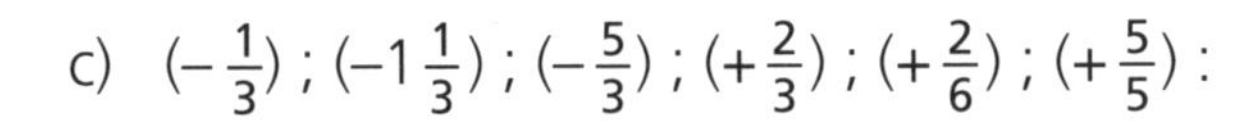

c) $(-\frac{1}{3})$; $(-1\frac{1}{3})$; $(-\frac{5}{3})$; $(+\frac{2}{3})$; $(+\frac{2}{6})$; $(+\frac{5}{5})$:

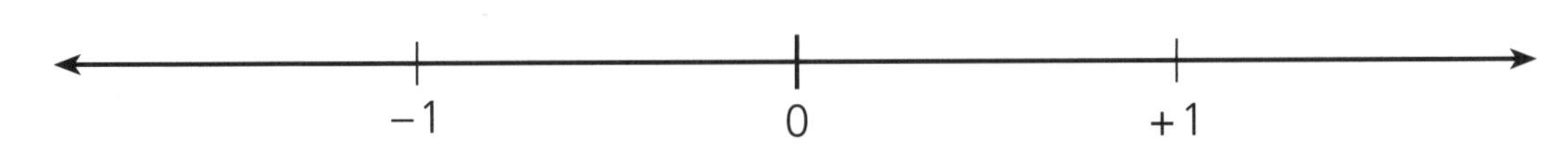

d) (−0,25) ; $(-\frac{3}{4})$; $(-\frac{1}{2})$; (+0,5) ; (+0,75) ; (+1,25) :

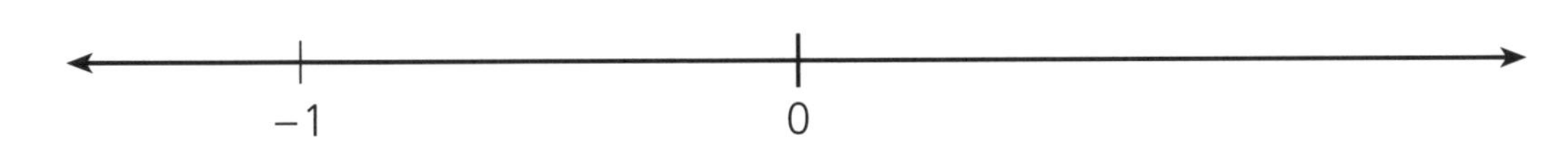

e) (−3,8) ; $(-2\frac{4}{10})$; (−1,2) ; (+1,6) ; (+2,2) ; (+4) :

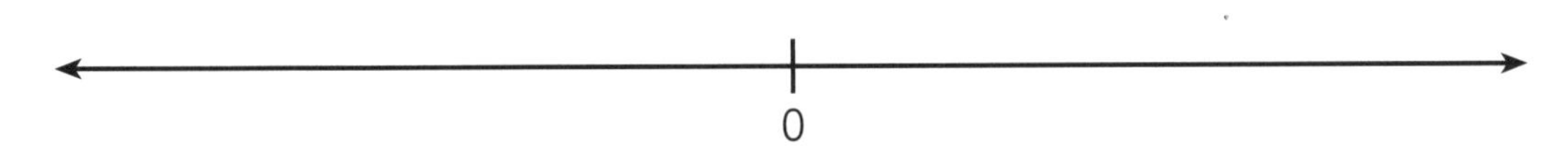

115%

Rationale Zahlen multiplizieren

Beginne in jeder Zeile die Rechnung mit der linken Zahl in der Buchstabenspalte.
Du darfst den Taschenrechner benutzen.

	⊙	5,2	(−1,6)	0,85	(−2,4)	(−1,7)	4,78	(−6,3)	7,3
a)	(−7,2)								
b)	2,75								
c)	(−2,4)								
d)	6,7								

Rationale Zahlen dividieren

Beginne in jeder Zeile die Rechnung mit der linken Zahl in der Buchstabenspalte.
Du darfst den Taschenrechner benutzen.

	(:)	5	(−1,5)	0,8	(−2,5)	(−1,25)	2,5	(−6)	7,5
a)	(−7,5)								
b)	22,5								
c)	(−4,8)								
d)	9,6								

Rationale Zahlen ...

Beginne in jeder Zeile die Rechnung mit der linken Zahl in der Buchstabenspalte.
Du darfst den Taschenrechner benutzen.

	○								
a)									
b)									
c)									
d)									

Zahl gesucht

Übung 1

1. a) Wie heisst die größte zweistellige rationale Zahl?
   b) Wie heisst die größte zweistellige rationale Zahl, die kleiner als 0 ist?
   c) Suche die größte dreistellige rationale Zahl, die zwischen –15,6 und –17,8 liegen soll.
   d) Suche die kleinste zweistellige rationale Zahl zwischen 9 und –16.
   e) Finde eine rationale Zahl, die größer als –2, aber kleiner als –1,5 ist.

2. a) Gibt es eine rationale Zahl, die größer als –6,06, aber kleiner als –6,02 ist?
   b) Gibt es eine rationale Zahl, die kleiner als –6,45, aber größer als –6,44 ist?
   c) Findest du eine rationale Zahl, die kleiner als –6, aber größer als –6,03 ist?
   d) Gibt es mehr als 50 rationale Zahlen, die kleiner als –98, aber größer als –99 sind?

–6,02	–1,8	– 0,1	– 6,05	nein	–15	99	ja	–15,7
S	E	E	N	A	H	R	S	C

Zahl gesucht

Übung 2

1. a) Wie heisst die kleinste dreistellige rationale Zahl, die größer als –7,9 ist?
   b) Wie heisst die größte einstellige rationale Zahl, die kleiner als –7,15 ist?
   c) Suche die größte dreistellige rationale Zahl, die kleiner als –8 ist.
   d) Suche eine rationale Zahl zwischen –7,86 und –7,89.
   e) Finde die kleinste zweistellige rationale Zahl, die kleiner als 0, aber größer als –7,71 ist.

2. a) Gibt es mehr als eine rationale Zahl zwischen – 9,99 und –10?
   b) Gibt es eine rationale Zahl, die größer als 9,8, aber kleiner als – 9,9 ist?
   c) Findest du eine rationale Zahl, die mindestens um 4,6 größer als –5,6, aber kleiner als – 0,95 ist?
   d) Welche rationale Zahl fehlt in der Zahlenreihe
   … , +4,6 , +2,25 , – 0,1 , ☐ , –4,8 , ….
   e) Suche die rationale Zahl, die genau in der Mitte zwischen 1 und –6 liegt.
   f) Findest du eine rationale Zahl, die zu 1,45 denselben Abstand hat wie zu –3,65?

–7,7	–2,5	ja	–1,1	– 8	– 0,98	–7,89	nein	–7,87	–2,45	–8,01
M	E	E	R	E	S	W	I	T	T	L

Kopfrechenübung

Alter Kontostand	Gutschrift (+) bzw. Lastschrift (–)	Neuer Kontostand
+ 256,78 €	– 356,78 €	
– 569,35 €	+ 700,35 €	
– 1 457,99 €		+ 1 541,01 €
+ 3 021,03 €		– 2 533,97 €
	+ 1 234,56 €	+ 235,56 €
	– 4 004,44 €	– 6 125,65 €

Kontoauszug

Das Girokonto von Frau Waldgast wies am 27.01. einen Stand von (–1 378,23 €) auf.
Seitdem sind folgende Buchungen ausgeführt worden:

Am 31.01. Überweisung des Lohnes in Höhe von 3 845,56 €, am 01.02. Miete in Höhe von 726,25 € überwiesen, am 01.02. Abschlagszahlung Gas 135,00 €, am 02.02. hat sie 750,00 € bar abgehoben, am 05.02. wurde die Autoversicherung in Höhe von 1 088,12 € fällig, am 08.02. bekam sie 659,97 € von der Krankenkasse zurückerstattet.

Trage alle Buchungen ordnungsgemäß in das Formular ein und berechne den neuen Kontostand.

Kontoauszug

Konto-Nr. .... Datum .... Nr. .... Alter Saldo

Wert	Text	Soll Umsätze Haben

Herrn/Frau/Firma

Maria Waldgast
Lorbeerensteig 21

93041 Regensburg

Neuer Saldo

Girobank Regensburg
93039 Regensburg
BLZ 790 200 85

Kontoauszug

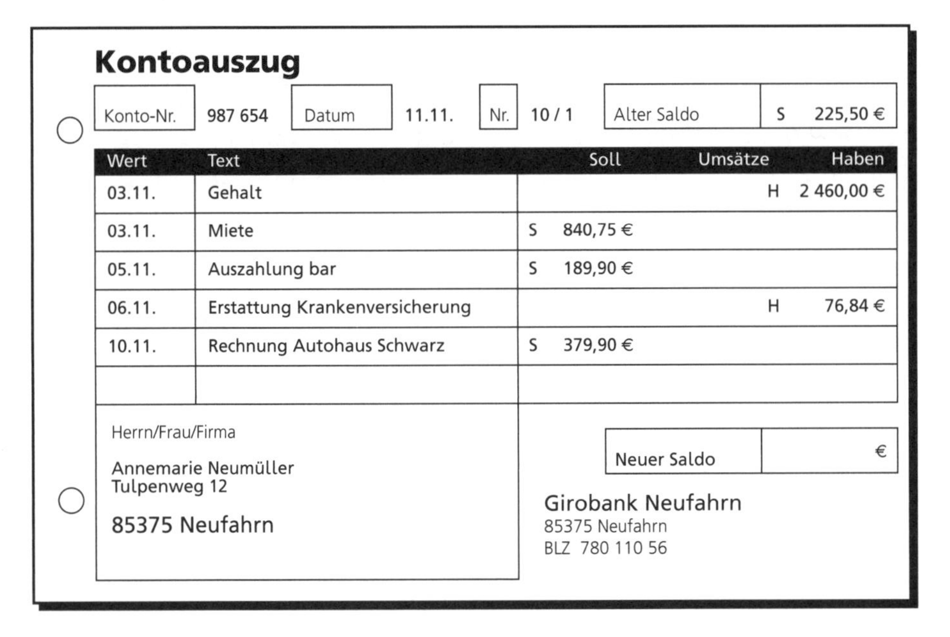

Kontoauszug

Konto-Nr.	987 654	Datum	11.11.	Nr.	10 / 1	Alter Saldo	S 225,50 €

Wert	Text	Soll	Haben
03.11.	Gehalt		H 2 460,00 €
03.11.	Miete	S 840,75 €	
05.11.	Auszahlung bar	S 189,90 €	
06.11.	Erstattung Krankenversicherung		H 76,84 €
10.11.	Rechnung Autohaus Schwarz	S 379,90 €	

Herrn/Frau/Firma
Annemarie Neumüller
Tulpenweg 12
85375 Neufahrn

Neuer Saldo	€

Girobank Neufahrn
85375 Neufahrn
BLZ 780 110 56

Kontoauszug (blanko)

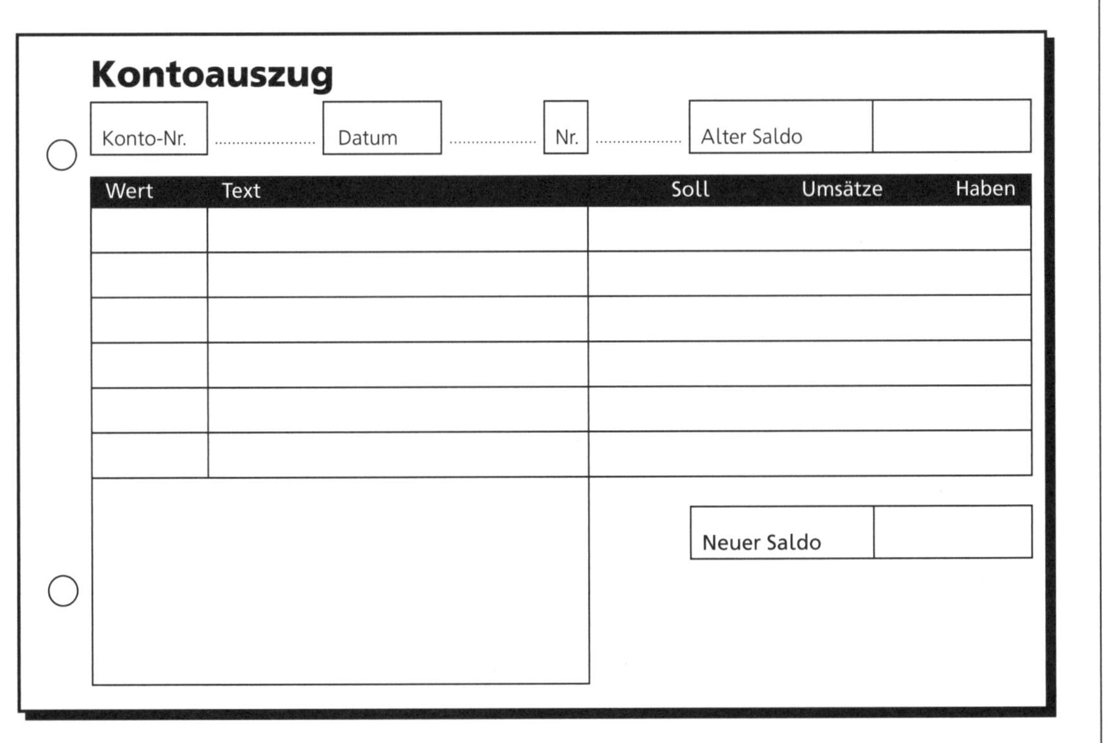

Kontoauszug

Konto-Nr.	....	Datum	....	Nr.	....	Alter Saldo	

Wert	Text	Soll	Haben

Neuer Saldo	

115%

Größtes Ergebnis gesucht!

Aus zwei vorgegebenen rationalen Zahlen sollst du Aufgaben aus den vier Grundrechenarten (Addition, Subtraktion, Multiplikation und Division) bilden und die Ergebnisse dann nach der Größe ordnen.
Du darfst dabei die zwei vorgegebenen Zahlen - wenn es das Ergebnis erhöht oder senkt - auch vertauschen.

a) (−9) ; (−1,8)

b) (+2,7) ; (−32,4)

c) (+24,8) ; (+3,1)

d) (−2,6) ; (+23,4)

e) (−93,6) ; (−5,2)

f) (+2,52) ; (+0,6)

g) (+0,45) ; (−0,09)

h) (−12,8) ; (−0,4)

i) (−16,2) ; (+4,05)

k) (+6,25) ; (+0,2)

l) (−13) ; (−3,9)

m) (−0,125) ; (−0,5)

Wir messen die Breite eines Flusses

Gruppe: ....

Aufgabe: Wir messen die Breite des Flusses

	Name	Schätzwert
Schriftführer:		
1. Anpeiler:		
2. Anpeiler		
1. Messer:		
2. Messer:		

Arbeitsgeräte: ....

Planskizze und Arbeitsschritte:

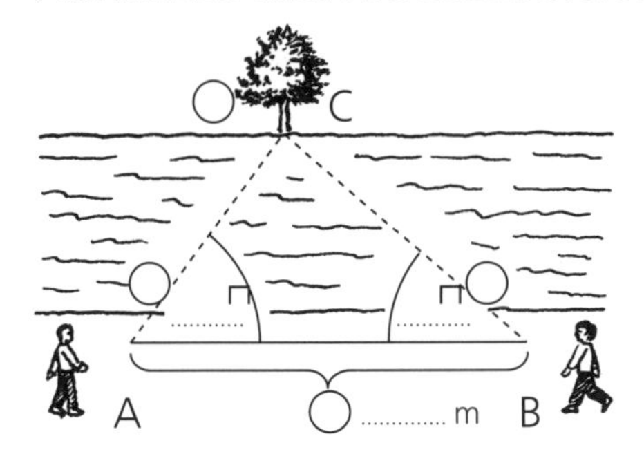

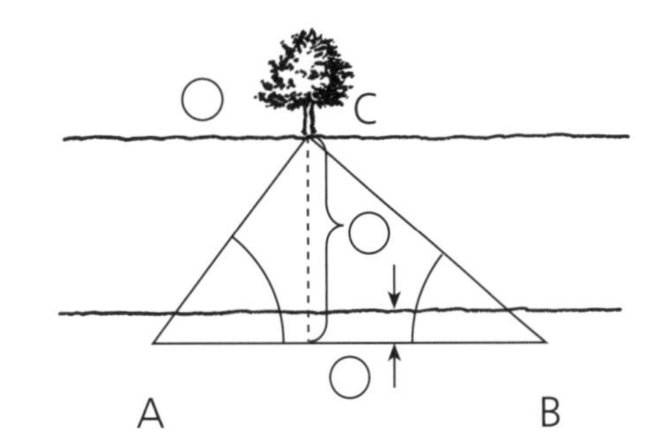

Konstruktion und Ergebnis:

115%

Vieleckpuzzle

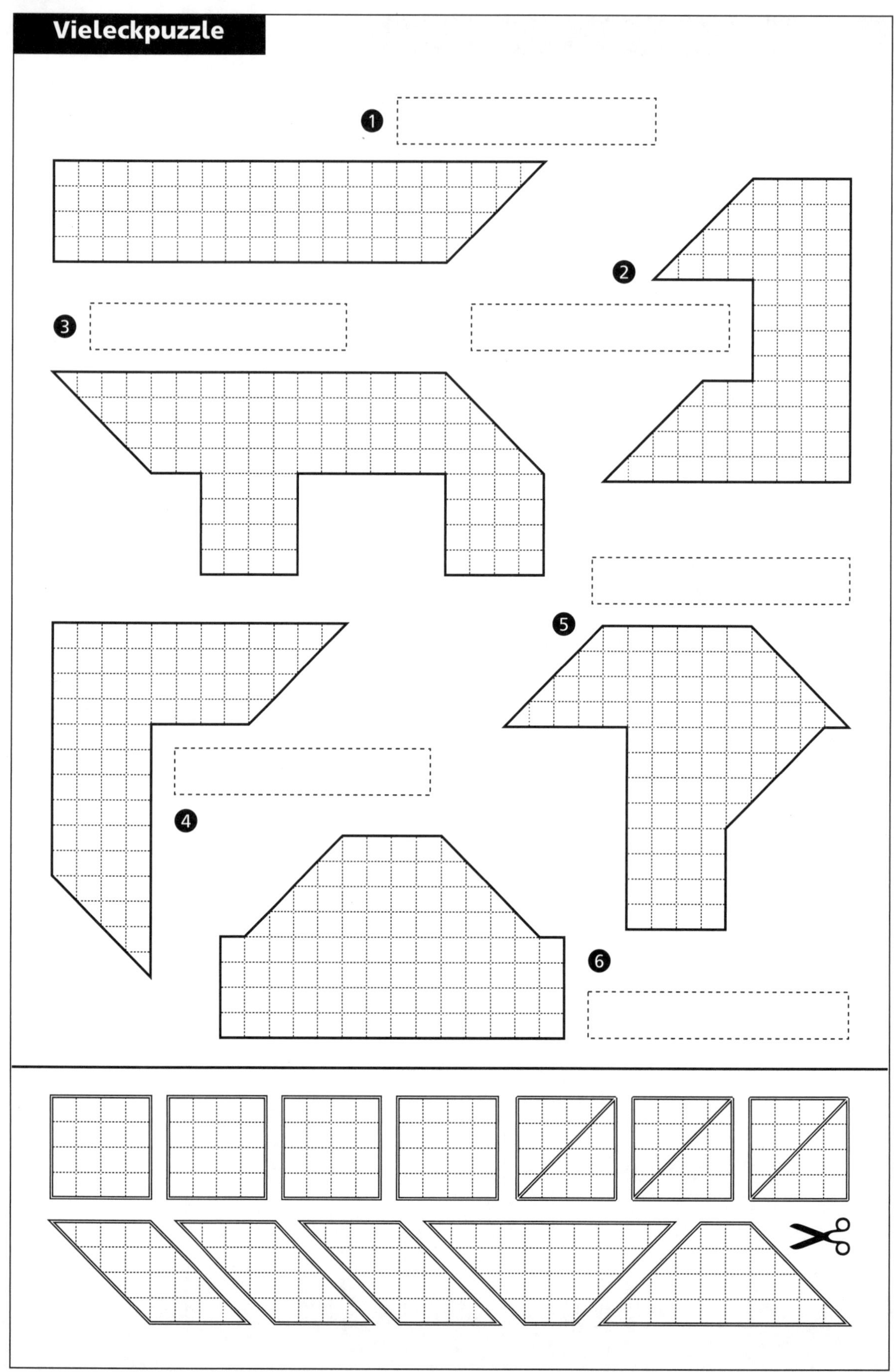

115%

Kreisumfang und Durchmesser

Kreis	Durchmesser d	Umfang u	u : d
1			
2			
3			
4			
5			
6			

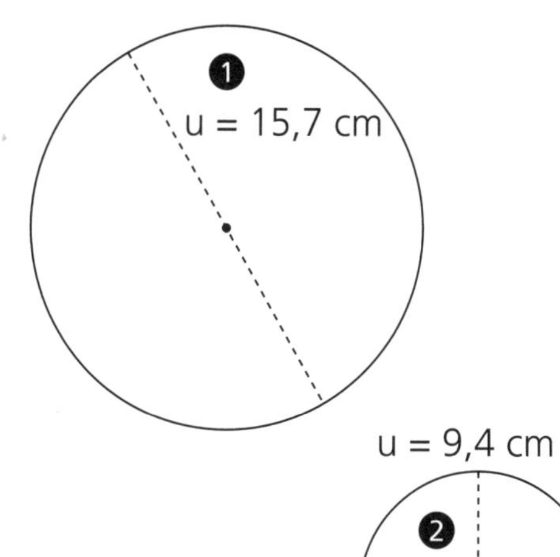

u = 9,4 cm

2

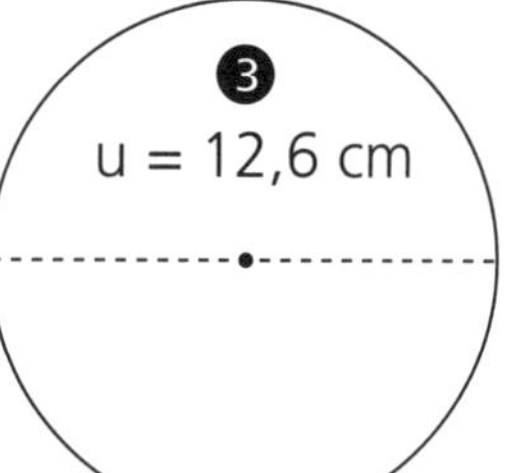

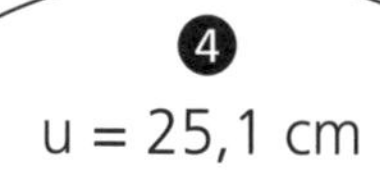

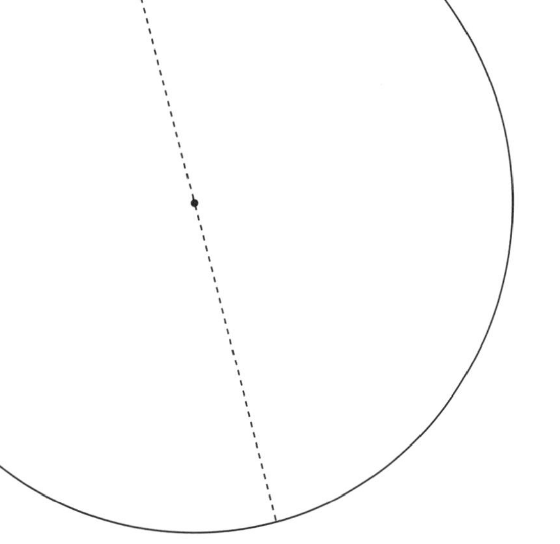

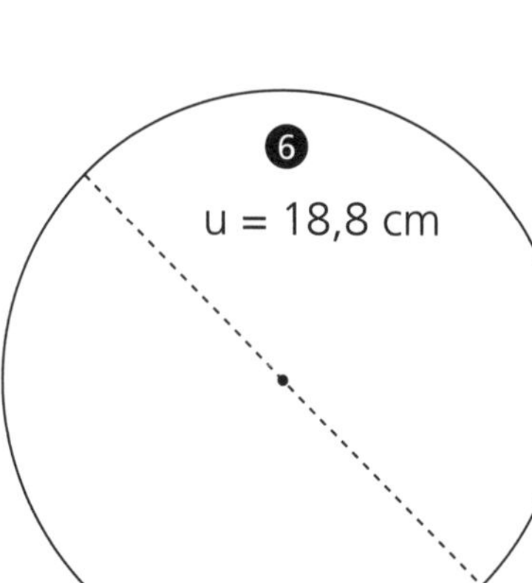

115%

Termberechnung mithilfe des Taschenrechners (1)

45,7 – 3,6 · 3,01	
45,7 in den Speicher	45,7 M+
Multiplikation durchführen	3,6 · 3,01
vom Speicher subtrahieren	M–
Speicherrückruf	MR
Ergebnis	34,846

14,38 + 9,49 : 6,5	
14,38 in den Speicher	14,38 M+
Division durchführen	9,49 : 6,5
zum Speicher addieren	M+
Speicherrückruf	MR
Ergebnis	15,84

33,5 · (13,56 – 5,67) – 124,543	
Klammer zuerst	13,56 – 5,67
mit 33,5 multiplizieren	· 33,5
davon 124,543 abziehen	– 124,543
Ergebnis	139,772

8,7 · (9,33 + 4,68) + 13,86	
Klammer ausrechnen	9,33 + 4,68
mit 8,7 multiplizieren	· 8,7
13,86 dazuzählen	+ 13,86
Ergebnis	135,747

29,904 : 3,56 + (56,743 – 24,65)	
Klammer ausrechnen	56,743 – 24,65
Ergebnis in den Speicher	M+
Division durchführen	29,904 : 3,56
zum Speicher addieren	M+
Speicherrückruf	MR
Ergebnis	40,493

16,34 · 3,21 – 17,865 : 3,97	
Punkt vor Strich	16,34 · 3,21
Ergebnis in den Speicher	M+
Punkt vor Strich	17,865 : 3,97
vom Speicher abziehen	M–
Speicherrückruf	MR
Ergebnis	47,9514

42,262 : 4,52 – 0,649	
Punkt vor Strich	42,262 : 4,52
0,649 subtrahieren	– 0,649
Ergebnis	8,701

333,56 + 5,67 · 13,98	
Punkt vor Strich	5,67 · 13,98
333,56 addieren	+ 333,56
Ergebnis	412,8266

115%

Termberechnung mithilfe des Taschenrechners (2)

299,04 : 35,6 – 30,26 : 8,9	
1. Quotient	299,04 : 35,6
Ergebnis in den Speicher	M+
2. Quotient	30,26 : 8,9
vom Speicher abziehen	M–
Speicherrückruf	MR
Ergebnis	5

75,7 – 31,465 : 10,15 + 17,83	
75,7 in den Speicher	75,7 M+
Punkt vor Strich	31,465 : 10,15
vom Speicher subtrahieren	M–
17,83 zum Speicher addieren	17,83 M+
Speicherrückruf	MR
Ergebnis	90,43

65,37 – 1,3 · (12,58 + 3,93)	
65,37 in den Speicher	65,37 M+
Klammer ausrechnen	12,58 + 3,93
das Ergebnis mit 1,3 malnehmen	· 1,3
vom Speicher subtrahieren	M–
Speicherrückruf	MR
Ergebnis	43,907

396,075 : (75,489 – 9,3 · 4,71)	
75,489 in den Speicher	75,489 M+
P. v. S. in der Klammer	9,3 · 4,71
vom Speicher subtrahieren	M–
das Ergebnis der Klammer im Speicher	MR
Division durchführen	396,075 : MR
Ergebnis	12,5

9,7 · (18,6 + 14,44) – (33,87 + 8,59)	
erste Klammer	18,6 + 14,44
Multiplikation	· 9,7
Ergebnis in den Speicher	M+
zweite Klammer	33,87 + 8,59
vom Speicher abziehen	M–
Speicherrückruf	MR
Ergebnis	278,058

28,9 – 80,91 : 8,7 + 3,5 · 4,7	
28,9 in den Speicher	28,9 M+
Division durchführen	80,91 : 8,7
vom Speicher abziehen	M–
Multiplikation durchführen	3,5 · 4,7
zum Speicher addieren	M+
Speicherrückruf	MR
Ergebnis	36,05

115%

Rechenspiel „Termglück"

Vorderseite	Rückseite
Term $(64 - 39 + 27) \cdot x - 48$	$(64 - 39 + 27) \cdot x - 48$ $52x - 48$ $x = 1 \longrightarrow 4$ $x = 2 \longrightarrow 56$ $x = 3 \longrightarrow 108$ $x = 4 \longrightarrow 160$ $x = 5 \longrightarrow 212$ $x = 6 \longrightarrow 264$
Term $4x(55 - 30 + 12) - 128$	$4x(55 - 30 + 12) - 128$ $148x - 128$ $x = 1 \longrightarrow 20$ $x = 2 \longrightarrow 168$ $x = 3 \longrightarrow 316$ $x = 4 \longrightarrow 464$ $x = 5 \longrightarrow 612$ $x = 6 \longrightarrow 760$
Term $5\,(16 + 5x - 12)$	$5\,(16 + 5x - 12)$ $20 + 25x$ $x = 1 \longrightarrow 45$ $x = 2 \longrightarrow 70$ $x = 3 \longrightarrow 95$ $x = 4 \longrightarrow 120$ $x = 5 \longrightarrow 145$ $x = 6 \longrightarrow 170$
Term $(29 + 4x - 27) \cdot 2$	$(29 + 4x - 27) \cdot 2$ $4 + 8x$ $x = 1 \longrightarrow 12$ $x = 2 \longrightarrow 20$ $x = 3 \longrightarrow 28$ $x = 4 \longrightarrow 36$ $x = 5 \longrightarrow 44$ $x = 6 \longrightarrow 52$
Term $5\,(6x + 3) - 133$	$5\,(6x + 3) - 133$ $30x - 118$ $x = 1 \longrightarrow -88$ $x = 2 \longrightarrow -58$ $x = 3 \longrightarrow -28$ $x = 4 \longrightarrow 2$ $x = 5 \longrightarrow 32$ $x = 6 \longrightarrow 62$
Term $(240 - 3 \cdot 20) : 3x - 7$	$(240 - 3 \cdot 20) : 3x - 7$ $60 : x - 7$ $x = 1 \longrightarrow 53$ $x = 2 \longrightarrow 23$ $x = 3 \longrightarrow 13$ $x = 4 \longrightarrow 8$ $x = 5 \longrightarrow 5$ $x = 6 \longrightarrow 3$
Term $4\,(4 - 2x) - (5x - 15)$	$4\,(4 - 2x) - (5x - 15)$ $31 - 13x$ $x = 1 \longrightarrow 18$ $x = 2 \longrightarrow 5$ $x = 3 \longrightarrow -8$ $x = 4 \longrightarrow -21$ $x = 5 \longrightarrow -34$ $x = 6 \longrightarrow -47$
Term $(12x - 20) \cdot 2 - (4x - 3)$	$(12x - 20) \cdot 2 - (4x - 3)$ $20x - 37$ $x = 1 \longrightarrow -17$ $x = 2 \longrightarrow 3$ $x = 3 \longrightarrow 23$ $x = 4 \longrightarrow 43$ $x = 5 \longrightarrow 63$ $x = 6 \longrightarrow 83$
Term $6\,(2x + 4 - 3x) - 20$	$6\,(2x + 4 - 3x) - 20$ $4 - 6x$ $x = 1 \longrightarrow -2$ $x = 2 \longrightarrow -8$ $x = 3 \longrightarrow -14$ $x = 4 \longrightarrow -20$ $x = 5 \longrightarrow -26$ $x = 6 \longrightarrow -32$
Term $(16x - 12 - 4x) : 6 + 7$	$(16x - 12 - 4x) : 6 + 7$ $2x + 5$ $x = 1 \longrightarrow 7$ $x = 2 \longrightarrow 9$ $x = 3 \longrightarrow 11$ $x = 4 \longrightarrow 13$ $x = 5 \longrightarrow 15$ $x = 6 \longrightarrow 17$

Aufgabenkartei (1)

Vorderseite	Rückseite
Verdreifacht man eine Zahl und subtrahiert 7, so erhält man die Differenz aus 13 und 8.	Verdreifacht man eine Zahl und subtrahiert 7, so erhält man die Differenz aus 13 und 8. $3x - 7 = 13 - 8$; $3x - 7 = 5 \quad /+7$; $3x = 12 \quad /:3$; $x = 4$
Wenn ich ein Drittel meiner Zahl um 12,5 vermehre, so erhalte ich den Quotienten aus 18 und 12.	Wenn ich ein Drittel meiner Zahl um 12,5 vermehre, so erhalte ich den Quotienten aus 18 und 12. $x : 3 + 12{,}5 = 18 : 12$; $x : 3 + 12{,}5 = 1{,}5 \quad /-12{,}5$; $x : 3 = -11 \quad /\cdot 3$; $x = -33$
Wenn man vom 5. Teil einer Zahl den Quotienten aus 45 und 1,5 abzieht, erhält man die Differenz aus 26 und 13.	Wenn man vom 5. Teil einer Zahl den Quotienten aus 45 und 1,5 abzieht, erhält man die Differenz aus 26 und 13. $x : 5 - 45 : 1{,}5 = 26 - 13$; $x : 5 - 30 = 13 \quad /+30$; $x : 5 = 43 \quad /\cdot 5$; $x = 215$
Wenn man zum Vierfachen einer Zahl ihr Zweifaches addiert und davon 13 subtrahiert, erhält man als Ergebnis 2.	Wenn man zum Vierfachen einer Zahl ihr Zweifaches addiert und davon 13 subtrahiert, erhält man als Ergebnis 2. $4x + 2x - 13 = 2$; $6x - 13 = 2 \quad /+13$; $6x = 15 \quad /:6$; $x = 2{,}5$
Subtrahiert man vom Siebenfachen einer Zahl zuerst ihr Zweifaches und dann noch 13, so erhält man als Ergebnis das Doppelte von 3,5.	Subtrahiert man vom Siebenfachen einer Zahl zuerst ihr Zweifaches und dann noch 13, so erhält man als Ergebnis das Doppelte von 3,5. $7x - 2x - 13 = 2 \cdot 3{,}5$; $5x - 13 = 7 \quad /+13$; $5x = 20 \quad /:5$; $x = 4$
Subtrahiert man vom Vierfachen einer Zahl das Produkt aus 0,75 und 16, so erhält man die Differenz aus den Zahlen 17 und 21.	Subtrahiert man vom Vierfachen einer Zahl das Produkt aus 0,75 und 16, so erhält man die Differenz aus den Zahlen 17 und 21. $4x - 0{,}75 \cdot 16 = 17 - 21$; $4x - 12 = -4 \quad /+12$; $4x = 8 \quad /:4$; $x = 2$
Addiere zum dritten Teil einer Zahl 13 und du erhältst als Ergebnis das Produkt aus 16,5 und 0,4.	Addiere zum dritten Teil einer Zahl 13 und du erhältst als Ergebnis das Produkt aus 16,5 und 0,4. $x : 3 + 13 = 16{,}5 \cdot 0{,}4$; $x : 3 + 13 = 6{,}6 \quad /-13$; $x : 3 = -6{,}4 \quad /\cdot 3$; $x = -19{,}2$

Aufgabenkartei (2)

Vorderseite	Rückseite
Subtrahiere vom fünften Teil einer Zahl 17 und du erhältst als Ergebnis die Differenz aus 17 und 14.	Subtrahiere vom fünften Teil einer Zahl 17 und du erhältst als Ergebnis die Differenz aus 17 und 14. $\frac{x}{5} - 17 = 17 - 14$ $\frac{x}{5} - 17 = 3 \quad /+ 17$ $\frac{x}{5} = 20 \quad /\cdot 5$ $x = 100$
Der fünfte Teil einer Zahl vermehrt um 19 ist ebenso viel wie der Quotient aus den Zahlen 19,25 und 1,75.	Der fünfte Teil einer Zahl vermehrt um 19 ist ebenso viel wie der Quotient aus den Zahlen 19,25 und 1,75. $\frac{x}{5} + 19 = 19{,}25 : 1{,}75$ $\frac{x}{5} + 19 = 11 \quad /- 19$ $\frac{x}{5} = -8 \quad /\cdot 5$ $x = -40$
Subtrahiere vom Vierfachen einer Zahl 24, dann erhältst du als Ergebnis das Produkt aus den Zahlen 6,25 und 2.	Subtrahiere vom Vierfachen einer Zahl 24, dann erhältst du als Ergebnis das Produkt aus den Zahlen 6,25 und 2. $4x - 24 = 6{,}25 \cdot 2$ $4x - 24 = 12{,}5 \quad /+ 24$ $4x = 36{,}5 \quad /: 4$ $x = 9{,}125$
Multipliziert man die Summe aus einer unbekannten Zahl und 3 mit 7, so erhält man 14.	Multipliziert man die Summe aus einer unbekannten Zahl und 3 mit 7, so erhält man 14. $(x + 3) \cdot 7 = 14 \quad /: 7$ $x + 3 = 2 \quad /- 3$ $x = -1$
Ziehe von der Hälfte einer Zahl ihr Viertel ab. Vermindere diese Differenz um 27, dann erhältst du 0,5.	Ziehe von der Hälfte einer Zahl ihr Viertel ab. Vermindere diese Differenz um 27, dann erhältst du 0,5. $0{,}5x - 0{,}25x - 27 = 0{,}5$ $0{,}25x - 27 = 0{,}5 \quad /+ 27$ $0{,}25x = 27{,}5 \quad /: 0{,}25$ $x = 110$
Bilde die Differenz aus 20 und dem Dreifachen der Summe aus einer Zahl und 6. Als Ergebnis erhältst du 20.	Bilde die Differenz aus 20 und dem Dreifachen der Summe aus einer Zahl und 6. Als Ergebnis erhältst du 20. $20 - 3(x + 6) = 20$ $20 - 3x - 18 = 20$ $2 - 3x = 20 \quad /- 2$ $-3x = 18 \quad /: (-3)$ $x = -6$
Ziehe von 40 die achtfache Differenz aus dem Doppelten der unbekannten Zahl und drei ab und du erhältst als Ergebnis 0.	Ziehe von 40 die achtfache Differenz aus dem Doppelten der unbekannten Zahl und drei ab und du erhältst als Ergebnis 0. $40 - 8(2x - 3) = 0$ $40 - 16x + 24 = 0$ $64 - 16x = 0 \quad /- 64$ $-16x = -64 \quad /: (-16)$ $x = 4$

Aufgabenkartei (3)

Vorderseite	Rückseite
Verdopple die Summe aus einer Zahl und 1 und subtrahiere davon das Vierfache der unbekannten Zahl. Als Ergebnis erhältst du –28.	Verdopple die Summe aus einer Zahl und 1 und subtrahiere davon das Vierfache der unbekannten Zahl. Als Ergebnis erhältst du –28. $2(x + 1) - 4x = -28$ $2x + 2 - 4x = -28$ $2 - 2x = -28$ /– 2 $-2x = -30$ /: (–2) $x = 15$
Wenn du die Differenz aus dem Dreifachen einer Zahl und der Summe aus 5 und der unbekannten Zahl bildest, erhältst du 10.	Wenn du die Differenz aus dem Dreifachen einer Zahl und der Summe aus 5 und der unbekannten Zahl bildest, erhältst du 10. $3x - (5 + x) = 10$ $3x - 5 - x = 10$ $2x - 5 = 10$ /+ 5 $2x = 15$ /: 2 $x = 7{,}5$
Multipliziere die Differenz aus dem Vierfachen einer Zahl und 2 mit 9 und subtrahiere davon das Dreifache der unbekannten Zahl. Du erhältst als Ergebnis 15.	Multipliziere die Differenz aus dem Vierfachen einer Zahl und 2 mit 9 und subtrahiere davon das Dreifache der unbekannten Zahl. Du erhältst als Ergebnis 15. $(4x - 2) \cdot 9 - 3x = 15$ $36x - 18 - 3x = 15$ $33x - 18 = 15$ /+ 18 $33x = 33$ /: 33 $x = 1$
Addiere zur fünffachen Differenz aus einer Zahl und 8 die dreifache Differenz aus 4 und der unbekannten Zahl. Das Ergebnis ist 14.	Addiere zur fünffachen Differenz aus einer Zahl und 8 die dreifache Differenz aus 4 und der unbekannten Zahl. Das Ergebnis ist 14. $5(x - 8) + 3(4 - x) = 14$ $5x - 40 + 12 - 3x = 14$ $2x - 28 = 14$ /+ 28 $2x = 42$ /: 2 $x = 21$
Das Achtfache einer Zahl vermehrt um die dreifache Differenz aus 3 und dem Doppelten einer Zahl ergibt 6.	Das Achtfache einer Zahl vermehrt um die dreifache Differenz aus 3 und dem Doppelten einer Zahl ergibt 6. $8x + 3(3 - 2x) = 6$ $8x + 9 - 6x = 6$ $2x + 9 = 6$ /– 9 $2x = -3$ /: 2 $x = -1{,}5$
Die vierfache Summe aus einer Zahl und 4 vermindert um die doppelte Differenz aus einer Zahl und 8 ergibt 36.	Die vierfache Summe aus einer Zahl und 4 vermindert um die doppelte Differenz aus einer Zahl und 8 ergibt 36. $4(x + 4) - 2(x - 8) = 36$ $4x + 16 - 2x + 16 = 36$ $2x + 32 = 36$ /– 32 $2x = 4$ /: 2 $x = 2$

115%

Ansichten von Körpern (1)

Ordne zuerst die Draufsichten, dann die Vorderansichten den entsprechenden Gebäuden zu.

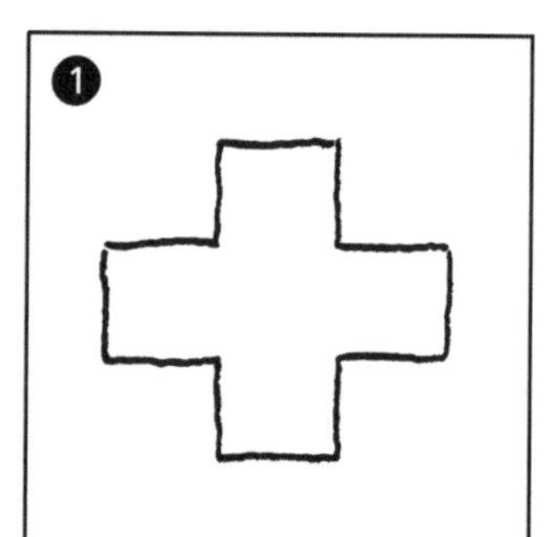

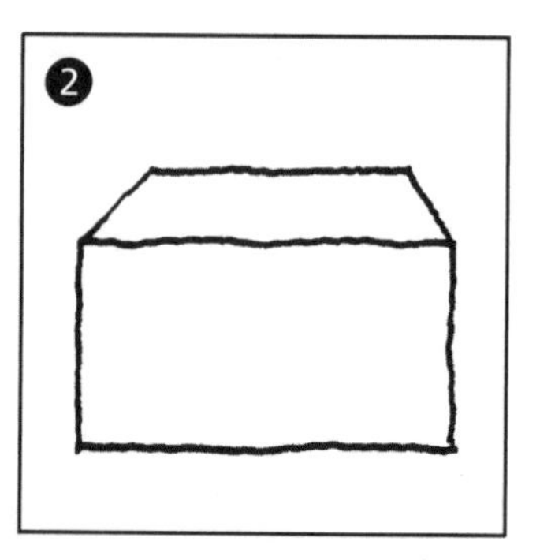

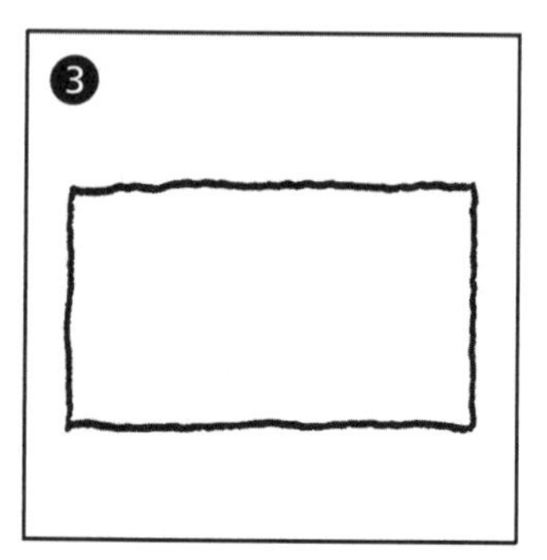

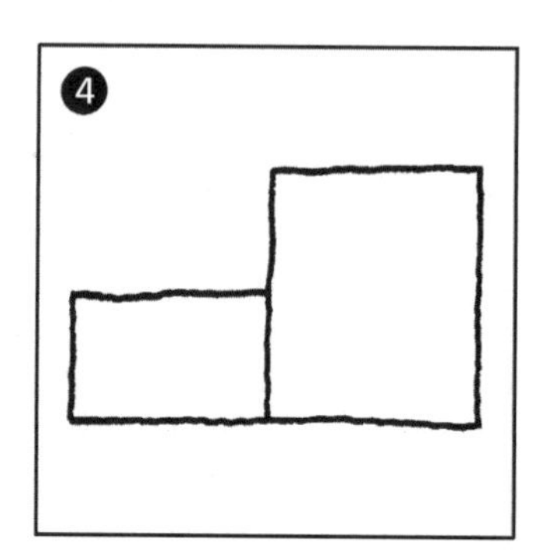

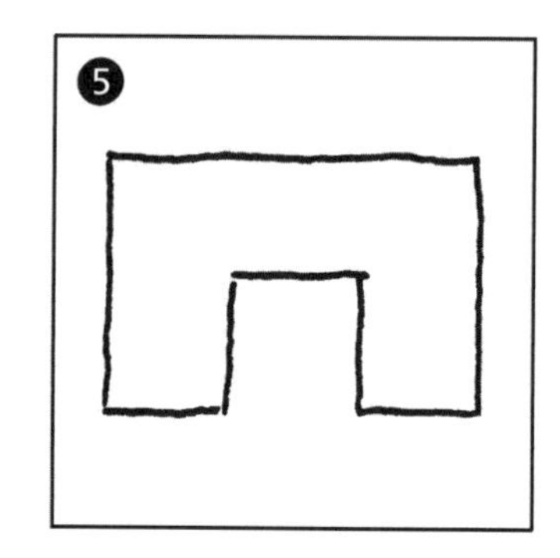

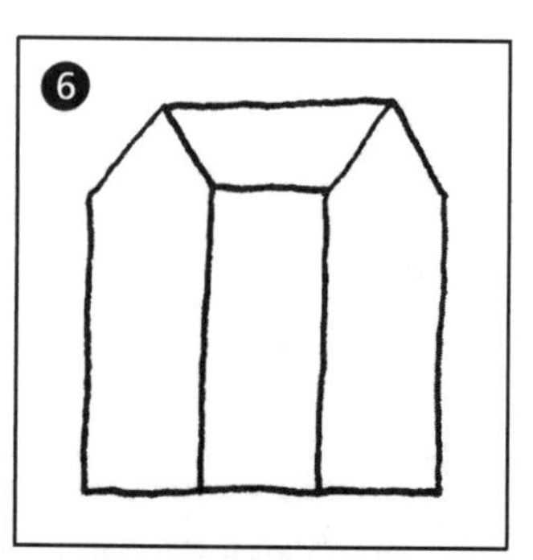

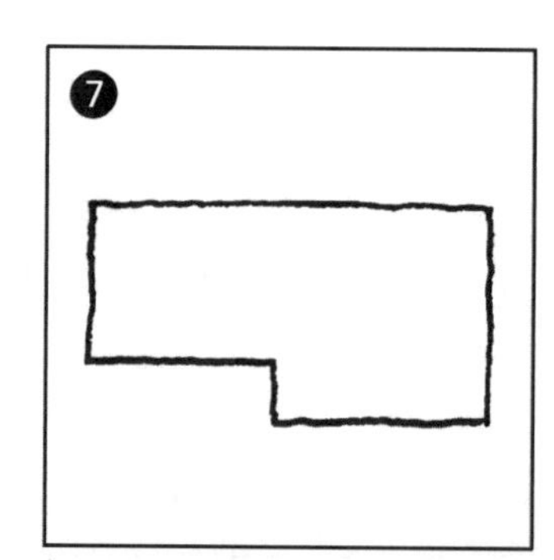

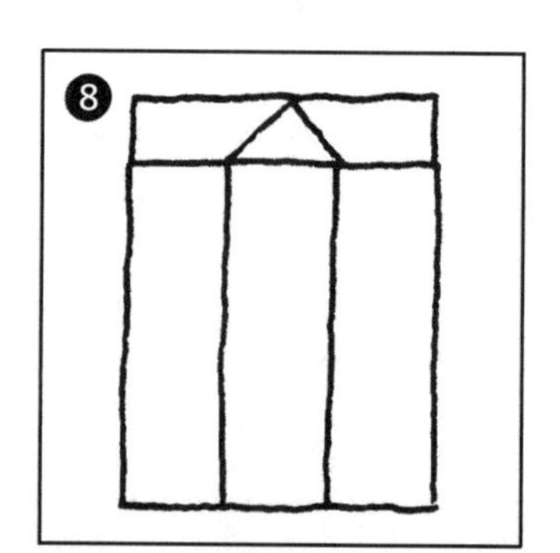

Ansichten von Körpern (2)

❶

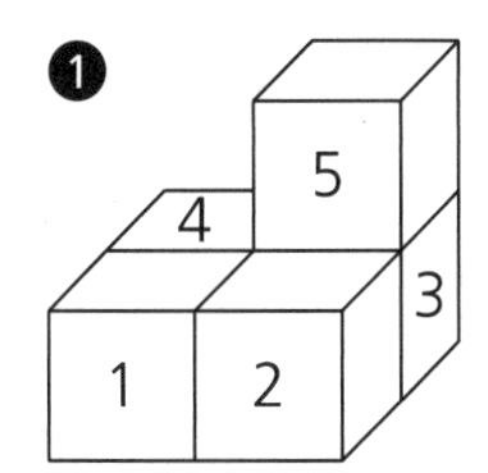

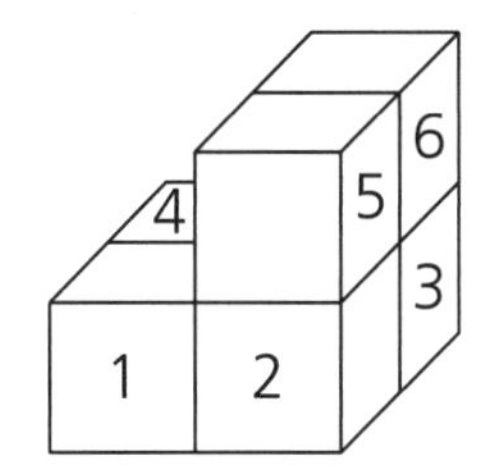

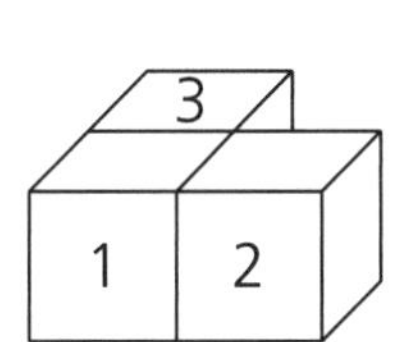

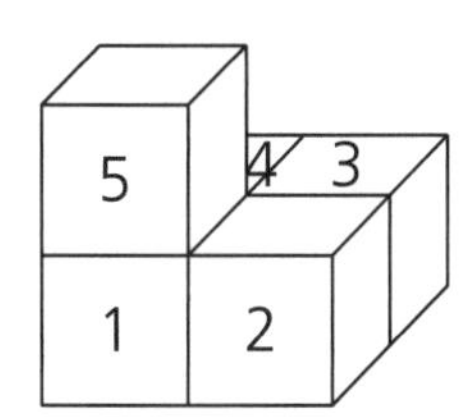

❷

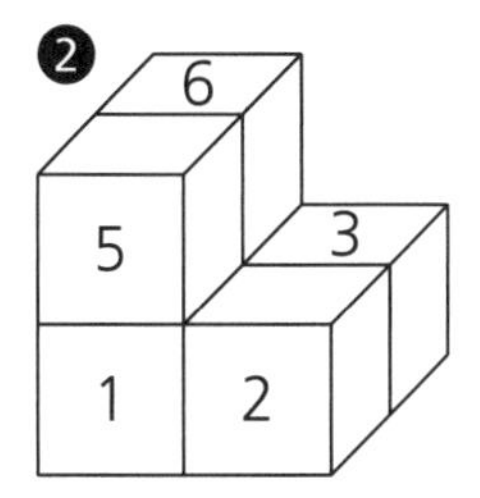

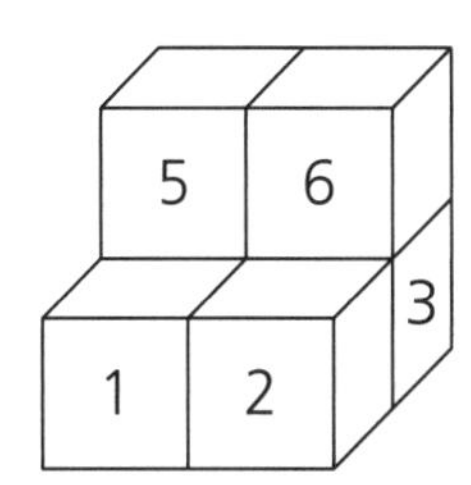

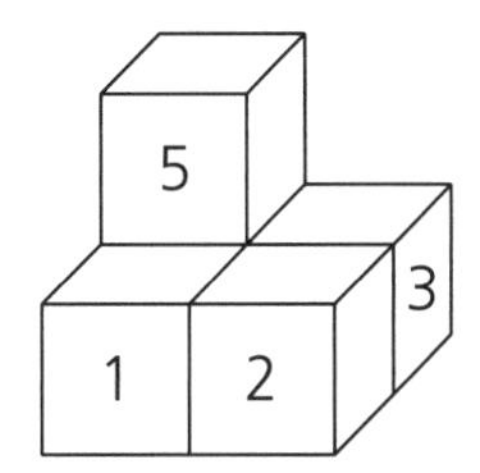

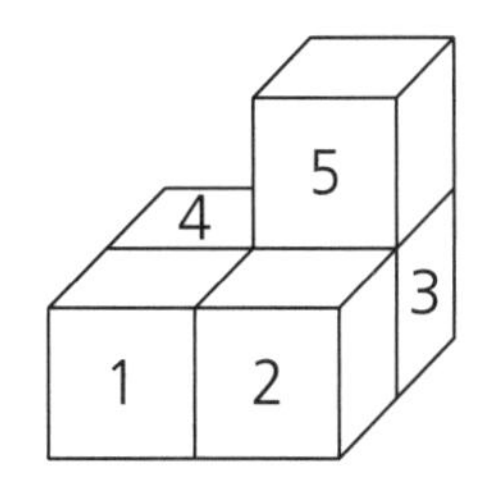

❸

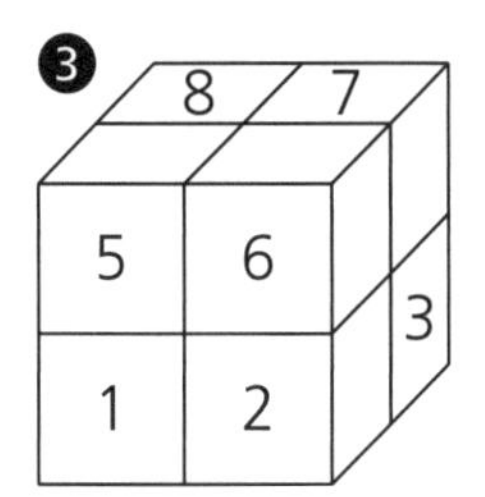

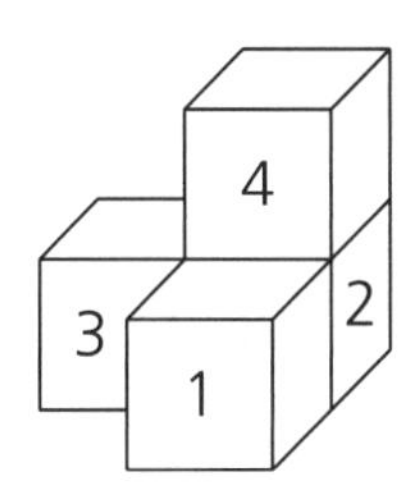

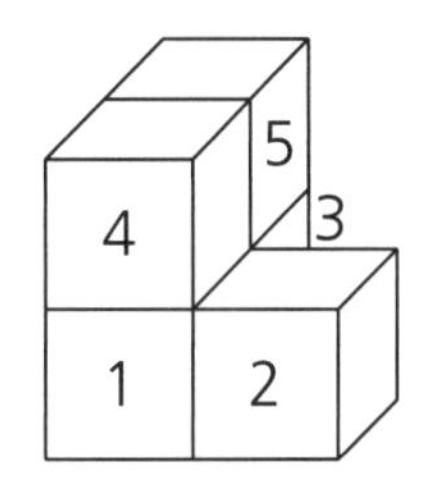

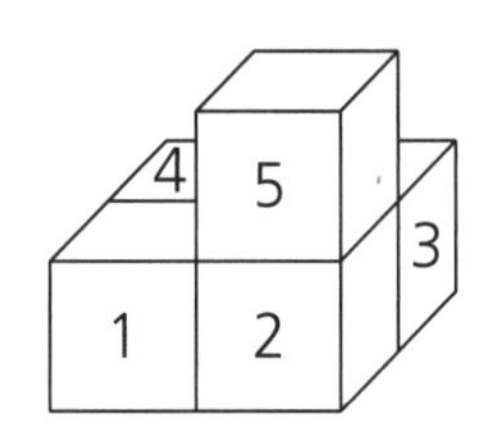

❹

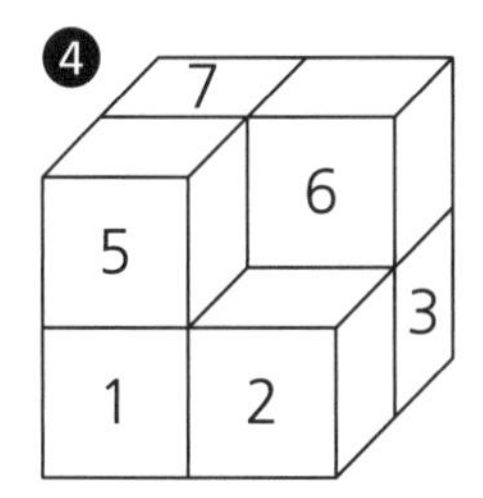

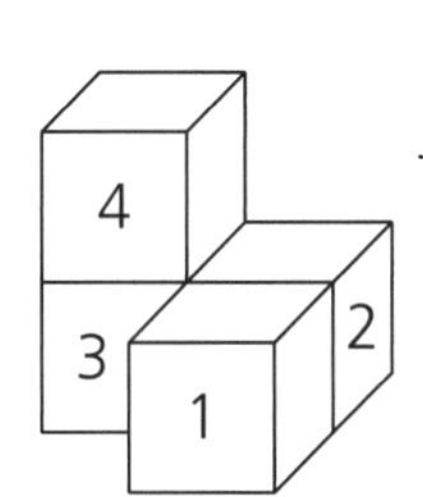

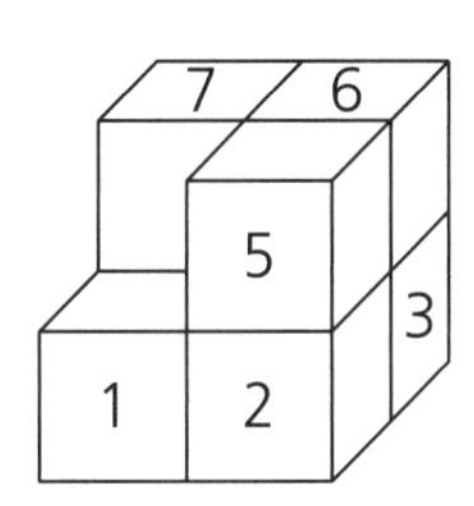

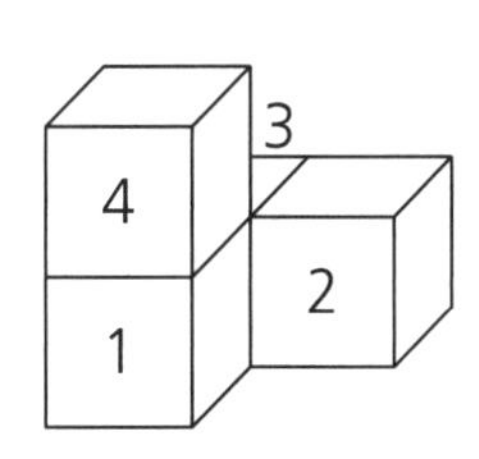

Ansicht von

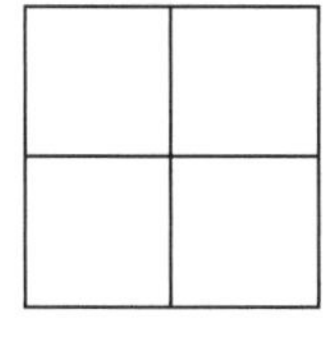

vorne

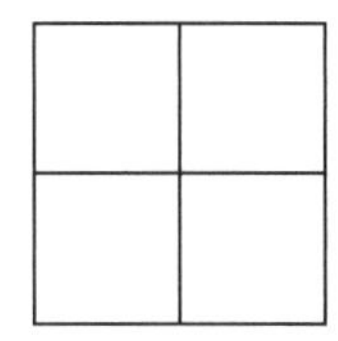

rechts

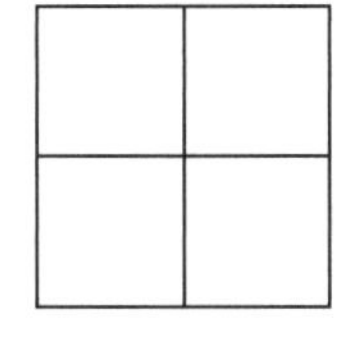

links

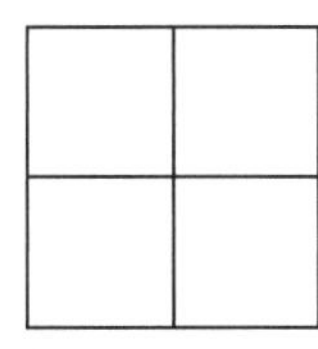

hinten

Volumen zusammengesetzter Körper

1. Ordne die folgenden Ansätze ❶ bis ❺ den Skizzen A - E zu. Berechne dann auf dem jeweils angegebenen Weg das Volumen.

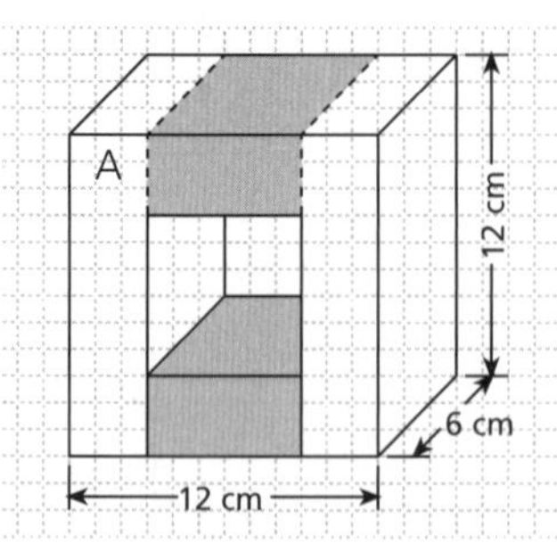

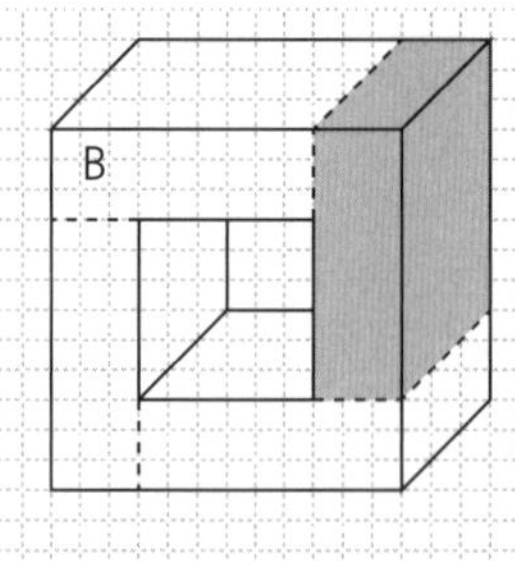

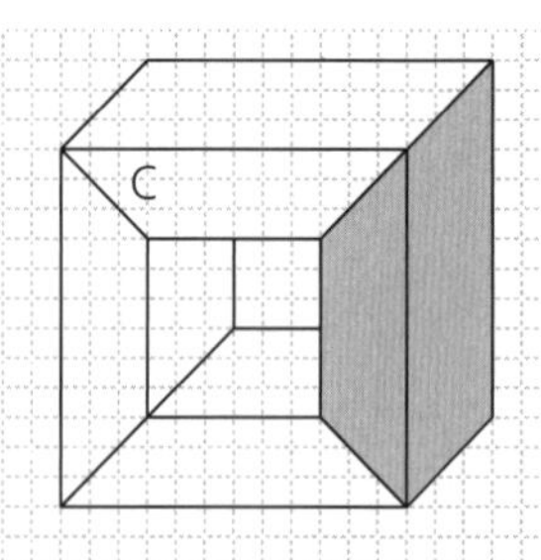

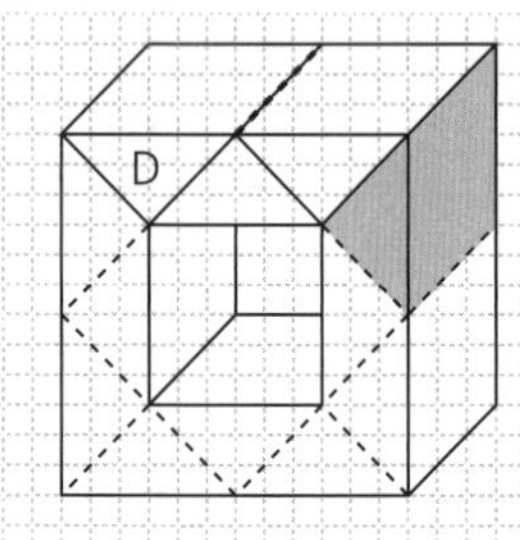

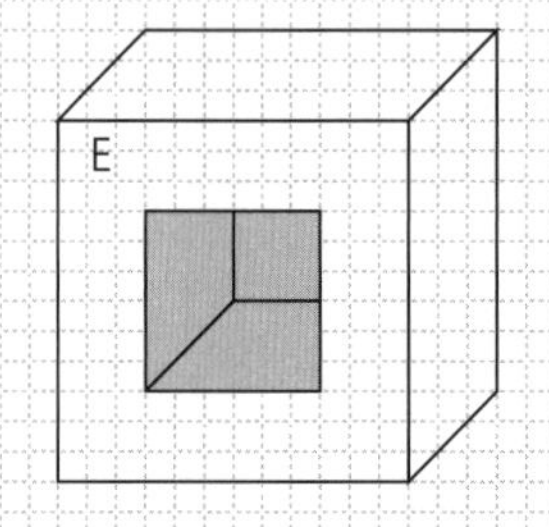

❹ $V = 12\text{ cm} \cdot 6\text{ cm} \cdot 12\text{ cm} - 6\text{ cm} \cdot 6\text{ cm} \cdot 6\text{ cm}$

❶ $V = 4 \cdot \left(\frac{12\text{ cm} + 6\text{ cm}}{2}\right) \cdot 3\text{ cm} \cdot 6\text{ cm}$

❺ $V = 4 \cdot (3\text{ cm} \cdot 6\text{ cm} \cdot 9\text{ cm})$

❷ $V = 12 \cdot \left(\frac{6\text{ cm} \cdot 3\text{ cm}}{2}\right) \cdot 6\text{ cm}$

❸ $V = 2 \cdot (3\text{ cm} \cdot 6\text{ cm} \cdot 12\text{ cm}) + 2 \cdot (6\text{ cm} \cdot 6\text{ cm} \cdot 3\text{ cm})$

2. Berechne das Volumen der Körper auf die jeweils angedeutete Weise.

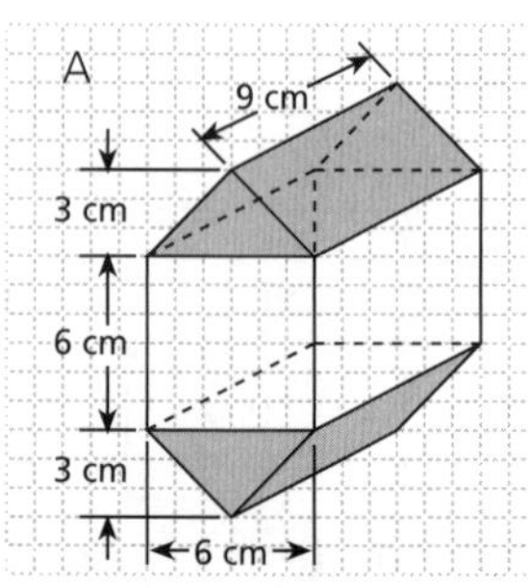

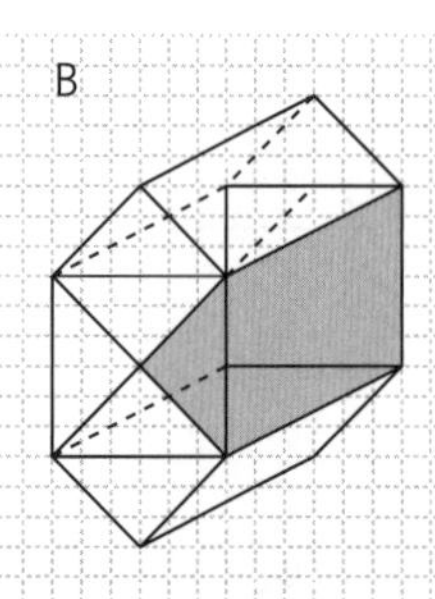

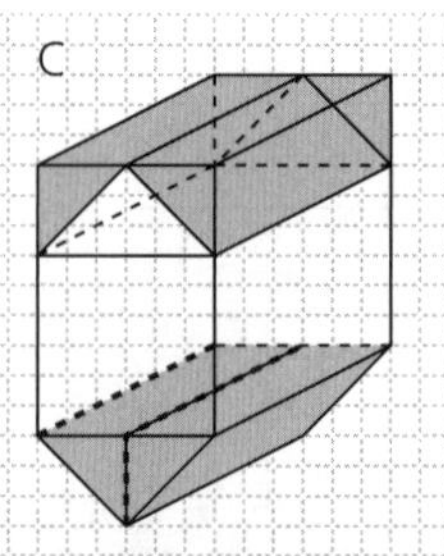

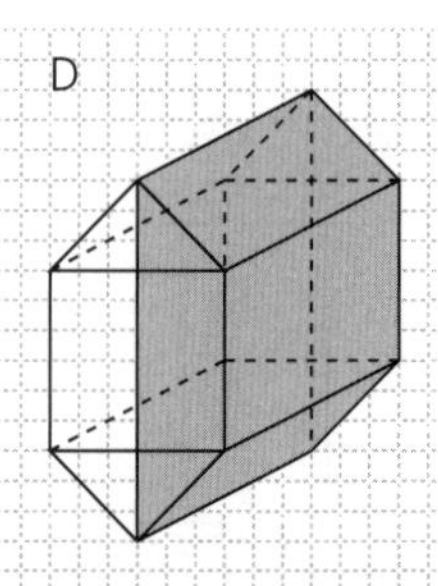

Koordinatensystem (1)

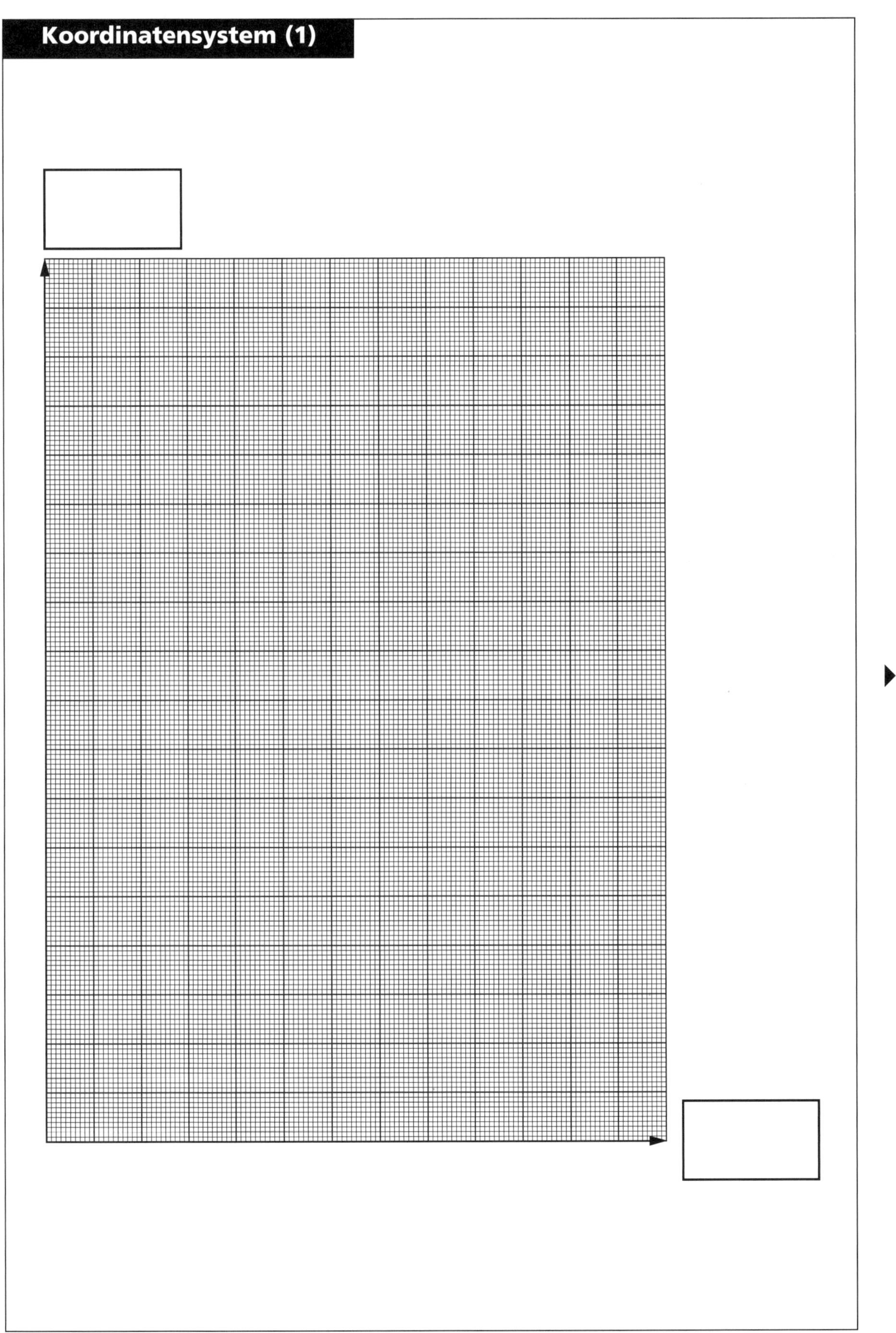

Koordinatensystem (2)

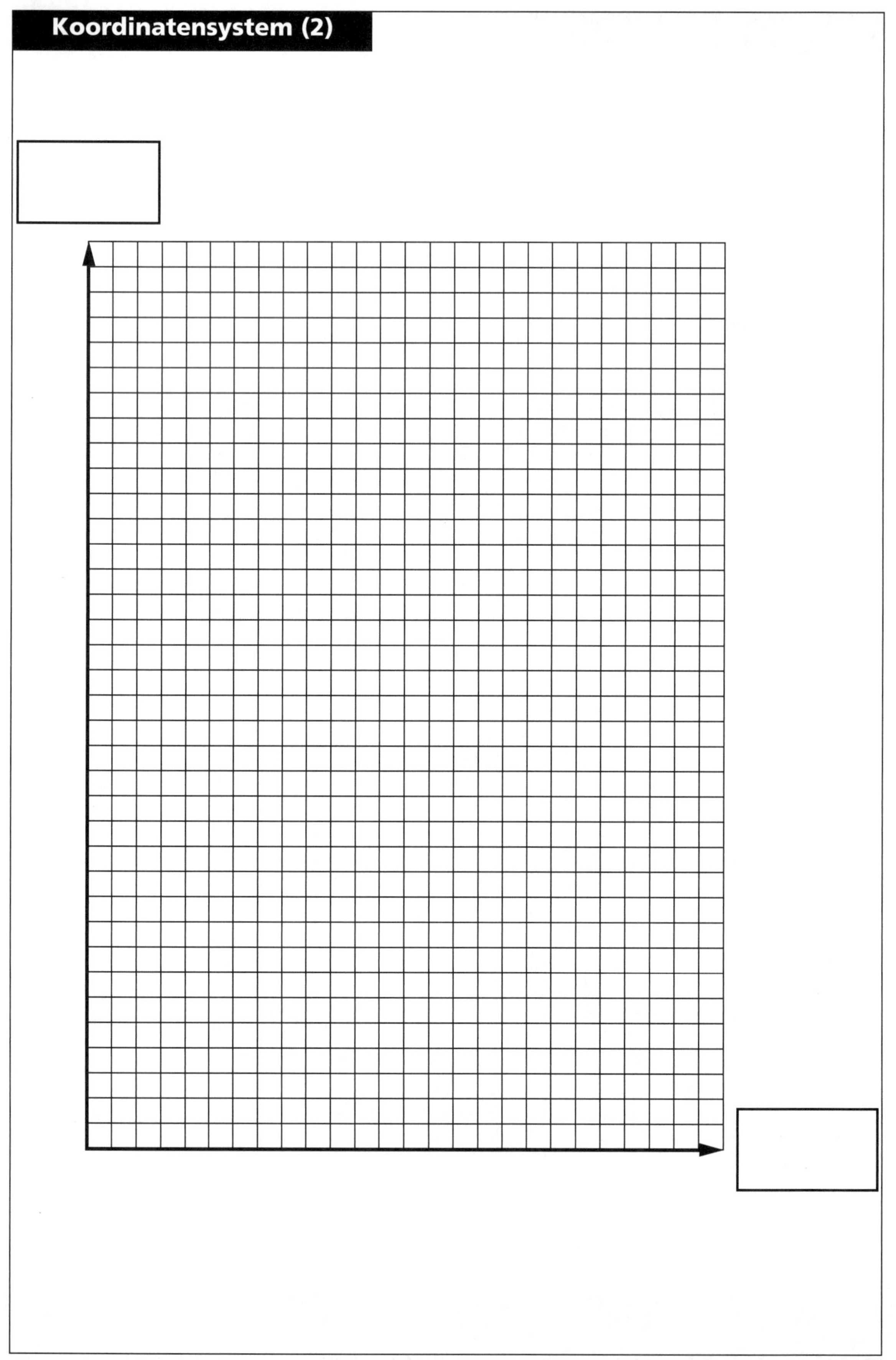

115%

Selbsteinschätzungsbogen

Sich zu wenig zuzutrauen ist oft genauso ungünstig, wie wenn man sich überschätzt. Deshalb ist es hilfreich, ein Gespür dafür zu bekommen, was man schaffen kann. Der Bogen und die folgenden Schritte können dir dabei helfen.

1 Gib vor der Bearbeitung der Aufgabe deine Einschätzung ab, trage hierzu eines der folgenden Symbole in die Zeile „Einschätzung" ein:
+ = Das kann ich. ◯ = Das kann ich vielleicht. – = Das kann ich nicht.

2 Bearbeite dann die Aufgaben und bewerte dich anschließend selbst. Trage hierzu in die Zeile „Bearbeitung" ein + oder – ein.

3 Ergeben sich Unterschiede zwischen deiner Einschätzung und der Bearbeitung? Versuche, die Unterschiede zu erklären.

Welche Aufgabe konntest du nicht lösen? Hole dir Hilfe, beispielsweise bei deinem Lehrer, und probiere erneut.

Name: ______________________ Klasse: ______________

Kapitel: ______________________________________

Das kann ich schon

Aufgabe	1	2	3	4	5	6	7	8	9
Einschätzung									
Bearbeitung									

TRIMM-DICH-ZWISCHENRUNDE

Aufgabe	1	2	3	4	5	6	7	8	9	10
Einschätzung										
Bearbeitung										

TRIMM-DICH-ABSCHLUSSRUNDE

Aufgabe	1	2	3	4	5	6	7	8	9	10
Einschätzung										
Bearbeitung										

Trainingsrunden

Trainingsrunden

Da der Lehrerband nur in Graustufen und nicht im Vierfarbdruck zur Verfügung steht, werden die Schwierigkeitsgrade der Aufgaben innerhalb der folgenden Trainingsrunden mit Symbolen anstatt Farben gekennzeichnet. Die einzelnen Symbole bedeuten:

▷ leichte („blaue") Aufgaben
▶ mittelschwere („rote") Aufgaben
✱ schwere („schwarze") Aufgaben

TRAININGSRUNDE

▷ **1** Berechne:

a) $1\,365{,}3 - 314{,}4 - 0{,}08 + 8{,}18$ b) $0{,}09 \cdot 9{,}6$

c) $0{,}6931 : 0{,}145$ d) $(\frac{1}{2} + 4{,}25 \cdot 5) : 2$ e) $5\frac{3}{8} - 4\frac{3}{8} : 5 - 4 \cdot \frac{5}{12}$

▷ **2** Verwandle in Dezimalbrüche: a) $\frac{7}{20}$; $1\frac{1}{3}$ b) 7%; 250%

▷ **3** Ein Lkw ist mit 6 725 kg beladen.
Dabei ist die Ladekapazität (= zulässiges Höchstgewicht) zu 87% genutzt.
Wie viele Tonnen darf der Lkw höchstens laden?

▷ **4** Ein Obsthändler hat 72 kg Pfirsiche eingekauft.
3,6 kg kann er letztlich nicht mehr verkaufen.
Wie viel Prozent der Ware sind verdorben?

▷ **5** Die Hauptschule in Altenstadt hat insgesamt 225 Schüler.
Davon sind 8% Ausländer.

▷ **6** Ein Viertel der Landfläche ist mit Wald bedeckt; das sind 3,4 Mrd. Hektar.
Das Balkendiagramm stellt die absolute Größe der Waldgebiete (in ha) dar.

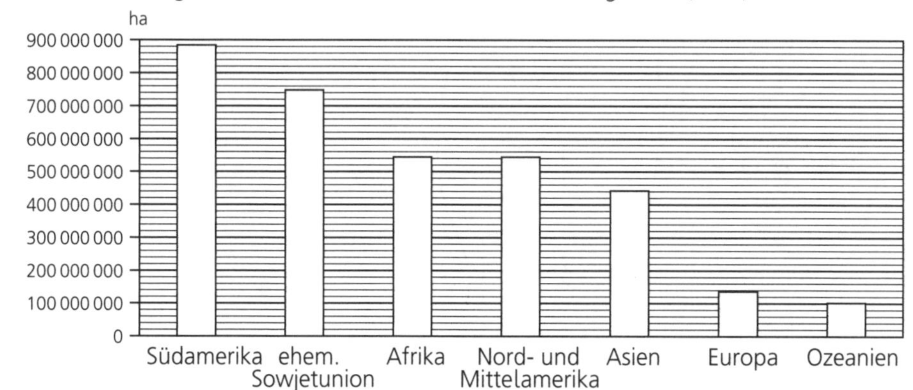

Berechne die prozentualen Anteile und stelle in einem Kreisdiagramm dar.

▷ **7** Ein Angestellter mit einem Bruttogehalt von 4 350 € erhält zwei Jahre hintereinander jeweils eine 2,5-prozentige Gehaltserhöhung.
Berechne sein neues Bruttogehalt.

▶ **8** Ein Elektrohändler bezieht einen Artikel zum Einkaufspreis von 620 €.
Er kalkuliert mit 8% Geschäftskosten und 16% Gewinn.

a) Berechne die Selbstkosten.

b) Wie hoch ist der Verkaufspreis?

c) Berechne den Endpreis (19% MwSt.). Runde sinnvoll.

✱ **9** Ein Großmarkt erwirbt eine Lieferung frischer Erdbeeren. Es wird ein Selbstkostenpreis von 4 620 € errechnet. Am Freitag setzt der Großmarkt $\frac{4}{7}$ der Ware mit 14% Gewinn ab. Mit 9% Gewinn kann bis Samstagmittag ein weiteres Drittel der Lieferung verkauft werden. Der Rest wird gegen Geschäftsschluss mit einem Verlust von 5% abgestoßen. Berechne den Reingewinn des Großmarktes.

115%

T1 LÖSUNGEN

1 a) 1 059 b) 0,864 c) 4,78 d) 10,875 e) $\frac{17}{6} = 2\frac{5}{6}$

2 a) $\frac{7}{20} = 0{,}35$; $1\frac{1}{3} = 1{,}3$
b) 7% = 0,07; 250% = 2,5

3 87% ≙ 6 725 kg
1% ≙ 77,29885 kg
100% ≙ 7 729,885 kg
höchstes Ladegewicht: ≈ 7,7 t

4 $p = \frac{3{,}6}{72} \cdot 100$ p = 5%

5 $P = 225 \cdot \frac{8}{100}$ P = 18 (Anzahl ausländischer Schüler)

6 Beispiel für Südamerika: $p = \frac{884000000}{3400000000} \cdot 100$ p = 26%

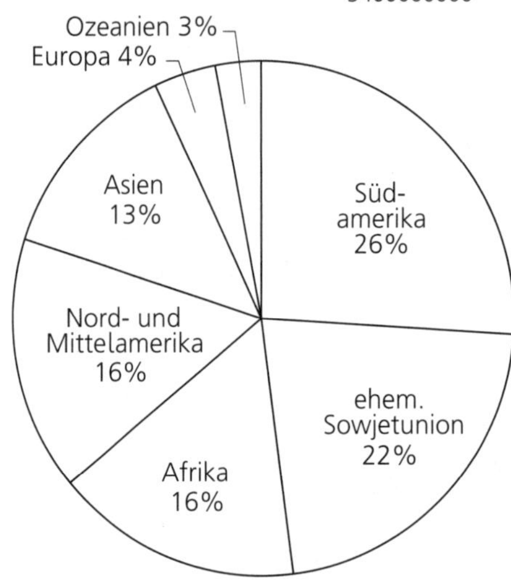

7 Bruttogehalt: 4 350 €
nach 1. Erhöhung: 4 350 € · 1,025 = 4 458,75 €
nach 2. Erhöhung: 4 458,75 € · 1,025 ≈ 4 570,22 € (neues Bruttogehalt)

8 a) Selbstkosten: 620 € · 1,08 = 669,60 €
b) Verkaufspreis: 669,60 € · 1,16 = 776,736 €
c) Endpreis: 776,74 € · 1,19 ≈ 924,32 €

9 Gewinn am Freitag: 4 620 € · $\frac{4}{7}$ · 0,14 = 369,60 €
Gewinn bis Samstagmittag: 4 620 € · $\frac{1}{3}$ · 0,09 = 138,60 €
$1 - \frac{4}{7} + \frac{1}{3} = 1 - \frac{19}{21} = \frac{2}{21}$
Verlust gegen Geschäftsschluss: 4 620 € · $\frac{2}{21}$ · 0,05 = 22 €
Gesamtgewinn: 369,60 € + 138,60 € – 22 € = 486,20 €

TRAININGSRUNDE 

▷ **1** Ordne die Zahlen der Größen nach. Beginne mit der kleinsten.

(– 2,8)	18,8	(– 18,9)	9,9	(– 12,8)	11,8	(– 18)	1,9	(– 19,9)	(– 0,9)	(– 10,9)
E	R	E	T	T	E	L	S	W	I	M

▷ **2** Berechne.

a) (– 23,82) – (– 18,99) + (– 5,17)
b) (– 77,15) – (– 104,13) + (– 36,98)
c) (+ 94,7) – (+ 53,35) – (– 18,25) + (– 59,65)
d) (+ 1 367,25) + (– 1 999,75) – (– 532,51)

▷ **3** $>$, $<$ oder $=$?

a) (– 4) · (+ 6) ◯ (+ 2) · (– 12)
b) (– 55,5) : (+ 11,1) ◯ (– 15) · $(-\frac{1}{3})$
c) (+ 25,2) : (– 2,8) ◯ (– 2,5) · (+ 4)
d) (+ 7,2) · (– 7,5) ◯ (– 9) : (+ 0,18)
e) (– 7,8) · (– 3,5) ◯ (+ 327,6) : (+ 12)
f) (– 89,76) : (– 13,6) ◯ (– 122,85) : (–18,9)

▷ **4** a) Frau Lummes Konto hat einen Stand von – 160,60 €. Es werden folgende Buchungen durchgeführt:
Telefonrechnung: 120,25 €; Kosten für eine Reise: 2 245 €; Gehalt: 2 742,80 €; Zinsgutschrift: 98,75 €; Krankenversicherung: 238,92 €;
Stelle einen Term auf und berechne den neuen Kontostand.

b) Der absolute Nullpunkt liegt bei – 273,15 °C. Quecksilber gefriert bei – 39°C. Um wie viel Grad Celsius liegt diese Temperatur über dem absoluten Nullpunkt?

▶ c) In der Tabelle sind die monatlichen Durchschnittstemperaturen eines Ortes in Sibirien angegeben:

Monat	Jan.	Feb.	März	April	Mai	Juni	Juli	Aug.	Sept.	Okt.	Nov.	Dez.
°C	– 48,5	– 46,2	– 31,9	– 13,3	+ 1,8	+ 12,4	+ 15,5	+ 11,1	+ 2,2	– 13,8	– 36,7	– 46,4

Berechne die durchschnittliche Jahrestemperatur.

▶ **5** Sechs rationale Zahlen werden multipliziert. Gib das Vorzeichen des Ergebnisses an, wenn

a) alle Zahlen negativ sind.
b) drei Zahlen positiv und drei negativ sind.
c) zwei Zahlen negativ und 4 Zahlen positiv sind.

✱ **6** Berechne die Terme.

a) (– 12,3 + 0,024) : (– 3,96) – 3,1 · (– 1,95)
b) 28,98 : (– 3,15) – (58,21 – 19,99) : 4,2
c) $\frac{(-58{,}5) \cdot 4 \cdot (-2)}{8 \cdot (-4{,}5)}$
d) $\frac{(+14{,}6) \cdot (-112{,}5)}{109{,}5 \cdot (-5)}$

✱ **7** Finde die gesuchte Zahl.

a) Addiere ich (– 28,2) zu einer Zahl, so erhalte ich das Produkt aus (+ 45,75) und (– 0,6).
b) Der Quotient aus (– 87,15) und 3,5 ist genau so groß wie das Dreifache einer Zahl vermindert um (– 20,1).

✱ **8** a) Herr Sirin hatte ein Guthaben von 1 524,45 €. Er hob dreimal den gleichen Betrag ab. Jetzt hat er Schulden in Höhe von 275,55 €.
Welchen Betrag hat er jeweils abgehoben?

b) Frau Schmid zahlt sieben Monate lang je 328,80 € auf Ihr Konto ein. Nun hat sie vier mal so viel Guthaben wie sie vorher Schulden hatte.
Berechne, wie viele Schulden Frau Schmid hatte sowie ihren neuen Kontostand.

T 2 

1

(– 19,9)	(– 18,9)	(– 18)	(– 12,8)	(– 10,9)	(– 2,8)	(– 0,9)	1,9	9,9	11,8	18,8
W	E	L	T	M	E	I	S	T	E	R

2 a) – 10 b) – 10 c) – 0,05 d) – 99,99

3 a) – 24 = – 24 b) – 5 < 5 c) – 9 > – 10
d) – 54 < – 50 e) 27,3 = 27,3 f) 6,6 > 6,5

4 a) – 160,60 – 120,25 – 2 245 +2 742,80 + 98,75 – 238,92 = 76,78 (€)
b) – 273,15 – (–39) = – 234,15 (°C)
c) (– 48,5) + (– 46,2) + (– 31,9) + (– 13,3) + 1,8 + 12,4 + 15,5 + 11,1 + 2,2 + (– 13,8) + (– 36,7) + (– 46,4) = – 193,8 ⟶ (– 193,8) : 12 = – 16,15 (°C)

5 a) Das Ergebnis ist eine positive Zahl.
b) Das Ergebnis ist eine negative Zahl.
c) Das Ergebnis ist eine positive Zahl.

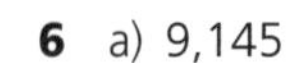

6 a) 9,145 b) – 18,3 c) – 13 d) 3

7 a) x + (– 28,2) = 45,75 · (– 0,6) x = 0,75
b) (– 87,15) : 3,5 = 3x – (– 20,1) x = – 15

8 a) Er hat jeweils 600 € abgehoben.
b) 7 · 328,8 : 5 = 460,32 → Schulden: – 460,32 € → Guthaben: 1 841,28 €

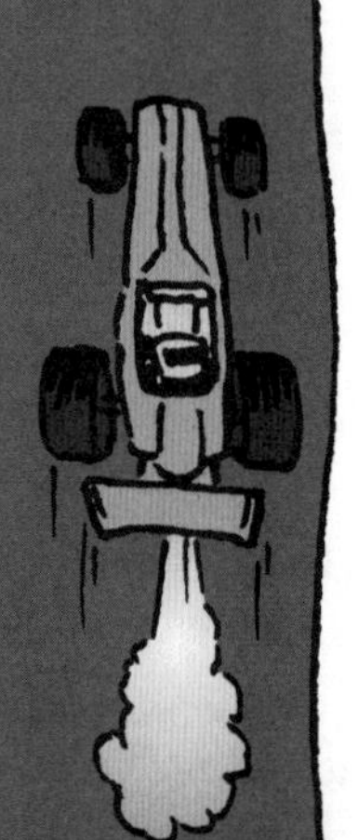

TRAININGSRUNDE T 3

▷ **1** Zeichne jeweils ein Quadrat (a = 4 cm) und trage die Kreisfiguren ein.

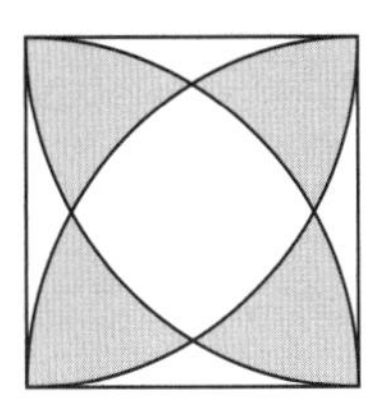
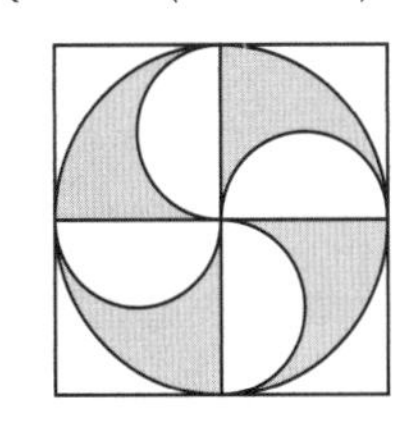
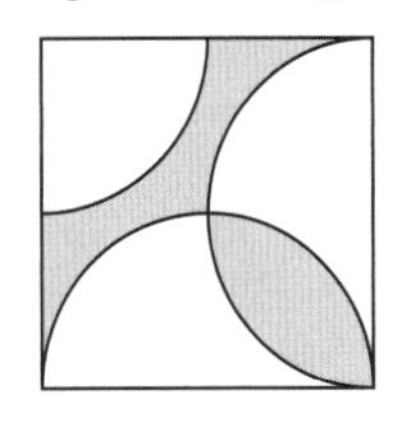
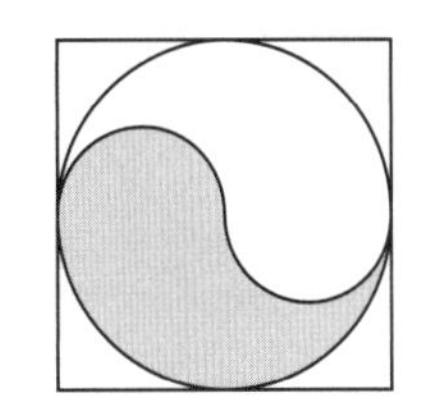

▷ **2** Errichte die Mittelsenkrechte über der Strecke AB mit A (2 | 1) und B (7 | 6) (Einheit cm). In welchem Punkt schneidet die Mittelsenkrechte die y-Achse?

▷ **3**

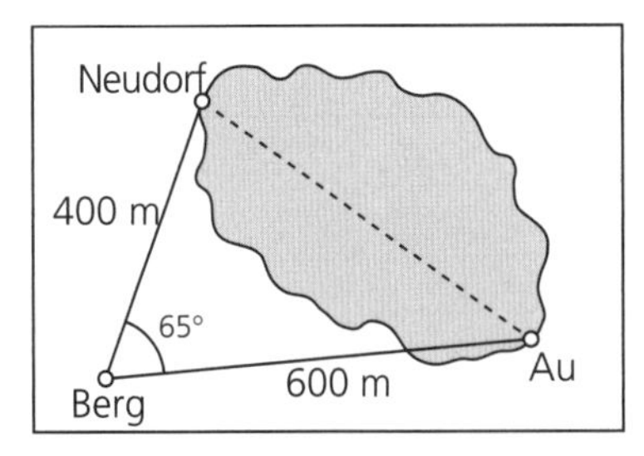

Neudorf liegt von Berg 400 m entfernt an einem Ende des Sees, Au von Berg 600 m entfernt am anderen Ende. Wie weit sind Neudorf und Au von einander entfernt?

Konstruiere mit diesen Angaben ein Dreieck (100 m ≙ 1 cm) und gib die Entfernung an.

▷ **4** Berechne den Flächeninhalt der Figuren.

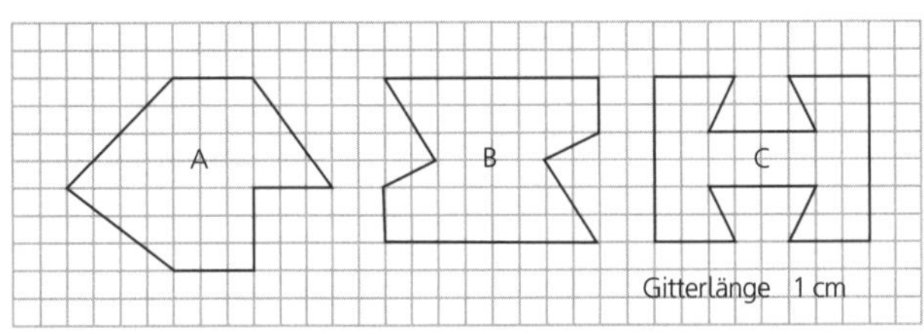

▶ **5** Berechne bei den Figuren A und B den Umfang, bei Figur C den Inhalt der gefärbten Fläche.

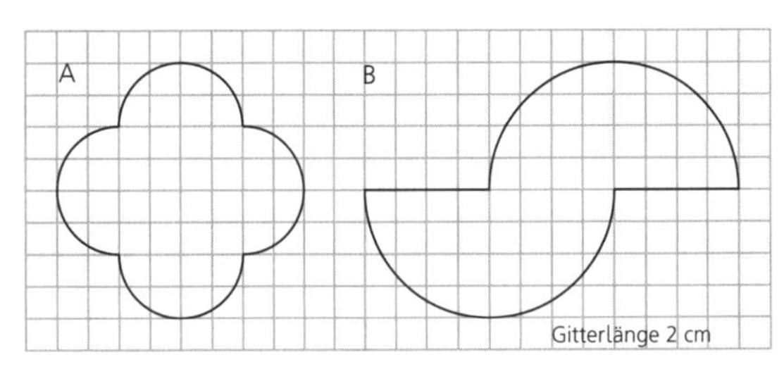

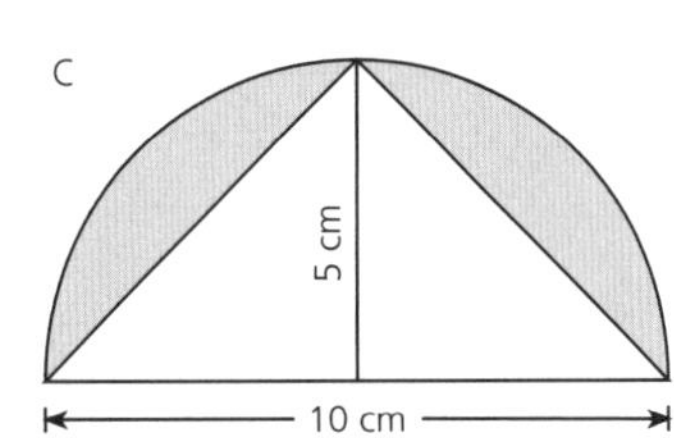

▶ **6**

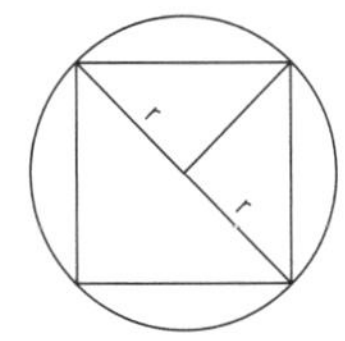

Aus einem kreisförmigen Blech (Radius r = 4 cm) wird ein möglichst großes Quadrat herausgeschnitten.

a) Wie groß ist die Kreisfläche, wie groß die Quadratfläche?

b) Wie viel Prozent des Blechs sind Abfall?

7 a) Zeichne einen Kreisausschnitt (r = 3,5 cm) mit einem Mittelpunktswinkel $\alpha = 80°$.

b) Berechne den Flächeninhalt und die Bogenlänge des Kreisausschnitts auf zwei Dezimalstellen.

8 Das Rundzelt des Zirkus Pedro hat einen Durchmesser von 44 Meter. Der ringförmige Zuschauerraum ist 14 m breit.

a) Berechne den Flächeninhalt der kreisförmigen Manege und des Zuschauerraums.

b) Berechne den Umfang des ganzen Zeltes.

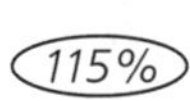

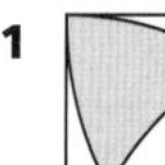

LÖSUNGEN

1

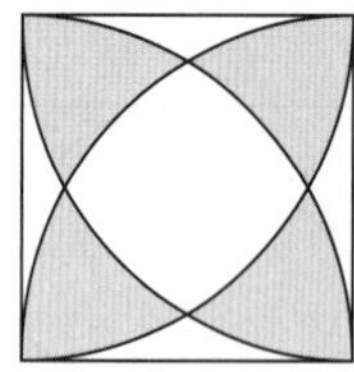

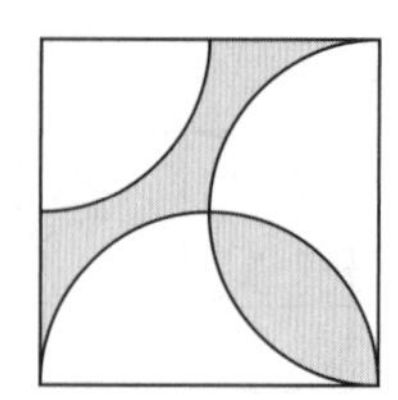

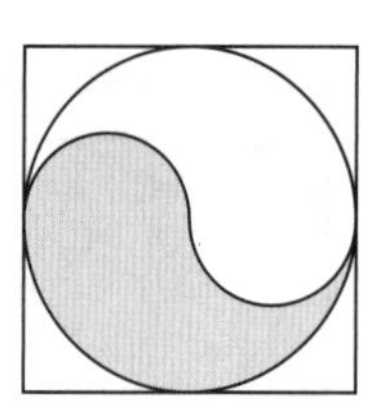

2

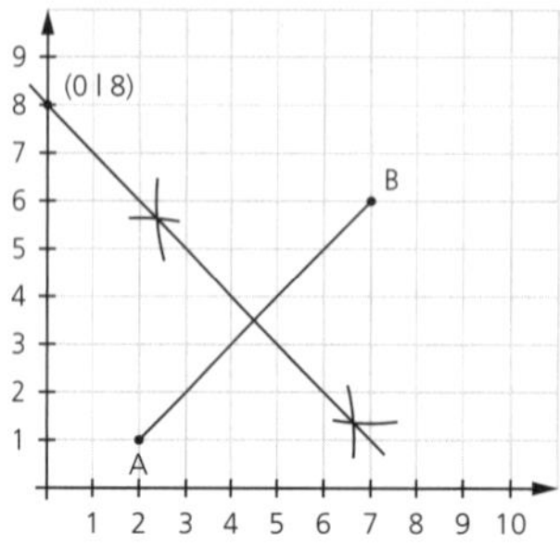

3

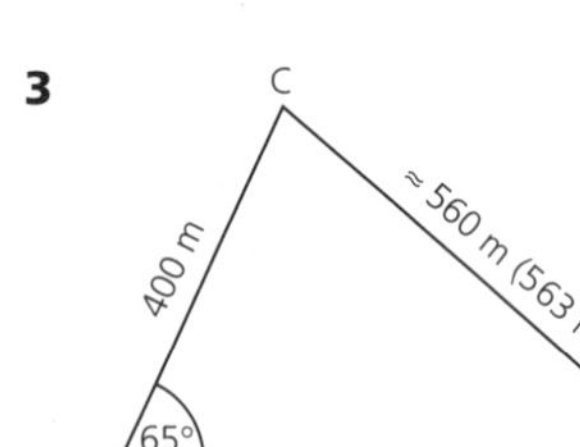

4

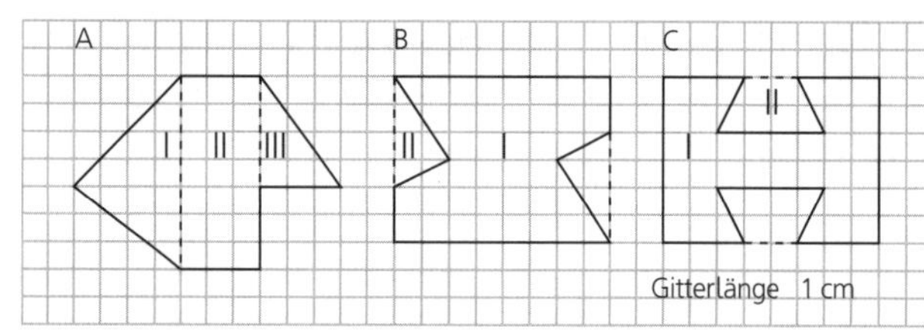

A: $A_A = A_{I+II+III}$ $= 14\ cm^2 + 21\ cm^2 + 6\ cm^2 = 41\ cm^2$

B: $A_B = A_I - 2 \cdot A_{II}$ $= 48\ cm^2 - 8\ cm^2 = 40\ cm^2$

C: $A_C = A_I - 2 \cdot A_{II}$ $= 48\ cm^2 - 12\ cm^2 = 36\ cm^2$

5

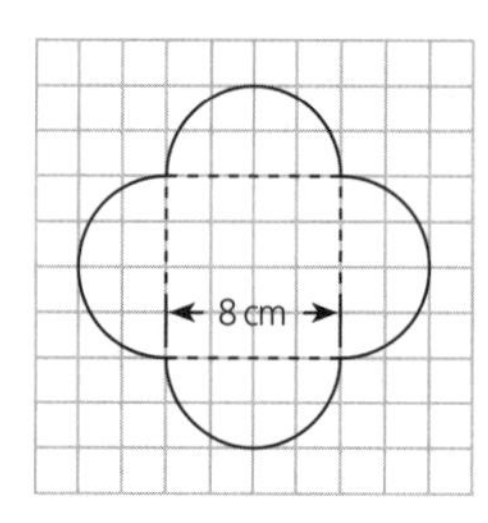

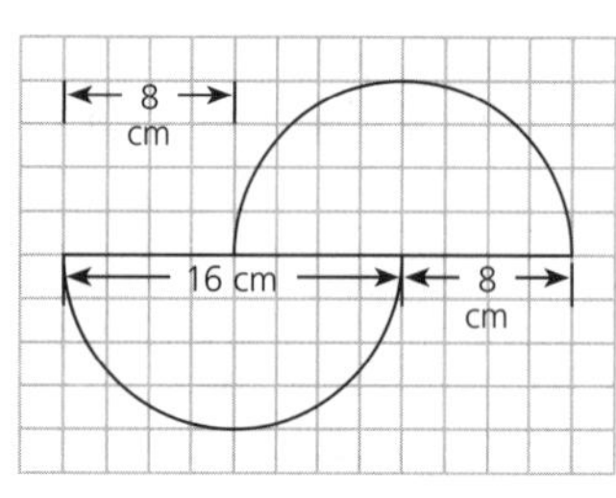

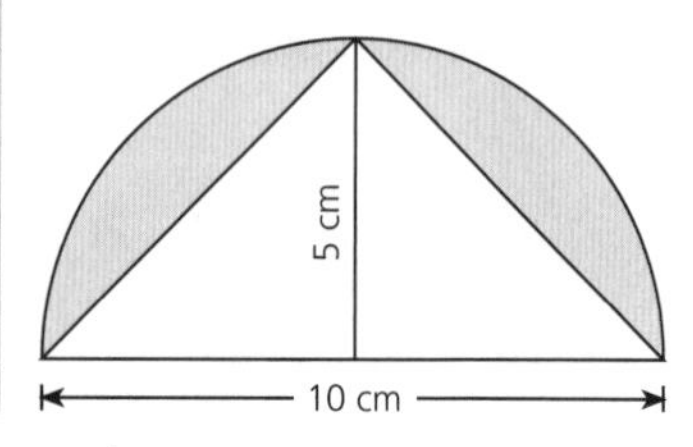

$u = d \cdot 3{,}14 \cdot 2$
$= 50{,}24\ cm$

$u = d \cdot 3{,}14 + 2 \cdot 8\ cm$
$= 66{,}24\ cm$

$A = A_{\frac{1}{2}Kreis} - 25\ cm^2 = 39{,}25\ cm^2$
$- 25\ cm^2 = 14{,}25\ cm^2$

6 a) $A_{Kreis} = 4\ cm \cdot 4\ cm \cdot 3{,}14 = 50{,}24\ cm^2$

$A_{Quadrat} = \frac{8\ cm \cdot 4\ cm}{2} \cdot 2\ cm = 32\ cm^2$

b) Abfall: $50{,}24\ cm^2 - 32\ cm^2$
$= 18{,}24\ cm^2$
Abfall: $18{,}24\ cm^2 : 50{,}24\ cm^2$
$\approx 0{,}36 \mathrel{\hat=} 36\%$

7 a)

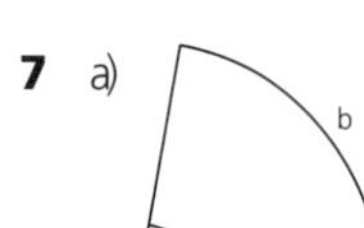

b) $A = r \cdot r \cdot 3{,}14 \cdot \frac{\alpha}{360} \approx 8{,}55\ cm^2$

$b = d \cdot 3{,}14 \cdot \frac{\alpha}{360} \approx 4{,}88\ cm$

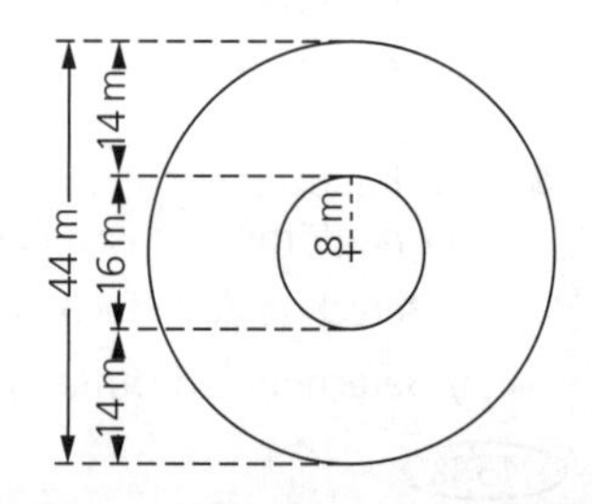

8 a) Größen bestimmen (s. Skizze)

$A_{Manege} = 8\ m \cdot 8\ m \cdot 3{,}14 = 200{,}96\ m^2$

$A_{Zuschauer} = (22\ m \cdot 22\ m - 8\ m \cdot 8\ m) \cdot 3{,}14$
$= 1\,318{,}8\ m^2$

b) $u = 44\ m \cdot 3{,}14 = 138{,}16\ m$

TRAININGSRUNDE

▷ **1** Vereinfache die Terme.

a) $y + y + 2y + 5y$ b) $(6 - 2x) - (3 + 5x)$ c) $(10a - 2) \cdot 3 + 4 \cdot (2a - 5)$

▷ **2** Notiere als Term und vereinfache.

a) Bilde das Produkt aus 8 und der Differenz aus dem Zweifachen einer Zahl und 5. Addiere dann das Doppelte der Summe aus dem Sechsfachen dieser Zahl und 3.

b) Subtrahiere vom Sechsfachen der Differenz aus 2 und einer Zahl das Zweifache der um 1 verminderten Zahl.

▷ **3** Übertrage auf dein Blatt und ergänze die Lösungs- und Umformungsschritte.

a)
$$39 - 4\,(x + 3) - (11 - 4x) \cdot 1{,}5 = 30{,}5$$
$$39 - \square - \square = 30{,}5$$
$$39 - 4x\ \square - 16{,}5\ \square = 30{,}5$$
$$\square + 2x = 30{,}5\ \square$$
$$2x = \square\ \square$$
$$x = 10$$

b)
$$(2y + 2) \cdot 4 - 2 \cdot (2y - 2) = 4$$
$$(8y + 8) - \square = 4$$
$$8y + 8 - \square = 4$$
$$\square + 12 = 4\ \square$$
$$4y = \square\ \square$$
$$y = -2$$

▷ **4** Löse die Gleichungen.

a) $16x - 13 + 3x = 25$ b) $25x - 6 - 5x - 4 = 10$

▶ **5** Bestimme x.

a) $3 \cdot (x + 5) - (x - 2{,}5) \cdot 2 = 15$ b) $(3y + 2) \cdot 4 - 8y - 16 = 0$

▶ **6** Finde die passende Formel und berechne die fehlende Größe.

a) Ein Trapez hat einen Flächeninhalt von 68 cm³. Die Grundseiten sind 7,5 cm und 8,5 cm. Berechne die Höhe.

b) Das Volumen eines Prismas beträgt 247 cm³. Es ist 10 cm hoch. Berechne die Grundfläche.

c) Die Oberfläche eines 6 cm breiten und 8 cm hohen Quaders beträgt 306 cm². Berechne die Länge des Quaders.

$A = r^2 \cdot 3{,}14$

$A = \frac{a + c}{2} \cdot h$

$O = 6 \cdot a \cdot a$

$V = A \cdot h_K$

$O = 2 \cdot (a \cdot b + a \cdot c + b \cdot c)$

✱ **7** Bestimme x.

a) $4 - \frac{7x + 6}{9} = \frac{5x - 2}{6} - x$ b) $x - \frac{4x + 8}{6} - \frac{4 - x}{3} = 3 \cdot \frac{x - 4}{5}$

✱ **8** Entwickle einen Gesamtansatz und bestimme x.

a) Dividiert man die Differenz aus dem Achtfachen einer Zahl und 7 durch 5, so erhält man das Dreifache der Summe aus der Hälfte der gesuchten Zahl und 4.

b) In einem Betrieb waren dreimal so viele Männer wie Frauen beschäftigt. Im Laufe des Jahres kamen zwei Frauen dazu, während drei Männer entlassen wurden. Nun arbeiten doppelt so viele Männer wie Frauen in diesem Betrieb. Wie viele Männer, wie viele Frauen arbeiteten vorher in dem Betrieb?

✱ **9** Setze die gegebenen Größen in die Formeln ein und berechne.

a)

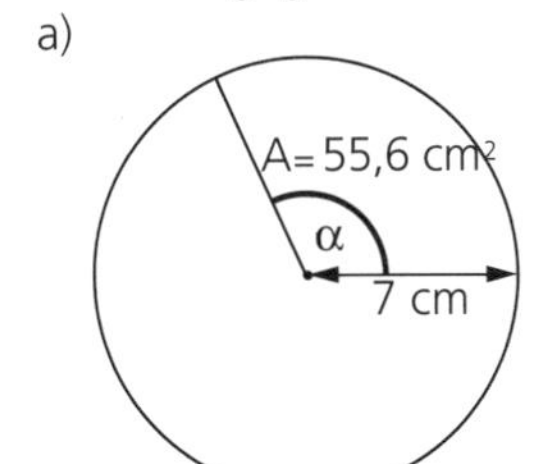

b)

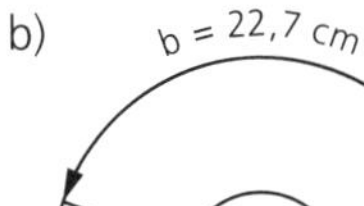

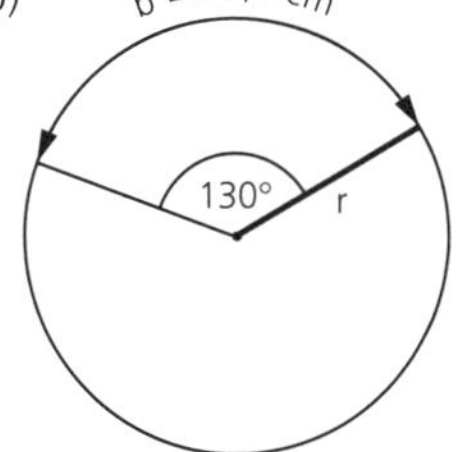

c)

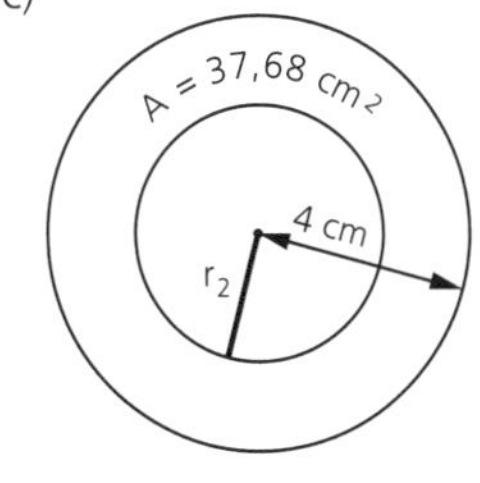

T 4 LÖSUNGEN

1 a) $9y$ b) $3 - 7x$ c) $38a - 26$

2 a) $8 \cdot (2x - 5) + 2 \cdot (6x + 3) = 28x - 34$
b) $6 \cdot (2 - x) - 2 \cdot (x - 1) = 14 - 8x$

3 a) $39 - 4 \cdot (x + 3) - (11 - 4x) \cdot 1{,}5 = 30{,}5$
$39 - \boxed{(4x + 12)} - \boxed{(16{,}5 - 6x)} = 30{,}5$
$39 - 4x - \boxed{12} - 16{,}5 \boxed{+ 6x} = 30{,}5$
$\boxed{10{,}5} + 2x = 30{,}5 \quad / \boxed{-10{,}5}$
$2x = \boxed{20} \quad / \boxed{:2}$
$x = 10$

b) $(2y + 2) \cdot 4 - 2 \cdot (2y - 2) = 4$
$(8y + 8) - \boxed{(4y - 4)} = 4$
$8y + 8 - \boxed{4y + 4} = 4$
$\boxed{4y} + 12 = 4 \quad / \boxed{-12}$
$4y = \boxed{-8} / \boxed{:4}$
$y = -2$

4 a) $x = 2$ b) $x = 1$

5 a) $x = -5$ b) $y = 2$

6 a) $A = \frac{a + c}{2} \cdot h$ b) $V = A \cdot h_k$ c) $O = 2 \cdot (a \cdot b + a \cdot c + b \cdot c)$
$h = 8{,}5$ cm $A = 24{,}7$ cm² $a = 7{,}5$ cm

7 a) $x = 6$ b) $x = 4$

8 a) $(8x - 7) : 5 = 3 \cdot (\frac{1}{2}x + 4)$ $x = 134$

b)

	vorher	nachher
Frauen:	x	$x + 2$
Männer:	$3x$	$3x - 3$
Gleichung:	$(x + 2) \cdot 2 = 3x - 3$	
Männer vorher: 21	Frauen vorher: 7	

9 a) $A = r^2 \cdot 3{,}14 : 360° \cdot \alpha$ b) $b = 2 \cdot r \cdot 3{,}14 : 360° \cdot \alpha$ c) $A = r_1^2 \cdot 3{,}14 - r_2^2 \cdot 3{,}14$
$\alpha = 130°$ $r = 10$ cm $r_2 = 2$ cm

TRAININGSRUNDE

 **1** a) Zeichne das Netz des Prismas.
b) Berechne die Mantelfläche.

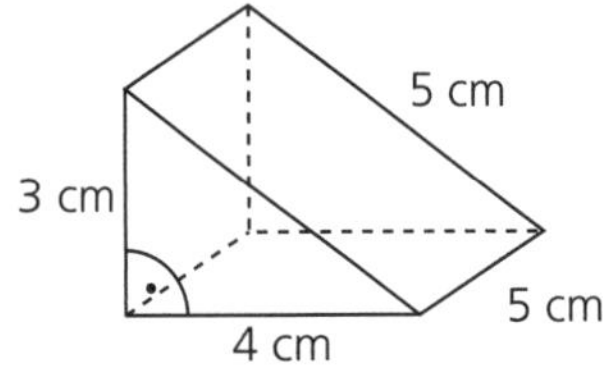

▷ **2** Eine quaderförmige Wanne hat eine Länge von 60 cm, eine Breite von 40 cm und eine Höhe von 20 cm.
Wie viel Flüssigkeit ist im Behälter?

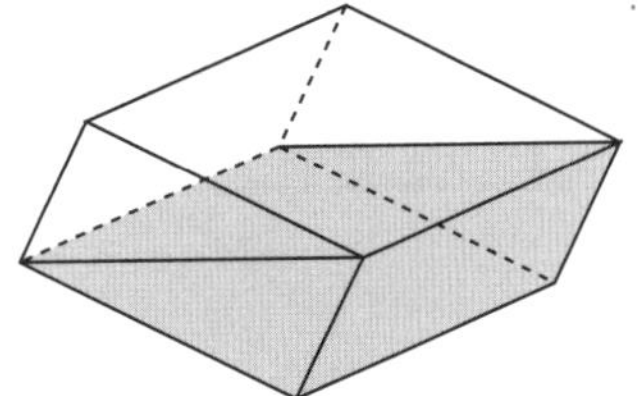

▷ **3** a) Zeichne die Ansichten in wirklicher Größe.
b) Trage in die Draufsicht die notwendigen Maße ein und berechne dann Volumen und Oberfläche des Prismas.
c) Zeichne das Schrägbild des Körpers.

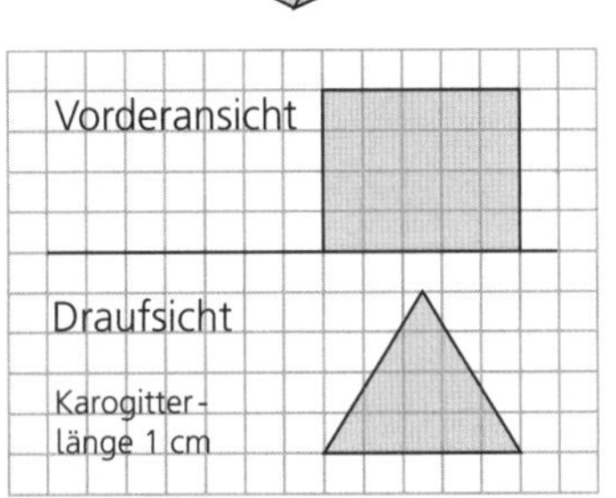

▷ **4** Aus einem quaderförmigen Holz sollen zylinderförmige Stücke herausgeschnitten werden.

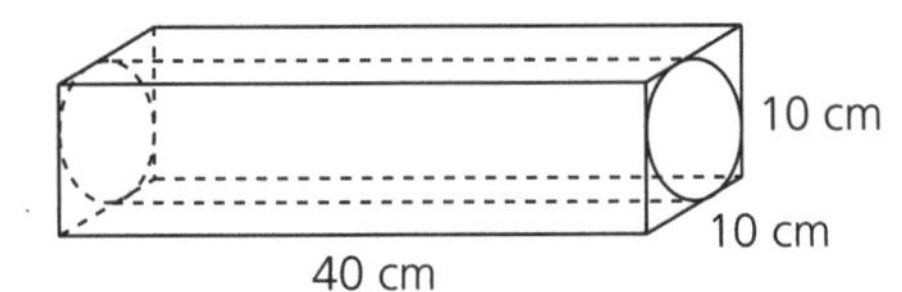

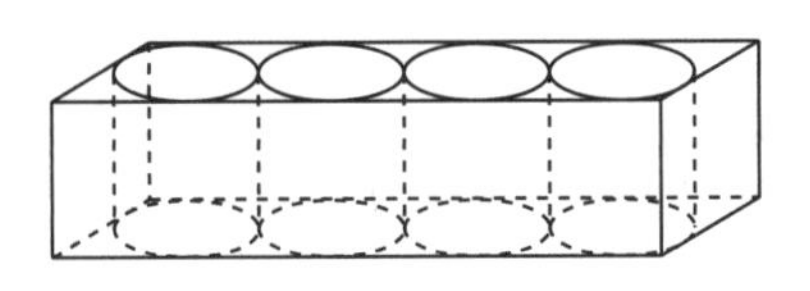

Berechne für beide Möglichkeiten den Abfall.

▷ **5** Die Höhe einer Anschlagsäule misst 3,20 m. Unten wird ein Streifen von 20 cm nicht beklebt.
Berechne die Klebefläche der Plakatsäule, wenn der Durchmesser 1,30 m beträgt.
Erstelle dazu eine (nicht maßstabsgetreue) Freihandskizze und trage die Maße ein.

 **6** Ein Spengler fertigt 6 Ofenrohre, 1,5 m lang und mit 15 cm Durchmesser. Für den Falz eines jeden Rohres gibt er einen 2 cm breiten Streifen zu.
Berechne den Materialverbrauch an Blech.

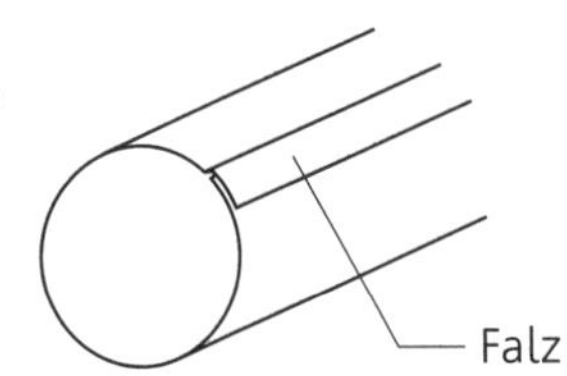

7 Ein 20 cm langes, massives Werkstück aus Kupfer hat die Form einer Trapezsäule. Die parallelen Seiten des Trapezes messen 21 cm und 18,25 cm, ihr senkrechter Abstand beträgt 8 cm. Dieser Körper wird eingeschmolzen und daraus eine Stange mit kreisförmigem Querschnitt (d = 40 mm) gegossen.
a) Fertige Skizzen von beiden Körpern und trage die dazugehörigen Maße ein.
b) Berechne die Länge des neuen Körpers.

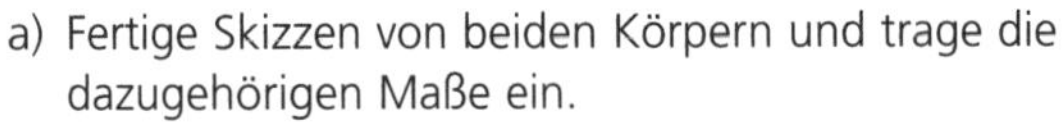

8 Berechne Oberfläche und Volumen des Werkstücks.

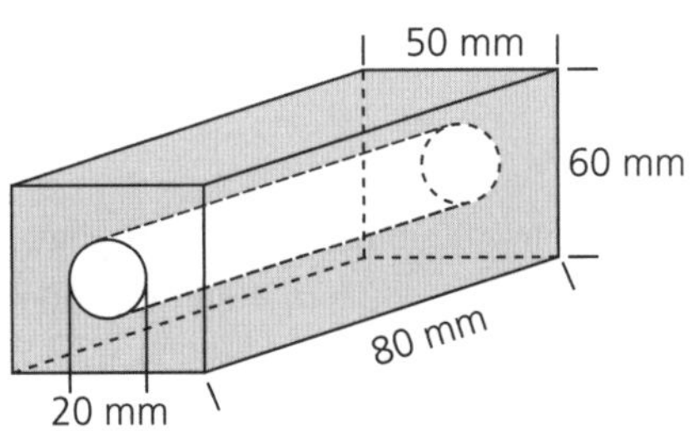

T 5 LÖSUNGEN

1 a) 

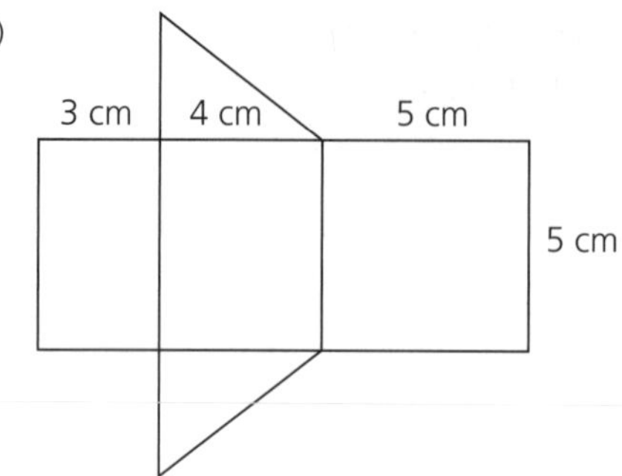

b) $M = 12\ \text{cm} \cdot 5\ \text{cm} = 60\ \text{cm}^2$

2 $V = \frac{40\ \text{cm} \cdot 20\ \text{cm}}{2} \cdot 60\ \text{cm} = 24\,000\ \text{cm}^3$

3 a) Ansichten in wirklicher Größe

c) Schrägbild 

b)

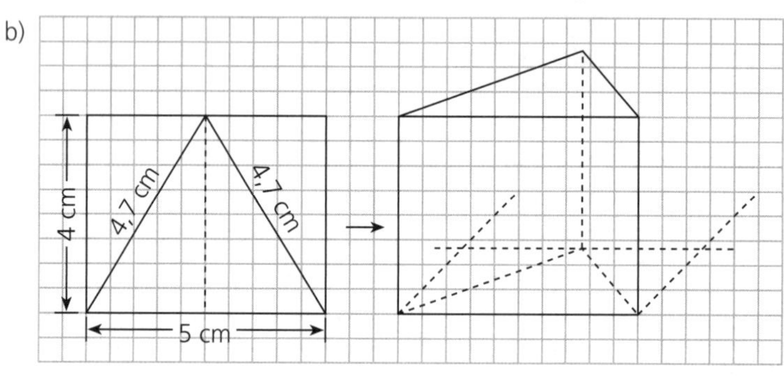

$V = \frac{5\ \text{cm} \cdot 4\ \text{cm}}{2} \cdot 4\ \text{cm} = 40\ \text{cm}^3$

$O = 2 \cdot (\frac{5\ \text{cm} \cdot 4\ \text{cm}}{2}) + (5\ \text{cm} + 9{,}4\ \text{cm}) \cdot 4\ \text{cm} = 77{,}6\ \text{cm}^2$

4 $\text{Abfall}_{\text{Körper 1}} = 10\ \text{cm} \cdot 10\ \text{cm} \cdot 40\ \text{cm} - 5\ \text{cm} \cdot 5\ \text{cm} \cdot 3{,}14 \cdot 40\ \text{cm} = 860\ \text{cm}^3$

$\text{Abfall}_{\text{Körper 2}} = 10\ \text{cm} \cdot 10\ \text{cm} \cdot 40\ \text{cm} - 4 \cdot (5\ \text{cm} \cdot 5\ \text{cm} \cdot 3{,}14 \cdot 10\ \text{cm}) = 860\ \text{cm}^3$

5

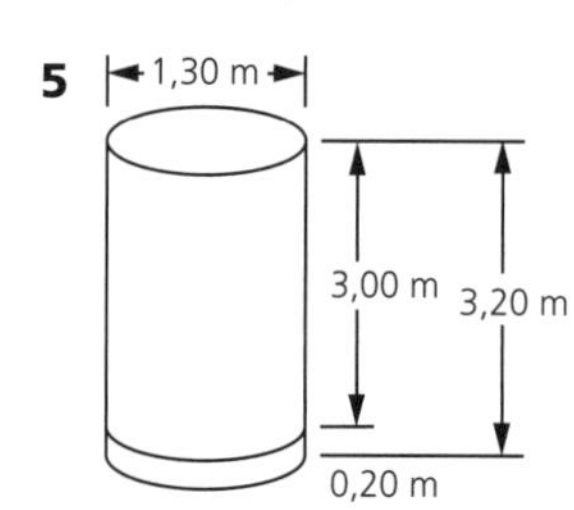

$M = 1{,}30\ \text{m} \cdot 3{,}14 \cdot 3\ \text{m} = 12{,}246\ \text{m}^2$

6 $O_{\text{1 Rohr}} = (15\ \text{cm} \cdot 3{,}14 + 2\ \text{cm}) \cdot 150\ \text{cm} = 73{,}65\ \text{dm}^2 = 0{,}7365\ \text{m}^2$

$O_{\text{6 Rohre}} = 0{,}7365\ \text{m}^2 \cdot 6 = 4{,}419\ \text{m}^2$

7 $V_{\text{Trapezsäule}} = \frac{21\ \text{cm} + 18{,}25\ \text{cm}}{2} \cdot 8\ \text{cm} \cdot 20\ \text{cm} = 3\,140\ \text{cm}^3$

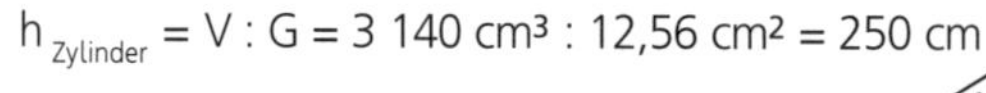

$h_{\text{Zylinder}} = V : G = 3\,140\ \text{cm}^3 : 12{,}56\ \text{cm}^2 = 250\ \text{cm}$

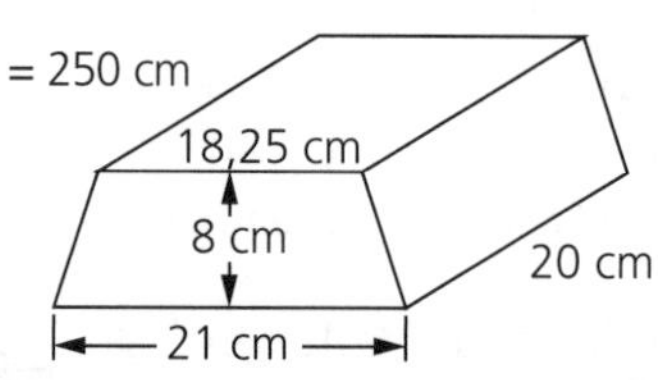

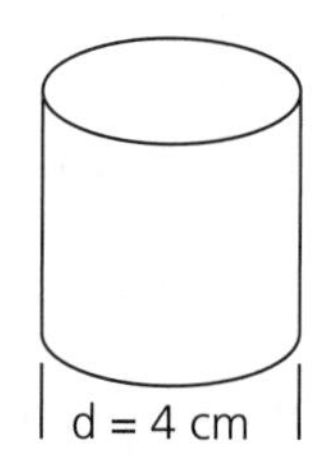

8 $V = 50\ \text{mm} \cdot 80\ \text{mm} \cdot 60\ \text{mm} - 10\ \text{mm} \cdot 10\ \text{mm} \cdot 3{,}14 \cdot 80\ \text{mm} = 214\,880\ \text{mm}^3$

$O = 2 \cdot (50\ \text{mm} \cdot 60\ \text{mm} + 80\ \text{mm} \cdot 60\ \text{mm} + 50\ \text{mm} \cdot 80\ \text{mm}) - 10\ \text{mm} \cdot 10\ \text{mm} \cdot 3{,}14 \cdot 2 + 20\ \text{mm} \cdot 3{,}14 \cdot 80\ \text{mm} = 27\,996\ \text{mm}^2$

TRAININGSRUNDE

▷ **1** a) Gib die Durchschnittsgeschwindigkeit des Fahrzeugs an.

b) Lies ab, wie lange das Fahrzeug für eine Strecke von 200 km (340 km) braucht.

c) Welche Strecke legt das Fahrzeug in $3\frac{1}{2}$ h ($2\frac{1}{4}$ h) zurück?

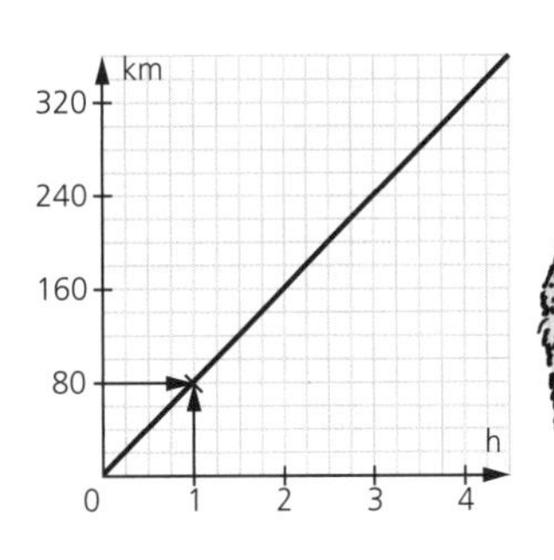

▷ **2** Ermittle die fehlenden Werte der proportionalen Funktionen.

a)

Anzahl der Nägel	Gewicht (g)
150	2 100
	3 150
400	

b)

Menge (l)	Preis (€)
2	14
1,5	
	31,50

c)

Länge (cm)	Gewicht (g)
	2
3	5
7,5	

▷ **3** a) Lies die monatliche Grundgebühr der Funktion Gasverbrauch → Gesamtkosten ab.

b) Ermittle die Kosten für 1 m³ Gas.

c) Ergänze die fehlenden Werte.

Gasverbrauch (m³)	20			110
Gesamtkosten (€)		102	75	

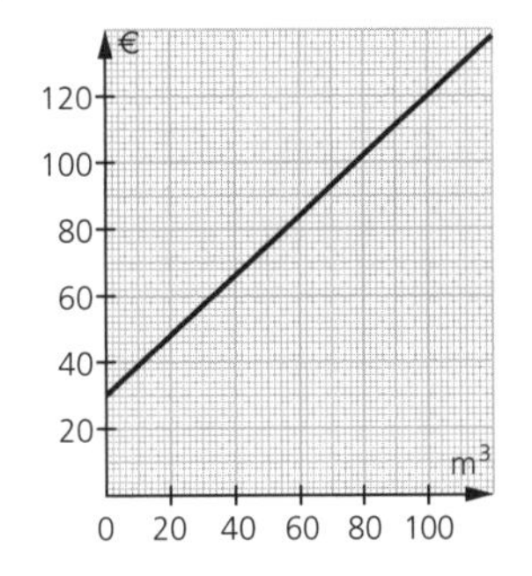

▷ **4** Bei einer Wassermenge von 400 cm³ steht das Wasser in einem Glas 20 cm hoch.

a) Berechne die fehlenden Werte der proportionalen Funktion.

Wassermenge (cm³)	100		350	
Höhe (cm)		7,5		25

b) Wähle einen geeigneten Maßstab und stelle die Funktion in einem Schaubild dar.

▶ **5** Bei einem Körpergewicht von 0,005 g kann eine Ameise ein Gewicht von 0,1 g heben.

a) Welches Gewicht müsste ein Mensch mit einem Körpergewicht von 62,5 kg folglich heben, wenn er Entsprechendes leisten wollte?

b) Wie schwer ist ein Mensch, der bei entsprechender Leistung 1 500 kg heben müsste?

✱ **6** Stelle jeweils die Funktionsgleichung auf.

a) $m = 4 \quad t = 1{,}5$ b) $m = 0{,}75 \quad t = 0$ c) $m = 2{,}5 \quad t = -0{,}5$

✱ **7** a) Lege für die Funktion $y = 1{,}5 \cdot x + 0{,}5$ eine Wertetabelle mit x-Werten von – 3 bis 5 an.

b) Stelle die Funktion graphisch dar.

c) Gib bei beiden Funktionen die Steigung m und den y-Achsenabschnitt t an und zeichne die zugehörigen Geraden ins Koordinatensystem von Aufgabe b.

A $y = \frac{1}{2} \cdot x + 1$

B $y = 1 \cdot x - 2$

115%

T 6

LÖSUNGEN

1 a) Durchschnittsgeschwindigkeit des Fahrzeugs: 80 $\frac{km}{h}$

b)

Strecke (km)	200	340
Fahrzeit (h)	$2\frac{1}{2}$	$4\frac{1}{4}$

c)

Fahrzeit (h)	$3\frac{1}{2}$	$2\frac{1}{4}$
Strecke (km)	280	180

2 a)

Anzahl der Nägel	Gewicht (g)
150	2 100
225	3 150
400	5 600

b)

Menge (l)	Preis (€)
2	14
1,5	10,50
4,5	31,50

c)

Länge (cm)	Gewicht (g)
1,2	2
3	5
7,5	12,5

3 a) Monatliche Grundgebü hr: 30 €

b) Kosten für 1 m³ Gas: (120 € – 30 €) : 100 = 0,90 €

c)

Gasverbrauch (m³)	20	80	50	110
Gesamtkosten (€)	48	102	75	129

4 a)

Wassermenge (cm³)	100	150	350	500
Höhe (cm)	5	7,5	17,5	25

b) Geeigneter Maßstab:
x-Achse: 1 cm ≙ 100 cm³
y-Achse: 1 cm ≙ 5 cm

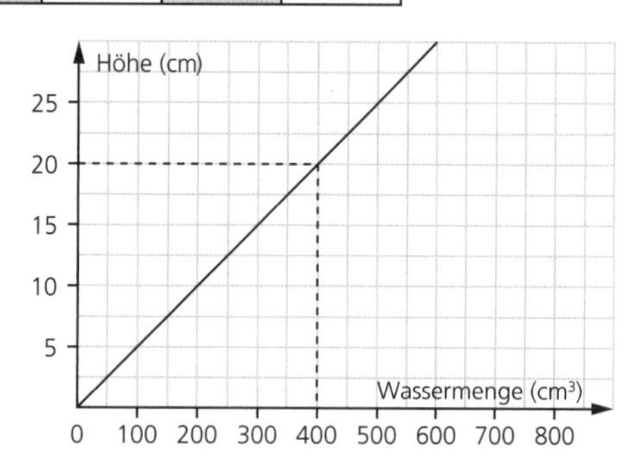

5 a) 0,1 : 0,005 = 20 → „Hebegewicht" entspricht dem 20fachen Körpergewicht
Zu hebendes Gewicht: 62,5 kg · 20 = 1 250 kg

b) Körpergewicht: 1 500 kg : 20 = 75 kg

6 a) $y = 4 \cdot x + 1{,}5$ b) $y = 0{,}75 \cdot x$ c) $y = 2{,}5 \cdot x - 0{,}5$

7 a)

x	– 3	– 2	– 1	0	1	2	3	4	5
y	– 4	– 2,5	– 1	0,5	2	3,5	5	6,5	8

b) und c)

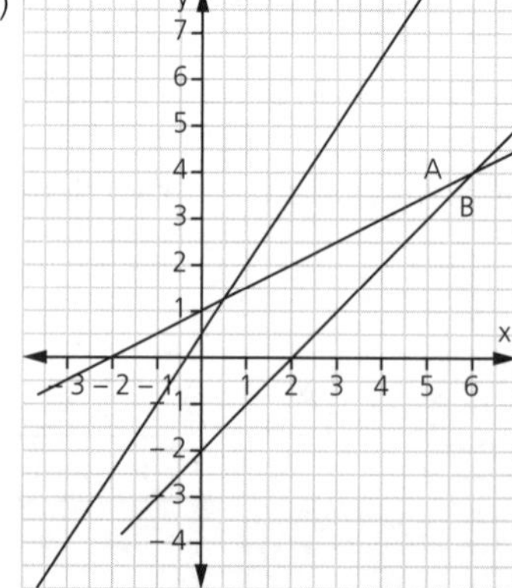

A $y = \frac{1}{2} \cdot x + 1$
$m = \frac{1}{2}$ $t = 1$

B $y = 1 \cdot x - 2$
$m = 1$ $t = -2$

TRAININGSRUNDE T 7

▷ **1** Berechne jeweils die fehlende Angabe.

	Masse m	Volumen V	Dichte ρ
a)	24,3 g	9 cm³	
b)	4 526 g		$7{,}3\ \frac{g}{cm^3}$
c)		17,2 dm³	$0{,}9\ \frac{kg}{cm^3}$

▷ **2** a) Gina erhielt bei ihrem Ferienjob 6 € in der Stunde. Luisa arbeitete in den Ferien 114 Stunden und verdiente dabei 712,50 €. Wer hatte den höheren Stundenlohn?

b) Für eine 17 m lange, 13 m breite und 2 m tiefe Baugrube müssen für Aushub und Abtransport 6 188 € bezahlt werden. Berechne den Kubikmeterpreis.

▷ **3** a) Beschreibe den Graphen für den Lkw und lies die Durchschnittsgeschwindigkeit während der Fahrt ab.

b) Erläutere den Graphen für den Pkw und lies seine Durchschnittsgeschwindigkeit ab.

c) Nach wie vielen Kilometern überholt der Pkw den Lkw und wie lange ist dann jeder unterwegs?

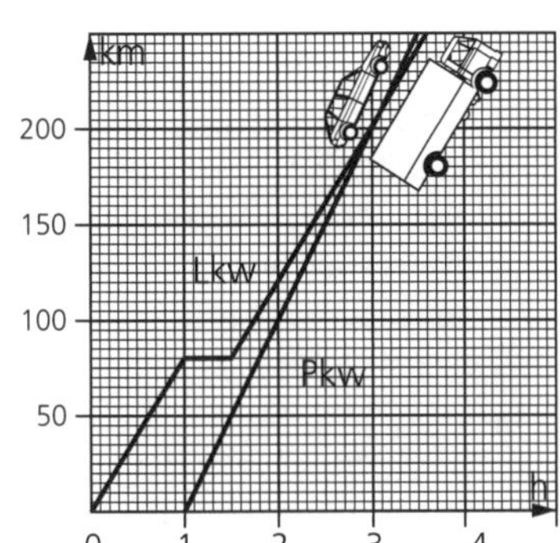
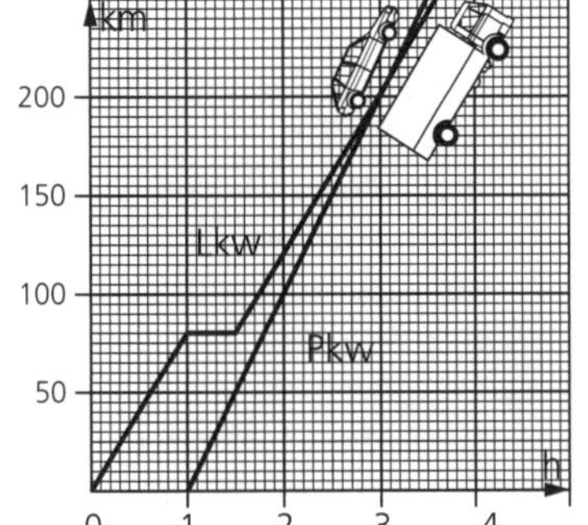

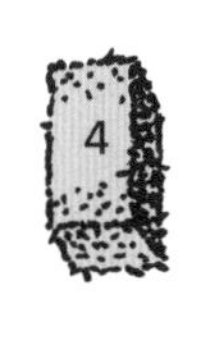

▷ **4** Das Kreisschaubild zeigt die Nutzung der gesamten Bodenfläche in Deutschland (Stand 2011).

a) Wie groß müssen die einzelnen Sektoren in Grad sein? Runde auf ganze Grad.

b) Wie viele Hektar entfallen auf die einzelnen Bereiche, wenn die Gesamtfläche Deutschlands 357 000 km² beträgt?

c) Stelle die Nutzungsverteilung in einem Streifendiagramm (Länge 10 cm) dar.

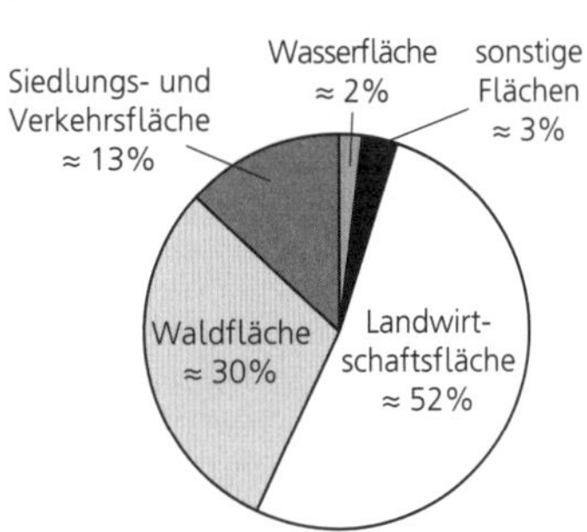

▷ **5** Wie müssten die Seitenflächen eines Würfels jeweils gefärbt sein?

a)	b)	c)
$P(\text{Rot}) = \frac{1}{3}$	$P(\text{Rot}) = \frac{1}{3}$	$P(\text{Rot}) = \frac{1}{6}$
$P(\text{Grün}) = \frac{1}{3}$	$P(\text{Grün}) = \frac{1}{6}$	$P(\text{Grün}) = \frac{1}{6}$
$P(\text{Gelb}) = \frac{1}{3}$	$P(\text{Gelb}) = \frac{1}{2}$	$P(\text{Gelb}) = \frac{2}{3}$

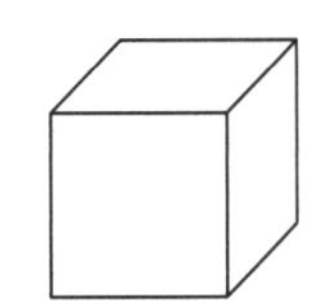

▶ **6** Ermittle grafisch Begegnungszeit und Begegnungsort.
x-Achse: 1 cm ≙ 5 min y-Achse: 1 cm ≙ 1 km
Gina und Luca wohnen 12 km voneinander entfernt und wollen sich treffen. Sie machen sich beide um 8.00h auf den Weg. Gina schafft dabei zu Fuß in 15 min 1 km. Luca ist auf dem Rad mit 20 $\frac{km}{h}$ unterwegs.

▶ **7** In einer Trommel befinden sich Lose mit den Nummern von 1 bis 50. Gib jeweils die Wahrscheinlichkeit an, wenn einmal gezogen wird.

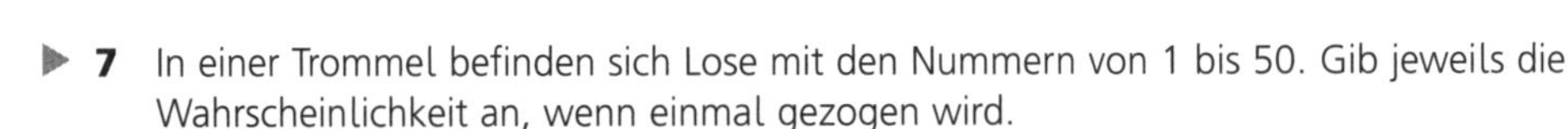

a) Die gezogene Losnummer ist durch 3 und 6 teilbar.

b) Die gezogene Losnummer enthält genau einmal die Ziffer 4.

115%

LÖSUNGEN

1 a) Dichte: $\rho = 2{,}7\ \frac{g}{cm^3}$ b) Volumen: $V = 620\ cm^3$ c) Masse: $m = 15{,}48\ kg$

2 a) Stundenlohn Luisa: 712,50 € : 114 = 6,25 €
⇒ Luisa hatte den höheren Stundenlohn.

b) Aushub: $17\ m \cdot 13\ m \cdot 2\ m = 442\ m^3$
Kubikmeterpreis: 6 188 € : 442 = 14 €

3 a) Der Graph beim Lkw zeigt, dass dieser nach einer Stunde Fahrt mit einer Durchschnittsgeschwindigkeit von $80\ \frac{km}{h}$ eine Pause von einer halben Stunde einlegt. Anschließend fährt er mit der gleichen Durchschnittsgeschwindigkeit weiter.

b) Der Graph beim Pkw zeigt, dass dieser 1 h nach dem Lkw startet und durchwegs mit einer Geschwindigkeit von $100\ \frac{km}{h}$ fährt.

c) Der Pkw überholt den Lkw nach 200 km, wobei er dann 2 h, der Lkw dagegen 3 h unterwegs ist.

4 a)

Landwirtschaftsfläche	187°
Waldfläche	108°
Siedlungs- u. Verkehrsfläche	47°
Wasserfläche	7°
sonstige Flächen	11°

1 % ≙ 3,6°

b)

185 640 km²
107 100 km²
46 410 km²
7 140 km²
10 710 km²

c)

Landwirtschaftsfläche | Waldfläche | Siedlungs- u. Verkehrsfläche | Wasserfläche | sonstige Flächen

5

	a)	b)	c)
Seitenflächen rot	2	2	1
Seitenflächen grün	2	1	1
Seitenflächen gelb	2	3	4

6

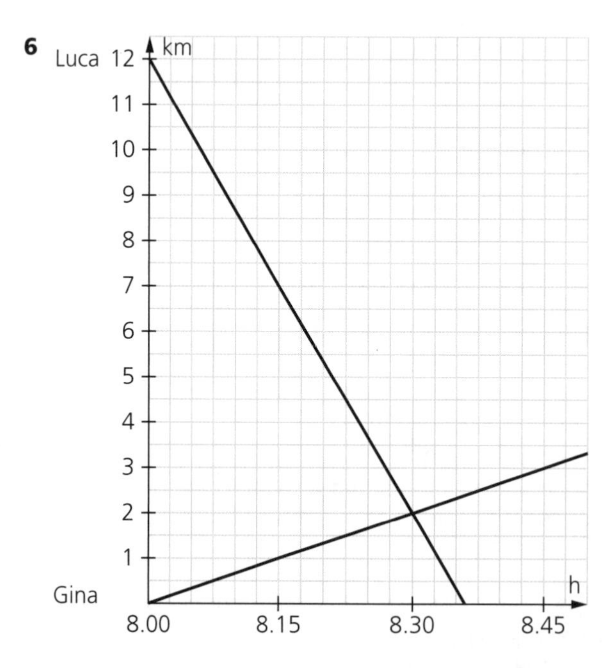

Begegnungszeit: 8.30 Uhr
Begegnungsort: 2 km von Ginas und 10 km von Lucas Wohnort entfernt.

7 a) $P = \frac{8}{50} = 0{,}16 = 16\%$ b) $P = \frac{13}{50} = 0{,}26 = 26\%$